- Aufgaben in drei Anforderungsbereichen: üben, anwenden und vernetzen lassen

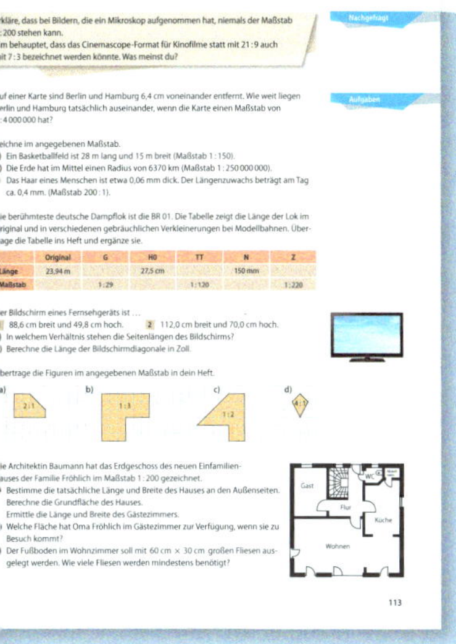

Entdecken

- Erkunden und entdecken lassen
- alternative Einstiege gestalten

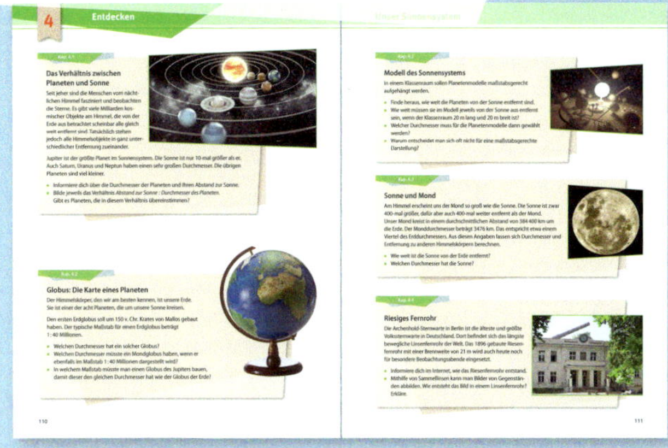

Das kann ich!

- Kompetenzzuwachs erlebbar machen und sichern
- Lösungen im Anhang

Werkzeug und Themenseite

- Prozessbezogene Kompetenzen schulen
- Sprach- und Medienbildung fördern
- Bei „Themenseite“ drei Anforderungsbereiche

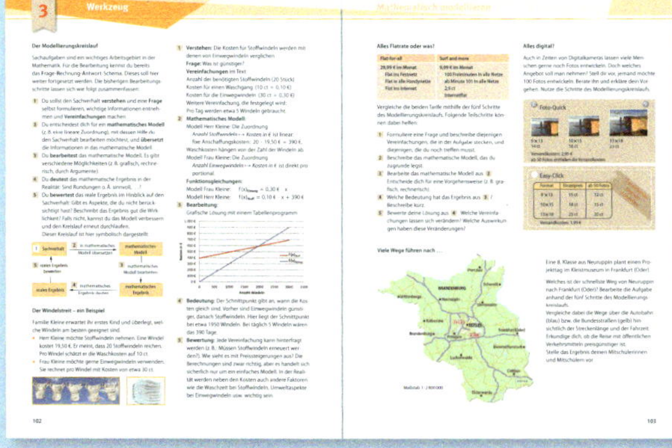

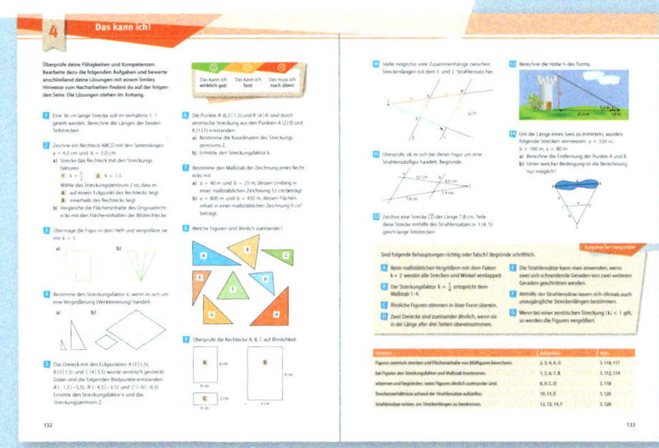

mathe.delta 8

Mathematik für das Gymnasium

Berlin / Brandenburg

C.C.Buchner

mathe.delta
Berlin/Brandenburg
Herausgegeben von Viola Adam und Michael Kleine

mathe.delta 8 – Berlin/Brandenburg
Bearbeitet von Viola Adam, Heiko Etzold, Karin Lemme, Jacqueline Pachal, Gabriela Reimann und Carsten Stoeter

Zu diesem Lehrwerk sind erhältlich:
- Arbeitsheft 8 (BN 61118)
- Lehrermaterial 8 (BN 61128)
- click & teach 8 (BN 611281)

Weitere Materialien finden Sie unter www.ccbuchner.de.

Weitere Lizenzformen (Einzellizenz flex, Kollegiumslizenz) und Materialien unter www.ccbuchner.de.

1. Auflage, 5. Druck 2025
Alle Drucke dieser Auflage sind, weil untereinander unverändert, nebeneinander benutzbar.

Dieses Lehrwerk folgt den aktuellen Regelungen für Rechtschreibung und Zeichensetzung. Ausnahmen bilden Texte, bei denen künstlerische, philologische oder lizenzrechtliche Gründe einer Änderung entgegenstehen. Teile des Lehrwerks wurden mithilfe gängiger Large Language Models erstellt oder bearbeitet. Sämtliche Inhalte wurden anschließend redaktionell geprüft, überarbeitet und verantwortet. Weitere Informationen finden Sie auf www.ccbuchner.de/ki.

produktsicherheit@ccbuchner.de

Layout und Satz: tiff.any GmbH, Berlin
Illustrationen: Jacqueline Urban, Berlin
Umschlag: mgo360 GmbH & Co. KG, Bamberg
Druck und Bindung: Firmengruppe Appl, aprinta Druck, Wemding

www.ccbuchner.de

ISBN 978-3-661-**61108**-2

1 Zufall und Wahrscheinlichkeit

2 Terme und Gleichungen

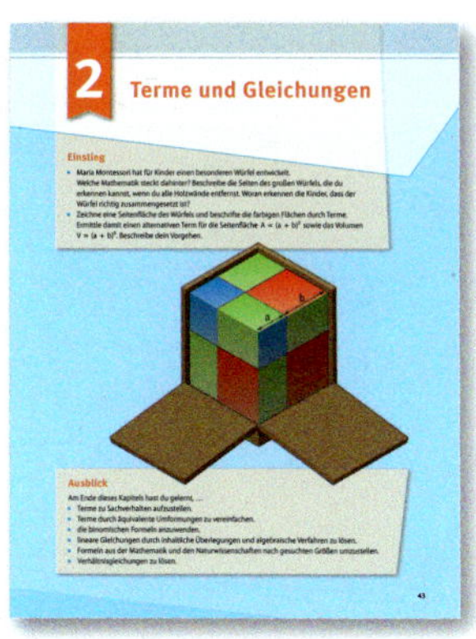

3 Lineare Funktionen

4 Maßstäbliches Vergrößern und Verkleinern

5 Satz des Pythagoras und seine Anwendungen

6 Lineare Gleichungssysteme

Zeichen	Bedeutung
$\mathbb{N}$	Menge der natürlichen Zahlen
$\mathbb{Z}$	Menge der ganzen Zahlen
$\mathbb{B}, \mathbb{Q}^+$	Menge der gebrochenen Zahlen
$\mathbb{Q}$	Menge der rationalen Zahlen
$\mathbb{D}$	Definitionsbereich
$\mathbb{L}$	Lösungsmenge
{ }	Leere Menge
{a; b; c}	Menge mit den Elementen a, b und c
$\mathbb{Q} \setminus \{a; b\}$	Menge $\mathbb{Q}$ ohne die Elemente a und b
$a \in \mathbb{Q}$	a ist Element von $\mathbb{Q}$
[a; b]	geschlossenes Intervall
]a; b[	offenes Intervall
]a; b] bzw. [a; b[	halboffene Intervalle
=	gleich
$\approx$	ungefähr gleich
>	größer als
<	kleiner als
$\geq$	größer oder gleich
$\leq$	kleiner oder gleich
$\widehat{=}$	entspricht
a^n	Potenz: „a hoch n"
$\sqrt{a}$	(Quadrat-)Wurzel aus a
$\frac{a}{b}$	Bruch mit Zähler a und Nenner b
%	Prozent
H (Z)	absolute Häufigkeit, mit der das Ergebnis Z (z. B. Zahl) vorkommt
h (Z)	relative Häufigkeit, mit der das Ergebnis Z (z. B. Zahl) vorkommt
m_e bzw. z	Median bzw. Zentralwert
m	Modalwert, Modus
w	Spannweite
Ω	Ergebnismenge eines Zufallsexperiments
P (A)	Wahrscheinlichkeit für das Ergebnis A
$\bar{x}$	arithmetisches Mittel
$\|n\|$	Betrag der Zahl n
y, f (x)	Funktionsterm
x_0	Nullstelle einer Funktion
m	Steigung einer Funktion; Anstieg
n	y-Achsenabschnitt einer Funktion; absolutes Glied
P, A, …	Punkte
P (x | y)	Punkt P mit den Koordinaten x und y
AB, g, h, …	Geraden, Halbgeraden (Strahlen)
$\overline{PQ}$	Strecke mit den Endpunkten P und Q, auch Länge der Strecke
LE	Längeneinheit
$\cap$	geschnitten mit
$\sphericalangle$ BAC	Winkel mit dem Scheitel A, dem 1. Schenkel AB und dem 2. Schenkel AC
$\alpha, \beta, \gamma, \ldots$	Winkelbezeichnungen
°	Grad, Maßeinheit für Winkel (z. B. 30°)
Z	Streckungszentrum
K	Streckungsfaktor
A ~ B	Die Figur A ist ähnlich zur Figur B
A	Flächeninhalt
A_O	Oberflächeninhalt
FE	Flächeneinheit
VE	Volumeneinheit
V	Volumen, Rauminhalt
d	Durchmesser des Kreises
u	Umfangslänge
r	Radius des Kreises
π	Kreiszahl, $\pi \approx 3{,}14$
$\perp$	senkrecht auf
$\parallel$	parallel zu
$\mapsto$	ist zugeordnet
$\Rightarrow$	daraus folgt

Fit für Klasse 8

Die Lösungen zu den Aufgaben findest du unter www.ccbuchner.de (Eingabe im Suchfeld: 61108-01).

Mit Brüchen rechnen

Ungleichnamige Brüche werden **addiert bzw. subtrahiert**, indem man sie zunächst **gleichnamig macht**. Anschließend werden die **Zähler addiert bzw. subtrahiert**. Der gleichnamige Nenner wird beibehalten.

Brüche werden **multipliziert**, indem man **Zähler mit Zähler** und **Nenner mit Nenner** multipliziert.

Man **dividiert** durch einen Bruch, indem man mit seinem **Kehrwert multipliziert**.

1 Vervollständige die Additionsmauern im Heft.

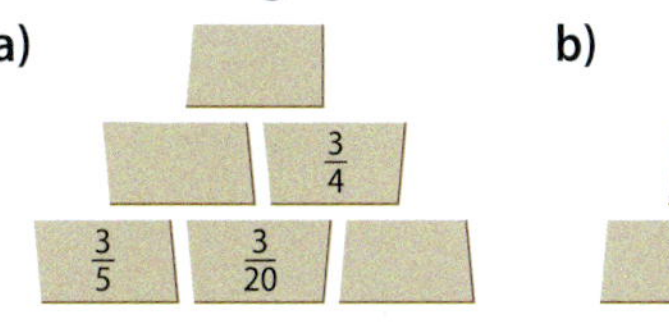

2 Berechne.

a) $\frac{4}{13} \cdot \frac{65}{88}$ **b)** $2\frac{4}{7} \cdot \frac{14}{36}$ **c)** $\frac{24}{7} \cdot 2\frac{14}{36}$

d) $\frac{7}{13} : \frac{14}{65}$ **e)** $2\frac{1}{7} : \frac{15}{42}$ **f)** $\frac{43}{77} : 2\frac{14}{36}$

Mit ganzen Zahlen rechnen

Bei der **Addition** ganzer Zahlen können zwei Fälle auftreten:

1 Bei gleichen Vorzeichen der Summanden werden die Beträge addiert; das Ergebnis erhält das gemeinsame Vorzeichen. Beispiel: (−4) + (−12) = −16

2 Bei verschiedenen Vorzeichen der Summanden wird der kleinere Betrag vom größeren Betrag subtrahiert; das Ergebnis hat das Vorzeichen des Summanden mit dem größeren Betrag. Beispiel: (−6) + (+17) = +11

Die **Subtraktion** einer ganzen Zahl lässt sich stets durch die **Addition ihrer Gegenzahl** ersetzen.

Vor- und Rechenzeichen lassen sich stets durch ein Zeichen ersetzen: **Zwei verschiedene Zeichen** ergeben „−", **zwei gleiche Zeichen** „+".

Zwei ganze Zahlen werden **multipliziert (dividiert)**, indem man zunächst die **Beträge** der Zahlen multipliziert (dividiert).
Haben beide Zahlen dasselbe Vorzeichen, so ist das **Ergebnis** positiv; haben sie verschiedene Vorzeichen, so ist das **Ergebnis** negativ.

3 Zeichne ein Zahlenpfeilbild und berechne dann. Wähle einen geeigneten Ausschnitt.

a) (−4) + (−7) + (−2) **b)** (+25) + (+35) + (+65)
c) (−350) + (−225) **d)** (+25) + 175 + (−50)
e) (−4) − (+7) **f)** (+24) − (+14) − (+36)
g) (−34) − (+21) **h)** (+295) − 235 − (−265)

4 Welche Rechnung ist dargestellt? Berechne.

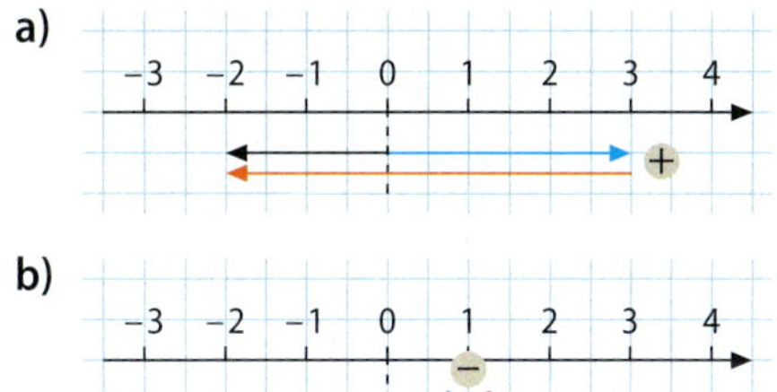

5 Berechne.

a) (−4) · (+7) **b)** (+23) · (+15)
c) (+14) · (−125) **d)** (+40) · 35 · (−2)
e) (−100) · 21 **f)** 87 · (−25) · (−4)
g) (−100) · (−2) · (−1) **h)** (−4) · (−8) · 5

Die Menge ℚ der rationalen Zahlen

Alle **positiven** und **negativen** Zahlen **zusammen mit der Null** bezeichnet man **als Menge der rationalen Zahlen** ℚ. Die ganzen Zahlen sind ebenso rationale Zahlen wie Brüche und natürliche Zahlen.

6 Ist folgende Aussage richtig?

a) „Jede natürliche Zahl ist eine ganze Zahl."
b) „Jede negative Zahl ist eine rationale Zahl."
c) „Die Menge ℚ beinhaltet alle negativen ganzen Zahlen, die Null und alle natürlichen Zahlen."

Mit rationalen Zahlen rechnen

Die bekannten Regeln und Gesetze gelten auch in $\mathbb{Q}$.

Kommutativgesetz:

$a + b = b + a \qquad a \cdot b = b \cdot a \qquad$ für alle $a, b \in \mathbb{Q}$

Assoziativgesetz:

$a + (b + c) = (a + b) + c \qquad$ für alle $a, b, c \in \mathbb{Q}$

$a \cdot (b \cdot c) = (a \cdot b) \cdot c \qquad$ für alle $a, b, c \in \mathbb{Q}$

Distributivgesetz: Multipliziert man eine Summe (Differenz) mit einer rationalen Zahl, dann wird diese Zahl mit allen einzelnen Teilen der Summe (Differenz) ausmultipliziert. Umgekehrt lässt sich auch ein gemeinsamer Faktor ausklammern.

ausmultiplizieren

$(-5) \cdot (-17 + 6) = (-5) \cdot (-17) + (-5) \cdot 6$

ausklammern

7 Rechne vorteilhaft und benutze dabei die Rechengesetze. Gib auch das Gesetz an.

a) $(-0{,}62 + (-4{,}5)) + (-1{,}38)$ b) $2\frac{1}{3} + \left(\frac{-5}{8}\right) - \frac{7}{3}$

c) $-4{,}5 + 8{,}23 - 15{,}5$ d) $-\frac{1}{5} - \left(\frac{3}{-8}\right) + \frac{3}{10}$

8 Übertrage die Tabelle ins Heft und fülle sie aus.

a	b	c	a − (b − c)	(a − b) − c
$\frac{1}{2}$	$\frac{1}{3}$	$\frac{1}{6}$		
$\frac{7}{10}$	$-\frac{2}{5}$	$\frac{1}{4}$		
$3\frac{1}{4}$	$-2\frac{1}{4}$	$-1\frac{3}{8}$		

9 Berechne auf zwei unterschiedliche Arten.

a) $\left(-\frac{3}{5} - \frac{2}{5}\right) \cdot \left(-\frac{5}{6}\right)$ b) $(-2{,}5 + 3{,}48) \cdot \left(-\frac{3}{4}\right)$

Potenzen

Produkte aus gleichen Faktoren kann man als **Potenz** schreiben: $a^n = \underbrace{a \cdot a \cdot \ldots \cdot a}_{n \text{ Faktoren}}$, $a \in \mathbb{Q}$.

Es gilt: $a^1 = a$, für alle $a \in \mathbb{Q}$

$a^0 = 1$, für alle $a \in \mathbb{Q}\backslash\{0\}$

Bei einer **negativen Zahl als Basis** gilt:

1 Ist der Exponent eine **gerade Zahl**, so ist der **Wert der Potenz** stets **positiv**: $(-5)^2 = +25$

2 Ist der Exponent eine **ungerade Zahl**, so ist der **Wert der Potenz** stets **negativ**: $(-5)^3 = -125$

10 Schreibe das Produkt als Potenz und berechne seinen Wert.

a) $(-4) \cdot (-4) \cdot (-4)$ b) $0{,}5 \cdot 0{,}5 \cdot 0{,}5 \cdot 0{,}5$

c) $\left(-\frac{3}{4}\right) \cdot \left(-\frac{3}{4}\right)$ d) $\left(-\frac{1}{2}\right) \cdot \left(-\frac{1}{2}\right) \cdot \left(-\frac{1}{2}\right) \cdot \left(-\frac{1}{2}\right)$

e) $(-4{,}2) \cdot (-4{,}2) \cdot (-4{,}2)$

f) $-(0{,}05 \cdot 0{,}05 \cdot 0{,}05)$

11 Schreibe als Produkt und berechne.

a) $(-3)^3$ b) $\left(-\frac{1}{2}\right)^5$ c) $-(-19)^1$ d) $(-10)^6$

Terme vereinfachen

Terme kann man oftmals mithilfe der bekannten Rechenregeln **vereinfachen**. Dadurch entstehen zueinander **äquivalente Terme**:

1 **Summen gleicher Summanden** können als Produkt dargestellt werden.
$x + x + x + x = 4 \cdot x = 4x$

2 Summanden können mit dem **Kommutativgesetz** geordnet werden.
$a + b + b + a + b = a + a + b + b + b = 2a + 3b$

3 **Gleichartige Terme** lassen sich mit dem **Distributivgesetz** zusammenfassen.
$-3 \cdot z + 5 \cdot z = (-3 + 5) \cdot z = 2 \cdot z = 2z$

12 Fasse die Terme so weit wie möglich zusammen.

a) $3x + 4{,}5 - 2x - 1{,}2$

b) $-3{,}3x + x - 7{,}5 - 2{,}3x - 12{,}2$

c) $3a + 4b - 3{,}5c + 1{,}7a - 2b - c$

d) $\frac{2}{3}a + \frac{2}{5}b - 3{,}5c + 1\frac{2}{3}a - 2\frac{2}{5}b - \frac{1}{4}c$

13 Stelle einen Term T (x) auf und vereinfache diesen, falls möglich.

a) Vom Produkt einer rationalen Zahl und 5,8 wird 4,5 subtrahiert. Zum Differenzwert wird anschließend das Quadrat von 3,5 addiert.

b) Multipliziere die Summe aus einer ganzen Zahl und 2,5 mit der Differenz aus 2,5 und der Zahl.

Terme multiplizieren und dividieren

Bei **Produkten** aus Termen, die keine Summen sind, multipliziert man **Zahlen mit Zahlen** und **Variablen mit Variablen. Beispiel:** $3x \cdot 4y = (3 \cdot 4) \cdot (x \cdot y) = 12xy$

Bei **Quotienten** aus Termen, die keine Summen sind, werden Zahlen durch Zahlen und Variablen durch Variablen geteilt. **Beispiel:** $6a^2 : 2a = \frac{6a^2}{2a} = \frac{3a}{1} = 3a$

14 Vereinfache.

a) $2a^4 \cdot 3a^5$
b) $(-4{,}5b) \cdot (-4b)$
c) $-2c \cdot (-4c)^2 \cdot c$
d) $-5a^2 \cdot 2{,}4a^4$
e) $3 \cdot (-y)^4 \cdot \frac{1}{3}(-y)^6$
f) $6x \cdot 3x^2 \cdot 5x^3$
g) $4a^3 : 2a$
h) $-5a^8 : 2{,}5a^4$
i) $-9y^4 : \frac{1}{3}y$
j) $60x^4 : 3x^2 : 5x^2$

Gleichungen lösen

Bei einer **Äquivalenzumformung ändert** sich die **Lösungsmenge** einer Gleichung **nicht**.

Auf beiden Seiten der Gleichung wird …	Beispiel: $\mathbb{D} = \mathbb{Q}$
die gleiche Zahl oder der gleiche Term **addiert**.	$x - 4 = 3 \quad \mid +4$ $x = 7$ $\mathbb{L} = \{7\}$
die gleiche Zahl oder der gleiche Term **subtrahiert**.	$x + 6 = 2 \quad \mid -6$ $x = -4$ $\mathbb{L} = \{-4\}$
die gleiche Zahl (ungleich null) **multipliziert**.	$\frac{1}{2}x = 5 \quad \mid \cdot 2$ $x = 10$ $\mathbb{L} = \{10\}$
durch die gleiche Zahl (ungleich null) **dividiert**.	$5x = 12 \quad \mid :5$ $x = 2{,}4$ $\mathbb{L} = \{2{,}4\}$

15 Bestimme in $\mathbb{Q}$ die Lösungsmenge mithilfe von Äquivalenzumformungen.

a) $-3 - x = 15$
b) $-8 - x = -28$
c) $0 + x = -8{,}7$
d) $23 + x = 11$
e) $-5{,}4 + x = 0$
f) $-1{,}9 + x = -3{,}68$
g) $3x = 18$
h) $3x = -20$
i) $5{,}2 \cdot (x + 3) = 31{,}2 : 0{,}4$

16 Stelle eine Gleichung auf und löse sie.

a) Subtrahiert man von 475 eine Zahl, so erhält man 210.
b) Subtrahiert man von −4 eine Zahl und addiert 11, so ergibt sich das Produkt aus 0,5 und 28.

Direkt proportionale Zuordnungen

- Zum Doppelten (zum Dreifachen, …) der Ausgangsgröße (Zahl) gehört das Doppelte (das Dreifache, …) der zugeordneten Größe (Zahl).
- Geordnete Zahlenpaare sind **quotientengleich**.
- Punkte der Zahlenpaare einer direkt proportionalen Zuordnung liegen auf einer Geraden durch den Ursprung.

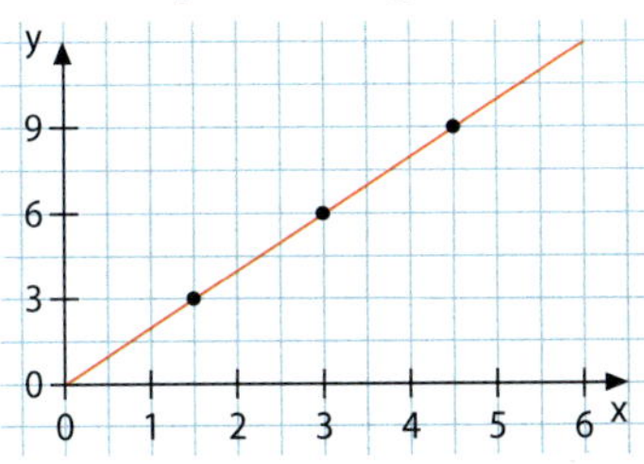

17 Bestimme rechnerisch die fehlenden Werte der direkten Proportionalität. Zeichne den Graphen.

x	2	3			6
y	5		12,5	10	

18 Lies die fehlenden Werte möglichst genau ab.

a) (10 | ▒)
b) (2,5 | ▒)
c) (7,5 | ▒)
d) (▒ | 50)
e) (▒ | 125)

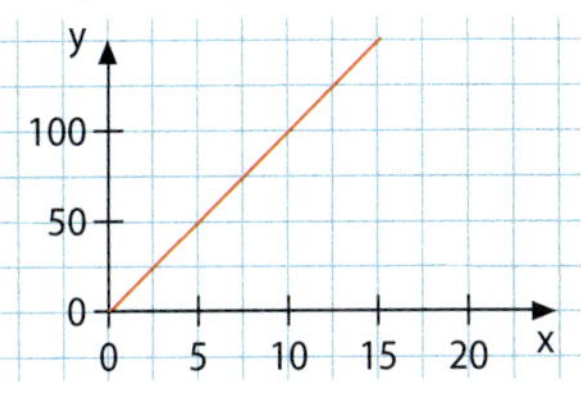

Prozentrechnung

Bei der Prozentrechnung gibt der **Grundwert G** das Ganze an, der **Prozentwert P** den Teil vom Ganzen sowie der **Prozentsatz p %** die Anzahl der Hundertstel, die dem Prozentwert entsprechen.
Entspricht ein Grundwert einem Prozentsatz von mehr als 100 Teilen (weniger als 100 Teilen), so spricht man vom vermehrten (verminderten) Grundwert.

19 Bestimme den Grundwert.

a) 8 % sind 48.
b) 17 % sind 34 kg.
c) 5 % sind 50 ℓ.
d) 65 % sind 117 €.

20 Gib den Prozentwert an.

a) 3 % von 200
b) 15 % von 58
c) 20 % von 2
d) 7 % von 150

Zinsrechnung

Die Zinsrechnung ist eine **Anwendung der Prozentrechnung**, allerdings mit anderen Bezeichnungen.

Zinsrechnung	Prozentrechnung
Kapital (K)	Grundwert (G)
Zinsen (Z)	Prozentwert (P)
Zinssatz (p %)	Prozentsatz (p %)

21 a) Ein Kapital von 22 500 € wird zu 7,5 % ein Jahr lang angelegt. Wie viel Zinsen gibt es?
b) Welches Kapital muss man zu 4,5 % anlegen, um nach einem Jahr 2160 € Zinsen zu erhalten?
c) Wie groß wird ein Guthaben, wenn man 2500 € zu einem Zinssatz von 3,25 % für vier Jahre fest anlegt? Die Zinsen werden mitverzinst.

Indirekt proportionale Zuordnungen

- Zum Doppelten (zum Dreifachen, …) der Ausgangsgröße (Zahl) gehört die Hälfte (ein Drittel, …) der zugeordneten Größe (Zahl).
- Geordnete Zahlenpaare sind produktgleich.
- Die Punkte der Zahlenpaare einer indirekt proportionalen Zuordnung liegen auf dem Ast einer Hyperbel.

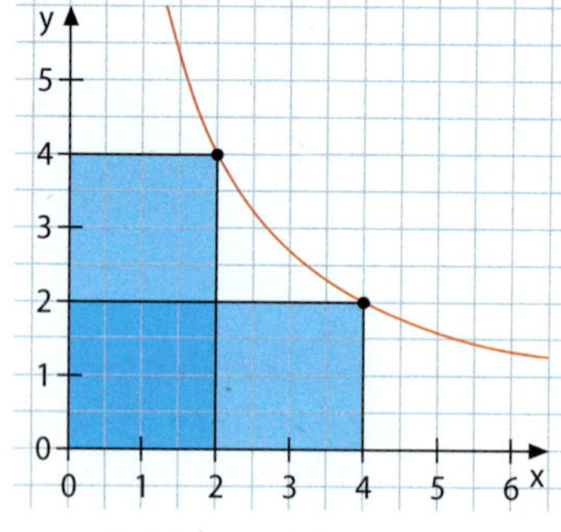

22 Bestimme rechnerisch die fehlenden Werte der indirekten Proportionalität. Zeichne den Graphen.

x	3	4			10
y		1,5	1	0,75	

23 Lies die fehlenden Werte möglichst genau ab.

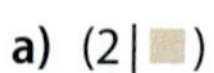

a) (2 | ▒)
b) (3 | ▒)
c) (6 | ▒)
d) (▒ | 4)
e) (▒ | 1,5)

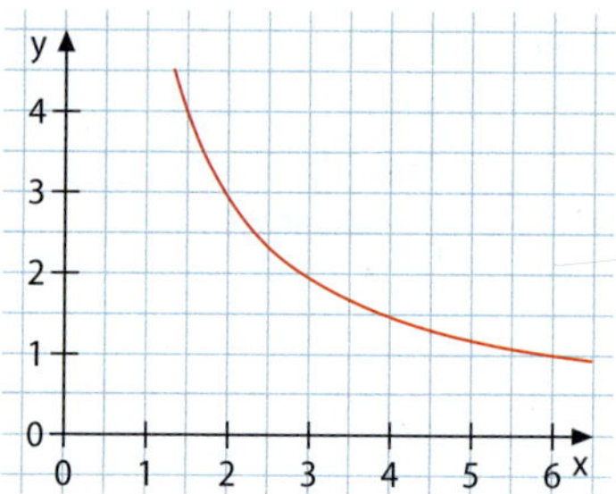

Flächeninhalt und Umfang eines Kreises

Der **Umfang u eines Kreises** ist proportional zum Durchmesser:
$u = \pi \cdot d$ bzw. $u = 2 \cdot \pi \cdot r$ mit der **Kreiszahl** $\pi \approx 3{,}14$.

Der **Flächeninhalt A eines Kreises** ist proportional zum Quadrat des Radius:
$A = \pi \cdot r^2$

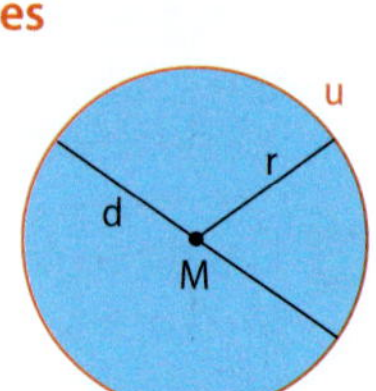

24 Bestimme die fehlenden Größen am Kreis.
a) r = 3 cm
b) d = 3,2 m
c) u = 50,24 m
d) A = 113,04 mm²

25 In einer Pizzeria kostet eine normal große Pizza mit einem Durchmesser von 24 cm genau 4,50 €. Die Mini-Pizza hat einen Durchmesser von 20 cm und kostet einen Euro weniger. Vergleiche die Preise.

Innenwinkelsummen

In jedem **Dreieck** beträgt die **Summe der Innenwinkel stets 180°**, hier:

$\alpha + \beta + \gamma = 180°$

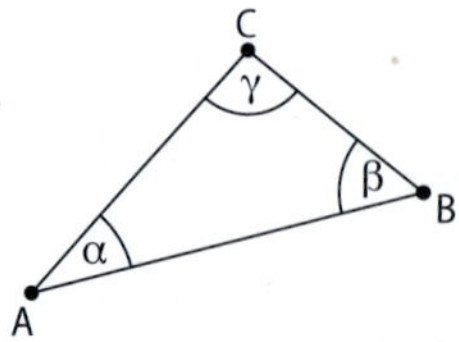

In jedem Viereck beträgt die Summe der Innenwinkel stets 360°, denn jedes Viereck lässt sich in zwei Teildreiecke zerlegen.

26 Berechne alle Winkelmaße eines Dreiecks ABC.

α	66°	5°		24,5°	
β	24°	85°	115°		2α
γ			5,5°	3α	3α

27 Berechne die Innenwinkelmaße im Viereck, wenn gilt: $\alpha = \beta$; $\beta = 2\gamma$ und $\gamma = \delta$.

Winkelbeziehungen

Schneiden sich zwei Geraden, dann gilt:

- Nebeneinanderliegende Winkel (**Nebenwinkel**) ergeben **zusammen stets 180°**.
- Gegenüberliegende Winkel (**Scheitelwinkel**) sind **gleich groß**.

Werden parallele Geraden von einer Geraden geschnitten, dann gilt:

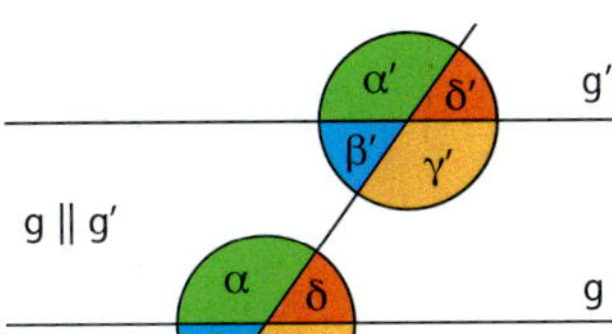

- **Stufenwinkel** sind **gleich groß**.
  $\alpha = \alpha'$; $\beta = \beta'$; …
- **Wechselwinkel** sind **gleich groß**.
  $\alpha = \gamma'$; $\delta = \beta'$; …

28 Bestimme die fehlenden Winkelmaße und begründe durch Angabe der Winkelbeziehung.

a)

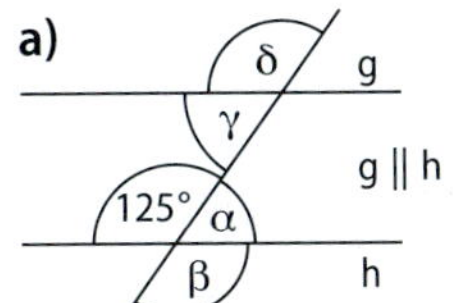

b)

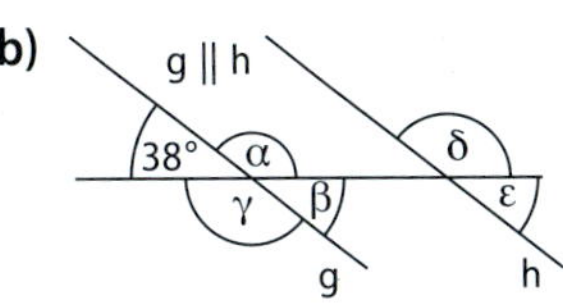

29 Bestimme die Winkelmaße für α und β.

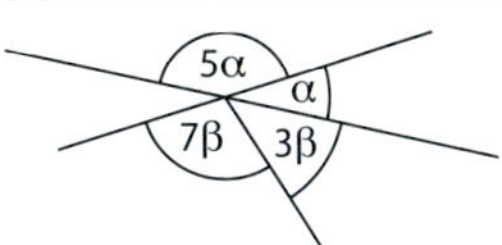

Mittelsenkrechte und Umkreis eines Dreiecks

Alle Punkte P, die von zwei Punkten **A** und **B** gleich weit entfernt sind, liegen auf der **Mittelsenkrechten** $m_{\overline{AB}}$ der Strecke $\overline{\textbf{AB}}$.

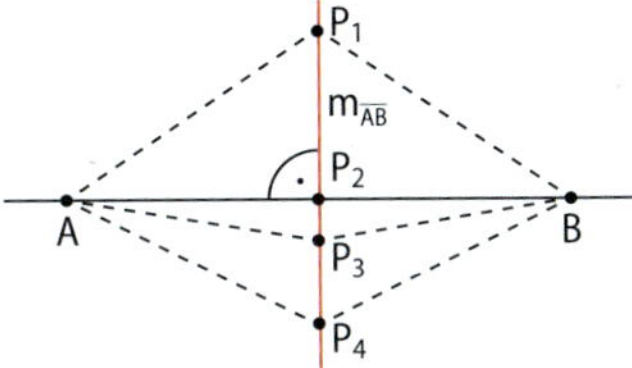

Die drei **Mittelsenkrechten** der Seiten eines Dreiecks schneiden sich stets in einem Punkt M_u. Dieser Punkt ist von den drei Eckpunkten jeweils gleich weit entfernt. M_u ist der Mittelpunkt des **Umkreises**.

30 Trage die Punkte A(–3 | 1), B(0 | 1), C(2 | 3), D(4 | –3), E(6 | 0) und F(0 | 6) in ein Koordinatensystem ein.

a) Zeichne $m_{\overline{EF}}$ und $m_{\overline{CD}}$.

b) Zeichne die Menge aller Punkte P ein, für die gilt: $\overline{PA} = \overline{PB}$

31 Konstruiere den Umkreismittelpunkt zu dem Dreieck und lies seine Koordinaten ab.
Dreieck KAI: K(–1 | 1); A(5 | –2); I(3,5 | 5,5)

Winkelhalbierende und Inkreis eines Dreiecks

Der geometrische Ort aller Punkte P, die von den **Schenkeln eines Winkels** jeweils den **gleichen Abstand** haben, ist die **Winkelhalbierende** w.

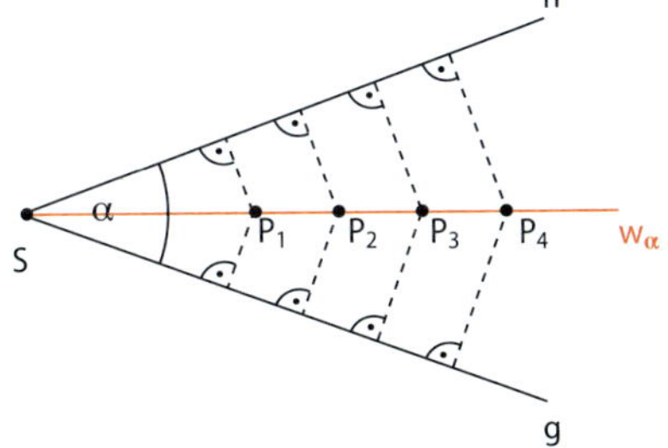

Die drei **Winkelhalbierenden** der Innenwinkel eines Dreiecks schneiden sich stets in einem Punkt M_i. Dieser Punkt hat von den Dreiecksseiten jeweils den gleichen Abstand. M_i ist der Mittelpunkt des **Inkreises**.

32 Trage die Punkte A(–1 | 1), B(4,5 | –2) und C(3 | 4) in ein Koordinatensystem ein. Trage anschließend die Geraden f = AB; g = BC und h = CA ein.

a) Konstruiere die Winkelhalbierenden zu f und g.

b) Zeichne die Menge aller Punkte R mit d(R; h) = d(R; g).

c) Zeichne die Menge aller Punkte Q, deren Abstand von f und h gleich groß ist.

33 Konstruiere den Inkreismittelpunkt zum Dreieck MAI: M(–1 | 0); A(7 | –2); I(7,5 | 4,5)

34 Konstruiere ein zugehöriges Dreieck ABC für: A(–1 | 1); B(5 | 0); M_i(3 | 1,5)

Satz des Thales

Liegt der Punkt C eines Dreiecks ABC auf einem Halbkreis („**Thaleskreis**") über der Strecke $\overline{AB}$ ($C \notin \overline{AB}$), dann hat das Dreieck bei C einen rechten Winkel.

35 Berechne jeweils die fehlenden Winkelmaße.

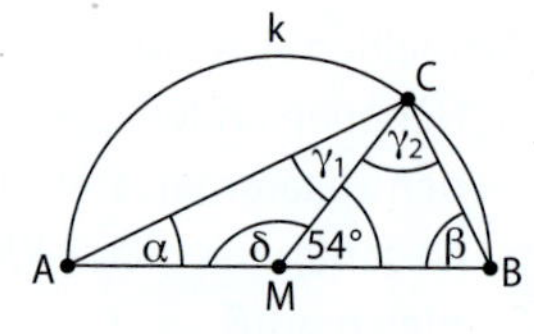

36 Konstruiere ein rechtwinkliges Dreieck ABC mit Hypotenuse c = 8 cm und a = 3 cm.

Kongruenzsätze für Dreiecke

Dreiecke sind genau dann kongruent, wenn sie …

- in der Länge aller Seiten übereinstimmen (**SSS**).
- in der Länge zweier Seiten und dem Maß des eingeschlossenen Winkels übereinstimmen (**SWS**).
- in der Länge einer Seite und dem Maß beider anliegenden Winkel übereinstimmen (**WSW**).
- in der Länge zweier Seiten übereinstimmen sowie dem Maß des Winkels, der der längeren Seite gegenüberliegt (**SsW**).

37 Konstruiere das Dreieck ABC. Begründe, wenn das Dreieck nicht konstruierbar ist.

a) a = 4 cm; b = 4,8 cm; c = 6 cm
b) a = 5,2 cm; b = a; c = 2a
c) c = 5,4 cm; α = 45°; β = 30°
d) b = 4,3 cm; α = 57°; β = 80°
e) a = 4 cm; c = 7 cm; γ = 90°
f) a = b; α = 50°; γ = 80°

Statistische Kennwerte: Lage- und Streumaße

- **arithmetisches Mittel $\bar{x}$:**

$$\bar{x} = \frac{\text{Summe aller Einzelwerte}}{\text{Anzahl der Einzelwerte}}$$

- **Median** (Zentralwert): mittlerer Wert in einer der Größe nach geordneten Liste von Daten
- **Modalwert**: Wert mit der größten absoluten Häufigkeit
- Die **Spannweite** errechnet sich als Differenz zwischen dem größten Wert einer Datenmenge (**Maximum**) und dem kleinsten Wert (**Minimum**).

38 Erzeuge eine Datenreihe aus sieben Zahlen aus der Menge {1; 2; 3; 4; 5; 6}, die als arithmetisches Mittel den Wert 3 hat. Die Spannweite soll den Wert 4 haben. Nenne Modalwert und Median dieser Datenreihe. Findest du mehrere Möglichkeiten?

39 Bestimme die Lage- und Streumaße.

Augenzahl	1	2	3	4	5	6
Anzahl	III	I	𝍸	IIII	II	𝍸

Boxplot

Die Verteilung von Daten lässt sich gut mit einem **Boxplot** darstellen. In der **Box** liegen die mittleren 50 % der Daten, die **Antennen** geben die unteren bzw. oberen 25 % an.

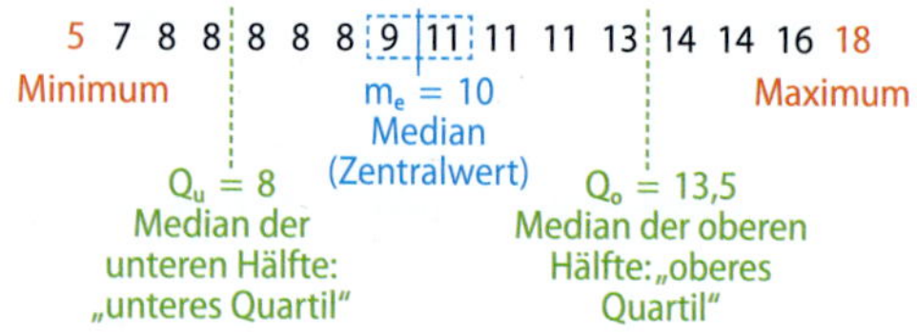

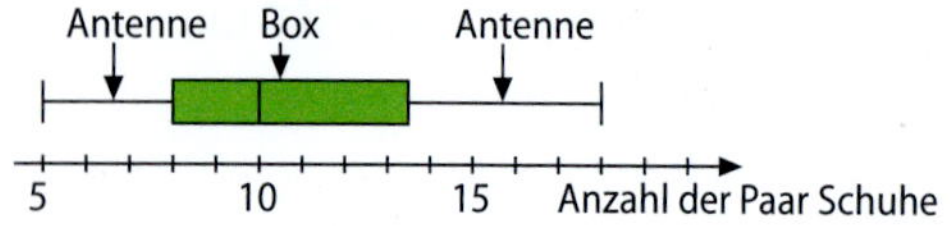

40 In der Tabelle sind die Treffer bei einem Pfeilschusswettbewerb aufgelistet (0–10 Punkte). Bestimme die Lagemaße und zeichne einen Boxplot.

Pfeil Nr.	1	2	3	4	5	6	7	8	9
Punkte	8	4	5	2	3	2	3	4	10

41 Lies die Lage- und Streumaße aus dem Boxplot ab.

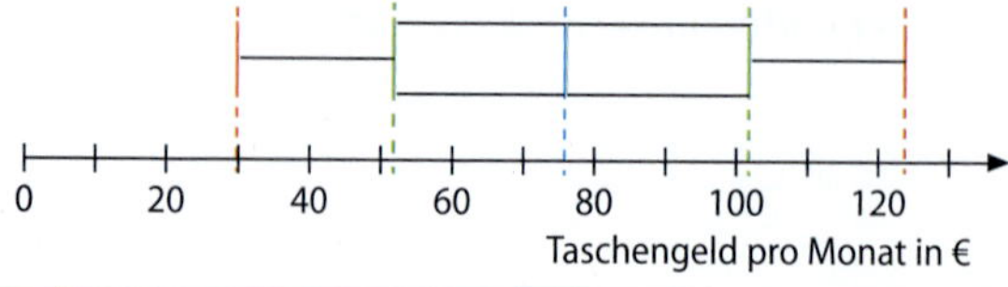

1 Zufall und Wahrscheinlichkeit

Einstieg

- Wie groß ist die Wahrscheinlichkeit, mit einem Spielwürfel eine 6 zu würfeln?
- Würfle hintereinander möglichst oft mit einem Würfel. Bestätigt sich deine Vermutung?
- Wie lassen sich die Ergebnisse des Würfelwurfs mithilfe von Kennzahlen beschreiben und darstellen?

Ausblick

Am Ende dieses Kapitels hast du gelernt, …

- wie man Zufallsexperimente beschreiben kann.
- auf welche Weise man aus den wiederholten Ergebnissen eines Zufallsexperimentes eine Wahrscheinlichkeit schätzen kann.
- wie man Baumdiagramme als Hilfsmittel nutzen kann.
- was man unter einem Laplace-Experiment versteht und wie man Wahrscheinlichkeiten bestimmen kann.

1 Das kann ich schon ...

Daten sammeln und auswerten

Daten kann man in einer **Urliste** (ungeordnete Aufzählung aller Daten), **Strichliste** (Abzählen der Daten durch Striche) oder in einer **Häufigkeitstabelle** (Angabe der Daten als absolute oder relative Häufigkeit) darstellen.

Strichliste:

Anna	IIII
Nikos	III
Lisa	𝍸 I

Häufigkeitstabelle:

Name	Anzahl
Anna	4
Nikos	3
Lisa	6

Die **absolute Häufigkeit H** ist die tatsächliche Anzahl, wie oft ein Ergebnis vorkommt.

Datenreihe:
1; 2; 6; 3; 6; 4; 5; 3; 2; 4; 6; 3

absolute Häufigkeit von „6“: H (6) = 3

Die **relative Häufigkeit h** ist der Anteil eines Ergebnisses in Bezug auf die Gesamtzahl der Ergebnisse.

relative Häufigkeit von „6“:

$$h(6) = \frac{\text{absolute Häufigkeit für 6}}{\text{Gesamtanzahl aller Zahlen}} = \frac{3}{12} = \frac{1}{4}$$

Kennwerte von Daten bestimmen

Um Daten auszuwerten, kann man Lagemaße und Streumaße bestimmen.

Lagemaße sind der Modalwert (häufigster Wert), der Median (Wert in der Mitte der geordneten Stichprobe) und das arithmetische Mittel $\bar{x} = \frac{\text{Summe aller Einzelwerte}}{\text{Anzahl der Einzelwerte}}$.

Ein Streumaß ist die Spannweite, das ist der Unterschied zwischen dem kleinsten Wert (Minimum) und dem größten Wert (Maximum).

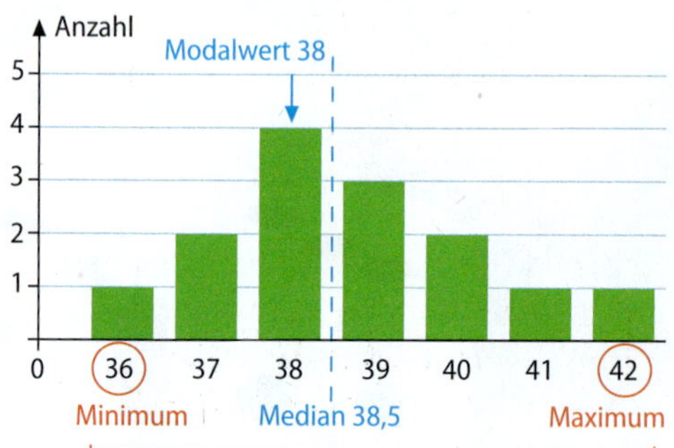

Spannweite 42 – 36 = 6

$$\bar{x} = \frac{542}{14} = 38{,}7$$

Boxplot zeichnen

Ein **Boxplot** kann zur Veranschaulichung der Verteilung der Werte von einer Datenreihe dienen. Dies geschieht mithilfe der Kennwerte.
Der Median unterteilt die Daten in zwei Hälften. Von diesen bildet man erneut die Mediane:
unteres Quartil: Median der unteren Hälfte
oberes Quartil: Median der oberen Hälfte
Die **Box** umfasst dann die mittlere Hälfte aller Werte.

Die **Antennen** geben an, in welchem Bereich die unteren bzw. oberen 25 % der Daten liegen. Sie markieren damit auch das Maximum und das Minimum der Daten.

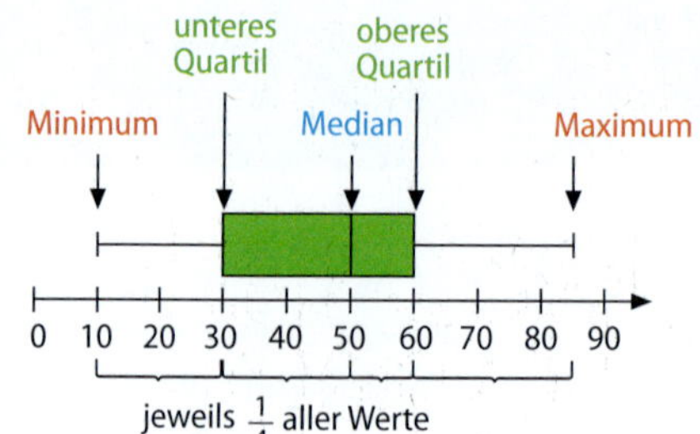

Daten sammeln und auswerten

1 a) Führe eine Umfrage zur Lieblingsfarbe deiner Mitschülerinnen und Mitschüler durch. Jeder darf nur eine Farbe nennen. Erstelle eine Strichliste und anschließend eine Häufigkeitstabelle.

Lieblingsfarbe	Strichliste	Anzahl
Gelb		
Grün		

b) Bestimme die absolute und relative Häufigkeit der einzelnen Farben in der Umfrage.

2 Die Schüler der Klasse 8b haben notiert, wie viele Geschwister sie haben. Es ergab sich folgende Urliste:

0; 2; 1; 0; 0; 1; 3; 2; 0; 0; 1; 2; 0; 4; 0; 0; 1; 1; 2; 0

a) Bestimme alle absoluten und relativen Häufigkeiten.

b) Addiere alle relativen Häufigkeiten. Begründe, warum gerade dieses Ergebnis herauskommt.

Kennwerte von Daten bestimmen

3 Die Ergebnisse einer Umfrage zur Lieblingsfarbe in der Klasse 8a sind in der abgebildeten Häufigkeitstabelle dargestellt.

a) Gib für die Umfrage den Modalwert an.

b) Begründe, wieso man zwar den Modalwert, aber keinen Median und kein arithmetisches Mittel bestimmen kann.

Lieblingsfarbe	Anzahl
Blau	7
Rot	9
Gelb	4
Grün	8
Lila	2
Sonstige	6

4 a) Die Schülerinnen und Schüler der Klasse 8c haben folgende Schuhgrößen:
37; 36; 37; 38; 41; 39; 38; 41; 36; 38; 39; 41; 40; 35; 43; 39; 37; 36; 36; 37; 42; 38; 36; 40; 40; 36; 39; 37; 40; 39
Bestimme alle möglichen Lage- und Streumaße.

b) Zeichne ein Säulendiagramm zur Umfrage und trage dort auch das arithmetische Mittel sowie den Median ein.

c) Beschreibe, wie sich Lage- und Streumaße verändern, wenn man noch die Schuhgröße des Mathelehrers (Schuhgröße 45) hinzunehmen würde.

Boxplot zeichnen

5 Bei einem Test kann eine Punktzahl zwischen 0 und 10 Punkten erreicht werden. In der Klasse 8d wurden folgende Ergebnisse erzielt:

3; 8; 7; 8; 5; 3; 6; 7; 10; 6; 1; 7; 0; 9; 5; 7; 2; 4; 6; 3; 9; 7; 1

a) Zeichne einen Boxplot zu den Ergebnissen des Tests.

b) Melanie war an dem Tag krank und muss den Test nachschreiben. Kann es passieren, dass sich der Boxplot dadurch nicht ändert? Welches Ergebnis müsste Melanie dann erzielen?

Kap. 1.1

Wappen oder Zahl?

Wirf gleichzeitig mit einem Würfel und einem 2-€-Stück. Die Zahl-Seite der Münze hat den Wert 2, die Wappen-Seite den Wert 1. Multipliziere die Augenzahl des Würfels mit dem Wert der Münzseite. Würfelst du also eine 5 und liegt die Wappen-Seite der Münze oben, hast du

 ·  = 5 Punkte. Bei einer 3 und Zahl bekommst du

 ·  = 6 Punkte usw.

- Spiele gegen eine Mitschülerin oder einen Mitschüler. Wer den höheren Wert geworfen hat, gewinnt die Spielrunde. Sieger ist, wer von fünf Spielrunden die meisten gewonnen hat.
- Welche Werte sind überhaupt möglich?
- Auf welchen Wert würdest du wetten, bevor du Würfel und Münze wirfst? Warum?
- Ändere die Spielregeln ab, sodass es sich lohnt, auf den Wert 8 zu wetten.

Kap. 1.2

Drinnen oder draußen?

Markiere auf einem Blatt Papier einen Kreis mit etwa 10 cm Durchmesser. Lasse aus ca. 30 cm Höhe genau über der Mitte des Kreises einen Spielchip fallen.

Notiere dir jedes Mal, ob der Chip innerhalb oder außerhalb des Kreises liegen bleibt.

- Nach wie vielen Würfen würdest du sagen, dass der Chip eher drinnen/eher draußen liegen bleibt?
- Mit welcher relativen Häufigkeit bleibt der Chip nach 50 Würfen draußen liegen?
- Kannst du eine Chance bzw. Wahrscheinlichkeit dafür angeben, dass der Chip draußen liegen bleibt? Wie könntest du überprüfen, ob die Wahrscheinlichkeit realistisch ist?

Kap. 1.3

Fair oder unfair?

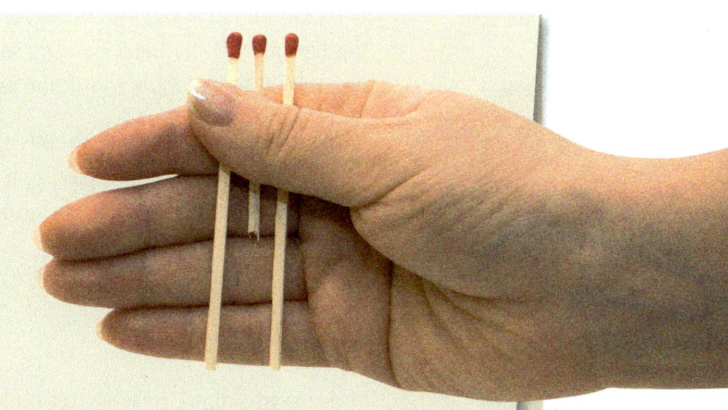

Bei den folgenden Spielen sollst du entscheiden, ob sie fair oder unfair sind, wenn man sie spielt. Doch vorher müsst ihr noch klären: Was heißt überhaupt fair?

- Streichholz ziehen: Spieler A hat drei Streichhölzer, von denen eines kürzer ist. Spieler B zieht eines und verliert, wenn es das kürzere ist.
- Zwei Spieler würfeln gleichzeitig mit einem Würfel. Es gewinnt der Spieler, dessen Augenzahl näher an der 3 liegt. Bei Gleichstand wird wiederholt.
- Schere-Stein-Papier-Spiel (2 Spieler)
- Beim Roulette gibt es 37 Felder (Zahlen 0–36). 18 Felder sind rot, 18 Felder sind schwarz und ein Feld ist grün (die Null). Setzt ein Spieler auf Schwarz oder Rot, erhält er das doppelte des Einsatzes zurück, sofern er richtig liegt. Kommt die jeweils andere Farbe oder die Null, verliert er seinen Einsatz.

Kap. 1.4

Eins, zwei oder drei?

Beim Mensch-ärgere-dich-nicht-Spiel hat man drei Versuche, eine Sechs zu würfeln, um mit einem Spielstein starten zu dürfen.

- Wie groß ist die Chance, beim ersten Versuch eine Sechs zu würfeln?
- Beim ersten Versuch hattest du keine Sechs. Wie hoch ist nun beim zweiten Versuch die Chance für eine Sechs?
- Klara behauptet, dass es egal sei, ob man ein-, zwei- oder dreimal würfeln darf. Was sagst du dazu?
- Wie oft muss man durchschnittlich würfeln, um mit dem Spielstein starten zu dürfen?

Entdecken

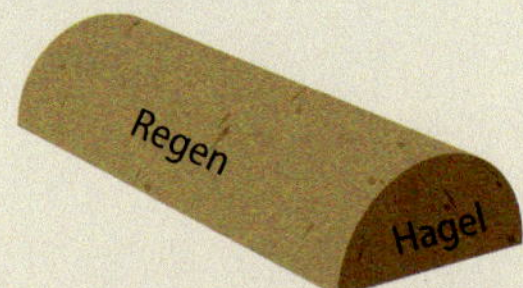

Als „geworfen" gilt jeweils die oben liegende Beschriftung.

Wenn Quirin Quak im Sommer eine Vorhersage machen soll, ob es Niederschlag geben wird, wirft er einen „Halbzylinder". Diesen hat er sich aus einem Flaschenkorken gebaut, den er der Länge nach halbiert hat. Die rechteckige Schnittfläche ist mit *Kein Niederschlag* beschriftet, die gewölbte mit *Regen*. Auf den restlichen beiden steht jeweils *Hagel*.

- Welche Ergebnisse sind bei dem „Halbzylinder" möglich?
- Welche Wetterlagen lassen sich auf diese Weise bestimmen? Erfinde ein Zufallsgerät, das möglichst viele Wetterlagen berücksichtigt.

Verstehen

In der Mathematik beschäftigt man sich systematisch mit Zufallsexperimenten und Zufallsgeräten wie z. B. Würfeln, Glücksrädern oder Lostrommeln.

Manchmal spricht man auch von Zufallsversuchen statt von Zufallsexperimenten.

Ein Versuch, dessen Ausgang bzw. **Ergebnis zufällig** ist, heißt **Zufallsexperiment**, wenn zusätzlich folgende drei Eigenschaften gelten:
1. Die Durchführung erfolgt nach genauen Regeln und ist beliebig wiederholbar.
2. Es müssen mindestens zwei verschiedene Ergebnisse möglich sein.
3. Das Ergebnis ist nicht vorhersagbar.

Alle möglichen Ergebnisse zusammen bilden die **Ergebnismenge Ω**. Ein bestimmter Teil aller möglichen Ergebnisse, für den man sich interessiert, wird **Ereignis** genannt. Ein Ereignis kann **sicher**, **möglich** oder **unmöglich** sein.

Beispiel: Würfelwurf

Ergebnismenge	$\Omega = \{1; 2; 3; 4; 5; 6\}$
Ereignis A: „Augenzahl gerade"	$A = \{2; 4; 6\}$. Das Ereignis ist möglich.
Ereignis B: „Augenzahl 0"	$B = \{\,\}$. Das Ereignis ist unmöglich.
Ereignis C: „Augenzahl höchstens 6"	$C = \{1; 2; 3; 4; 5; 6\}$. Das Ereignis ist sicher.

Ein Gegenereignis $\overline{A}$ enthält alle Ereignisse, die nicht in A enthalten sind.

Beispiel

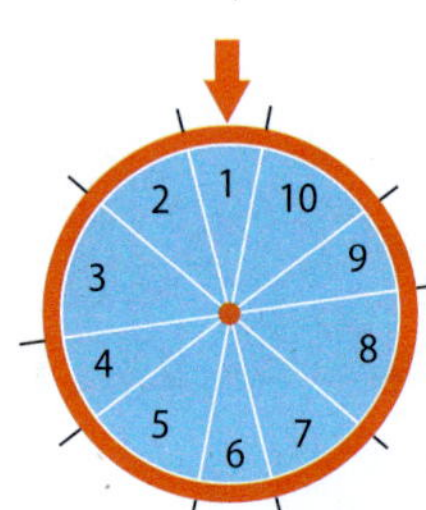

Das nebenstehende Glücksrad wird gedreht.

a) Welche Ergebnisse sind möglich? Verwende die Mengenschreibweise.

b) Welche Ergebnisse passen für folgende Ereignisse? Schreibe in Mengenschreibweise und beurteile, ob es sich um ein sicheres, mögliches oder unmögliches Ereignis handelt.
A: „Die Zahl ist gerade."
B: „Die Zahl ist durch 3 teilbar."
C: „Die Zahl ist größer als 10."
D: „Die Zahl liegt zwischen 0 und 15."

c) Finde eine Beschreibung für das Ereignis $E = \{1; 2; 3; 4\}$

Lösung:

a) Ergebnismenge $E = \{1; 2; 3; 4; 5; 6; 7; 8; 9; 10\}$

b) $A = \{2; 4; 6; 8; 10\}$, mögliches Ereignis
$B = \{3; 6; 9\}$, mögliches Ereignis
$C = \{\,\}$, unmögliches Ereignis
$D = \{1; 2; \ldots; 9; 10\}$, sicheres Ereignis, damit auch mögliches Ereignis

c) E: „Die Zahl ist kleiner als 5."

Nachgefragt

- Finde mindestens drei Beispiele für Zufallsexperimente in deiner Umwelt.
- Richtig oder falsch? Beim „blinden" Ziehen einer Spielkarte aus einem Kartenspiel handelt es sich um ein Zufallsexperiment. Begründe.
- Simones Würfel hat auf allen sechs Seiten eine Eins. Begründe, warum das Werfen dieses Würfels kein Zufallsexperiment ist.

Aufgaben

1 Handelt es sich um ein Zufallsexperiment? Begründe. Gib mögliche Ergebnisse an.

a) Ein Würfel wird 1-mal (2-mal) geworfen.
b) Der Schiedsrichter pfeift „Foul".
c) Moritz dreht an einem Glücksrad.
d) Jenna wirft eine Münze.
e) Selma springt vom Fünfmeterbrett.
f) Martin löst eine Matheaufgabe.
g) Jaqueline zieht ein Los auf der Kirmes.
h) Herr Vettel fährt Auto.

2 Welche möglichen Ergebnisse gibt es zu folgenden Zufallsexperimenten?

a)

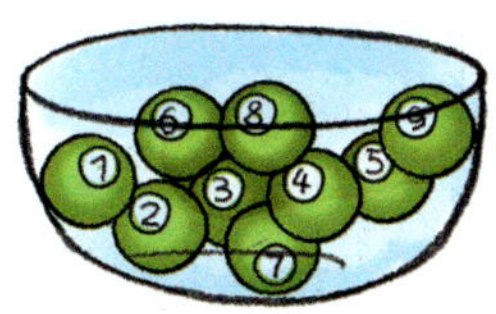

Einmaliges Ziehen einer Kugel aus der abgebildeten Schale

b)

Würfeln mit einem Körper mit acht gleich großen Flächen (Ziffern 1 bis 8)

c)

Augensumme beim gleichzeitigen Werfen mit zwei Würfeln

3 **a)** Übertrage die Tabelle ins Heft und fülle sie aus, indem du für jedes Ereignis die möglichen Ergebnisse bestimmst.

b) Formuliere mehrere Ereignisse, die einen sicheren (einen unmöglichen) Ausgang haben.

Ereignis	Ergebnisse
Zahl ist kleiner als 4.	
Zahl ist ungerade.	
Zahl ist größer als 5.	
Zahl ist größer als 0.	

Mithilfe eines Bierdeckels und einer Nadel kannst du leicht selbst ein Glücksrad bauen. Probiere es aus!

4 Ein Spielwürfel wird zweimal geworfen. Anschließend wird aus den Augenzahlen eine möglichst große zweistellige Zahl gebildet.

a) Schreibe alle möglichen Ergebnisse auf.

b) Notiere die folgenden Ereignisse in Mengenschreibweise.

A: „Die Zahl ist gerade."
B: „Die Zahl ist ungerade."
C: „Die Zahl ist durch 3 teilbar."
D: „Die Zahl ist kleiner als 50."
E: „Die Zahl ist eine Quadratzahl."
F: „Die Zahl ist größer als 15."

5 Bastle ein Glücksrad. Du benötigst eine runde Pappscheibe und eine Nadel.

a) Überlege dir mindestens drei verschiedene Zufallsexperimente, die du mit deinem Glücksrad durchführen kannst.

b) Führe deine Zufallsexperimente aus a) jeweils zehnmal durch und notiere die Ergebnisse jeweils in einer Häufigkeitstabelle.

c) Finde verschiedene Ereignisse und gib die zugehörige relative Häufigkeit an.

So könnte ein Glücksrad aussehen:

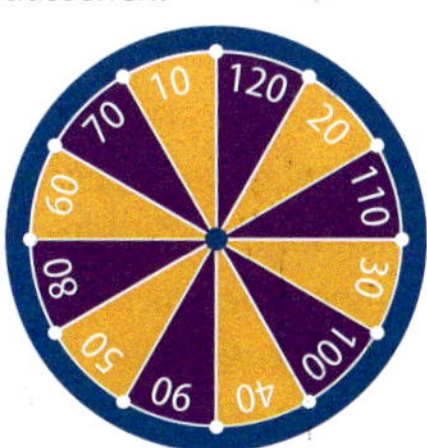

Entdecken

Bei den olympischen Spielen in Rio 2016 gab es im Handball zwei Gruppen. Zunächst spielte in der Gruppenphase jeder gegen jeden in seiner Gruppe.

- Wie viele Spiele gibt es in der Gruppenphase? Überlege zunächst, wie du möglichst geschickt vorgehen kannst.

Gruppe A	Gruppe B
Frankreich	Slowenien
Dänemark	Brasilien
Kroatien	Polen
Katar	Ägypten
Argentinien	Schweden
Tunesien	Deutschland

Verstehen

Werden mehrere Zufallsexperimente hintereinander ausgeführt, spricht man von einem mehrstufigen Zufallsexperiment.

Ein Baumdiagramm verzweigt sich wie die Äste einer Baumkrone.

Ein **mehrstufiges Zufallsexperiment** lässt sich durch ein **Baumdiagramm** darstellen. Es besteht aus verschiedenen Stufen, an denen sich das Diagramm verzweigt. Für jede Stufe muss man sich stets überlegen, welche Bedeutung sie haben soll. Zu jedem Ergebnis gehört ein **Pfad**. Die Anzahl der Pfade am Ende entspricht der **Anzahl der Ergebnisse**.

1 Zweistufiges Zufallsexperiment:
Beispiel: Ein Chip mit roter und blauer Seite wird zweimal geworfen. Wie viele Ergebnisse gibt es?
Die Ergebnismenge $\Omega = \{rr; rb; br; rr\}$ enthält $2 \cdot 2 = 4$ Ergebnisse.

1. Wurf | 2. Wurf
r: r → rr, b → rb
b: r → br, b → bb

2 Mehrstufiges Zufallsexperiment:
Beispiel: Clara hat zwei Mützen, drei Schals und zwei Paar Handschuhe. Wie viele Möglichkeiten hat sie, die drei Kleidungsstücke miteinander zu kombinieren?
Die Ergebnismenge
$\Omega = \{M_1S_1H_1;\ M_1S_1H_2;\ \ldots;\ M_2S_3H_2\}$
enthält $2 \cdot 3 \cdot 2 = 12$ Ergebnisse.

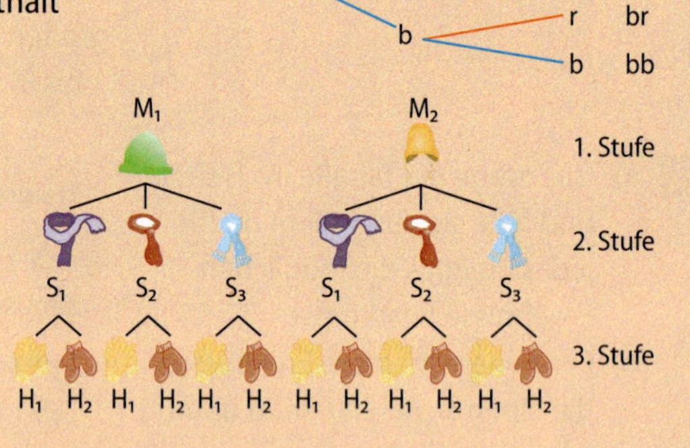

Die 12 Möglichkeiten entsprechen den 12 Pfadenden des Baumdiagramms.

Ein Baumdiagramm kann nach unten sehr breit werden. Zeichne deshalb die Äste in der ersten Stufe so weit wie möglich auseinander.

Beispiel

Bei einem Pferderennen sind vier Pferde (P1 bis P4) am Start.
Wie viele verschiedene Möglichkeiten gibt es für die ersten beiden Plätze?
Zeichne ein passendes Baumdiagramm und beschreibe seinen Aufbau.
Lösung:

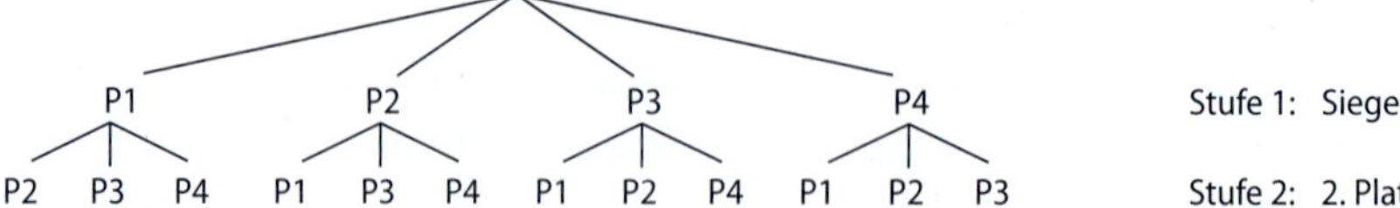

Auf Stufe 1 gibt es 4 Möglichkeiten für das Siegerpferd. Dieses ist dann im Ziel, sodass für den 2. Platz in Stufe 2 noch jeweils 3 Pferde in Frage kommen. Insgesamt erhält man damit $4 \cdot 3 = 12$ Möglichkeiten, die ersten beiden Plätze zu besetzen.

Nachgefragt

- Nenne Beispiele aus dem Alltag, bei denen die Anzahl der Möglichkeiten auf jeder Stufe eines Baumdiagramms gleich groß ist.
- Ein Baumdiagramm kann man in verschiedene Richtungen zeichnen (z. B. auch von links nach rechts). Nenne Vor- und Nachteile der einzelnen Anordnungen.

Aufgaben

1 Nico möchte sich eine Eistüte mit drei verschiedenen Sorten Eis kaufen. Die Eisdiele hat sechs verschiedene Sorten zur Auswahl. Um herauszufinden, wie viele Möglichkeiten es gibt, die Eistüte zusammenzustellen, soll ein Baumdiagramm gezeichnet werden.

a) Hat das Baumdiagramm drei oder sechs Stufen? Welche Bedeutung haben die einzelnen Stufen?

b) Wie viele Möglichkeiten gibt es, die Eistüte zusammenzustellen?

c) Wie ändern sich die einzelnen Stufen des Baumdiagramms, wenn Nico nicht zwingend verschiedene Eissorten möchte? Wie viele Möglichkeiten gibt es dann?

2 Du wirfst einen Würfel zweimal hintereinander.

a) Zeichne ein Baumdiagramm. Wie viele verschiedene Ergebnisse gibt es?

b) Markiere die Pfade, die zu den Ereignissen gehören, in der entsprechenden Farbe.
Grün: Die Augensumme ist größer als 9. Blau: Es wird zweimal die 5 geworfen.
Rot: Es werden nur gerade Zahlen geworfen.

3 Zainab steht vor ihrem Kleiderschrank und kann sich nicht entscheiden, was sie anziehen möchte. Zur Auswahl stehen vier verschiedene Hosen, sechs T-Shirts, drei Pullover, zwei Paar Socken und ein Paar Schuhe.
Auf wie viele Arten kann Zainab sich kleiden, wenn sie eine Hose, ein T-Shirt, einen Pullover, ein Paar Socken und Schuhe anziehen möchte?

4 Zum Geburtstag hat Murat ein tolles neues Fahrrad bekommen. Natürlich braucht er auch ein Schloss.

a) Warum gibt es keine Zahlenschlösser mit nur einer verstellbaren Ziffer?

b) Murat hat zwei Schlösser zur Auswahl: eines mit vier Ziffernrädern jeweils von 0 bis 5 und eines mit drei Ziffernrädern von 0 bis 9. Hilf Murat bei seiner Wahl. Begründe.

c) Murat hat sich für das Schloss mit den vier Ziffernrädern von 0 bis 5 entschieden. Seine Schwester Leyla möchte mit seinem Fahrrad zu einer Freundin fahren, kennt aber die Kombination nicht. Wie lange braucht sie im schlimmsten Fall, wenn sie alle Kombinationen ausprobiert und für jede Kombination eine Sekunde benötigt?

5 Josef und Tina wollen Pizza bestellen. In der Karte können sie auswählen zwischen folgenden Belagsorten:
Grundbelag: **Sa**lami, **Sch**inken Beilage: **P**eperoni, **O**liven, **C**hampignons

a) Wie viele unterschiedliche Pizzen könnten sie bestellen, wenn sie einen Grundbelag und eine Beilage auswählen müssten? Zeichne dazu ein Baumdiagramm. Verwende die markierten Buchstaben als Kürzel.

b) Als Felix hinzukommt, wollen sie noch eine Käsesorte auswählen. Dazu bietet der Lieferservice **M**ozzarella und **G**ouda an. Wie viele Kombinationsmöglichkeiten gibt es nun für eine Pizza aus Grundbelag, Beilage und Käse?

Entdecken

Hast du schon einmal mit Schraubverschlüssen gewürfelt? Wenn sie an der Seite recht gerade sind, lassen sich drei Positionen unterscheiden: oben (o), unten (u) und Seite (S).

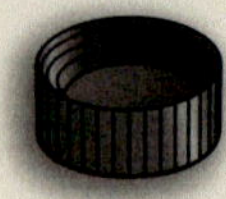
oben (o)

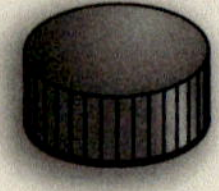
unten (u)

Seite (S)

- Besorge dir zehn gleichartige Verschlüsse (z. B. von Milchtüten oder Getränkeflaschen). Würfle wiederholt mit den Verschlüssen und vervollständige die Tabelle.

Anzahl geworfener Verschlüsse	absolute Häufigkeit			relative Häufigkeit		
	H (o)	H (u)	H (S)	h (o)	h (u)	h (S)
10						
50						
100						
...						

- Beschreibe, wie sich die absoluten und relativen Häufigkeiten in Abhängigkeit von der Anzahl der Würfe verändern. Wie ändern sich diese Werte, wenn ihr die Daten der gesamten Klasse zusammenfasst?

Verstehen

Der Wert für die relative Häufigkeit hängt von der Anzahl der Versuche ab.

„Empirisch" bedeutet, dass das Gesetz auf Erfahrungen beruht.

Führt man ein Zufallsexperiment sehr oft durch, dann beobachtet man, dass sich die **relativen Häufigkeiten** bei wachsender Versuchszahl stabilisieren. Das heißt, die relativen Häufigkeiten ändern sich kaum noch, wenn das Experiment nur oft genug durchgeführt wird. Diese Tatsache wird auch als das **empirische Gesetz der großen Zahlen** bezeichnet.

Die stabilisierten relativen Häufigkeiten sind ein guter **Schätzwert für die Wahrscheinlichkeit,** mit der man die Ergebnisse eines Zufallsexperiments erwartet.

Beispiele

1. Aus einem Behälter mit roten und blauen Kugeln wird immer wieder eine Kugel gezogen, die Farbe notiert, und anschließend wieder zurückgelegt. Es wird gezählt, wie oft eine blaue Kugel gezogen wurde. Interpretiere das Ergebnis mithilfe eines geeigneten Diagramms.

Anzahl der Versuche n	absolute Häufigkeit H	relative Häufigkeit $h = \frac{H}{n}$
100	28	$\frac{28}{100} = 0{,}28$
200	38	$\frac{38}{200} = 0{,}19$
400	108	$\frac{108}{400} = 0{,}27$
800	192	$\frac{192}{800} = 0{,}24$

Lösung:

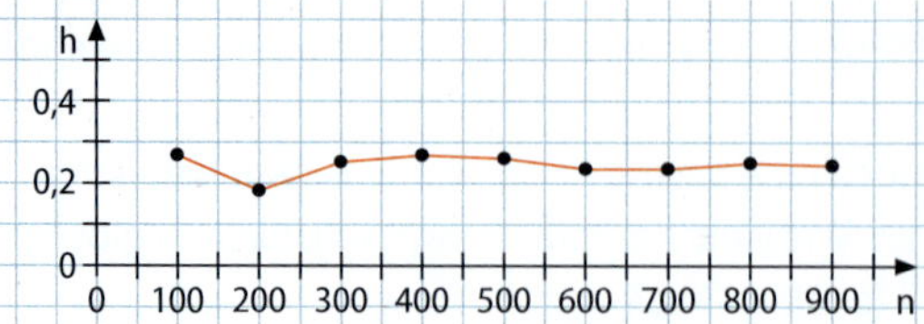

Die relative Häufigkeit stabilisiert sich in der Nähe von 0,24. Es ist also davon auszugehen, dass etwa ein Viertel der Kugeln blau ist.

2. Eine Reißzwecke wird bei jedem Durchgang 1000-mal geworfen. Bestimme einen Schätzwert für die Wahrscheinlichkeit, dass die Reißzwecke auf dem Kopf landet.

Durchgang	1	2	3	4
Anzahl Kopf	356	372	365	362

Lösungsmöglichkeiten:

1 relative Häufigkeit als Mittelwert aller Würfe:

$$\overline{x} = \frac{356 + 372 + 365 + 362}{4000} = \frac{1455}{4000} \approx 0{,}364 = 36{,}4\,\%$$

2 Mittelwert der relativen Häufigkeiten der einzelnen Durchgänge:

$$\overline{x} = \frac{0{,}356 + 0{,}372 + 0{,}365 + 0{,}362}{4} = \frac{1{,}455}{4} \approx 0{,}364 = 36{,}4\,\%$$

Man kann erwarten, dass in ca. 36 % der Fälle die Reißzwecke auf dem Kopf landet.

Nachgefragt

- Stimmt das? Egal wie häufig man ein Zufallsexperiment bei verschiedenen Durchgängen durchführt, kann man immer den Mittelwert der relativen Häufigkeiten als Schätzwert für die Wahrscheinlichkeit verwenden.
- Begründe, warum die Lösungsmöglichkeiten in Beispiel 2 gleichwertig sind.

Aufgaben

1 Wirf mehrere Reißzwecken auf einen harten Untergrund. Ermittle für die Lagen Kopf und Seite (siehe Beispiel 2) einen Schätzwert für die Wahrscheinlichkeit, indem du bei mehreren Durchgängen jeweils die Lage von 200 Reißzwecken bestimmst.

2 Eine Spielkarte wird 10-mal nacheinander in die Luft geworfen. Sie landet 7-mal auf der Vorderseite und 3-mal auf der Rückseite. Nelson ist sich sicher: „Die Wahrscheinlichkeit, dass die Spielkarte auf der Vorderseite landet, beläuft sich auf 70 %." Was meinst du dazu? Begründe deine Meinung.

3 Telefonnummern bestehen aus verschiedenen Ziffern. Die Tabelle zeigt die absoluten Häufigkeiten der Ziffern in den Seiten eines Telefonbuchs.

Ziffer	0	1	2	3	4	5	6	7	8	9
S. 34	354	276	451	289	313	462	243	178	254	327
S. 187	267	189	312	251	281	361	176	189	243	278
S. 342	317	229	395	321	276	385	207	165	265	332

a) Bestimme die relativen Häufigkeiten der Ziffern auf den einzelnen Seiten.
b) Bestimme einen Schätzwert für die Wahrscheinlichkeit der einzelnen Ziffern.

4 Zeichne in dein Heft jeweils ein Glücksrad mit den Farben Rot, Grün und Blau, das die folgende Bedingung erfüllt.
Auf lange Sicht gesehen erwartet man …

1 Rot genauso oft wie Blau.
2 Grün genauso oft wie Blau und Rot zusammen.
3 Grün doppelt so oft wie Blau.

Wie viele solcher Glücksräder gibt es?

5 Die Klasse 8a hat mit verschiedenen „Würfeln" je 10 000-mal gewürfelt und ihre Ergebnisse in Säulendiagrammen veranschaulicht.

Die Summe gegenüberliegender Augenzahlen beträgt stets 7.

1 Teilstrich entspricht 250 Würfen.

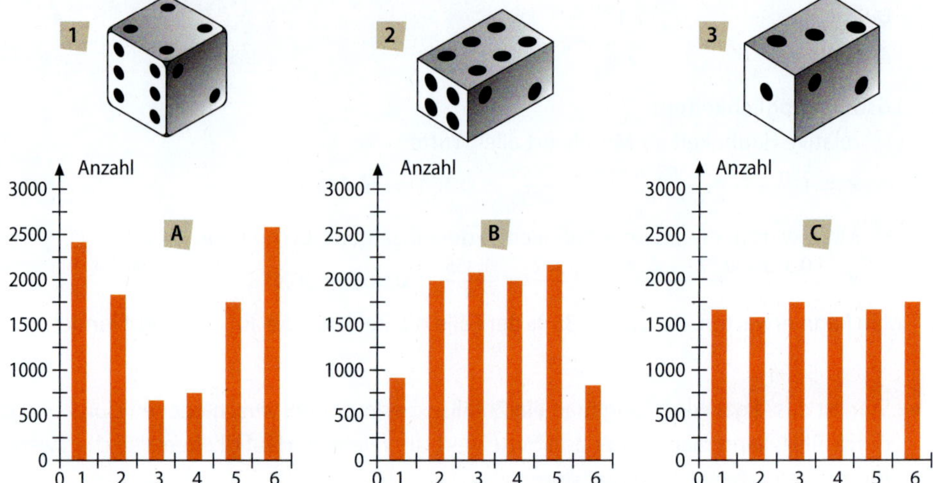

a) Welches Diagramm gehört zu welchem Würfel? Begründe deine Antwort.

b) Cora behauptet: „Das Diagramm C kann nicht zum Würfel 1 gehören, denn bei dem Würfel ist jede Seite gleichwahrscheinlich, die Säulen im Diagramm aber sind nicht alle gleich hoch." Äußere dich zu Coras Behauptung unter Verwendung der Begriffe „relative Häufigkeit" und „Wahrscheinlichkeit".

c) Wie würde sich das Diagramm C verändern, wenn eine Million-mal statt 10 000-mal gewürfelt würde?

d) Entwirf selbst einen Würfel und überlege dir, wie das zugehörige Säulendiagramm aussehen könnte.

6 Sicherlich kennst du das Spiel „Schere, Stein, Papier und Brunnen". Dabei entscheidet man sich gleichzeitig für je eine dieser Figuren und es gewinnt:

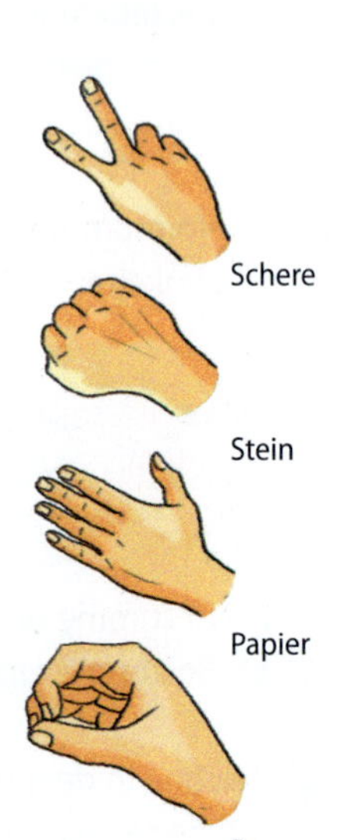

1 **Schere** schneidet Papier.
2 **Papier** bedeckt Brunnen und wickelt Stein ein.
3 **Stein** schleift Schere.
4 Stein bzw. Schere fällt in **Brunnen.**

a) Untersuche die Gewinnchancen, wenn man nur die Figuren Schere, Stein und Papier verwendet.

b) Beim Spiel mit allen Figuren hat man angeblich die besten Gewinnchancen, wenn man niemals „Stein" benutzt. Überprüfe die Behauptung mit einem Partner, indem einer niemals „Stein" benutzt und ein anderer in etwa einem Viertel aller Fälle. Beschreibt eure Ergebnisse und versucht, sie zu erklären.

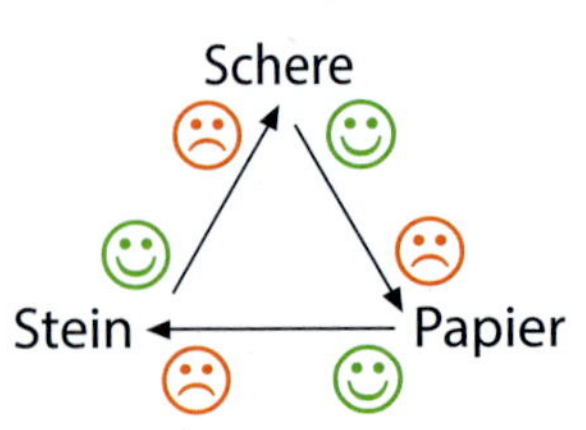

c) Melanie nutzt zur Lösung von Aufgabe a) linksstehende Skizze. Erkläre, warum diese hilfreich ist und erstelle eine solche Skizze auch für Aufgabe b).

d) Wie müssten die Regeln lauten, damit das Spiel mit allen Figuren fair ist? Überlege dir zunächst, welche Bedingung dafür erfüllt sein muss.

Werkzeug

Tabellenkalkulation

Du kennst bereits folgende Befehle zur Bestimmung von Kennwerten aus den Zellen B3 bis D3 bzw. B3 bis D6:
Maximum: =MAX(B3:D3) oder =MAX(B3;C3;D3)
Minimum: =MIN(B3:D3) oder =MIN(B3;C3;D3)
Arithmetisches Mittel: =MITTELWERT(B3:D3)
Median: =MEDIAN(B3:D6)
Modalwert: =MODALWERT(B3:D6)

	A	B	C	D	E
1	Schlagballwurf 8c am 16.05. (Weiten in Meter)				
2	Name	1. Wurf	2. Wurf	3. Wurf	Bester Wurf
3	Laura	22,4	31,7	29,9	=MAX(B3:D3)
4	Sebastian	45,1	38,7	41,0	45,1
5	Nico	36,9	38,7	37,4	38,7
6	Sarah	31,9	33,5	39,0	39,0

Münzwurf simulieren

Wir simulieren das Werfen einer Münze. Bei einer „normalen" Münze (Kopf, Zahl) ist die Wahrscheinlichkeit für Kopf 50 % = 0,5. Die Abbildung zeigt den Aufbau eines Tabellenblattes. Ist das Ergebnis „Kopf", steht in dem Feld für Kopf eine 1, in dem Feld für Zahl eine 0. Für die Simulation eines Münzwurfs werden folgende Befehle benötigt:

Zufallszahl ausgeben: „=ZUFALLSZAHL()"
Eine Zahl zwischen 0 und 1 wird zufällig erzeugt.

Bedingung: „=WENN(BEDINGUNG;DANN;SONST)"
Ein Bedingungsbefehl, bei dem zunächst die Bedingung eingegeben wird (B9 < 0,5). Nach dem Strichpunkt steht die Angabe, was passieren soll, wenn die Bedingung erfüllt ist (1), nach dem nächsten Strichpunkt steht das, was ansonsten in der Zelle stehen soll (0).

- Erstelle das Tabellenblatt 1.
- Erweitere die Tabelle bis 100 (1000, 5000) Würfe.
- Ändere das Tabellenblatt so ab, dass der Münzwurf auch für andere Wahrscheinlichkeiten für Kopf in Zelle B3 berechnet wird.

Hinweis: Mit der Taste F9 auf deiner Tastatur kannst du neue Zufallszahlen erzeugen.

Wir wollen in einem zweiten Tabellenblatt beobachten, wie sich die relative Häufigkeit für Kopf, also h („Kopf"), bei vielen Münzwürfen verändert. Simuliere dazu den Münzwurf mit den bisherigen Befehlen, sodass du ein Tabellenblatt wie in 2 erhältst.

- Erstelle das Tabellenblatt 2 und setze die Tabelle bis 1000 (2000) Würfe fort.
- Erstelle ein Diagramm, das die relative Häufigkeit in Abhängigkeit von der Anzahl der Würfe darstellt. Was fällt dir auf? Beschreibe.

Diagramm 3 zeigt ein mögliches Ergebnis.

1

	A	B	C	D
1	Münzwurf			
2				
3	Wahrscheinlichkeit Kopf	0,5		
4				
5			H ("Kopf")	H ("Zahl")
6			3	2
7				
8	Wurf Nr.	Zufallszahl	Kopf	Zahl
9	1	0,6299059	=WENN(B9<0,5;1;0)	1
10	2	0,5168466	0	1
11	3	0,1617881	1	0
12	4	0,1317735	1	0
13	5	0,3588534	1	0

2

	A	B	C	D	E
1	Münzwurf - relative Häufigkeit für Kopf				
2					
3	Wurf Nr.	Zufallszahl	Kopf	H ("Kopf")	h ("Kopf")
4	1	0,81417284	0	0	0
5	2	0,20686313	1	1	0,5
6	3	0,52805168	0	1	=D6/A6
7	4	0,3355378	1	2	0,5
8	5	0,202836	1	3	0,6
9	6	0,26372382	1	4	0,666666667
10	7	0,24299591	1	5	0,714285714
11	8	0,67420491	0	5	0,625
12	9	0,57770917	0	5	0,555555556
13	10	0,89305231	0	5	0,5
14	11	0,87810695	0	5	0,454545455
15	12	0,09968275	1	6	0,5

3

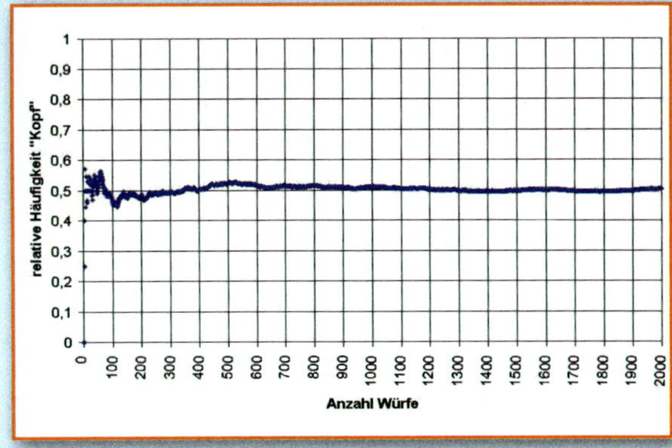

Entdecken

Ein Tetraeder ist eine dreiseitige Pyramide aus lauter gleichseitigen Dreiecken.

Bastle einen Tetraeder-Würfel und male die Begrenzungsflächen in den Farben Rot, Blau, Grün und Violett an. Diejenige Farbe gilt als gewürfelt, mit der die untere, nicht sichtbare Fläche angemalt wurde.

- Überlege zunächst: Welche relative Häufigkeit erwartest du für Rot bzw. Blau? Begründe deine Antwort.
- Überprüfe deine Vermutungen, indem du mit dem Tetraeder sehr oft würfelst (mindestens 100-mal). Stimmen die relativen Häufigkeiten mit deinen Erwartungen überein?
- Gib anhand deiner Überlegungen auch einen Schätzwert für die Wahrscheinlichkeiten eines Spielwürfels an.

Verstehen

*Pierre Simon **Laplace** war ein Physiker und Mathematiker. Zufallsgeräte wie Münzen, Würfel, etc., bei denen jedes Ergebnis gleich wahrscheinlich ist, nennt man auch Laplace-Münzen, Laplace-Würfel, etc.*

Die Wahrscheinlichkeit wird mit P (engl. probability) abgekürzt.

Bei manchen Zufallsexperimenten kann man aufgrund theoretischer Überlegungen davon ausgehen, dass alle möglichen Ergebnisse gleich wahrscheinlich sind.

Zufallsexperimente, bei denen jedes **Ergebnis gleich wahrscheinlich** ist, nennt man **Laplace-Experimente.**
Gibt es n mögliche Ergebnisse ($n = 2, 3, 4, \ldots$), dann ist die Wahrscheinlichkeit für jedes einzelne Ergebnis $\frac{1}{n}$. Man spricht von einer **Laplace-Wahrscheinlichkeit.**

Beispiel:
Bei einem Farbwürfel mit den Farben Rot, Gelb, Grün, Blau, Weiß und Schwarz gibt es sechs mögliche Ergebnisse, also beträgt die Wahrscheinlichkeit für das Ergebnis Grün $\frac{1}{6}$.

Werden mehrere Ergebnisse zu einem **Ereignis A** zusammengefasst, so berechnet man dessen Wahrscheinlichkeit, indem man die Anzahl **der für das Ereignis A günstigen Ergebnisse durch die Anzahl aller möglichen Ergebnisse** des Zufallsversuchs dividiert:

$$\text{Wahrscheinlichkeit für Ereignis A: } P(A) = \frac{\text{Anzahl der für A günstigen Ergebnisse}}{\text{Anzahl aller möglichen Ergebnisse}}$$

Beispiele

1. Mary weiß, dass es in der Praxis ihres Zahnarztes drei Behandlungszimmer (I, II und III) gibt. Wie groß ist die Wahrscheinlichkeit, dass Mary in Zimmer III behandelt wird?

Lösung:
Für alle drei möglichen Behandlungszimmer kann die gleiche Wahrscheinlichkeit angenommen werden. Somit ist die Wahrscheinlichkeit für Zimmer III: $\frac{1}{3} \approx 0{,}333 = 33{,}3\,\%$.

2. In einem Beutel sind 64 Kugeln. Manche sind grün, der Rest rot. Wie viele es von jeder Farbe sind, ist leider nicht bekannt, aber die Wahrscheinlichkeit, eine rote Kugel zu ziehen, beträgt $P(\text{„rote Kugel"}) = \frac{11}{16}$. Wie viele Kugeln von jeder Farbe sind im Beutel?

Lösung:
Insgesamt sind 64 Kugeln im Beutel, also sind 64 Ergebnisse möglich. Erweitert man den Bruch mit 4, so folgt: $P(\text{„rote Kugel"}) = \frac{11}{16} = \frac{44}{64}$.
Somit sind 44 der 64 Kugeln rot, die restlichen 20 Kugeln sind grün.

- „Die 1-€-Münze ist eine Laplace-Münze." Wie kannst du diese Aussage überprüfen?
- Wie muss ein Laplace-Glücksrad aussehen? Beschreibe.

Nachgefragt

Aufgaben

1 Jede Seite der abgebildeten „Spielwürfel" hat eine andere Farbe. Bestimme jeweils die Wahrscheinlichkeit für die Farbe Gelb.

a)
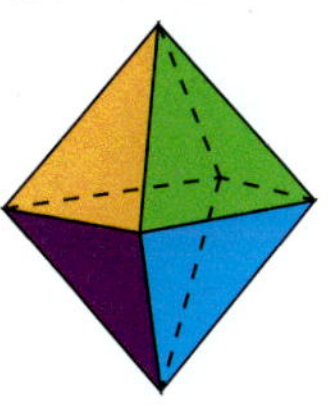
Oktaeder:
8 gleich große Seiten

b)
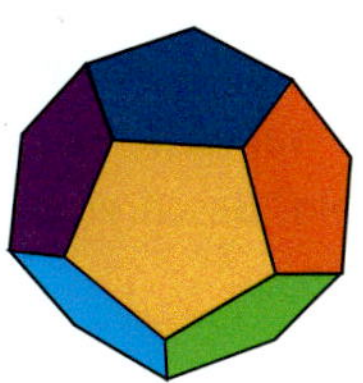
Dodekaeder:
12 gleich große Seiten

c)

Ikosaeder:
20 gleich große Seiten

2 Entscheide, ob es sich um Laplace-Experimente handelt.

a) Werfen einer 50-ct-Münze.
b) Ziehen der Zusatzzahl beim *Samstagslotto 6 aus 49*.
c) Würfeln mit einem halbkugelförmigen Karamellbonbon.
d) Werfen eines Flaschendeckels.
e) Ziehen eines Loses aus einer Lostrommel.
f) Tippen auf das Ergebnis eines Fußballspiels.

3 In einem Becher sind 7 schwarze, 3 weiße und 5 rote Kugeln, die jeweils gleich groß sind. Bestimme die Wahrscheinlichkeit für das Ziehen einer …

Eine Skizze kann helfen.

a) roten Kugel.
b) schwarzen Kugel.
c) Kugel, die nicht rot ist.
d) Kugel, die nicht grün ist.
e) schwarzen oder roten Kugel.
f) gelben Kugel.

4 Ein Laplace-Würfel wird geworfen. Notiere zuerst das Ereignis in Mengenschreibweise und bestimme dann die Wahrscheinlichkeit, …

a) die Zahl 4 zu würfeln.
b) mindestens 3 zu würfeln.
c) eine Primzahl zu würfeln.
d) höchstens 5 zu würfeln.
e) mindestens 6 zu würfeln.
f) ein Vielfaches von 3 zu würfeln.

Alle natürlichen Zahlen, die genau zwei voneinander verschiedene Teiler haben (also die 1 und sich selbst), nennt man Primzahlen.

5 In einem Becher sind insgesamt 24 blaue und gelbe Kugeln. Die Wahrscheinlichkeit, eine gelbe Kugel zu ziehen, ist …

a) $\frac{1}{2}$. **b)** $\frac{2}{3}$. **c)** $\frac{3}{8}$. **d)** $\frac{5}{6}$.

Wie viele Kugeln von jeder Farbe befinden sich jeweils im Becher?

6 In einem Becher sind rote und violette Kugeln. Die Wahrscheinlichkeit, eine violette Kugel zu ziehen, ist …

a) $\frac{1}{3}$. **b)** $\frac{7}{8}$. **c)** $\frac{3}{7}$. **d)** 40 %. **e)** 0.

Wie viele Kugeln von jeder Farbe können sich im Becher befinden? Wie viele Kugeln können es insgesamt sein? Finde verschiedene Möglichkeiten und begründe.

Entdecken

Bei einem Würfelspiel wird ein Würfel zweimal hintereinander geworfen.

- Wie viele Kombinationsmöglichkeiten aus erster und zweiter Augenzahl gibt es?
- Die Abbildung zeigt ein vereinfachtes Baumdiagramm. Erkläre die Darstellung und die Zahlen an den einzelnen Ästen.
- Wieso eignet sich dieses Baumdiagramm nicht, um die Anzahl der Kombinationsmöglichkeiten zu ermitteln?
- Wie groß ist die Wahrscheinlichkeit, zweimal hintereinander die 6 zu würfeln? Wie groß ist die Wahrscheinlichkeit, erst keine 6 und dann eine 6 zu würfeln? Beschreibe, wie das Baumdiagramm beim Lösen helfen kann.

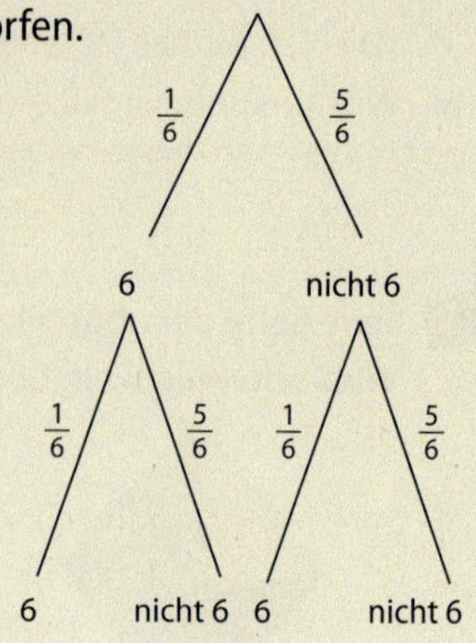

Verstehen

Kombiniert man Ergebnisse entlang eines Pfades an einem Baumdiagramm, dann lässt sich die Wahrscheinlichkeit mithilfe der 1. Pfadregel bestimmen.

1. Pfadregel:
Die Wahrscheinlichkeit eines Ergebnisses am Ende eines Pfades wird berechnet, indem alle Wahrscheinlichkeiten **entlang des Pfads** miteinander **multipliziert** werden.

Die Wahrscheinlichkeit eines einzelnen Ergebnisses schreibt man direkt an den zugehörigen Ast.

Beispiel: Aus einer Urne mit drei weißen und zwei schwarzen Kugeln werden nacheinander zwei Kugeln ohne Zurücklegen gezogen. Die Wahrscheinlichkeit, beim ersten Mal eine weiße zu ziehen, ist $\frac{3}{5}$, beim zweiten Mal noch $\frac{2}{4}$, also insgesamt $\frac{2}{4}$ von $\frac{3}{5}$, also $\frac{2}{4} \cdot \frac{3}{5} = \frac{3}{5} \cdot \frac{2}{4} = \frac{6}{20}$.

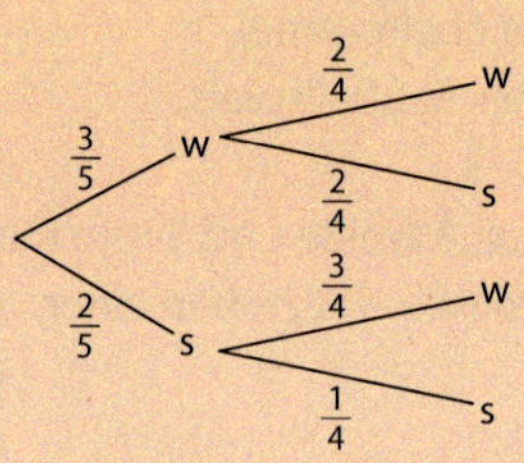

$P(ww) = \frac{3}{5} \cdot \frac{2}{4} = \frac{3}{10} = 30\,\%$

$P(ws) = \frac{3}{5} \cdot \frac{2}{4} = \frac{3}{10} = 30\,\%$

$P(sw) = \frac{2}{5} \cdot \frac{3}{4} = \frac{3}{10} = 30\,\%$

$P(ss) = \frac{2}{5} \cdot \frac{1}{4} = \frac{1}{10} = 10\,\%$

Beispiel

Aus der abgebildeten Schale zieht man eine Kugel, notiert die Farbe und legt sie dann wieder zurück. Anschließend wird nochmals eine Kugel gezogen. Zeichne ein Baumdiagramm. Berechne die Wahrscheinlichkeit für das Ziehen zweier blauer Kugeln.

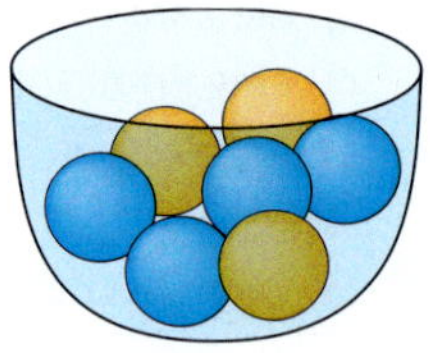

Lösung:

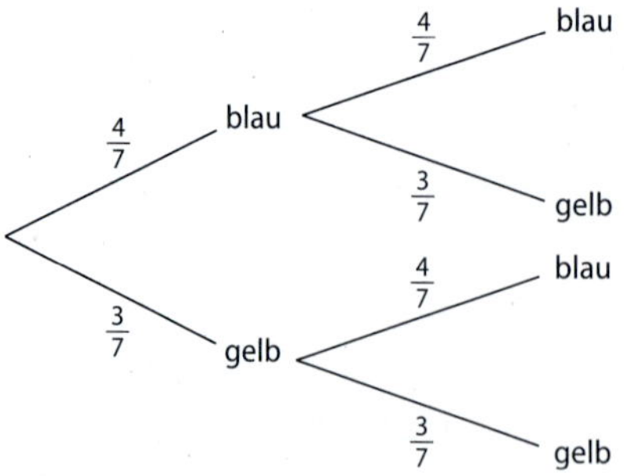

$P(bb) = \frac{4}{7} \cdot \frac{4}{7} = \frac{16}{49}$

Nachgefragt

- Du ziehst aus einem Beutel, der schwarze und weiße Kugeln enthält. Wie unterscheidet sich das Baumdiagramm beim Ziehen zweier Kugeln, wenn man nach dem ersten Ziehen 1 die gezogene Kugel zurücklegt; 2 die gezogene Kugel nicht zurücklegt?
- Wieso lohnt es sich nicht, beim fünffachen Würfelwurf ein vollständiges Baumdiagramm zu zeichnen, wenn man die Wahrscheinlichkeit für das Ergeignis „jedes Mal wird 1 geworfen" berechnen möchte?

Aufgaben

1 Eine Laplace-Münze wird dreimal geworfen. Wie groß ist die Wahrscheinlichkeit, dass …
a) jedes Mal Zahl erscheint?
b) erst Zahl, dann Kopf, dann wieder Zahl erscheint?
c) zunächst zweimal Kopf, dann Zahl erscheint?
Wieso hättest du auch ohne Rechnung sagen können, dass bei a), b) und c) immer dasselbe Ergebnis herauskommt?

2 Jannis und Carlo spielen in der gleichen Handballmannschaft. Jannis trifft einen Siebenmeter mit 90 % Wahrscheinlichkeit, Carlo in 70 % der Fälle. Im Training wirft zuerst Jannis und danach Carlo.
a) Wie groß ist die Wahrscheinlichkeit, dass …
1 beide treffen? 2 keiner trifft? 3 Jannis trifft, Carlo jedoch nicht?
b) Wie verändern sich die Wahrscheinlichkeiten aus a), wenn zuerst Carlo wirft und dann Jannis?

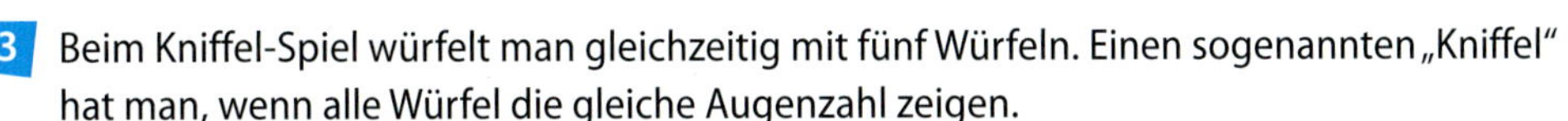

3 Beim Kniffel-Spiel würfelt man gleichzeitig mit fünf Würfeln. Einen sogenannten „Kniffel" hat man, wenn alle Würfel die gleiche Augenzahl zeigen.
a) Wie groß ist die Wahrscheinlichkeit, beim ersten Versuch einen Kniffel aus fünf Sechsen zu bekommen?
b) Manchmal wird Kniffel auch mit sechs Würfeln gespielt. Wie groß ist dann die Wahrscheinlichkeit, auf Anhieb einen Kniffel mit Sechsen zu würfeln?
c) Verallgemeinere dein Ergebnis von b): Wie groß ist die Wahrscheinlichkeit eines Kniffels mit Sechsen, wenn man eine beliebige Anzahl (n) an Würfeln hat? Gib das Ergebnis für $n = 10$ und $n = 15$ an.

Ob du gleichzeitig mit fünf Würfeln würfelst oder den gleichen Würfel fünfmal nacheinander wirfst, macht mathematisch keinen Unterschied.

Spiel

Einer gewinnt immer … (Partnerspiel)

Spielmaterial

- drei verschiedene Würfel:

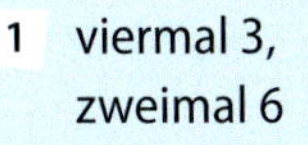

1 viermal 3, zweimal 6 
2 zweimal 2, viermal 5 
3 sechsmal 4 

Du kannst dir auch selbst solche Würfel basteln.

- 10 Spielplättchen pro Spieler, z. B. 1-ct-Münzen

Regeln

- Der erste Spieler wählt einen Würfel aus. Anschließend wählt der zweite Spieler seinen Würfel.
- Nun wird gewürfelt. Wer die niedrigere Augenzahl hat, gibt ein Spielplättchen an seinen Mitspieler ab.
- Das Spiel ist zu Ende, wenn einer der Spieler keine Spielplättchen mehr hat.

Entdecken

Das Baumdiagramm zeigt die Situation, dass bei einem zweifachen Würfelwurf jeweils geschaut wird, ob eine 6 geworfen wird.

- Welche Ergebnisse gehören zu dem Ereignis E: „Es wird mindestens einmal eine 6 geworfen"?
- Wie hoch ist die Wahrscheinlichkeit der einzelnen Ergebnisse des Ereignisses E? Wie hoch ist nun die Wahrscheinlichkeit des Ereignisses E insgesamt?
- Wie kann das Baumdiagramm dabei helfen, die Wahrscheinlichkeit von E zu bestimmen?

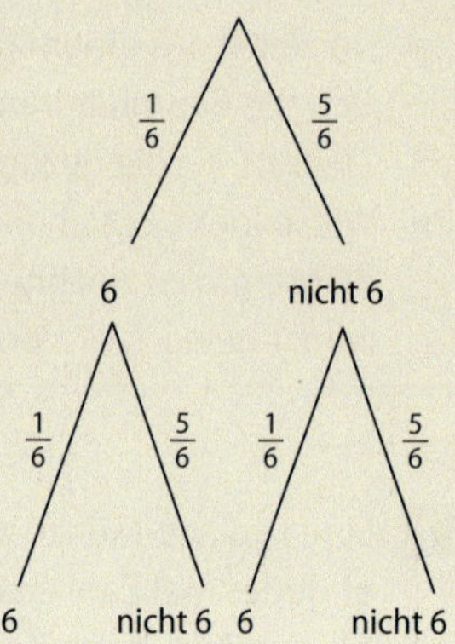

Verstehen

Da zu einem Ereignis mehrere Ergebnisse gehören können, kann man im Baumdiagramm die entsprechende Wahrscheinlichkeit für das Ereignis mithilfe der 2. Pfadregel bestimmen.

2. Pfadregel:
Die Wahrscheinlichkeit eines Ereignisses wird berechnet, indem die Wahrscheinlichkeiten der einzelnen Ergebnisse **am Ende der zugehörigen Pfade** miteinander **addiert** werden.

Beispiel: Aus einer Schale mit drei weißen und zwei schwarzen Kugeln werden nacheinander zwei Kugeln gezogen, wobei die Kugeln nicht wieder in die Schale gelegt werden. Zum Ereignis „zwei gleichfarbige Kugeln" gehören die Ergebnisse „ww" und „ss". Die Wahrscheinlichkeit dafür ist:

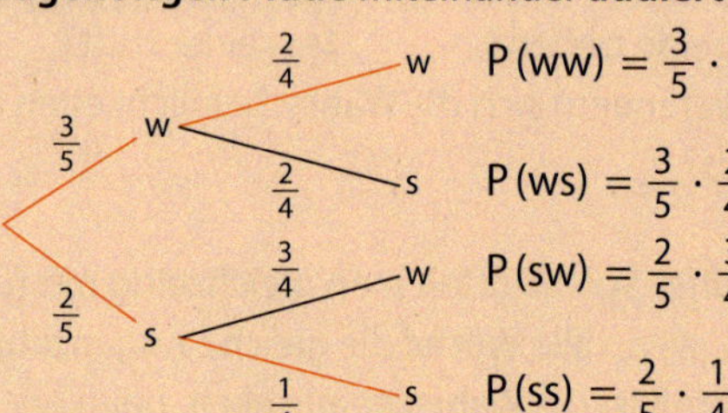

$P(\text{„zwei gleichfarbige Kugeln"}) = P(ww) + P(ss) = \frac{3}{10} + \frac{1}{10} = \frac{4}{10}$

Beispiel

Aus der abgebildeten Schale zieht man nacheinander zwei Kugeln, wobei die gezogene Kugel nicht in die Schale zurückgelegt wird. Zeichne ein Baumdiagramm. Berechne die Wahrscheinlichkeit für das Ziehen zweier verschiedenfarbiger Kugeln.

Lösung:

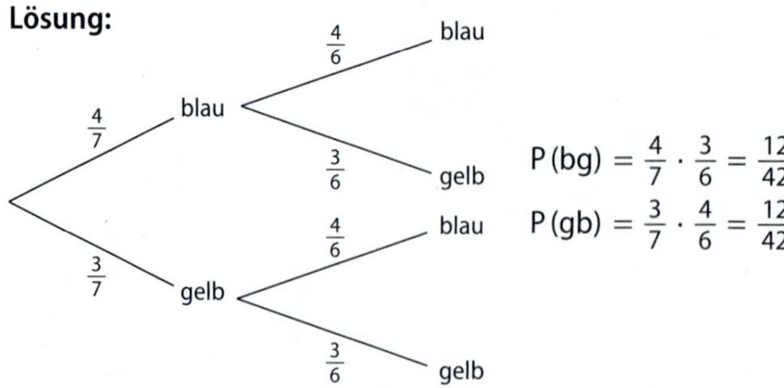

$P(bg) = \frac{4}{7} \cdot \frac{3}{6} = \frac{12}{42}$

$P(gb) = \frac{3}{7} \cdot \frac{4}{6} = \frac{12}{42}$

$P(\text{„zwei verschiedenfarbige Kugeln"}) = P(bg) + P(gb) = \frac{12}{42} + \frac{12}{42} = \frac{24}{42} \approx 57{,}1\,\%$

- Ist es wahrscheinlicher, beim viermaligen Werfen einer Laplace-Münze zweimal Wappen und zweimal Zahl zu erhalten, als viermal Zahl? Begründe.
- Was ist beim Werfen zweier Würfel wahrscheinlicher: ein Pasch (zwei gleiche Zahlen) oder die Augensumme 6? Begründe.

Nachgefragt

Aufgaben

1 Statistische Erhebungen haben ergeben, dass bei der Geburt die Wahrscheinlichkeit für einen Jungen 51,3 % beträgt.

a) Wie groß ist die Wahrscheinlichkeit, dass eine Familie, die zwei Kinder hat, zwei Mädchen (zwei Jungen) hat?

b) Wie groß ist die Wahrscheinlichkeit, dass eine Familie mit drei Kindern zwei Mädchen und einen Jungen hat?

2 Ein Fragebogen besteht aus 12 Fragen zum Ankreuzen, die alle entweder mit „trifft zu" oder „trifft nicht zu" beantwortet werden müssen.

Manchmal reicht auch nur der Anfang eines Baumdiagramms aus, um dessen Aufbau zu verstehen und dann die Möglichkeiten zu berechnen.

a) Gib die Anzahl der Möglichkeiten für das Ausfüllen dieses Fragebogens an.

b) Ein Fragebogen mit fünf Fragen wird zufällig ausgefüllt. Wie groß ist die Wahrscheinlichkeit, dass …

1 alle Fragen richtig beantwortet wurden?

2 80 % aller Fragen richtig beantwortet wurden?

3 mindestens 80 % aller Fragen richtig beantwortet wurden?

4 weniger als 80 % aller Fragen richtig beantwortet wurden?

3 Luisa hat ihr Handy verloren. Zum Glück war es ausgeschaltet. Wenn der Code dreimal hintereinander falsch eingegeben wird, wird die SIM-Karte automatisch gesperrt. Sie fragt sich: „Mit welcher Wahrscheinlichkeit gelingt es einem Finder, den vierstelligen PIN-Code zu knacken?".

a) Gib einen Schätzwert für die Chancen des Finders an.

b) Ermittle die Wahrscheinlichkeit, dass beim ersten Versuch der richtige PIN-Code eingegeben wird.

c) Ermittle die Wahrscheinlichkeit, den Code erst beim zweiten (dritten) Versuch zu knacken.

d) Wie groß ist die Wahrscheinlichkeit, den PIN-Code herauszufinden, bevor die SIM-Karte gesperrt wird? Verwende die Lösungen von b) und c).

4 Beim „Spiel 77" nimmt ein Spieler mit seiner gewählten 7-stelligen Zahl an einer Ziehung teil, die auf dem Lotto-Spielschein abgedruckt ist. Der Spieleinsatz beträgt 2,50 €. Je nachdem, wie viele Endziffern (EZ) mit der gezogenen Zahl übereinstimmen, erhält man einen unterschiedlich hohen Gewinn. Wie groß ist die Wahrscheinlichkeit für die verschiedenen Gewinne?

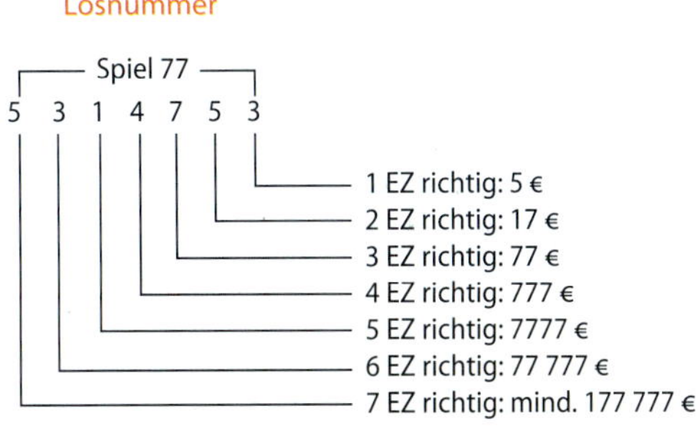

Die Zahlen reichen von 0 000 000 bis 9 999 999.

1

Aufgaben zur Differenzierung

zu 1.1 **1** Welche der folgenden Vorgänge können Zufallsexperimente sein? Begründe.

a) Werfen eines Würfels mit gleichen Augenzahlen.
b) Auslosen des Tafeldiensts für die nächste Woche.

a) Klassenwettkampf im Weitsprung.
b) Kinobesuch von Familie Schlau am Sonntagnachmittag.

2 Gib eine passende Ergebnismenge an. Notiere ein sicheres sowie ein unmögliches Ereignis.

Zwei Würfel werden gleichzeitig geworfen.

Die vier Freunde Anna, Bert, Clemens und Doris mieten sich jeweils zu zweit ein Tretboot.

zu 1.3 **3** Luca hat einen manipulierten Würfel 2500-mal geworfen und die absoluten Häufigkeiten für die einzelnen Augenzahlen in eine Tabelle eingetragen:

3
419

a) Berechne die zugehörigen relativen Häufigkeiten in Prozent.
b) Ermittle einen Schätzwert für die Wahrscheinlichkeit, mit diesem Würfel eine Sechs zu werfen.
c) Beschreibe, wie Luca vorgehen könnte, um einen noch besseren Schätzwert zu erhalten.

a) Bestimme aus den Daten einen ungefähren Wert für die Wahrscheinlichkeit, mit der man mit Lucas Würfel eine Sechs wirft.
b) Luca behauptet: „Eine Fünf oder Sechs zu würfeln ist doppelt so wahrscheinlich wie eine Eins oder Vier zu werfen." Nimm Stellung zu Lucas Aussage.

zu 1.4 **4** Paula hat die drei abgebildeten „Spielwürfel" zur Verfügung:

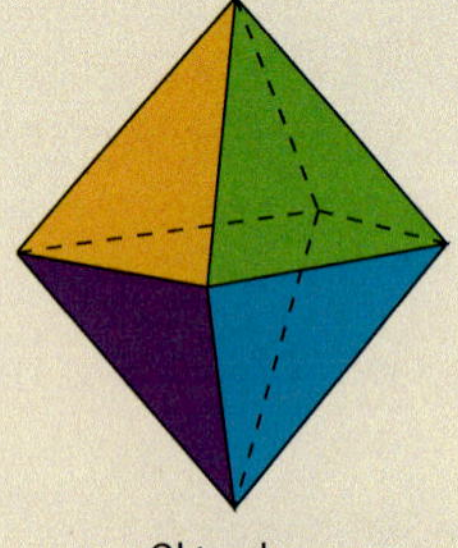

Oktaeder:
8 gleich große Seiten

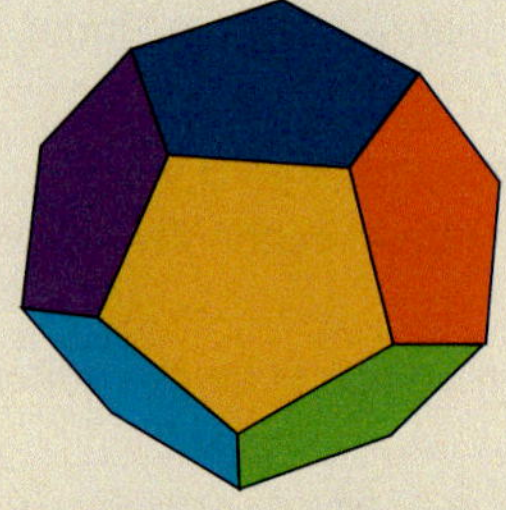

Dodekaeder:
12 gleich große Seiten

Ikosaeder:
20 gleich große Seiten

Alle „Würfelseiten" sind mit unterschiedlichen Farben gefärbt.
a) Bestimme jeweils die Wahrscheinlichkeit für die Farbe Blau.
b) Begründe, dass es sich beim Werfen dieser „Spielwürfel" um Laplace-Experimente handelt.

a) Wie viele Würfelseiten müssen jeweils gelb angemalt sein, damit die Wahrscheinlichkeit für die Farbe Gelb 25 % beträgt?
b) Erkläre, wie die Würfelseiten gefärbt sein müssen, damit es sich beim Werfen aller „Spielwürfel" um Laplace-Experimente handelt.

5 In einem Becher sind blaue und rote Kugeln. zu 1.5

Wie viele der insgesamt 32 Kugeln sind blau, wenn die Wahrscheinlichkeit für das Ziehen einer blauen Kugel $\frac{1}{8}$ beträgt?

Die Wahrscheinlichkeit, eine blaue Kugel zu ziehen, beträgt $\frac{3}{8}$. Wie viele blaue bzw. rote Kugeln könnte der Becher enthalten? Mache mindestens drei Vorschläge.

6 Korbinian würfelt zweimal mit dem abgebildeten Würfel und multipliziert die Augenzahlen.

Netz des Würfels:

	2	
6	1	6
	1	
	0	

a) Gib ein unmögliches Ereignis dieses Zufallsexperiments an.
b) Bestimme die Ergebnismenge.
c) Handelt es sich um ein Laplace-Experiment? Begründe.
d) Verändere das Würfelnetz so, dass es noch wahrscheinlicher ist, null zu würfeln. Die Ergebnismenge soll gleich bleiben.

a) Bestimme die Ergebnismenge.
b) Isabel macht das Zufallsexperiment mit einem anderen Würfel. Ihre Ergebnismenge lautet {0; 1; 3; 4; 9; 12; 16}. Zeichne ein mögliches Netz von Isabels Würfel.
c) Wie muss das Netz in Aufgabe b) beschaffen sein, damit es möglichst wahrscheinlich ist, 16 zu erhalten?

7 Bei einem „Einarmigen Banditen" werden als Gewinn Kaugummikugeln ausgeworfen, wenn alle drei Rädchen das gleiche Symbol anzeigen. zu 1.6

a) Auf den Rädchen gibt es die Symbole 🍒, △ und 🦒. Zeichne ein Baumdiagramm, aus dem alle möglichen Kombinationen hervorgehen. Wie viele sind es?
b) Ermittle mithilfe deines Baumdiagramms die Wahrscheinlichkeit, dass drei gleiche Symbole angezeigt werden.

a) Auf den Rädchen gibt es die Symbole 🍒, △, 🚹, 🎈 und 🦒. Zeichne die Ansätze eines Baumdiagramms, aus dem alle möglichen Kombinationen hervorgehen. Wie viele sind es?
b) Bestimme die Wahrscheinlichkeit, dass bei diesem „Einarmigen Banditen" drei gleiche Symbole angezeigt werden.

8 Bei einem Multiple-Choice-Test sind zu jeder der insgesamt 6 Fragen vier Antwortmöglichkeiten A bis D vorgegeben, von denen jeweils nur eine richtig ist. Rico hat vor lauter Aufregung alle Antworten vergessen.

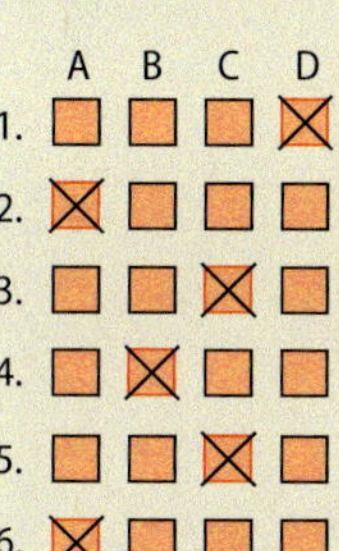

a) Gib die Anzahl aller möglichen Antwortkombinationen an. Du musst dazu kein vollständiges Baumdiagramm zeichnen.
b) Berechne die Wahrscheinlichkeit, dass Rico zufällig bei allen Fragen das Richtige ankreuzt.
c) Ermittle die Wahrscheinlichkeit, dass Rico genau ein richtiges Kreuz setzt.
d) Bestimme die Wahrscheinlichkeit, dass Rico genau die erste und letzte Frage richtig beantwortet.

a) Ermittle die Wahrscheinlichkeit, dass Rico genau jede zweite Frage richtig beantwortet.
b) Der Test gilt als bestanden, wenn höchstens ein falsches Kreuz gemacht wurde. Berechne die Wahrscheinlichkeit, dass Rico zufällig besteht.
c) Aus wie vielen Fragen müsste der Test mindestens bestehen, damit die Wahrscheinlichkeit, ihn zufällig vollständig richtig zu beantworten, höchstens 1 % beträgt?

1 Vermischte Aufgaben

1 Micha und Eva haben ein Glücksrad gebaut. Zum Testen haben sie das Rad wiederholt gedreht und die Ergebnisse in einer Strichliste festgehalten.

a) Handelt es sich um ein Zufallsexperiment? Begründe.

b) Welche Wahrscheinlichkeiten erwartest du für die einzelnen Ziffern?

c) Micha behauptet: „Ganz klar, wir haben ein Laplace-Glücksrad." Was meint Micha damit? Hat er Recht?

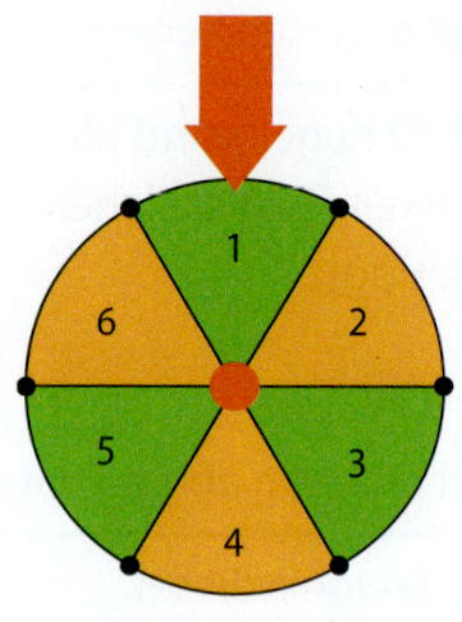

2 Jakob wirft einen Spielwürfel. Wie groß ist die Wahrscheinlichkeit, dass die geworfene Augenzahl …

a) kleiner als 4 ist? **b)** mindestens 5 ist? **c)** eine Primzahl ist?

3 Der Elternbeirat verlost unter allen 54 Schülerinnen und Schülern der 8. Jahrgangsstufe einer Schule einen Tischtennisschläger. Wie viele Jungen und wie viele Mädchen gehören zu dem Jahrgang, wenn die Wahrscheinlichkeit, dass ein Junge den Schläger gewinnt, die folgenden Werte hat?

a) 50 % **b)** $\frac{7}{54}$ **c)** $\frac{2}{3}$ **d)** $\frac{4}{9}$

4 Ein Spielwürfel wird zweimal geworfen. Berechne die Wahrscheinlichkeit folgender Ereignisse.

a) A: „Die Augensumme ist 5."

b) B: „Es werden eine 1 und eine 2 geworfen."

c) C: „Es wird ein Pasch (zwei gleiche Zahlen) geworfen."

5 Gib für jedes Zufallsgerät die Wahrscheinlichkeit für „Rot" in Prozent an.

a) 1 × drehen

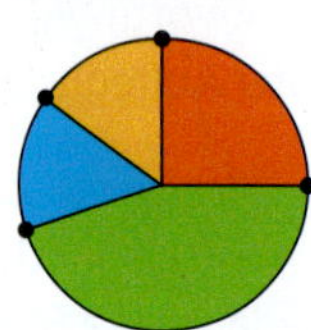

b) 1 Kugel blind ziehen

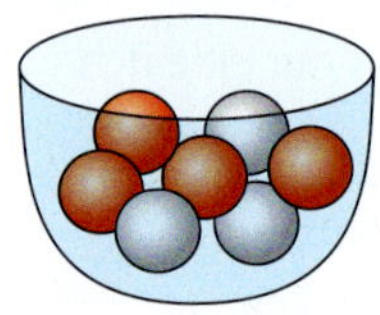

c) 1 Karte verdeckt ziehen

6 Wie groß ist die Wahrscheinlichkeit, dass die erste Zahl beim Lotto „6 aus 49" eine gerade Zahl (eine Quadratzahl, eine Zahl mit zwei gleichen Ziffern) ist?

7 Bei vielen Wetterberichten wird eine Wahrscheinlichkeit dafür angegeben, dass es am folgenden Tag regnet.

a) Welche Bedeutung haben die Angaben?

b) Alexander meint: „Dann mache ich am Montag einen Ausflug, denn mit einer Wahrscheinlichkeit von 60 % scheint die Sonne." Was meinst du? Begründe.

So, 09.10.	Mo, 10.10.	Di, 11.10.
70 %	40 %	20 %
Niederschlagswahrscheinlichkeit		

8 Bei einem Brettspiel hat Jenny die Vermutung, dass der Würfel gezinkt ist. Sie macht folgende Versuchsreihe:

Augenzahl	1	2	3	4	5	6
50 Würfe	7	8	11	9	6	9
150 Würfe	27	27	28	23	18	27
500 Würfe	98	79	85	82	75	81
1000 Würfe	202	168	164	170	164	132

a) Welche Wahrscheinlichkeiten wird Jenny für die einzelnen Augenzahlen bestimmen? Hat sie mit ihrer Vermutung Recht?

b) Stelle die Entwicklung der relativen Häufigkeiten für die Augenzahl 3 (für alle Augenzahlen) grafisch dar.

Du kannst auch ein Tabellenprogramm nutzen.

9 Gib die Wahrscheinlichkeit an für den Geburtstag einer Person ....

a) am 01. Januar. **b)** im März. **c)** im Herbst. **d)** an einem Sonntag.

Welche Annahmen hast du getroffen?

10 Beim Mensch-ärgere-dich-nicht-Spiel darf man nur starten, wenn man eine Sechs würfelt. Dazu hat man maximal drei Versuche.

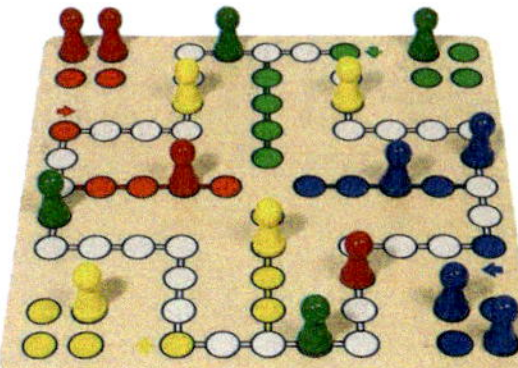

a) Zeichne ein Baumdiagramm. Beachte, dass es nach dem Würfeln einer Sechs keine Rolle mehr spielt, welche Zahl als nächstes gewürfelt wird.

b) Wie groß ist die Wahrscheinlichkeit, dass man starten darf?

c) Timo spielt mit den gelben Figuren. Mit welcher Wahrscheinlichkeit schlägt Timo mit dem nächsten Wurf eine andere Figur?

11 Henry würfelt 7-mal mit einem Laplace-Würfel. Die Ergebnisse schreibt er hintereinander auf, sodass er eine siebenstellige Zahl erhält.

a) Handelt es sich um ein Laplace-Experiment? Begründe.

b) Ermittle die Wahrscheinlichkeiten der Ereignisse.

1 E: „Er erhält eine gerade Zahl."

2 E: „Die erhaltene Zahl ist durch vier teilbar."

3 E: „Die Quersumme der erhaltenen Zahl beträgt 8."

4 E: „Die Zahl, die Henry erhält, ist größer als 6 000 000."

12 Man weiß aus langjährigen Untersuchungen, dass auf einen sonnigen Tag mit 70 %-iger Wahrscheinlichkeit wieder ein sonniger Tag folgt. Mit einer Wahrscheinlichkeit von $\frac{2}{3}$ folgt auf einen Regentag wieder ein Regentag. Wie groß ist die Wahrscheinlichkeit an einem sonnigen Freitag, dass ...

a) das ganze Wochenende die Sonne scheint?

b) an mindestens einem Tag des Wochenendes die Sonne scheint?

c) am Montag die Sonne scheint, es aber das ganze Wochenende geregnet hat?

d) es bis zum nächsten Freitag ununterbrochen regnet?

Wochenende: Samstag und Sonntag

13 Aus den abgebildeten Behältern wird zufällig jeweils eine Kugel entnommen.

1

2

3

a) Tarek meint: „Die Wahrscheinlichkeit, dabei die rote Kugel zu erwischen, ist jeweils gleich groß, denn jeweils eine Kugel ist rot." Hat Tarek Recht? Begründe.

b) Gib jeweils die Wahrscheinlichkeit für folgende Ereignisse an:
A „blaue Kugel" **B** „blaue oder gelbe Kugel" **C** „Die Kugel ist nicht rot."

14 Jaron will ein Glücksrad bauen, das mit einer Wahrscheinlichkeit von 30 % rot zeigt. Welches Glücksrad wäre möglich?

1

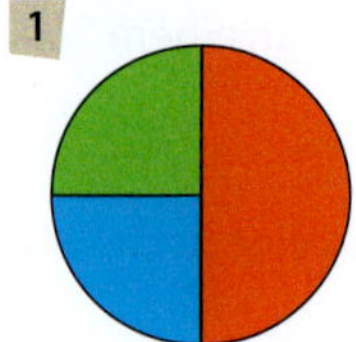

2

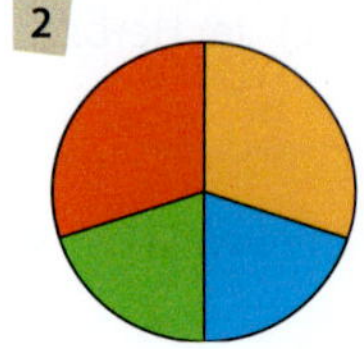

3

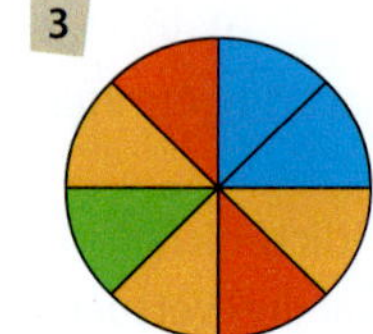

4

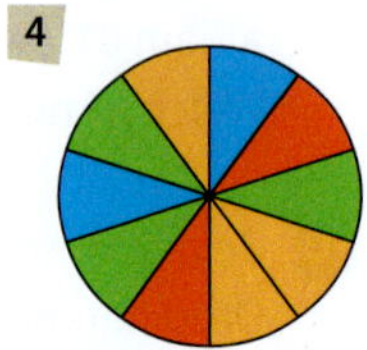

15 Du ziehst gleichzeitig drei der Zahlenkarten. Berechne die Wahrscheinlichkeit dafür, mit den gezogenen Karten …

a) die Zahl 134 legen zu können.

b) die Zahl 222 legen zu können.

16 Gib für die Schülerinnen und Schüler deiner Klasse folgende Wahrscheinlichkeiten an. Eine zufällig ausgewählte Person …

a) trägt eine Brille.

b) hat graue oder grüne Augen.

c) trägt heute ein blaues Shirt.

17 Ein Glücksrad soll mit einer Wahrscheinlichkeit von 40 % zu einem Gewinn führen. Zeichne ein solches Glücksrad und beschreibe dein Vorgehen. Findest du verschiedene Glücksräder?

18 Für eine Meinungsumfrage soll in einem Dorf mit 180 Einwohnern ermittelt werden, wie viele Mädchen, Jungen, Frauen und Männer dort wohnen. Dazu werden willkürlich einige Bewohner erfasst. Wie viele Menschen jeder Kategorie leben wohl ungefähr in dem Dorf? Erläutere deine Überlegungen. Warum kannst du dir nicht völlig sicher sein?

	Anzahl
Mädchen	14
Jungen	16
Frauen	7
Männer	9

19 In einer Lostrommel für ein Klassenfest befinden sich 50 von 1 bis 50 durchnummerierte Lose. Bei einem Gewinnspiel wird eine Karte „blind" gezogen.
Mit welcher Wahrscheinlichkeit zeigt die gezogene Karte …

a) die Zahl 17?
b) eine gerade Zahl?
c) eine Primzahl?
d) eine Quadratzahl?
e) eine durch 9 teilbare Zahl?
f) die Zahl 51?

20 Ein Zahlenschloss besteht aus drei Rädchen, jeweils mit den Ziffern 0 bis 9.
Es gibt genau eine Ziffernkombination, mit der das Schloss geöffnet werden kann. Bestimme die Wahrscheinlichkeit, dass …

a) die erste Ziffer richtig ist.
b) das Schloss zufällig beim ersten Versuch geknackt wird.
c) das Schloss geöffnet werden kann, wenn man weiß, dass die erste Ziffer schon richtig eingestellt ist.

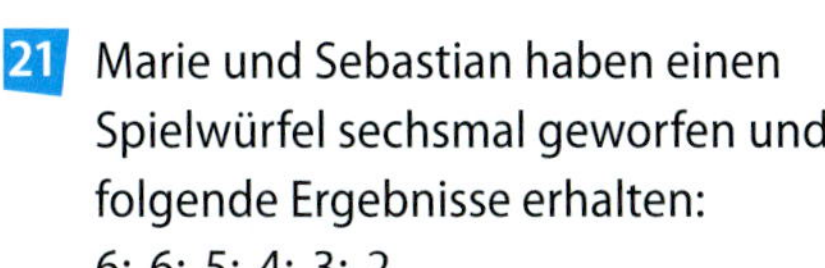

21 Marie und Sebastian haben einen Spielwürfel sechsmal geworfen und folgende Ergebnisse erhalten:
6; 6; 5; 4; 3; 2
Was meinst du zu ihren Aussagen?

22 Denke dir jeweils zwei Zufallsexperimente aus, bei denen jedes mögliche Ergebnis mit der folgenden Wahrscheinlichkeit auftritt. Stelle die Experimente der Klasse vor.

a) 0,5 **b)** 5 % **c)** $\frac{1}{5}$

23

22.5.2011
Reykjavik – Grimsvötn bricht aus
Nachts erreichte die Eruptionssäule eine Höhe von 15 km und gegen Morgen waren es nur noch 10 km. Stärkere Explosionen trieben sie gelegentlich noch bis auf 15 km Höhe.

26.5.2011
Reykjavik – Es wird ruhiger
Die Aktivität ließ stark nach und es steigt nur noch wenig Dampf auf. Vulkanische Erdbeben wurden seit zwei Tagen nicht mehr registriert. Die Eruption ist somit für dieses Mal beendet, allerdings kann davon ausgegangen werden, dass der Grimsvötn in den nächsten 10 Jahren mit 75 %-iger Wahrscheinlichkeit wieder ausbricht.

Lies dir die Zeitungsartikel durch. Nimm anschließend zu den folgenden Aussagen Stellung.

a) „75 % von 10 Jahren sind 7,5 Jahre. Das heißt, der Grimsvötn wird in 7,5 Jahren wieder ausbrechen."
b) „Eine 75 %-ige Wahrscheinlichkeit ist groß! Also wird der Grimsvötn in den nächsten 10 Jahren ganz sicher ausbrechen."
c) „Ob der Grimsvötn tatsächlich ausbricht, weiß kein Mensch! Aber es ist dreimal so wahrscheinlich, dass es passiert, als dass es nicht passiert."

Lauter Karten 

Die Abbildung zeigt alle Spielkarten eines Skatspiels.

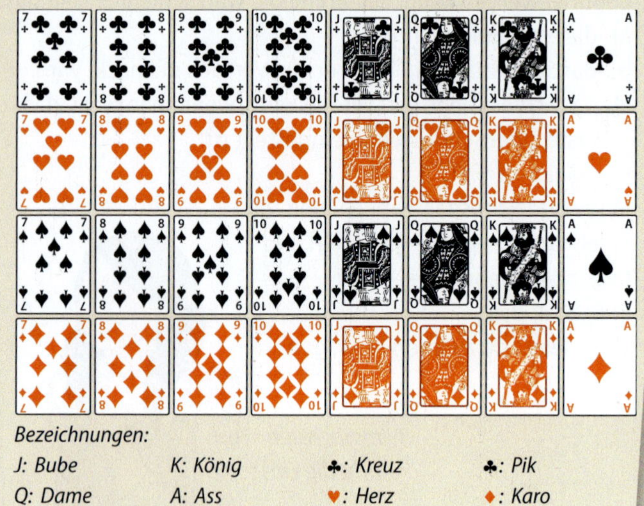

Bezeichnungen:

J: Bube | K: König | ♣: Kreuz | ♣: Pik

Q: Dame | A: Ass | ♥: Herz | ♦: Karo

a) Aus dem Spiel wird verdeckt eine Karte gezogen. Wie groß ist die Wahrscheinlichkeit, dass es sich dabei um …

1. die Herz 10 handelt?
2. eine schwarze Karte handelt?
3. eine Kreuzkarte handelt?
4. ein Ass handelt?
5. eine Bildkarte handelt?
6. eine Zahlkarte 7 bis 10 handelt?
7. eine rote Dame handelt?
8. ein Kreuz-Bild handelt?

b) Sind alle Ereignisse gleich wahrscheinlich, dann lassen sich die Wahrscheinlichkeiten wie Anteile bestimmen. Begründe diese Aussage.

Würfelei 

Timo wirft einen blauen und einen roten Spielwürfel jeweils genau einmal. Die möglichen Ergebnisse des Wurfes werden durch die Abbildung verdeutlicht:

Die Punkte auf einem Spielwürfel werden auch „Augen" genannt.

a) Bestimme die folgenden Wahrscheinlichkeiten:

1. Der blaue Würfel zeigt 1 Auge an, der rote Würfel eine beliebige Augenzahl.
2. Entweder der blaue Würfel zeigt 1 Auge an oder der rote Würfel zeigt 1 Auge an.
3. Die Augenzahl auf dem roten Würfel ist durch 2 teilbar, die Augenzahl auf dem blauen Würfel ist beliebig.

b) Bilde für jeden Wurf die Summe der Augenzahlen beider Würfel.

1. Übertrage dazu die Tabelle in dein Heft und vervollständige sie.

Summe der Augenzahlen	2	3	4	…	11	12
Anzahl der Möglichkeiten						
Wahrscheinlichkeit						

2. Mit welcher Wahrscheinlichkeit ist die Summe der Augenzahlen eine Primzahl? Beschreibe dein Vorgehen.

Nichts geht mehr 

Beim Roulette kann die Kugel auf eine der Zahlen 0 bis 36 fallen. Auf dem Spielfeld gibt es verschiedene Möglichkeiten zum Setzen durch Auflegen eines Spielchips an der entprechenden Stelle.

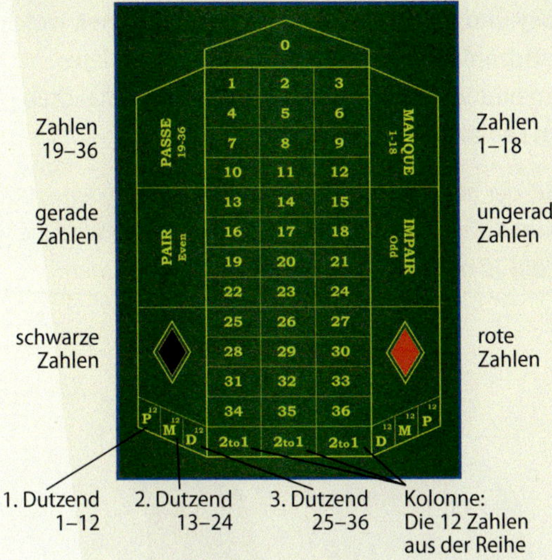

a) Bestimme die Wahrscheinlichkeit für folgende Ereignisse.

1. Es fällt die Zahl 18.
2. Es kommt die Zahl 0.
3. Die Zahl ist gerade.
4. Es fällt eine schwarze Zahl.
5. Es kommt eine Zahl aus dem 1. Dutzend (aus einer Kolonne).

b) Für eine einzelne Zahl erhält ein Spieler das 36-Fache seines Einsatzes zurück. Findest du das Spiel fair? Begründe.

Beachte: Die Zahl 0 ist beim Roulette weder gerade noch ungerade. Sie ist nicht rot und auch nicht schwarz und gehört auch zu keinem Dutzend und keiner Kolonne.

6 Richtige 

Abgebildet sind die Lottotipps von Albert und Bertram. Einer der beiden hat 6 Richtige.
Was meinst du zu Hedwigs Einschätzung?
Begründe deine Meinung.

Albert

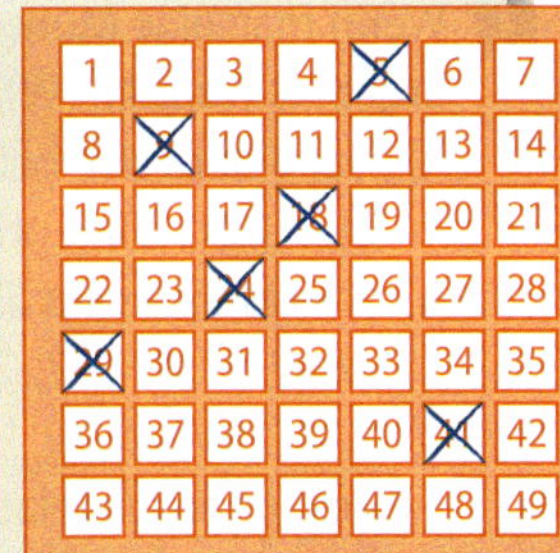

Bertram

Ich glaube, dass von den beiden eher Bertram die 6 Richtigen hat.

Hopp oder Topp 

Friederike wirft eine 2-€-Münze. Sie erhält Zahl. Anschließend wirft Antje die Münze und bekommt ebenfalls Zahl. Nun ist Gina an der Reihe.

a) Wie groß schätzt du die Chance ein, dass Gina das Ergebnis Wappen erhält? Erläutere.

b) Gina glaubt, dass die Münze gezinkt ist, weil sie bei drei Würfen hintereinander jeweils „Zahl" geworfen hat.

1. Was meinst du zu Ginas Vermutung? Begründe.
2. Überprüfe an einer Münze deiner Wahl, ob sie gezinkt ist. Beschreibe dein Vorgehen.

1 Das kann ich!

Überprüfe deine Fähigkeiten und Kompetenzen. Bearbeite dazu die folgenden Aufgaben und bewerte anschließend deine Lösungen mit einem Smiley. Hinweise zum Nacharbeiten findest du auf der folgenden Seite. Die Lösungen stehen im Anhang.

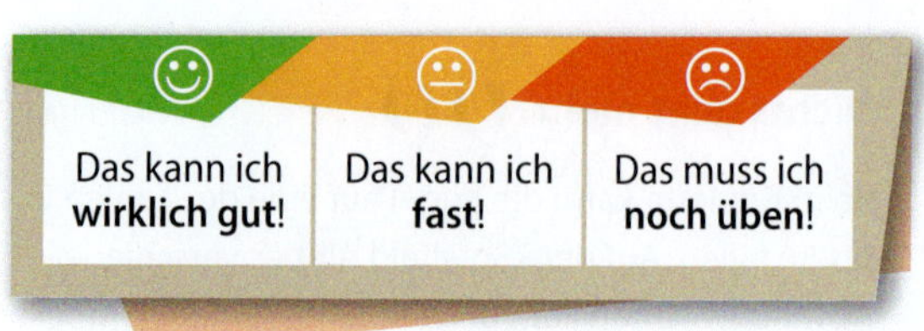

1 Wenn man eine Münze wirft, kann entweder das Ergebnis Wappen (W) oder Zahl (Z) kommen.

a) Handelt es sich bei dem Münzwurf um ein Zufallsexperiment? Begründe.

b) Eine Münze wird 22-mal geworfen:
W, W, Z, W, Z, Z, Z, Z, W, W, Z, Z, W, W, Z, W, Z, Z, Z, W, W, W
Bestimme die relative Häufigkeit für W.

2 Wirft man den Schraubverschluss einer PET-Flasche in die Luft, so bleibt er nach der Landung auf einem harten Boden entweder auf der Seite oder mit der Fläche nach unten oder oben liegen. Beschreibe, wie man vorgehen kann, wenn man für jede der drei Positionen einen Schätzwert für die Wahrscheinlichkeit ermitteln will.

3 Benny hält fünf Spielkarten verdeckt in der Hand, eine davon ist der „Schwarze Peter". Till muss eine Karte von Benny ziehen. Mit welcher Wahrscheinlichkeit zieht Till den „Schwarzen Peter"?

4 Michelle ist mit Würfeln an der Reihe. Sie hat die rote Spielfigur. Gib die Wahrscheinlichkeit dafür an, dass Michelle mit diesem Wurf genau ins Ziel kommt.

5 Gregor würfelt mit einem Laplace-Würfel. Beschreibe das Ereignis in Worten und beurteile seinen Ausgang.

A = {1; 3; 5} B = {2; 3; 4; 5; 6} C = {2; 3; 5}
D = {1; 6} E = {9} F = {6}

6 Lucy und Hank informieren sich im Internet, welche Lottozahlen bisher wie oft gezogen wurden:
Am häufigsten war die Zahl 12 mit 358-mal dran, am seltensten die Zahl 16 mit 249-mal.

Was meinst du?

7 Beim abgebildeten Glückskreisel ist die Wahrscheinlichkeit für alle Farben gleich groß.

a) Gib die Wahrscheinlichkeit in Prozent an.

b) Ermittle die Wahrscheinlichkeit, dass beim zweimaligen Drehen jeweils gelb angezeigt wird. Formuliere das Gegenereignis in Worten.

8 Einst tat ein strenger und gemeiner König kund, dass er alle Gefangenen freizulassen gedenke, die es schafften, aus einer Schatulle, die eine schwarze und eine weiße Kugel enthielt, eine Kugel herauszuziehen, deren Farbe der Gefangene zuvor richtig vorhergesagt hatte. Gib einen Schätzwert dafür an, wie viele der 12 319 Gefangenen freigekommen sind.

9 Drei Sportschützen schießen gleichzeitig auf eine Tontaube. Der erste Schütze trifft mit einer Wahrscheinlichkeit von 55 %, der zweite mit 60 % und der dritte mit 85 %. Ermittle die Wahrscheinlichkeit dafür, dass die Tontaube nicht getroffen wird.

10 Eine Losbude hat 2000 Lose, darunter sind 200 Nieten. Wie groß ist die Wahrscheinlichkeit, dass beim Ziehen von zwei Losen mindestens ein Gewinn ist? Nutze ein Baumdiagramm.

11 Gib die Ergebnismenge an.

a) Gleichzeitiges Ziehen von zwei Kugeln und Angabe der Summe der Zahlen auf den Kugeln.

b) Einmaliges Werfen des abgebildeten Würfels.

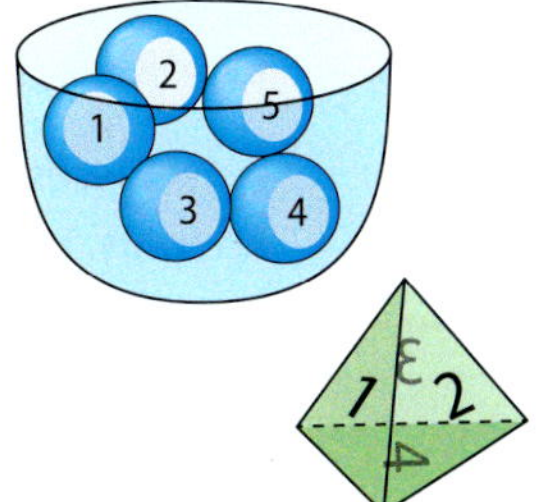

12 Die Wochenendbesucher eines Touristenortes wurden befragt. Jeder Dritte reiste mit der Bahn an, die restlichen mit dem Auto. Die Hälfte ist im Hotel untergebracht, ein Drittel der Besucher in Pensionen und der Rest in Privatquartieren.

a) Ermittle die Wahrscheinlichkeit, dass ein mit dem Auto Angereister im Hotel untergebracht ist.

b) Ermittle die Wahrscheinlichkeit, dass ein mit der Bahn Angereister nicht im Privatquartier übernachtet.

c) Welche Annahmen musstest du machen, um die Aufgaben b) und c) zu lösen?

Aufgaben für Lernpartner

Sind folgende Behauptungen richtig oder falsch? Begründe schriftlich.

A Je öfter man ein Zufallsexperiment durchführt, desto mehr stabilisiert sich die absolute Häufigkeit eines Ergebnisses.

B Jedes Zufallsexperiment lässt sich als Laplace-Experiment auffassen.

C Sind bei einem Zufallsexperiment 20 verschiedene Ergebnisse möglich und alle 20 Ergebnisse gleich wahrscheinlich, dann ist die Wahrscheinlichkeit für jedes einzelne Ergebnis 5 %.

D Wenn man bei einem Spielwürfel eine „1" würfeln möchte, kann es sein, dass dieses bei den ersten sechs Würfen nicht der Fall ist. Nach 60 Würfen sollte aber eine „1" schon fallen.

E Beim Lotto „6 aus 49" wird die Zahl 13 seltener gezogen als die Zahl 47.

F Mit einem Laplace-Würfel ist es wahrscheinlicher, hintereinander die Zahlen 1, 2 und 3 (in dieser Reihenfolge) zu würfeln als drei Sechser.

G Wenn beim Münzwurf viermal hintereinander Wappen erscheint, so hat man eine gezinkte Münze verwendet.

H Ist bei einem gezinkten Spielwürfel die Wahrscheinlichkeit für eine gerade Zahl 75 %, dann ist die Wahrscheinlichkeit, eine Eins zu würfeln, mit Sicherheit kleiner als 25 %.

I Die Wahrscheinlichkeit, dass aus einem Skatspiel ein Ass gezogen wird, beträgt $\frac{1}{8}$.

J Im Baumdiagramm erhält man die Wahrscheinlichkeiten eines Pfades, indem man die Wahrscheinlichkeiten seiner Zweige addiert.

Ich kann …	Aufgaben	Hilfe
Zufallsexperimente erkennen und auswerten.	1	S. 18
relative Häufigkeiten und einen Schätzwert für die Wahrscheinlichkeit bestimmen.	2, 7, A, D, G	S. 22
Laplace-Wahrscheinlichkeiten bestimmen.	3, 4, 7, C, F, I	S. 26
beurteilen, ob Laplace-Wahrscheinlichkeiten vorliegen.	6, B, E	S. 26
Ergebnisse, Ereignisse und Gegenereignisse auf verschiedene Arten beschreiben und beurteilen.	5, 8, 11, H	S. 18
Wahrscheinlichkeiten mithilfe der Pfadregeln bestimmen.	6, 9, 10, 12, F, G, J	S. 28, 30

1 Auf einen Blick

Seite 18

Ergebnis und Ereignis

Alle sich voneinander unterscheidenden möglichen Ergebnisse eines Zufallsexperiments bilden zusammen die **Ergebnismenge Ω.**

Jede Teilmenge der Ergebnismenge stellt ein **Ereignis E** dar.

$\Omega = \{Gelb; Rot\}$

Einige Ereignisse:
$E_1 = \{Gelb\}$; $E_2 = \{Rot\}$
$E_3 = \{Gelb; Rot\}$; $E_4 = \{\ \}$

E_3: **sicheres Ereignis**; E_4: **unmögliches Ereignis.** E_2 ist **Gegenereignis** von E_1.

Seite 26

Laplace-Wahrscheinlichkeit

Sind alle möglichen Ergebnisse gleich wahrscheinlich und gibt es n mögliche Ergebnisse (n = 2, 3, 4, …), dann ist die **Laplace-Wahrscheinlichkeit** für jedes einzelne Ergebnis $\frac{1}{n}$.

Jedem **Ereignis** kann eine **Wahrscheinlichkeit** zugeordnet werden. Man schreibt kurz: **P (E)** „Wahrscheinlichkeit des Ereignisses E"

Bei einem **Laplace-Experiment** gilt:

$$P(E) = \frac{|E|}{|\Omega|} \qquad \left(\frac{\text{„günstige Ergebnisse"}}{\text{„alle möglichen Ergebnisse"}}\right)$$

|E|: Anzahl der Elemente des Ereignisses E
|Ω|: Anzahl der Elemente der Ergebnismenge

Bei einem Farbwürfel mit den Farben Rot, Gelb, Grün, Blau, Weiß und Schwarz beträgt die Wahrscheinlichkeit für das Ergebnis Grün $\frac{1}{6}$.

Mit welcher Wahrscheinlichkeit wird ein Vokal aus den abgebildeten Buchstaben gezogen?

$\Omega = \{I; M; N; O; S\}$ $\quad |\Omega| = 5$
E: „Der gezogene Buchstabe ist ein Vokal."
$E = \{I; O\}$ $\quad |E| = 2$
$P(E) = \frac{2}{5} = 0{,}4 = 40\,\%$

Seite 28, 30

Pfadregeln

In einem **Baumdiagramm** werden die Wahrscheinlichkeiten an dem zugehörigen Pfad notiert. Regeln für die Wahscheinlichkeiten zusammengesetzter Ereignisse:

1. Pfadregel: Die Wahrscheinlichkeiten entlang eines Pfades werden multipliziert.

2. Pfadregel: Wenn mehrere Pfade zu einem Ereignis gehören, addiert man die Wahrscheinlichkeiten der entsprechenden Pfade.

Es muss bei jedem Schritt darauf geachtet werden, ob sich die Wahrscheinlichkeit im Vergleich zum vorherigen Schritt geändert hat (z. B. Kugel wird nicht zurückgelegt) oder ob sie gleich bleibt (z. B. Kugel wird wieder zurückgelegt).

Zweimaliges Drehen eines Glücksrads:

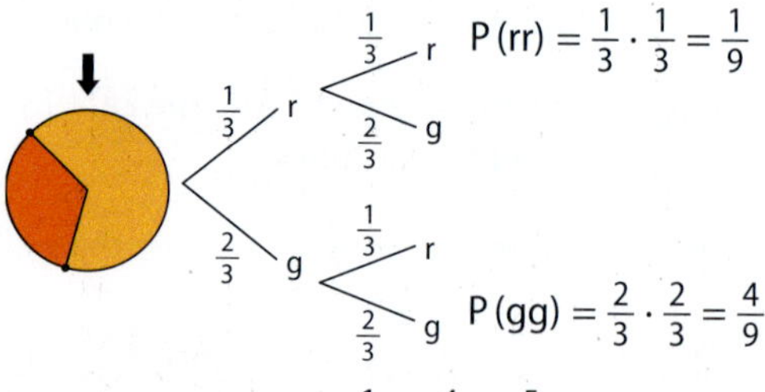

$P(\text{„gleiche Farbe"}) = \frac{1}{9} + \frac{4}{9} = \frac{5}{9} \approx 55{,}6\,\%$

2 Terme und Gleichungen

Einstieg

- Maria Montessori hat für Kinder einen besonderen Würfel entwickelt. Welche Mathematik steckt dahinter? Beschreibe die Seiten des großen Würfels, die du erkennen kannst, wenn du alle Holzwände entfernst. Woran erkennen die Kinder, dass der Würfel richtig zusammengesetzt ist?
- Zeichne eine Seitenfläche des Würfels und beschrifte die farbigen Flächen durch Terme. Ermittle damit einen alternativen Term für die Seitenfläche $A = (a + b)^2$ sowie das Volumen $V = (a + b)^3$. Beschreibe dein Vorgehen.

Ausblick

Am Ende dieses Kapitels hast du gelernt, …

- Terme zu Sachverhalten aufzustellen.
- Terme durch äquivalente Umformungen zu vereinfachen.
- die binomischen Formeln anzuwenden.
- lineare Gleichungen durch inhaltliche Überlegungen und algebraische Verfahren zu lösen.
- mit besonderen Gleichungen wie Verhältnisgleichungen oder Formeln umzugehen.

2 Das kann ich schon …

Terme aufstellen

Terme können helfen, Sachsituationen zu mathematisieren und Lösungen zu bestimmen. Ein Term ist jede Zahl oder jede Variable und eine **sinnvolle Verknüpfung aus Zahlen, Variablen und Rechenzeichen.** Um den Wert eines Terms zu berechnen, setzt man für die Variablen Zahlen aus einer festgelegten Zahlenmenge ein.

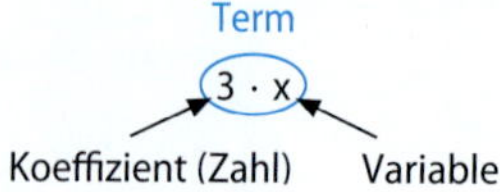

Beispiel:
Ein Rechteck ist dreimal so lang wie breit. Stelle einen Term für den Umfang des Rechtecks auf.

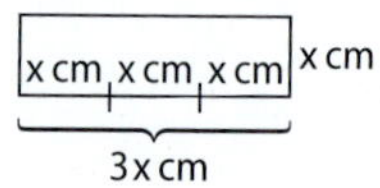

Lösungsmöglichkeit:
Variable: x   Breite: $b = x\,cm$ Länge: $l = 3x\,cm$
Term für den Umfang eines Rechtecks: $u = 2 \cdot (l + b)$
$u = 2 \cdot (3x + x)\,cm = 2 \cdot 4x\,cm = 8x\,cm$

Terme umformen

Terme lassen sich oft **vereinfachen.** Es gelten die **Rechenregeln** wie beim Rechnen mit rationalen Zahlen. Dadurch entstehen zueinander **äquivalente Terme.**

1 Mithilfe des Kommutativgesetzes lassen sich bei der Addition oder Multiplikation **Terme ordnen.**

1 $a + b + a + a + b = a + a + a + b + b = 3a + 2b$

2 Mithilfe des Assoziativgesetzes lassen sich bei der Addition oder Multiplikation **Terme verbinden.**

2 $(a + b) + c = a + (b + c)$

3 Mit dem Distributivgesetz lassen sich **gleichartige Variablen zusammenfassen.**

3 $6a - 4a = (6 - 4) \cdot a = 2a$
$-5b - 8b = (-5 - 8) \cdot b = -13b$

Gleichungen lösen

Oft lassen sich Gleichungen **schrittweise so umformen,** dass die **Variable** auf einer Seite der Gleichung **alleine** steht. Die **Lösungsmenge ändert sich nicht,** wenn man auf beiden Seiten der Gleichung …

Umformungsschritt	Beispiel, $x \in \mathbb{Q}$	Kurzform
die gleiche Zahl oder den gleichen Term **addiert.**	$+4$: $x - 4 = 3$ $x = 7$ $\mathbb{L} = \{7\}$	$x - 4 = 3 \quad \vert +4$ $\Leftrightarrow x = 7$ $\mathbb{L} = \{7\}$
die gleiche Zahl oder den gleichen Term **subtrahiert.**	-6: $x + 6 = 2$ $x = -4$ $\mathbb{L} = \{-4\}$	$x + 6 = 2 \quad \vert -6$ $\Leftrightarrow x = -4$ $\mathbb{L} = \{-4\}$
die gleiche Zahl (ungleich null) **multipliziert.**	$\cdot 2$: $\frac{1}{2}x = 5$ $x = 10$ $\mathbb{L} = \{10\}$	$\frac{1}{2}x = 5 \quad \vert \cdot 2$ $\Leftrightarrow x = 10$ $\mathbb{L} = \{10\}$
durch die gleiche Zahl (ungleich null) **dividiert.**	$:5$: $5x = 12$ $x = 2{,}4$ $\mathbb{L} = \{2{,}4\}$	$5x = 12 \quad \vert :5$ $\Leftrightarrow x = 2{,}4$ $\mathbb{L} = \{2{,}4\}$

Solche Umformungen nennt man **Äquivalenzumformungen.**

Terme aufstellen

1 Eine Fahrt mit einem Taxi kostet 1,20 € pro Kilometer. Bei der Fahrt wird noch eine Grundgebühr von 2 € hinzugerechnet. Achim fährt 11 Kilometer.
Ordne den richtigen Rechenbaum zu. Übertrage ihn ins Heft und fülle die Lücken.

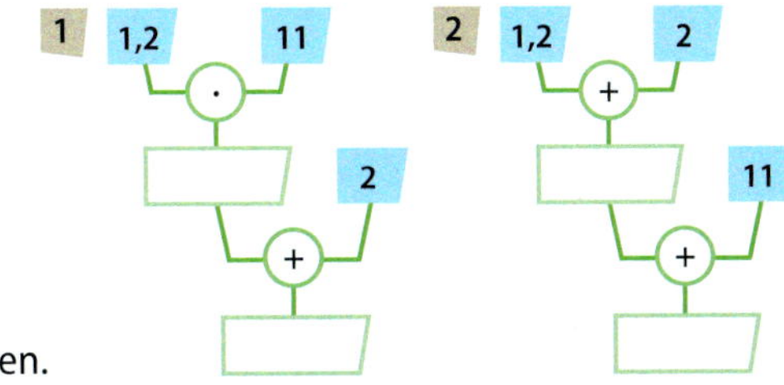

2 Stelle einen Term auf, mit dem man den Umfang der Figur berechnen kann.

a) Bei einem Rechteck ist eine Seite 5 cm länger (3 cm kürzer) als die andere Seite.

b) Bei einem Parallelogramm ist eine Seite halb so lang wie die andere.

c) Bei einem Sechseck sind alle Seiten gleich lang.

Terme umformen

3 **a)** Erkläre mithilfe der Abbildungen folgende Umformung: $(a + b) \cdot c = a \cdot c + b \cdot c$.

b) Finde selbst eine Abbildung für die Umformung $(a - b) \cdot c = a \cdot c - b \cdot c$.

4 Löse alle Klammern auf und vereinfache den Term so weit wie möglich.

a) $2 \cdot (x + y) - 3x$ **b)** $(4a - 3) \cdot 5 + 8$ **c)** $\frac{1}{2} \cdot (e - 2) + (f - 1) \cdot 7$

d) $\frac{1}{4} \cdot \left(\frac{1}{2}s + 4t\right) - 3s$ **e)** $(a + b) \cdot 3 + 4 \cdot (a - b)$ **f)** $5k - (0{,}7\,m - 3k)$

Gleichungen lösen

5 Löse jeweils die Gleichung ($x \in \mathbb{Q}$).

a) $5x - 7 = -2$ **b)** $3x = 2 \cdot \left(29 - \frac{x}{4}\right) - 11x$ **c)** $\frac{1}{3} - \frac{1}{2}x = -\frac{1}{6}x$

d) $\frac{1}{8}x \cdot 16 - 4 = 22$ **e)** $27 - x : (-3) = 33$ **f)** $2 - \frac{3}{2}x = -11{,}5$

g) $-\frac{1}{20}x + 0{,}25 = 0$ **h)** $(x - 7) : 2 = x - 13$ **i)** $5 \cdot (x - 9) - 3\frac{1}{2} = \frac{x}{2} + 7\frac{3}{4}$

6 Sandra stellt ihrer Klasse ein Zahlenrätsel. Wie lautet die gesuchte Zahl? Löse durch Probieren.

Ich denke mir eine natürliche Zahl. Wenn ich diese Zahl mit sich selbst multipliziere und anschließend durch 3 dividiere, erhalte ich dasselbe, wenn ich die gesuchte Zahl verdopple und 9 addiere.

Kap. 2.1

Regelmäßigkeiten

Ein regelmäßiges n-Eck hat n Ecken, n gleich lange Seiten und n gleich große Innenwinkel. Übertrage die Tabelle in dein Heft und vervollständige sie. Finde jeweils einen Term, der die Innenwinkelsumme, den Umfang und die Anzahl der Diagonalen in Abhängigkeit von der Eckenzahl n angibt.

	s	s	s	s
Anzahl der Ecken	3	4	5	
Innenwinkelsumme	180°	360°		
Umfang				
Anzahl der Diagonalen	0	2		

Kap. 2.2

Multiplikation mal anders

Neben dem hierzulande üblichen Multiplikationsverfahren gibt es auch noch andere, beispielsweise ein Verfahren aus der „Vedischen Mathematik". Wir stellen es am Beispiel $995 \cdot 888$ vor.

- Beschreibe das Vorgehen in Worten.
- Berechne auf ähnliche Weise $97 \cdot 89$ und $998 \cdot 889$.
- Versuche, das Vorgehen zu begründen.
- Recherchiere weitere solcher Rechenverfahren und stelle sie deiner Klasse vor.

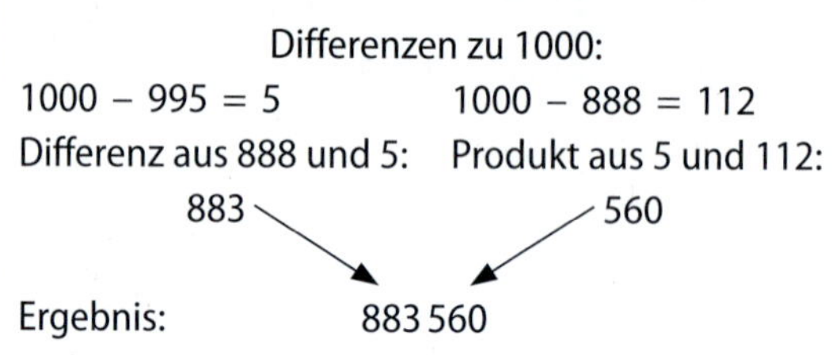

Kap. 2.3

Alles klar?

Marvin und Mia sollen den Term $(e + f)^2$ auflösen. Überprüfe ihre Argumentationen.

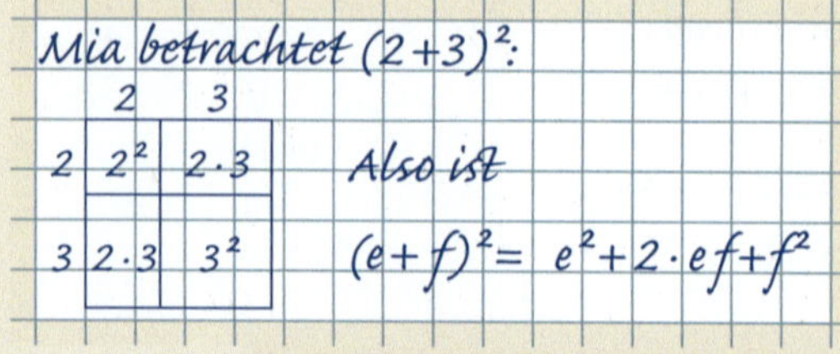

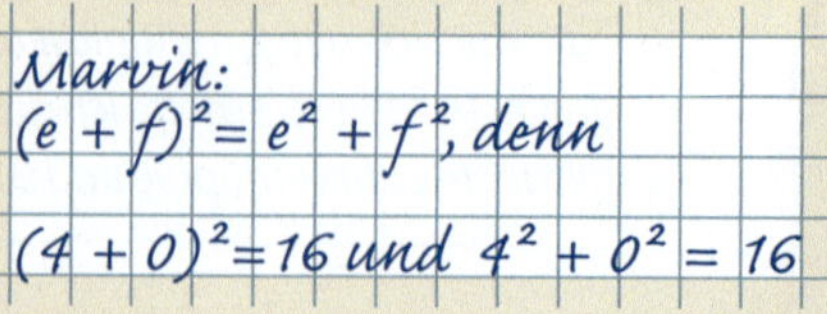

Kap. 2.4

Alles im Gleichgewicht

- Wie viele Erdbeeren muss man auf Waage 4 auflegen, damit auch diese im Gleichgewicht ist?
- Ist die Lösung eindeutig?

Kap. 2.5

Bruch-ABC

Finde heraus, welcher der Terme

$\frac{a}{b}$, $\frac{a+1}{b}$, $\frac{a-1}{b}$, $\frac{10a+1}{10b}$ oder $\frac{10a-1}{10b}$ den kleinsten Wert hat, wenn a und b natürliche Zahlen sind.

- Probiere mit einem Tabellenkalkulationsprogramm aus.
- Versuche, zu deiner Auswahl eine Begründung zu finden.

Kap. 2.5

Einfach rätselhaft

- Löse die Rätsel. Beschreiben dein Vorgehen.

Eine Zisterne von 12 Raumeinheiten erhält Wasser durch zwei Röhren, deren eine in jeder Stunde eine Einheit, deren andere in jeder Stunde zwei Einheiten liefert. In welcher Zeit kann die leere Zisterne von beiden Röhren gemeinsam gefüllt werden?
(Heron von Alexandria)

Einer säuft in 21 Tagen einen Eimer* Bier. Wenn ein zweiter hilft, saufen sie ihn in 14 Tagen. Wie lange würde der zweite allein brauchen, um den Eimer zu saufen?
(Altes Cottbusser Rechenbuch)

**Eimer ist ein altes Flüssigkeitsmaß: 1 Eimer entspricht etwa 70 Litern.*

Entdecken

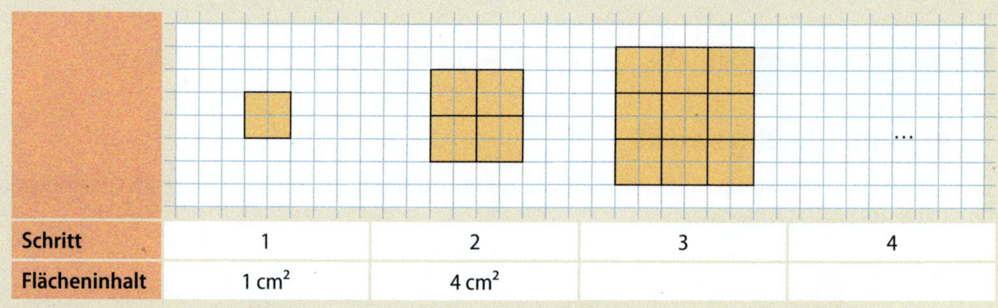

Schritt	1	2	3	4
Flächeninhalt	1 cm²	4 cm²		

- Übertrage die Tabelle in dein Heft und setze sie um mindestens zwei Schritte fort.
- Finde einen Term für den Flächeninhalt in jedem Schritt. Beschreibe ihn in Worten.
- Überprüfe den Term für den 10. (12., 15.) Schritt.

Verstehen

Klammer zuerst
Potenz vor Punkt
Punkt vor Strich

Terme lassen sich anhand der bekannten Rechenregeln vereinfachen.

Bei der **Vereinfachung** von Termen entstehen zueinander **äquivalente** (gleichwertige) Terme.

1 Eine **Summe gleicher Summanden** lässt sich als **Produkt** schreiben.
Beispiel:
$x + x + y + x + y + x = x + x + x + x + y + y = 4 \cdot x + 2 \cdot y$

2 **Gleichartige Summanden** lassen sich zusammenfassen.
Beispiel:
$3xy + 7xz - 7xy + 2xy - 2xz = 3xy - 7xy + 2xy + 7xz - 2xz = -2xy + 5xz$

3 Man verwendet die in $\mathbb{Q}$ gültigen Rechengesetze:
Kommutativgesetz: $a + b = b + a$ $\quad a \cdot b = b \cdot a$
Assoziativgesetz: $a + (b + c) = (a + b) + c$ $\quad a \cdot (b \cdot c) = (a \cdot b) \cdot c$

Beispiele

1. Gegeben ist der Term $a + 7$. Berechne den Wert des Terms für
1 $a = 0$. **2** $a = 2$. **3** $a = -4$.
Lösung:
1 $a = 0$: $0 + 7 = 7$ **2** $a = 2$: $2 + 7 = 9$ **3** $a = -4$: $-4 + 7 = 3$

2. Erstelle für den Term $0{,}5x - 0{,}5$ für $x = -1; 0; 1; 2; 3$ eine Wertetabelle.
Lösung:

x	−1	0	1	2	3
0,5x − 0,5	−1	−0,5	0	0,5	1

Nachgefragt

- Begründe, warum man nur gleichartige Terme zusammenfassen kann.
- Nimm Stellung zu der Aussage: „Im Term $x + y$ dürfen nicht dieselben Zahlen für x und y eingesetzt werden."

Aufgaben

1 Berechne jeweils die Termwerte für die gegebene Belegung der Variablen.
Wenn du alle Termwerte der Größe nach ordnest, ergeben die Buchstaben den Namen eines Mathematikers. Beginne mit dem kleinsten Wert.

a) $x + 5$

$x = 2 \rightarrow$ O
$x = 11 \rightarrow$ A

b) $\frac{a}{2} + 3$

$a = 0 \rightarrow$ I
$a = 46 \rightarrow$ U

c) $5 - z + 10$

$z = -8 \rightarrow$ N
$z = \frac{2}{3} \rightarrow$ N

d) $\frac{3}{2} \cdot b + 5$

$b = 4\frac{1}{2} \rightarrow$ O
$b = -6 \rightarrow$ E

e) y^3

$y = -2 \rightarrow$ R
$y = 5 \rightarrow$ S

f) $x \cdot (x - 2)$

$x = 2{,}5 \rightarrow$ G
$x = -3 \rightarrow$ T

g) $\frac{x^3}{x^2}$

$x = 9 \rightarrow$ M

2 Finde zu den Termwerten den zugehörigen Term.

a)

x	−3	−2	−1	0	1	2	3
?	−9	−6	−3	0	3	6	9

b)

x	−5	$-4\frac{1}{2}$	−4	$-3\frac{1}{2}$	−3	$-2\frac{1}{2}$	−2
?	25	$\frac{81}{4}$	16	$\frac{49}{4}$	9	$\frac{25}{4}$	4

c)

x	−4	−2	−1	0	1	3	5
?	−5	−1	1	3	5	9	13

d)

x	−3	−2	−1	0	1	2	3
?	14	9	6	5	6	9	14

3 Vereinfache so weit wie möglich. Begründe die Vereinfachung durch die Angabe des angewendeten Gesetzes.

Verwende das Assoziativgesetz und das Kommutativgesetz.

a) $5a - 2a + a$
b) $4z^2 - 3z^2 + z^2 + 3z^2$
c) $(3a + 2b) + 5a$
d) $-7y - 5y - 23y$
e) $51c^2 - 9c + 3c^2$
f) $3x + (8x + 16)$
g) $5y - 7y^2 + 1{,}5y \cdot y$
h) $\left(\frac{1}{2}p + 2\frac{1}{2}q\right) + 1\frac{1}{2}q$
i) $-3e \cdot e + 3f - 3e^2 + \frac{1}{2}f$

4 Stelle einen Term mit der Variablen x auf. Berechne den Termwert für $x = -4; -1; 0; 2$.

Lösungen zu 4: −9; −6; −5; −4; −4; −3; 0; 0; 1; 4; 14; 16

a) Subtrahiere von der Summe aus x und 7 die Zahl 12.
b) Dividiere das Quadrat des Doppelten einer Zahl durch 4.
c) Addiere zum Fünffachen einer Zahl das Quadrat der Zahl.

5 Finde mindestens zwei verschiedene Terme für den Umfang der Figur. Zeige, dass die Terme äquivalent zueinander sind.

a)
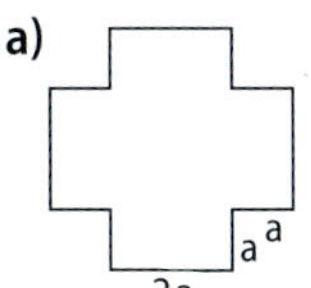

b)

c)
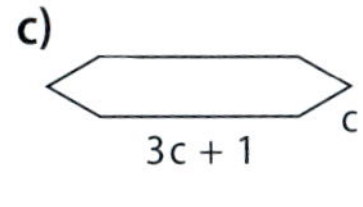

d)
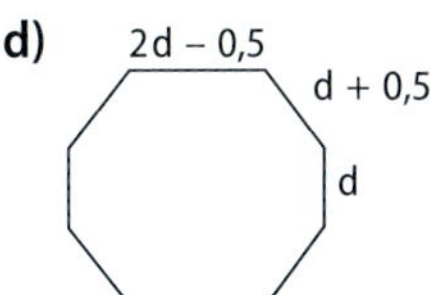

6 Vereinfache so weit wie möglich.

In der Lösung ordnet man Variablen alphabetisch, falls möglich.

a) $4a + 12 - 6a + 3$
b) $-5a - 3b + 7b + 8 - 3a$
c) $12xy - 8x + 7y - 2x - 2{,}5xy$
d) $-7{,}5z + 3{,}8x - 4{,}2z - 0{,}9 + 2{,}8z$
e) $2{,}7c - 1{,}5ac + 2{,}6a + 3{,}5c$
f) $1{,}8y + 7{,}2x - 13{,}2y - 5{,}2x + 11{,}4y$
g) $14{,}3x^2 - 7{,}3x^2y + 6{,}2x^2 - 2{,}7xy^2$
h) $-0{,}8st^2 - 3{,}1s^2t + 4{,}6ts^2 - 2{,}5t^2s + 8{,}9t^2s^2$

Entdecken

Übertrage das Muster mindestens zweimal in dein Heft.

- Beschrifte im ersten Muster die einzelnen Flächeninhalte mit einem Term.
- Markiere im zweiten Muster die Flächeninhalte farbig, die durch folgende Terme gegeben sind:

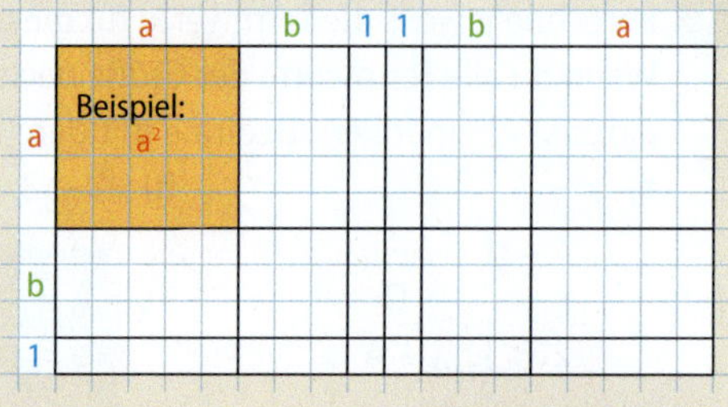

1 $a \cdot (a + b)$ **2** $(a + b) \cdot (a + b)$ **3** $(b + 1) \cdot (b + a)$ **4** $b \cdot (1 + b + a)$

- Stelle die Terme **1** bis **4** durch äquivalente Terme dar, indem du die einzelnen Rechtecksflächen verwendest, in die sich die Flächen zerlegen lassen.
- Beschreibe, wie man Produkte von Termen zerlegen kann. Überprüfe an Beispielen.

Verstehen

Mithilfe des Distributivgesetzes kann man Terme ausmultiplizieren bzw. ausklammern.

Terme werden multipliziert, indem Zahlen mit Zahlen und Variablen mit Variablen multipliziert werden:
$3x \cdot 4y = 3 \cdot 4 \cdot x \cdot y$
$= 12xy$

- Wird eine Summe mit einem Faktor multipliziert, dann wird **jeder Summand mit dem Faktor (aus-)multipliziert**. Die entstandenen Produkte werden mit ihren Vorzeichen addiert.
- Kommt in einer Summe von Produkten in jedem Summanden derselbe Faktor vor, dann kann dieser **gemeinsame Faktor ausgeklammert** werden.

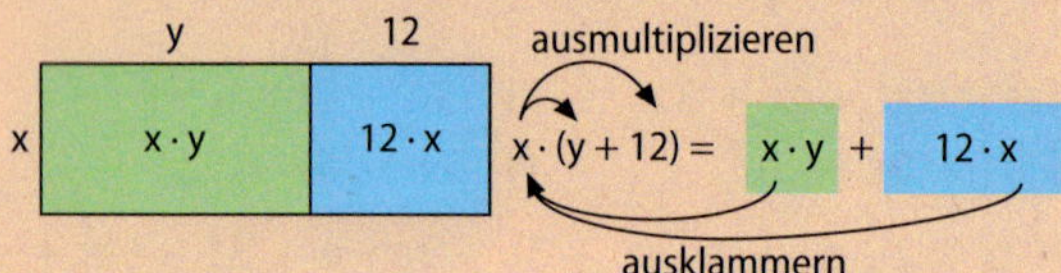

Es wird „jeder mit jedem" multipliziert.

Werden Summen miteinander multipliziert, dann muss man jeden Summanden der ersten Summe mit jedem Summanden der zweiten Summe multiplizieren. Die entstandenen Produkte werden dann mit ihren Vorzeichen addiert.

y 12
x | x · y | 12 · x
5 | 5 · y | 5 · 12

$(x + 5) \cdot (y + 12) = x \cdot y + 12 \cdot x + 5 \cdot y + 5 \cdot 12$

Beispiele

1. Multipliziere die Klammern aus und vereinfache.

a) $(3x + y) \cdot 5$ **b)** $\frac{2}{3} \cdot (19{,}2x + 1)$ **c)** $(7{,}2r - 8{,}8s) : \frac{4}{5}$

Lösung:

a) $(3x + y) \cdot 5$
$= 3x \cdot 5 + y \cdot 5$
$= 15x + 5y$

b) $\frac{2}{3} \cdot (19{,}2x + 1)$
$= \frac{2}{3} \cdot 19{,}2x + \frac{2}{3} \cdot 1$
$= 12\frac{4}{5}x + \frac{2}{3}$

c) $(7{,}2r - 8{,}8s) : \frac{4}{5}$
$= 7{,}2r : \frac{4}{5} - 8{,}8s : \frac{4}{5}$
$= 7{,}2r \cdot \frac{5}{4} - 8{,}8s \cdot \frac{5}{4}$
$= 9r - 11s$

2. Wie lautet der gemeinsame Faktor? Klammere ihn aus und vereinfache.

a) $15ab + 21a - 3ac$ b) $12xy + 4xz + 8vx$ c) $4ab^2 - 144a^2b$

Lösung:

a) $15ab + 21a - 3ac$
$= 3 \cdot 5 \cdot ab + 3 \cdot 7a - 3 \cdot ac$
$= 3a \cdot (5b + 7 - c)$
$3a$ ist der gemeinsame Faktor.

b) $12xy + 4xz + 8vx$
$= 3 \cdot 4xy + 4xz + 2 \cdot 4vx$
$= 4x \cdot (3y + z + 2v)$
Der gemeinsame Faktor ist $4x$.

c) $4ab^2 - 144a^2b$
$= 4 \cdot abb - 4 \cdot 36aab$
$= 4ab \cdot (b - 36a)$
$4ab$ ist der gemeinsame Faktor.

3. Das Produkt von Summen lässt sich übersichtlich mithilfe einer Verknüpfungstabelle darstellen. Beispiel: $(3x + 7) \cdot (4x - 5)$

·	4x	−5
3x	$12x^2$	$-15x$
7	$28x$	-35

$(3x + 7) \cdot (4x - 5)$
$= 12x^2 \underbrace{- 15x + 28x} - 35$
$= 12x^2 + 13x - 35$

Erinnere dich:
$x \cdot x = x^2$,
aber
$x + x = 2x$

a) Erkläre das Vorgehen.

b) Berechne ebenso mithilfe einer Verknüpfungstabelle: $(2a - 3b) \cdot (12 - 6a)$

Lösung:

a) Jeder Summand der ersten Klammer muss mit jedem Summanden der zweiten Klammer multipliziert werden. Dieses kann man durch die Darstellung der einzelnen Summanden in die Spalten bzw. Zeilen einer Verknüpfungstabelle erreichen, indem in jeder Zelle das Produkt der einzelnen Summanden steht. Das Vorgehen entspricht der Bestimmung einzelner Flächeninhalte im Merkkasten.

b)

·	12	−6a
2a	$24a$	$-12a^2$
−3b	$-36b$	$+18ab$

$(2a - 3b) \cdot (12 - 6a)$
$= 24a - 12a^2 - 36b + 18ab$
$= -12a^2 + 24a + 18ab - 36b$

Nachgefragt

- Lässt sich jeder Term so umformen, dass man ihn als Produkt schreiben kann? Begründe.
- $6ab + a = a \cdot (6b + 1)$ oder $6ab + a = a \cdot (6b + 0)$. Was ist richtig? Begründe.
- Vervollständige die Sätze und gib ein Beispiel an.
  Steht vor einer Klammer ein Plus-Zeichen, dann kann …
  Steht vor einer Klammer ein Minus-Zeichen, dann kann …

Aufgaben

1 Multipliziere aus und vereinfache so weit wie möglich.

a) $7 \cdot (4x + 2)$ b) $(-3b + a) \cdot 5$ c) $1{,}7 \cdot (2c + a)$
d) $2x \cdot (x + 2{,}5)$ e) $3z \cdot (3z + 4)$ f) $\frac{1}{3}k \cdot (6k + 1)$
g) $\left(-\frac{3}{4}l\right) \cdot (4l - 12)$ h) $(-3k + 0{,}2l) \cdot (-3m)$ i) $(-2{,}4s^2 + 3{,}6ts) : (4s)$

In den Termen werden die Variablen möglichst alphabetisch geordnet.

2 Finde den gemeinsamen Faktor wie in Beispiel 2. Klammere ihn aus und vereinfache.

a) $\frac{1}{2}ax + 3x - 7xy$ b) $a^2bc - ab^2 + 3{,}2abc$ c) $6mn + 4km + 8m$
d) $2{,}5s^2f - 1{,}5s^2t + 12s^2$ e) $-35rs + 21r - 49rs^2$ f) $1{,}2gh + 0{,}3g - 1{,}5gk$
g) $\frac{2}{3}d^2 - 1\frac{1}{3}cd + d$ h) $0{,}8k^2l^2 - 1{,}6kl^2 + mkl^2$ i) $1{,}9x^3y - 4{,}6x^2y^2 + x^2y^3$

Aufgaben

3 a) Der Flächeninhalt der Figur wurde auf zwei Arten (jeweils ohne Einheiten) berechnet. Erkläre das Vorgehen.

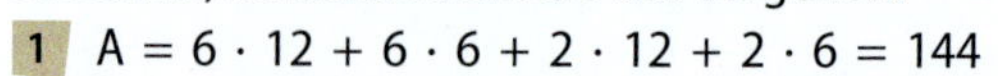

1 $A = 6 \cdot 12 + 6 \cdot 6 + 2 \cdot 12 + 2 \cdot 6 = 144$

2 $A = (6 + 2) \cdot (12 + 6) = 8 \cdot 18 = 144$

b) Bestimme wie in a) den Flächeninhalt auf zwei verschiedene Arten.

1 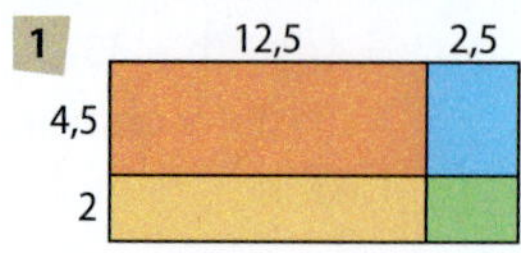

2 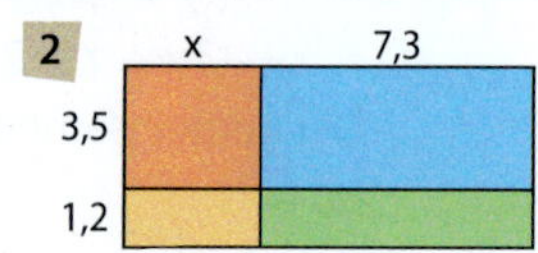

3 

4 Berechne das Produkt mithilfe einer Verknüpfungstabelle wie in Beispiel 3. Vereinfache so weit wie möglich.

a) $(x + 2) \cdot (x + 3)$ b) $(r + s) \cdot (r - 1)$ c) $(-2a + 5) \cdot (1{,}2y - 0{,}4)$

d) $(-2x + 7) \cdot (x - y)$ e) $\left(0{,}4k - \frac{2}{3}\right) \cdot (-l + 8)$ f) $(-3{,}2a + 0{,}5b) \cdot (a - 2b)$

g) $(1{,}4y + 1{,}8) \cdot (-x + y)$ h) $(-s^2 + 2t) \cdot (s - 0{,}6)$ i) $(2k - t^2) \cdot (1{,}6 - 0{,}3t)$

5 In den Verknüpfungstabellen zur Multiplikation von Summen fehlen Werte.

1

·		5
x	x^2	
		15

2 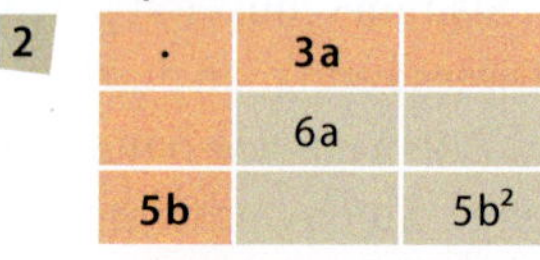

·	3a	
	6a	
5b		$5b^2$

3 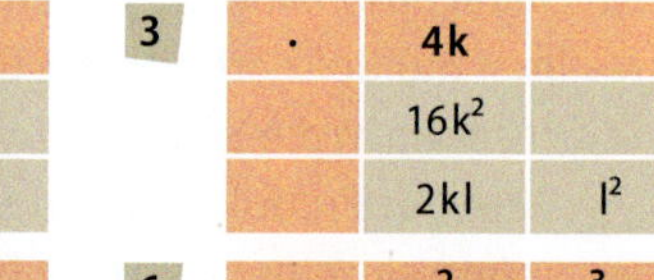

·	4k	
	$16k^2$	
	2kl	l^2

4 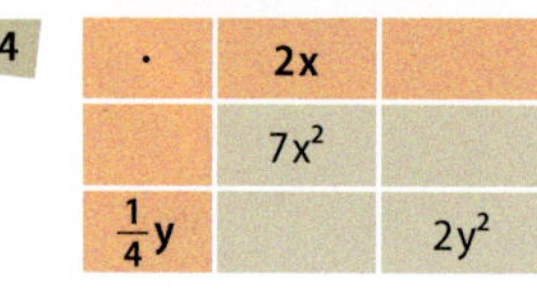

·	2x	
	$7x^2$	
$\frac{1}{4}y$		$2y^2$

5 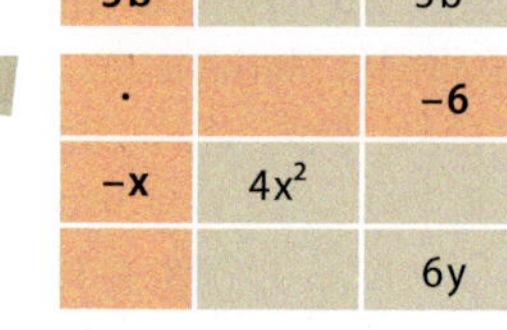

·		−6
−x	$4x^2$	
		6y

6

·	$-\frac{2}{5}x$	$\frac{3}{4}z$
	$-\frac{2}{5}xy$	
		$-3z^2$

a) Übertrage die Tabellen in dein Heft und vervollständige sie.

b) Wie lauten die ursprünglichen Aufgabenstellungen? Vereinfache die Ergebnisse so weit wie möglich.

Klammern, vor denen ein Minuszeichen – steht, nennt man auch ***Minusklammern****.*

6 a) Erkläre die Richtigkeit der nebenstehenden Aussage anhand der folgenden Gleichheit.

$-(2x - 4{,}5) = (-1) \cdot (2x - 4{,}5) = -2x + 4{,}5$

Bei einer Minusklammer drehen sich die Vorzeichen aller Summanden in der Klammer um, wenn man die Klammer auflöst.

b) Löse die folgenden Klammern auf und vereinfache.

1 $1{,}2x - (2{,}6 - 3{,}1x)$ 2 $-\frac{4}{7}s - \left(0{,}8 - \frac{3}{7}s\right)$

3 $3a^2 - (-1{,}9a + 0{,}2a^2)$ 4 $-5x^2 - \left(\frac{1}{5}x + 3x^2\right)$

5 $-\left(\frac{2}{5}b + \frac{3}{4}c\right)$ 6 $2x - (7x + 15)$

7 $-\frac{5}{2}a - b \cdot \left(ab + \frac{1}{b}\right)$ 8 $-6y - (4{,}5 + 9y)$

9 $x - 4 \cdot \left(8x + \frac{2}{5}y\right)$ 10 $3z - (4z - 3z^2)$

11 $3y - (-7y + xy)$ 12 $-2 \cdot (6x + 4z) - 9z$

7 Übertrage ins Heft und ergänze so, dass die Rechnung stimmt.

a) $2 \cdot \left(\square + \frac{2}{5}v\right) = \frac{1}{12}u + 0{,}8v$ b) $3{,}5ab + 14a^2b = \square \cdot \left(\frac{1}{2} + 2a\right)$

c) $\square : 5 + 2r + 3 = 27r + 3$ d) $81p - 15q = \square \cdot (\square p - 5q)$

e) $\square \cdot \frac{4}{3}q + \frac{2}{9} = 12q + \square$ f) $\square + 2{,}5x^2 - x = x \cdot (4x^2 + 2{,}5x - \square)$

8 Hier stimmt doch was nicht. Finde die Fehler und verbessere sie im Heft.

a) $2x - 4y + 8r - 2$
$= 2 \cdot (x - 2y + 4r)$

b) $(3x - 2) \cdot (x + 4)$
$= 3x^2 + 12x - 2x + 8$
$= 3x^2 + 14x + 8$

c) $8 \cdot (b + \frac{3}{4}a) - (b + 3)$
$= 8b + 6a - b + 3$
$= 6a + 7b + 3$

d) $-8x^2y + 4xy - 12xy^2$
$= -4xy(2x - 1 + 3y^2)$
$= -4xy(2x - 3y^2 + 1)$

9 Multipliziere aus und vereinfache so weit wie möglich.

Schaffst du es auch ohne Verknüpfungstabelle?

a) $(x + 5) \cdot (x - 4)$ b) $(x + y) \cdot (y - 2x)$ c) $(6 - x) \cdot (6 - y)$
d) $(x - 3) \cdot (2x - 6)$ e) $(-2x + 3y) \cdot (x - 5y)$ f) $(5{,}5x + 2{,}6) \cdot (4x - 1{,}2y)$
g) $\left(4\frac{1}{10}x + \frac{3}{5}\right) \cdot (y - 2)$ h) $(x - 1{,}3y) \cdot (-1{,}3x + y)$ i) $\left(\frac{1}{2}x^2 - 4x\right) \cdot \left(\frac{1}{5}x - y\right)$

10 Übertrage die Rechenmauern in dein Heft und vervollständige sie.

Der Wert eines Steins ergibt sich aus der entsprechenden Rechnung der darunter liegenden Steine (von links nach rechts).

a) Addition

b) Subtraktion

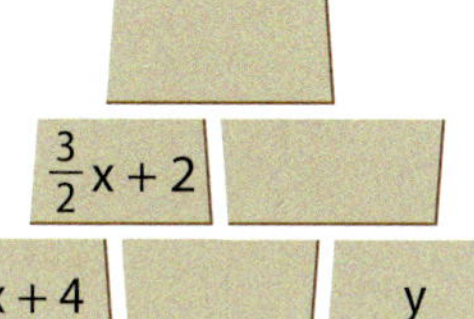

c) Division

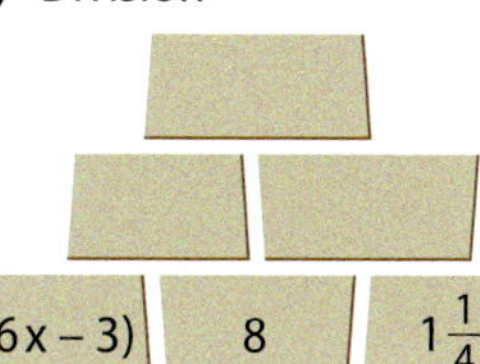

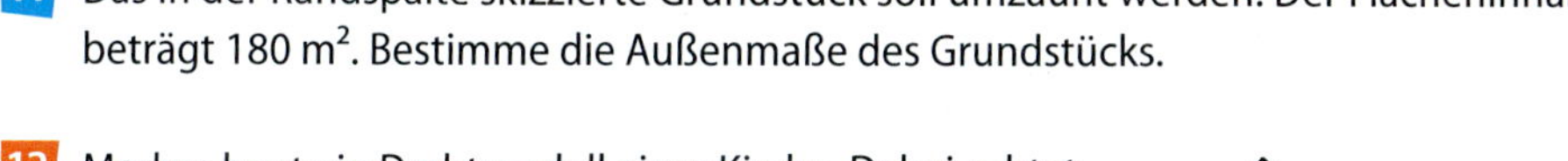

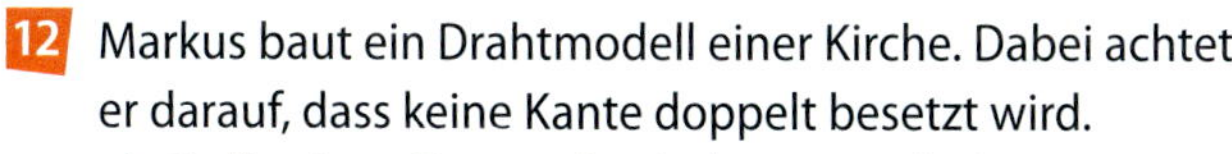

11 Das in der Randspalte skizzierte Grundstück soll umzäunt werden. Der Flächeninhalt beträgt 180 m². Bestimme die Außenmaße des Grundstücks.

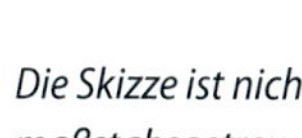

Die Skizze ist nicht maßstabsgetreu.

12 Markus baut ein Drahtmodell einer Kirche. Dabei achtet er darauf, dass keine Kante doppelt besetzt wird.

a) Stelle einen Term auf, mit dem man die Länge eines Drahtes für das Modell bestimmen kann. Vereinfache den Term so weit wie möglich.

b) Für den Term aus a) gilt:
$a = 2b + 4\,\text{cm}$ und $c = b + 2\,\text{cm}$. Ersetze die Variablen und vereinfache erneut.

c) Wie lang muss der Draht für $b = 8\,\text{cm}$ mindestens sein? Warum „mindestens“? Finde Gründe.

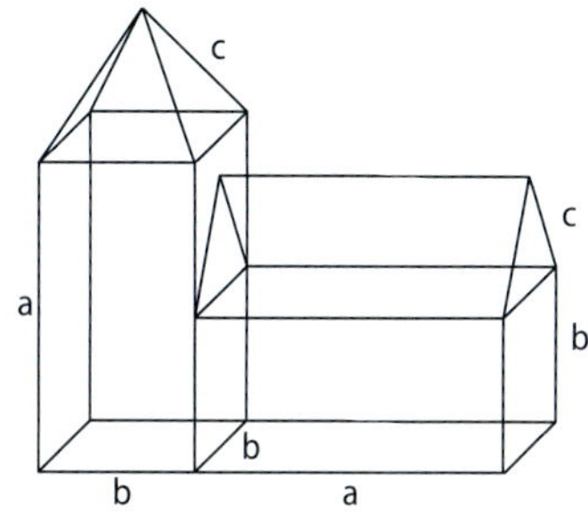

13 Man kann mithilfe einer Verknüpfungstabelle auch Produkte von Summen mit mehr als zwei Summanden bestimmen.

a) Erkläre das Vorgehen im Beispiel.

b) Berechne ebenso:

1 $(2a - 3b + 7) \cdot (3a + b - 8)$

2 $(-x + 4y + z) \cdot (x - y + 4)$

c) Wie muss eine Tabelle für $(2x + 4) \cdot (x - 3 + y)$ aussehen? Begründe und berechne.

Beispiel:

·	2x	3y	−5
x	$2x^2$	3xy	−5x
−y	−2xy	$-3y^2$	+5y
1	2x	3y	−5

$(x - y + 1) \cdot (2x + 3y - 5)$
$= 2x^2 + 3xy - 5x - 2xy - 3y^2$
$\quad + 5y + 2x + 3y - 5$
$= 2x^2 - 3y^2 - 3x + 8y + xy - 5$

Entdecken

Schneide dir ein dünnes quadratisches Papier zurecht oder verwende Origami-Papier.

1
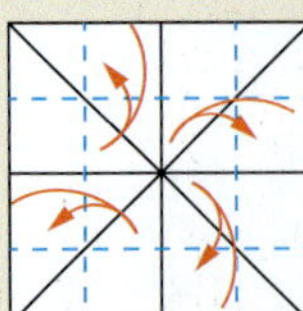
Falte die Diagonalen und Mittellinien und öffne jeweils wieder. Anschließend falte alle Quadratkanten nochmals zur Mittellinie.

2
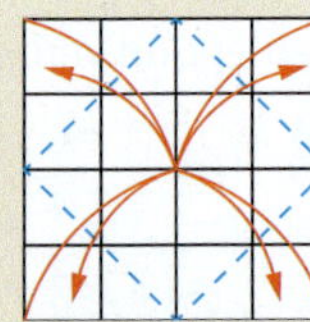
Öffne die Viertelungen wieder. Falte alle vier Ecken zur Mitte und öffne sie wieder.

3

Falte zwei angrenzende Quadratseiten um und forme in der Ecke einen Windmühlenflügel. Wiederhole das Vorgehen reihum.

- Entfalte die Figur und betrachte das Faltmuster. Zeige folgende Flächengleichheiten:

1
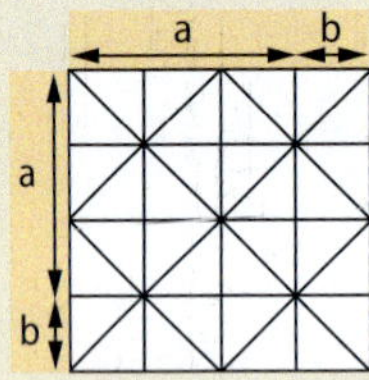

$(a + b)^2 = a^2 + 2ab + b^2$

2
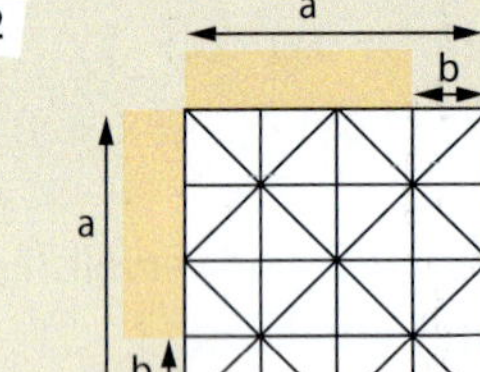

$(a - b)^2 = a^2 - 2ab + b^2$

3
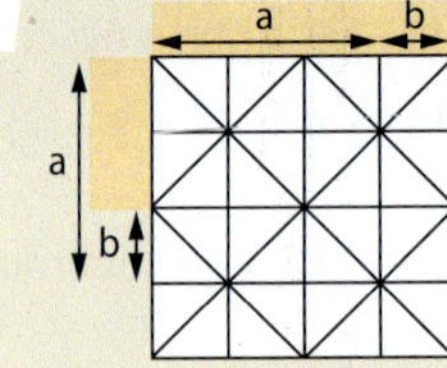

$(a + b) \cdot (a - b) = a^2 - b^2$

Verstehen

Die binomischen Formeln sind ein Sonderfall der Multiplikation von Summen.

Die binomischen Formeln lassen sich in beide Richtungen anwenden: ausmultiplizieren bzw. zusammenfassen.

Die **binomischen Formeln** erhält man, indem man beide Summen ausmultipliziert und zusammenfasst.

		Quadrat 1. Summand		doppeltes Produkt beider Summanden		Quadrat 2. Summand
1.	$(a + b)^2 =$	a^2	+	$2ab$	+	b^2
2.	$(a - b)^2 =$	a^2	−	$2ab$	+	b^2
3.	$(a + b) \cdot (a - b) =$	a^2			−	b^2

Beispiele

Überlegungen:
- *Betrachte die quadrierten Teilterme: Wie lauten die Summanden?*
- *Wie lautet das doppelte Produkt der Summanden? Welches Vorzeichen hat es?*

1. Löse die Klammern auf und vereinfache.

a) $(x + 3)^2$ **b)** $(3x + y) \cdot (3x - y)$

Lösung:

a) $(x + 3)^2 = x^2 + 2 \cdot x \cdot 3 + 3^2$
$= x^2 + 6x + 9$

b) $(3x + y) \cdot (3x - y) = (3x)^2 - y^2$
$= 9x^2 - y^2$

2. Wende die binomischen Formeln an und schreibe mit Klammern.

a) $4x^2 - 2ax + \frac{1}{4}a^2$ **b)** $1 - 169r^2$

Lösung:

a) $4x^2 - 2ax + \frac{1}{4}a^2$
$= (2x)^2 - 2ax + \left(\frac{1}{2}a\right)^2 = \left(2x - \frac{1}{2}a\right)^2$

b) $1 - 169r^2$
$= (1)^2 - (13r)^2 = (1 + 13r) \cdot (1 - 13r)$

- Worin unterscheiden sich die 1. und die 2. binomische Formel? Beschreibe.
- Wieso entfällt der „mittlere Teil" bei der 3. binomischen Formel? Erkläre anschaulich.

Nachgefragt

Aufgaben

1 Wende die binomischen Formeln an.

a) $(x + 5)^2$ b) $(4 + y)^2$ c) $(x - 1)^2$
d) $\left(x + \frac{1}{4}\right)^2$ e) $\left(y + \frac{2}{3}\right)^2$ f) $\left(x + 1\frac{1}{2}\right)^2$
g) $(7 - x)^2$ h) $\left(\frac{1}{5} - y\right)^2$ i) $\left(\frac{4}{9} + x\right)^2$
j) $\left(x + \frac{1}{4}z\right)^2$ k) $(x - 2y)^2$ l) $(5x - 2z)^2$

2 Nutze die 3. binomische Formel zum Vereinfachen.

Hilfreich:
$a - b = -b + a$
$a - b = -(b - a)$

a) $(x + 2) \cdot (x - 2)$ b) $(x - 3) \cdot (3 + x)$ c) $(y - 4) \cdot (y + 4)$
d) $(6 - x) \cdot (6 + x)$ e) $\left(y + \frac{2}{5}\right) \cdot \left(y - \frac{2}{5}\right)$ f) $\left(\frac{4}{9} - x\right) \cdot \left(\frac{4}{9} + x\right)$
g) $(y - 7) \cdot (7 + y)$ h) $(3 - x) \cdot (3 + x)$ i) $(y - 2x) \cdot (y + 2x)$
j) $(3z - s) \cdot (s + 3z)$ k) $(4x - 5) \cdot (5 + 4x)$ l) $(8z - 9x) \cdot (8z + 9x)$

3 Löse die Klammern auf und vereinfache so weit wie möglich.

a) $(a + 3)^2$ b) $(b - 6)^2$ c) $(7 - x) \cdot (7 + x)$
d) $(2x - 4)^2$ e) $\left(\frac{1}{2}y + 2{,}5\right) \cdot \left(\frac{1}{2}y - 2{,}5\right)$ f) $(3{,}5 + 5z)^2$
g) $(7r - 2{,}3)^2$ h) $\left(\frac{2}{3}v + t\right)^2$ i) $(a + 1{,}9b) \cdot (a - 1{,}9b)$
j) $(11r - 4s) \cdot (11r + 4s)$ k) $\left(0{,}6v + \frac{5}{6}w\right)^2$ l) $\left(\frac{m}{3} - 8\right) \cdot \left(\frac{m}{3} + 8\right)$
m) $(2{,}5x - 3y) \cdot (3y + 2{,}5x)$ n) $(y - 0)^2 \cdot (0 - y)$ o) $\left(\frac{35}{36} - \frac{17}{36}\right)^2$

4 Überprüfe mithilfe von Verknüpfungstabellen wie in Kapitel 2.2 die Richtigkeit der binomischen Formeln aus dem Merkkasten.

5 Ordne zu. Welche Terme sind äquivalent?

1 $x \cdot (4 + x)$	2 $(x - 2)^2$	A $x^2 - 4$	B $x^2 + 4x + 4$
3 $(2 - x) \cdot (2 + x)$	4 $(x - 2^2) \cdot (x + 2^2)$	C $x^2 - 4x + 4$	D $x^2 + 4x$
5 $(2 + x)^2$	6 $(x + 2) \cdot (x - 2)$	E $-x^2 + 4$	F $x^2 - 16$

6 Fasse geschickt mithilfe binomischer Formeln zusammen wie in Beispiel 2.

a) $x^2 + 22x + 121$ b) $a^2 - 26a + 169$ c) $25 - y^2$
d) $1 + 2x + x^2$ e) $\frac{1}{4}t^2 - st + s^2$ f) $4a^2 - 36a + 81$
g) $9x^2 + 30xy + 25y^2$ h) $\frac{1}{4}s^2 - s + 1$ i) $36k^2 - 144m^2$
j) $0{,}64a^2 + 6{,}4a + 16$ k) $\frac{4}{9}x^2 - \frac{4}{15}x + \frac{1}{25}$ l) $0{,}49r^2 - \frac{121}{169}$
m) $0{,}09 + 0{,}6x + x^2$ n) $y^2 - 4 \cdot \frac{1}{5}y + \frac{4}{25}$ o) $0{,}04x^2 - 2{,}25y^2$

Aufgaben

7 Erkläre mithilfe der Zeichnung die Gültigkeit der 3. binomischen Formel anschaulich.

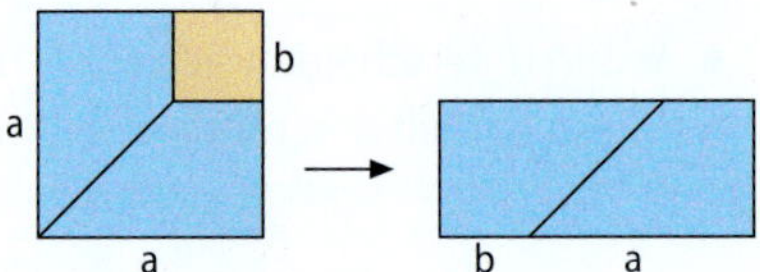

8 „Das Quadrat einer Differenz ergibt als Ergebnis die Differenz aus dem Quadrat des Minuenden und dem doppelten Produkt aus Minuend und Subtrahend addiert zum Quadrat des Subtrahenden."

a) Welche binomische Formel wird hier beschrieben?
b) Beschreibe ebenso in Worten die beiden anderen binomischen Formeln.

9 Löse zuerst die binomische Formel auf und vereinfache dann so weit wie möglich.

a) $4 \cdot (a + 3)^2$ **b)** $3 \cdot (x - 2y)^2$ **c)** $2 \cdot (2 - x) \cdot (2 + x)$
d) $x \cdot \left(x + \frac{1}{3}\right)^2$ **e)** $k \cdot (2m + 9)^2$ **f)** $\frac{1}{3} \cdot (3a - b)^2$
g) $-2 \cdot (-x - 5)^2$ **h)** $-y \cdot (y + 2)^2$ **i)** $2x \cdot (4 - x)^2$
j) $(2y - 11) \cdot (2y + 11) \cdot y$ **k)** $t \cdot (5t - 0)^2$ **l)** $5 \cdot (y - 6)^2$

10 Ergänze die Lücke so, dass du eine binomische Formel anwenden kannst. Vereinfache anschließend so weit wie möglich.

a) $x^2 + 6x + \square$ **b)** $x^2 - 16x + \square$ **c)** $x^2 - 22x + \square$
d) $x^2 - x + \square$ **e)** $x^2 + 0{,}6x + \square$ **f)** $x^2 + 3x + \square$
g) $x^2 - \square x + 49$ **h)** $x^2 + \square x + 2{,}25$ **i)** $x^2 - \square x + \frac{4}{9}$
j) $x^2 - 2 \cdot \frac{1}{3}x + \square$ **k)** $x^2 - \square x + 9$ **l)** $\square x^2 - \frac{1}{8}x + \frac{1}{64}$

11 Übertrage in dein Heft und fülle die Lücken aus.

a) $(x + \square)^2 = \square + \square + 64$ **b)** $(y - \square)^2 = \square - 5y + \square$
c) $(2a + \square)^2 = \square + 2a + \square$ **d)** $(\square - 12)^2 = \square - 6m + \square$
e) $(3x - \square) \cdot (3x + \square) = \square - 0{,}25$ **f)** $\left(\square - \frac{2}{5}\right)^2 = 2\frac{1}{4}r^2 - \square + \square$
g) $\left(\square + \frac{2}{5}\right)^2 = 16z^2 + \square + \square$ **h)** $\left(\square t - 7\frac{1}{2}\right) \cdot \left(\square t + 7\frac{1}{2}\right) = 0{,}36t^2 - \square$

Weiterdenken

Quadratische Terme kann man so **quadratisch ergänzen**, dass man sie mithilfe der **binomischen Formeln vereinfachen** kann.

1 Terme der Form $x^2 + bx$	
$x^2 + 6x =$	Vergleich mit der 1. binomischen Formel: $(a + b)^2 = a^2 + 2ab + b^2$ Somit ist $6 = 2b$, also $\frac{6}{2} = 3 = b$
$\underbrace{x^2 + 6x + 9}_{} - 9 =$	Ergänzung von b^2
$(x + 3)^2 - 9$	Vereinfachen mit der binomischen Formel
2 Terme der Form $x^2 + bx + c$	
$x^2 - 8x + 6 =$ $\underbrace{x^2 - 8x + 16}_{} \underbrace{- 16 + 6}_{} =$	Der Term $x^2 - 8x$ wird wie unter **1** ergänzt. Der konstante Teil $+ 6 = c$ wird angehängt.
$(x - 4)^2 - 10$	Vereinfachen mit der binomischen Formel

Damit der entstehende Term äquivalent bleibt, muss $(3)^2 = 9$ wieder subtrahiert werden.

12 Ergänze die Lücke so, dass eine binomische Formel entsteht.

Lösungen zu 12:
3; 4; 10; 14, 16; 36

a) $a^2 + 12a + \square$ b) $b^2 - 8b + \square$ c) $c^2 + 4c + \square$

d) $d^2 - \square\, d + 49$ e) $e^2 + \square\, e + 25$ f) $f^2 - \square\, f + 2{,}25$

13 Führe eine quadratische Ergänzung für die gegebenen Terme durch.

a) $x^2 + 12x$ b) $x^2 - 8x$ c) $x^2 + 26x$ d) $x^2 - 0{,}2x$

e) $x^2 + 8x + 6$ f) $x^2 - 6x - 4$ g) $x^2 - 5x + 9$ h) $x^2 + 2x - 8$

i) $8x^2 + 48x + 16$ j) $3x^2 - 27x + 12$ k) $-4x^2 + 12x - 24$ l) $-0{,}5x^2 + 5x + 3$

m) $5x^2 - 4x + 6$ n) $-10x^2 + 8x + 5$ o) $-x^2 + \frac{1}{2}x - 4$ p) $-2{,}5x^2 + 12{,}5x + 1$

14 Zeige, dass sich der Flächeninhalt A der Figuren durch den angegebenen Term darstellen lässt.

a)

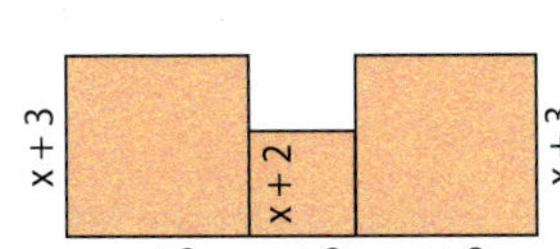

$A = 3x^2 + 16x + 22$

b)

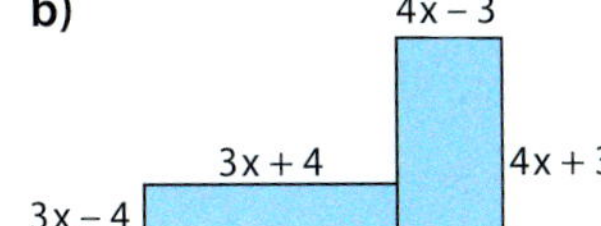

$A = (5x - 5) \cdot (5x + 5)$

c)

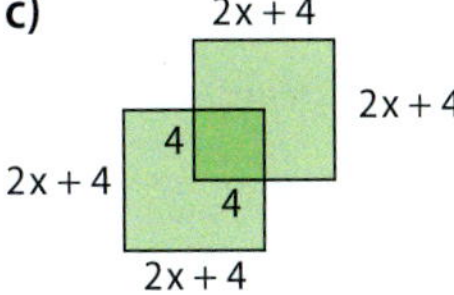

$A = 8 \cdot (x^2 + 4x + 2)$

15 Beim Faktorisieren einiger Summen kann man zunächst einen gemeinsamen Faktor aller Summanden ausklammern und anschließend die binomischen Formeln anwenden.

Faktorisieren bedeutet, dass eine Summe in ein Produkt umgeformt wird.

Beispiele: $3x^2 + 24x + 48 = 3 \cdot (x^2 + 8x + 16) = 3 \cdot (x + 4)^2$

$ax^2 - 4ay^2 = a \cdot (x^2 - 4y^2) = a \cdot (x + 2y) \cdot (x - 2y)$

Faktorisiere wie in den Beispielen.

a) $4x^2 + 48x + 144$ b) $3y^2 - 30y + 75$ c) $2{,}5x^2 - 20x + 40$

d) $10x^2 + 30x + 22{,}5$ e) $250x^2 - 100xy + 10y^2$ f) $\frac{7}{4}x^2 - \frac{14}{10}xy + \frac{7}{25}y^2$

Geschichte

Faktorisieren nach Vieta

Bestimmte Summen kann man in ein Produkt umformen (faktorisieren), obwohl ihre Summanden keinen gemeinsamen Faktor enthalten und ihre Struktur auch keiner binomischen Formel entspricht. Franciscus Vieta hat dafür ein Verfahren mittels einer Verknüpfungstabelle angegeben:

Franciscus Vieta (1540 – 1603)
Französischer Mathematiker

Beispiel: $x^2 - 2x - 15$

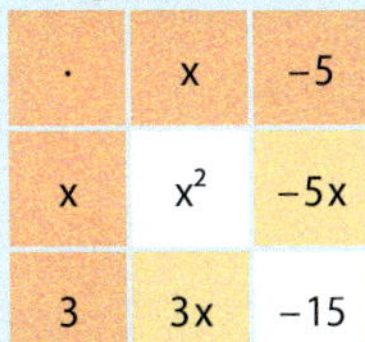

$\cdot$	x	-5
x	x^2	$-5x$
3	$3x$	-15

Die Terme x^2 und -15 kann man sofort in die weißen Felder der Verknüpfungstabelle eintragen.
In die beiden gelb unterlegten Felder müssen Faktoren der Zahl -15 so eingetragen werden, dass deren Summe die Zahl -2 ergibt. Unter mehreren Möglichkeiten findet man die Lösungen 3 und -5 durch Probieren.

Also gilt: $x^2 - 2x - 15 = (x + 3) \cdot (x - 5)$

- Faktorisiere ebenso.

a) $x^2 - 2x - 8$ b) $x^2 + 7x + 6$ c) $x^2 + 3x - 18$ d) $x^2 + 3x - 40$

e) $x^2 - 5x + 6$ f) $x^2 + 5x - 36$ g) $4x^2 + 2x - 12$ h) $\frac{1}{4}x^2 - x - 24$

Entdecken

EU-Verordnung: *Ein Lastkraftwagen (Lkw) darf als Sattelzug 16,50 m lang, bis zu 4,0 m hoch und ohne die Außenspiegel 2,55 m breit sein.*

Ein Lkw wird mit Platten beladen. Eine Platte ist 11,20 m lang, 1,75 m breit und 15 cm hoch.

- Stelle einen Term auf, der die Höhe des Lkws mit Ladung angibt, je nachdem, wie viele Platten sich auf dem Lkw befinden.
- Bestimme die Anzahl der Platten, die der Lkw gemäß der EU-Verordnung maximal laden darf.

Verstehen

In Gleichungen verbindet man zwei Terme mit einem Gleichheitszeichen. Es gibt verschiedene Möglichkeiten Gleichungen zu lösen, wie z. B. systematisches Probieren in einer Tabelle.

Gleichungen, die die Variable in der ersten Potenz enthalten (z. B. x oder y), werden als **lineare Gleichungen** bezeichnet. Die Lösungsmenge einer linearen Gleichung kann mithilfe von **Äquivalenzumformungen** bestimmt werden.

Beispiel: $x \in \mathbb{Z}$

$5x + 3 = 3x + 9 \quad | -3x$

$\Leftrightarrow 5x - 3x + 3 = 3x - 3x + 9$

$\Leftrightarrow 2x + 3 = 9 \quad | -3$

$\Leftrightarrow 2x + 3 - 3 = 9 - 3$

$\Leftrightarrow 2x = 6 \quad | :2$

$\Leftrightarrow x = 3$

1 Vereinfachen und ordnen, sodass Summanden mit Variablen nur auf einer Seite der Gleichung stehen.

2 Durch den Koeffizienten der Variablen dividieren („normieren").

Probe: $5 \cdot 3 + 3 = 3 \cdot 3 + 9$

$18 = 18$ w. A.

$3 \in \mathbb{Z}$; $\mathbb{L} = \{3\}$

3 Probe durchführen.

4 Lösungsmenge bestimmen.

Die Lösungsmenge $\mathbb{L}$ gibt die Zahlen aus der Zahlenmenge an, die man für die Variable einsetzen kann, damit eine wahre Aussage (w. A.) entsteht.

Beispiele

1. Bestimme die Lösungsmenge für $x \in \mathbb{Z}$.

a) $3x + 7 = 4x + 11{,}5$ **b)** $7 + 3 \cdot (x + 5) = 2 - (15 + 2x)$

Lösung:

a)

$3x + 7 = 4x + 11{,}5 \quad | -7$

$\Leftrightarrow 3x = 4x + 4{,}5 \quad | -4x$

$\Leftrightarrow -1 \cdot x = 4{,}5 \quad | :(-1)$

$\Leftrightarrow x = -4{,}5 \quad -4{,}5 \notin \mathbb{Z}$

$\mathbb{L} = \{\ \}$

b)

$7 + 3 \cdot (x + 5) = 2 - (15 + 2x)$

$\Leftrightarrow 7 + 3x + 15 = 2 - 15 - 2x$

$\Leftrightarrow 22 + 3x = -13 - 2x \quad | -22$

$\Leftrightarrow 3x = -35 - 2x \quad | +2x$

$\Leftrightarrow 5x = -35 \quad | :5$

$\Leftrightarrow x = -7 \quad -7 \in \mathbb{Z}$

Probe:

l. S.: $7 + 3 \cdot (-7 + 5) = 1$

r. S.: $2 - (15 + 2 \cdot (-7)) = 1$

$\mathbb{L} = \{-7\}$

linke Seite: l. S.
rechte Seite: r. S.

2. Bestimme die Lösungsmenge im Bereich der ganzen Zahlen.

a) $3x + 8 = -2$ **b)** $a \cdot (a - 5) = a^2 - 2a + 75$

Lösung:

a)
$$\begin{aligned} 3x + 8 &= -2 && \mid -8 \\ \Leftrightarrow \quad 3x &= -10 && \mid :3 \\ \Leftrightarrow \quad x &= -\frac{10}{3} && -\frac{10}{3} \notin \mathbb{Z} \end{aligned}$$
$\mathbb{L} = \{\ \}$

b)
$$\begin{aligned} a \cdot (a - 5) &= a^2 - 2a + 75 \\ \Leftrightarrow a^2 - 5a &= a^2 - 2a + 75 && \mid -a^2 \\ \Leftrightarrow \quad -5a &= -2a + 75 && \mid +2a \\ \Leftrightarrow \quad -3a &= 75 && \mid :(-3) \\ \Leftrightarrow \quad a &= -25 && -25 \in \mathbb{Z} \end{aligned}$$
Probe: l. S.: $-25 \cdot (-25 - 5) = 750$

r. S.: $(-25)^2 - 2 \cdot (-25) + 75 = 750$

$\mathbb{L} = \{-25\}$

Haben Gleichungen mindestens eine Variable in der zweiten Potenz, nennt man sie ***quadratische Gleichungen****.*

3. Bestimme die Lösungsmenge in $\mathbb{Q}$. Vereinfache mithilfe binomischer Formeln.

a) $(2 - x)^2 = x \cdot (x + 5) - 4$ **b)** $(a + 9)^2 = (a - 4)^2$

Lösung:

a)
$$\begin{aligned} (2 - x)^2 &= x \cdot (x + 5) - 4 \\ \Leftrightarrow 4 - 4x + x^2 &= x^2 + 5x - 4 && \mid -x^2 \\ \Leftrightarrow \quad 4 - 4x &= 5x - 4 && \mid -5x \\ \Leftrightarrow \quad 4 - 9x &= -4 && \mid -4 \\ \Leftrightarrow \quad -9x &= -8 && \mid :(-9) \\ \Leftrightarrow \quad x &= \frac{8}{9} && \frac{8}{9} \in \mathbb{Q} \end{aligned}$$
Probe: l. S.: $\left(2 - \frac{8}{9}\right)^2 = \frac{100}{81}$

r. S.: $\frac{8}{9} \cdot \left(\frac{8}{9} + 5\right) - 4 = \frac{100}{81}$

$\mathbb{L} = \left\{\frac{8}{9}\right\}$

b)
$$\begin{aligned} (a + 9)^2 &= (a - 4)^2 \\ \Leftrightarrow a^2 + 18a + 81 &= a^2 - 8a + 16 && \mid -a^2 \\ \Leftrightarrow \quad 18a + 81 &= -8a + 16 && \mid +8a \\ \Leftrightarrow \quad 26a + 81 &= 16 && \mid -81 \\ \Leftrightarrow \quad 26a &= -65 && \mid :26 \\ \Leftrightarrow \quad a &= -2{,}5 && -2{,}5 \in \mathbb{Q} \end{aligned}$$
Probe: l. S.: $(-2{,}5 + 9)^2 = 6{,}5^2$

r. S.: $(-2{,}5 - 4)^2 = (-6{,}5)^2 = 6{,}5^2$

$\mathbb{L} = \{-2{,}5\}$

Du kannst auch quadratische Terme wie a^2 auf beiden Seiten subtrahieren und vereinfachen.

Nachgefragt

- Marie hat einen Tipp: „Wenn Äquivalenzumformungen oder Umkehraufgabe nicht klappen, dann versuche ich als letztes Mittel immer systematisches Probieren. Das klappt fast immer." Wie kommt Marie zu ihrem Tipp?
- Für welche rationalen Zahlen x gilt: $-x = x$?

Aufgaben

1 Erkläre die Umformungen zwischen den einzelnen Waagenbildern.

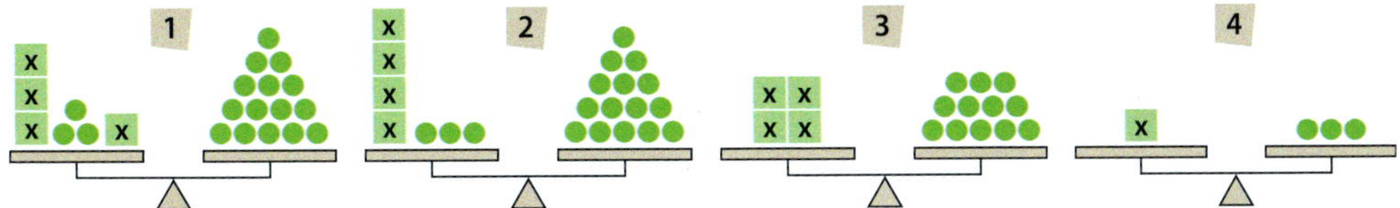

2 Notiere jeweils eine Gleichung und löse.

a) **b)** **c)** **d)**

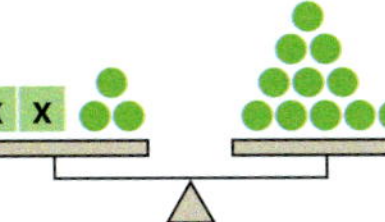

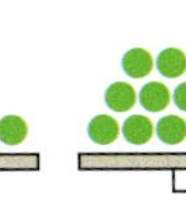

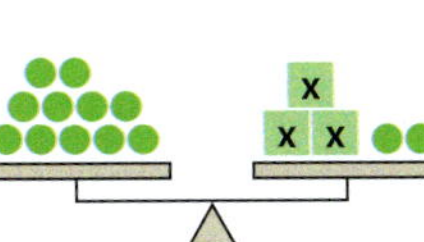

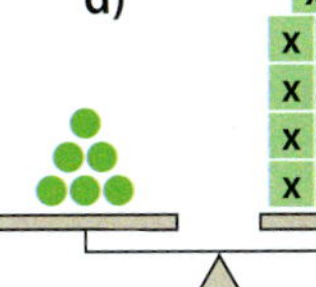

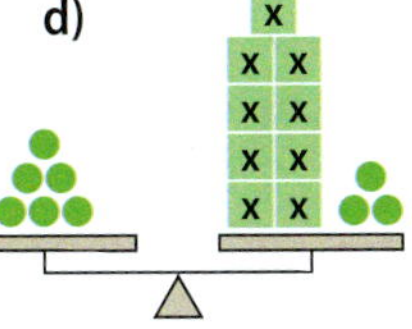

Aufgaben

3 Erkläre die Umformungen im Bereich der rationalen Zahlen.

a)
$5x + 9 = 27$
$\Leftrightarrow \quad 5x = 18$
$\Leftrightarrow \quad x = 3{,}6$
$3{,}6 \in \mathbb{Q}$
$\mathbb{L} = \{3{,}6\}$

b)
$a \cdot (a + 4) = a^2 + 7a + 24$
$\Leftrightarrow a^2 + 4a = a^2 + 7a + 24$
$\Leftrightarrow \quad 4a = 7a + 24$
$\Leftrightarrow \quad -3a = 24$
$\Leftrightarrow \quad a = -8 \quad -8 \in \mathbb{Q}$
$\mathbb{L} = \{-8\}$

c)
$(x - 5) \cdot (x + 5) = (x - 7)^2 + 2$
$\Leftrightarrow \quad x^2 - 25 = x^2 - 14x + 51$
$\Leftrightarrow \quad -25 = -14x + 51$
$\Leftrightarrow \quad -76 = -14x$
$\Leftrightarrow \quad \frac{38}{7} = x \quad \frac{38}{7} \in \mathbb{Q}$
$\mathbb{L} = \left\{\frac{38}{7}\right\}$

Lösungen zu 4:
$\mathbb{L} = \{-7{,}25\}$; $\mathbb{L} = \{1\}$;
$\mathbb{L} = \{-2\}$; $\mathbb{L} = \{0{,}5\}$;
$\mathbb{L} = \{1{,}5\}$; $\mathbb{L} = \{5{,}45\}$;
$\mathbb{L} = \{-7{,}2\}$; $\mathbb{L} = \{8\}$;
$\mathbb{L} = \mathbb{Q}$; $\mathbb{L} = \{9{,}5\}$;
$\mathbb{L} = \{\ \}$; $\mathbb{L} = \mathbb{Q}$

4 Bestimme die Lösungsmenge in $\mathbb{Q}$. Vergiss die Probe nicht.

a) $-3{,}2 - 5x + 11 = 5{,}3$ **b)** $11 + r + 2 \cdot (r - 5{,}5) = 24$
c) $3x + 5 = 15{,}9 + x$ **d)** $2\frac{1}{3}y + 2 - \frac{1}{3}y = 5$
e) $7 \cdot (x - 2) = 52{,}5$ **f)** $-2 + 4x = x + 4 \cdot (x + 1{,}3)$
g) $x - 7 = -0{,}5 \cdot (14 - 2x)$ **h)** $-(x + 3{,}8) = -(x - 3{,}8)$
i) $-2y - 4 = \frac{1}{2} \cdot (8 + 4y)$ **j)** $(2x + 3) : 4 = \frac{3}{2}x + 8$
k) $2{,}8y - \frac{7}{8} = 0{,}125 + y + \frac{4}{5}$ **l)** $4r + 5 - r = r + 3 + 2 \cdot (r + 1)$

5 Übertrage in dein Heft und ergänze die fehlenden Lösungsschritte in $\mathbb{Q}$.

a)
$3x - 5 \cdot (x + 10) - 2 \cdot (2 - x) + 3x = 43$
$\Leftrightarrow \quad 3x - \square - \square - \square + \square + 3x = 43$
$\Leftrightarrow \quad 3x - \square = 43$
$\Leftrightarrow \quad 3x = \square$
$\Leftrightarrow \quad x = \square$
$\square \in \mathbb{Q}$; $\mathbb{L} = \{\square\}$

b)
$2x \cdot (5x + 3) - x \cdot (x - 3) = (7 - 3x)^2$
$\Leftrightarrow \quad \square + 6x - \square + \square = \square - \square x + \square x^2$
$\Leftrightarrow \quad \square x^2 + \square x = \square x^2 - \square x + \square$
$\Leftrightarrow \quad \square x = -\square x + \square$
$\Leftrightarrow \quad \square x = \square$
$\Leftrightarrow \quad x = \square \quad \square \in \mathbb{Q}$
$\mathbb{L} = \{\square\}$

Ein Produkt ist null, wenn mindestens ein Faktor null ist.

6 Wie lautet die Lösungsmenge in $\mathbb{Q}$?

a) $(x + 3)^2 = (x - 5)^2$ **b)** $(x - 2) \cdot (x + 2) = (x + 4)^2$
c) $(y - 6)^2 = y \cdot (y - 12) + 36$ **d)** $(3x + 5)^2 = 9x^2 - 17$
e) $(3x + 1{,}5)^2 = x \cdot (9x - 4{,}5)$ **f)** $(2 - 8y)^2 = (-2 + 4y) \cdot 16y$
g) $(2 + x)^2 = x^2 - 2$ **h)** $4x^2 - 8x = (2x - 8)^2$
i) $(4 - 3x)^2 = 3x - 25 + 9x^2$ **j)** $(x + 3)^2 = 3 + x^2$
k) $(a - 1)^2 = 1 + (a - 1)^2$ **l)** $(4{,}5 + 0{,}25x)^2 = \left(\frac{x}{4}\right)^2 + 3x$

7 Löse die Gleichungen im angegebenen Zahlenbereich.

a) $8 - (3y + 5) = y + 23;\ y \in \mathbb{Z}$ **b)** $212 - 2s = 2 \cdot (6 - s) + 200;\ s \in \mathbb{N}$
c) $a^2 + 2a + 1 = 2 \cdot (a + 1);\ a \in \mathbb{N}$ **d)** $12 + r = 3r + 8 - 2 \cdot (r + 4);\ r \in \mathbb{Q}$
e) $(x - 2)^2 = x^2 + 4;\ x \in \mathbb{Z}$ **f)** $(2 - 5x)^2 = (4x - 7) \cdot (4x + 7) + 9x^2;\ x \in \mathbb{Q}$

8 **a)** In einem Viereck mit dem Umfang 15 cm sind die benachbarten Seiten a und b gleich lang. Die Seiten c und d sind ebenfalls gleich lang, aber jeweils 2 cm länger als a und b. Um welche Art von Viereck handelt es sich? Zeichne es und bestimme die Länge der Seiten.

b) In einem Viereck sind die gegenüberliegenden Winkel α und γ gleich groß, β ist doppelt so groß wie α und δ ist um 10° größer als γ. Welche Art von Viereck liegt vor? Skizziere es und bestimme die Winkelmaße.

9 Thomas und Sabine haben eine Gleichung im Bereich der ganzen Zahlen gelöst und zwei verschiedene Lösungen erhalten. Suche die Fehler und begründe.

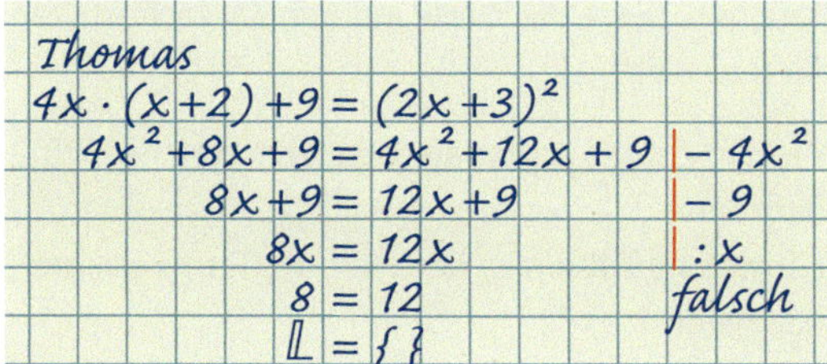

Sabine

$4x \cdot (x+2) + 9 = (2x+3)^2$

$4x^2 + 8x + 9 = 4x^2 + 12x + 9 \quad | -4x^2$

$8x + 9 = 12x + 9 \quad | -9$

$8x = 12x \quad | \cdot 0$

$0 = 0$ wahr

$\mathbb{L} = \mathbb{Z}$

10 Manchmal führen Äquivalenzumformungen nicht zu einem Ergebnis ($x \in \mathbb{Q}$).

Oftmals ist es günstig, die Gleichung dann so aufzulösen, dass auf einer Seite eine Null steht.

Beispiel:

$(x + 1)^2 = 9$

$\Leftrightarrow x^2 + 2x + 1 = 9 \quad | -9$

$\Leftrightarrow x^2 + 2x - 8 = 0$ Ein quadratischer Term bleibt bestehen.

a) Löse die Gleichung aus dem Beispiel durch systematisches Probieren.

b) Nutze zur Lösung dieser Gleichung ein Tabellenkalkulationsprogramm.

Findest du mehr als eine Lösung?

c) Ermittle die Lösungsmengen der Gleichungen.

1 $(x + 2)^2 = 4$ **2** $4x \cdot (x + 7) = -40$ **3** $4x^2 = 2x$
4 $3x \cdot (x + 3) = 54$ **5** $(x + 2)^2 = 49$ **6** $(x - 3) \cdot (2x - 4) = (x - 5)^2 + 3$

Werden zwei Terme mit einem Ungleichheitszeichen $<$; $>$; $\leq$; $\geq$ miteinander verbunden, so erhält man eine **Ungleichung**. Die Lösungsmenge erhält man ähnlich wie bei linearen Gleichungen durch Äquivalenzumformungen.
Bei einer linearen Ungleichung enthält die **Lösungsmenge** meist mehr als nur ein Element. Die Lösungsmenge wird üblicherweise folgendermaßen angegeben:

- **aufzählende Form,** z. B.: $\mathbb{L} = \{-5; -4; -3; -2; -1; 0; 1; \ldots\}$
- **beschreibende Form,** z. B.: $\mathbb{L} = \{x \in \mathbb{Z} \mid x \geq -5\}$

Beachte: Bei Multiplikation (Division) der Ungleichung mit einer negativen Zahl kehrt sich das Ordnungszeichen um:
Aus $<$ wird $>$ bzw. aus $\leq$ wird $\geq$.
Aus $>$ wird $<$ bzw. aus $\geq$ wird $\leq$.

Weiterdenken

Beispiel:

$5 < 7 \quad | \cdot (-1)$

$\Leftrightarrow -5 > -7$

11 Gib die Lösungsmenge für folgende Ungleichungen im Bereich der ganzen Zahlen in aufzählender Form an.

a) $a + 5 \geq -1$ **b)** $2b + 7 < b + 4 - 3$ **c)** $-3 + 2 \leq -c - 1$
d) $d + 8 > d + 9 - 2d$ **e)** $\frac{1}{3}x - 2 > 12 + x$ **f)** $y \cdot (y - 2) \leq 4y + 3{,}5 + y^2$

12 Stelle eine passende Ungleichung auf und löse sie.

a) Das 8-Fache der Summe einer rationalen Zahl und 3 ist höchstens so groß wie die Differenz aus dem Doppelten der Zahl und 7,2 dividiert durch 3.

b) Vermindert man das 9-Fache einer ganzen Zahl um 3^3, so erhält man mindestens das 3-Fache der Differenz aus dem Nachfolger der Zahl und 4.

c) Wird das 5,5-Fache einer rationalen Zahl mit 11 addiert, so erhält man weniger als die Summe aus dem 4-Fachen des Vorgängers der Zahl und der dritten Potenz von 5.

Entdecken

Auch im Nenner können bei Termen Variablen auftauchen. Setze die Werte auf den Zahlenkärtchen in die Terme ein.

- Welche Zahlen darf man einsetzen, welche nicht? Begründe.
- Für welche Zahlen ist der Wert des Terms am größten (kleinsten)?
- Erstelle selbst Terme mit Variablen im Nenner und probiere aus.

Verstehen

In vielen Anwendungen der Mathematik werden Gleichungen verwendet, um einen Zusammenhang zwischen Größen zu beschreiben, z. B. ergibt sich die Geschwindigkeit v als $v = \frac{s}{t}$ (s: zurückgelegte Strecke; t: dafür benötigte Zeit).

Gleichungen der Form $\frac{T_1}{T_2} = \frac{T_3}{T_4}$ mit $T_2, T_4 \neq 0$ kennst du als **Verhältnisgleichungen**.
In den **Definitionsbereich** $\mathbb{D}$ der Gleichung werden alle Zahlen aufgeführt, die man in die Gleichung einsetzen darf. Der Nenner darf dabei niemals null werden.

Beispiel: Bestimme $\mathbb{D}$ im Bereich der rationalen Zahlen.

$\frac{2x + 1}{x - 3} = 7$ Der Nenner wird 0 für $x = 3$.

$\mathbb{D} = \mathbb{Q} \setminus \{3\}$. Sprich: „Alle rationalen Zahlen ohne 3"

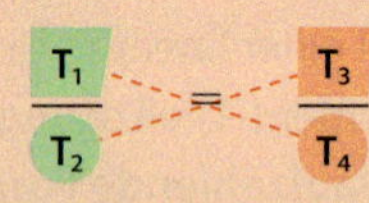

Man kann Verhältnisgleichungen lösen, indem man auf beiden Seiten Zähler und Nenner **„über Kreuz multipliziert"**.

$T_1 \cdot T_4 = T_3 \cdot T_2$

Beispiele

1. Welche rationalen Zahlen dürfen in die Gleichung eingesetzt werden? Gib den Definitionsbereich an und löse die Gleichung.

a) $\frac{x + 4}{5x} = 15$ b) $\frac{6x^2 + 3}{3x + 1} = 2x$ c) $\frac{6 \cdot (x - 2)}{3} = 2x$

Lösung:

a) $5x = 0$ für $x = 0$;
also: $\mathbb{D} = \mathbb{Q} \setminus \{0\}$

$x + 4 = 15 \cdot 5x$
$\Leftrightarrow x + 4 = 75x \quad | -75x$
$\Leftrightarrow -74x + 4 = 0 \quad | -4$
$\Leftrightarrow -74x = -4 \quad | :(-74)$
$\Leftrightarrow x = \frac{2}{37} \quad \frac{2}{37} \in \mathbb{D}$

Probe: $15 = 15$ w. A.
$\mathbb{L} = \left\{\frac{2}{37}\right\}$

b) $3x + 1 = 0$ für $x = -\frac{1}{3}$;
$3 \neq 0$; also: $\mathbb{D} = \mathbb{Q} \setminus \left\{-\frac{1}{3}\right\}$

$6x^2 + 3 = 2x \cdot (3x + 1)$
$\Leftrightarrow 6x^2 + 3 = 6x^2 + 2x \quad | -6x^2$
$\Leftrightarrow 3 = 2x \quad | :2$
$\Leftrightarrow \frac{3}{2} = x \quad \frac{3}{2} \in \mathbb{D}$

Probe: $3 = 3$ w. A.
$\mathbb{L} = \left\{\frac{3}{2}\right\}$

c) $3 \neq 0$;
also: $\mathbb{D} = \mathbb{Q}$

$6x - 12 = 6x \quad | -6x$
$\Leftrightarrow -12 = 0$
Gleichung nicht lösbar.

$\mathbb{L} = \{\ \}$

2. Bestimme für die Gleichung $\frac{5}{x+3} = -\frac{1}{x-1}$ den Definitionsbereich im Bereich der rationalen Zahlen. Löse die Gleichung.

Lösung:

Definitionsbereich bestimmen	$\frac{5}{x+3} = -\frac{1}{x-1}$ $\quad \mathbb{D} = \mathbb{Q}\setminus\{-3; 1\}$
über Kreuz multiplizieren	$\frac{5}{x+3} = -\frac{1}{x-1}$ $\quad \vert \cdot (x+3) \quad \vert \cdot (x-1)$
Gleichung lösen	$5 \cdot (x-1) = -1 \cdot (x+3)$ $5x - 5 = -x - 3 \quad \vert +x \quad \vert +5$ $6x = 2 \quad \vert :6$ $x = \frac{1}{3} \quad \frac{1}{3} \in \mathbb{D}$
Probe durchführen	l. S. $\frac{5}{\frac{1}{3}+3} = \frac{3}{2}$ $\quad$ r. S. $-\frac{1}{\frac{1}{3}-1} = \frac{3}{2}$
Lösungsmenge bestimmen	$\mathbb{L} = \left\{\frac{1}{3}\right\}$

Nachgefragt

- Multipliziere eine Verhältnisgleichung der Form $\frac{T_1}{T_2} = \frac{T_3}{T_4}$ mit $T_2 \neq 0$ und $T_4 \neq 0$ „über Kreuz" aus, indem du für T_1, T_2, T_3 und T_4 beliebige Zahlen, Variablen oder Terme einsetzt.
- Mia behauptet, dass man in den Term $\frac{1}{x^2+1}$ jede rationale Zahl einsetzen kann. Stimmt das? Begründe.

Aufgaben

1 Bestimme den Definitionsbereich im Bereich der rationalen Zahlen. Wie lautet die Lösungsmenge?

a) $\frac{1}{x} = 5$ b) $\frac{3}{x} = -2$ c) $\frac{15}{x} = 3$ d) $-\frac{6}{x} = -4$ e) $\frac{25}{x+3} = -5$

f) $\frac{8}{5-x} = 8$ g) $\frac{132}{-x-8} = -44$ h) $\frac{1}{12x-54} = \frac{1}{6}$ i) $\frac{78}{1+3x} = 13$ j) $\frac{7}{5-\frac{1}{4}x} = \frac{2}{3}$

Lösungen zu 1:
$\mathbb{L} = \{-22\}$; $\mathbb{L} = \{-8\}$; $\mathbb{L} = \{-5\}$; $\mathbb{L} = \{-1,5\}$; $\mathbb{L} = \left\{\frac{1}{5}\right\}$; $\mathbb{L} = \{1,5\}$; $\mathbb{L} = \left\{\frac{5}{3}\right\}$; $\mathbb{L} = \{4\}$; $\mathbb{L} = \{5\}$; $\mathbb{L} = \{5\}$

2

1 $\frac{10}{x} = ▢ \qquad ▢ = 10; 5; 1; -2; -20$

2 $\frac{2}{x+1} = ▢ \qquad ▢ = 6; 2; -1; -3; -8$

3 $\frac{8}{x-3} = ▢ \qquad ▢ = 2; \frac{1}{2}; \frac{1}{8}; 0; -4$

4 $\frac{x}{2+x} = ▢ \qquad ▢ = 2; \frac{1}{3}; \frac{1}{5}; 0; -3$

5 $\frac{2x}{x-1} = ▢ \qquad ▢ = 4; \frac{4}{5}; 0; -\frac{1}{4}; -2$

6 $\frac{3x}{(x-2)^2} = ▢ \qquad ▢ = 3; \frac{2}{3}; 0; -\frac{1}{3}; -\frac{3}{8}$

a) Bestimme $\mathbb{D}$ für den Term links des Gleichheitszeichens im Bereich der rationalen Zahlen.

b) Setze in das Kästchen der Reihe nach die angegebenen Werte ein. Probiere aus, für welche x du eine Lösung erhältst.

Nicht bei jedem Wert gibt es eine Lösung.

3 Bestimme $\mathbb{D}$ im Bereich der rationalen Zahlen. Gib die Lösungsmenge an.

a) $\frac{4}{x+5} = 1$ b) $\frac{3}{x} = \frac{5}{x-1}$ c) $\frac{4}{5x} = \frac{3}{6+x}$ d) $\frac{3}{x+1} = \frac{9}{x+2}$

e) $\frac{4}{5x} - \frac{7}{10x} = 2$ f) $\frac{1}{x+2} = \frac{4}{2x-6}$ g) $\frac{x-3}{2x} = \frac{3}{5}$ h) $\frac{3}{x+1} = \frac{3}{x-2}$

4 Löse die Gleichung im Bereich der ganzen Zahlen. Bestimme zunächst $\mathbb{D}$.

a) $\frac{1}{x} = \frac{1}{2x}$ b) $\frac{x-1}{x-2} = \frac{x-3}{x-2}$ c) $\frac{1}{2x} - \frac{1}{18} = \frac{3}{6x}$

Aufgaben

5 Carmen und Koko lösen eine Gleichung auf zwei verschiedene Arten in $\mathbb{Q}$.

Carmen

$\frac{5}{x+3} = \frac{2}{x-3}$ $\mathbb{D} = \mathbb{Q} \setminus \{-3; 3\}$

$\Leftrightarrow \frac{x+3}{5} = \frac{x-3}{2}$

$\Leftrightarrow 2 \cdot (x+3) = 5 \cdot (x-3)$

$\Leftrightarrow 2x + 6 = 5x - 15$

$\Leftrightarrow -3x = -21$

$\Leftrightarrow x = 7$ $7 \in \mathbb{D}$

Probe: $\frac{5}{10} = \frac{2}{4}$ wahr

$\mathbb{L} = \{7\}$

Koko

$\frac{5}{x+3} = \frac{2}{x-3}$ $\mathbb{D} = \mathbb{Q} \setminus \{-3; 3\}$

$\Leftrightarrow 5 \cdot (x-3) = 2 \cdot (x+3)$

$\Leftrightarrow 5x - 15 = 2x + 6$

$\Leftrightarrow 3x - 15 = 6$

$\Leftrightarrow 3x = 21$

$\Leftrightarrow x = 7$ $7 \in \mathbb{D}$

Probe: $\frac{5}{10} = \frac{2}{4}$ wahr

$\mathbb{L} = \{7\}$

a) Beschreibe jeweils die einzelnen Umformungsschritte.

b) Vergleiche die Rechenwege miteinander.

c) Löse ebenso auf zwei verschiedene Arten im Bereich der rationalen Zahlen.

1 $\frac{1}{x-5} = \frac{4}{3+x}$ **2** $\frac{4}{3x} = \frac{5}{2x+2}$ **3** $\frac{7}{\frac{1}{2}x - 4} = \frac{6}{x - 1{,}4}$

4 $\frac{2}{x} = \frac{5}{x+3}$ **5** $\frac{4}{x-2} = 2$ **6** $\frac{3}{x} = \frac{2}{x-2}$

6 Du kannst das Vorgehen aus der vorigen Aufgabe auch nutzen, wenn keine Variablen im Nenner sind. Bestimme die Lösungsmenge im Bereich der rationalen Zahlen, wie rechts im Beispiel.

a) $\frac{x+4}{3} = x - 6$ b) $\frac{2y-5}{2} = 12{,}5 + 6y$

c) $\frac{x-9}{5} = 3x + 4$ d) $\frac{3x+7}{4} = -5 + 2x$

e) $\frac{z-7}{3} = \frac{-2{,}5z+5}{30}$ f) $\frac{2x+3}{5} = \frac{14+4x}{2}$

g) $2 + \frac{b}{5} = \frac{2+b}{5}$ h) $\frac{1+4c}{3} - 3 = \frac{2c+6}{7}$

i) $\frac{3+2d}{2} + \frac{3d+2}{9} = d$ j) $2 + \frac{2e+e}{13} = \frac{2e}{2}$

k) $\frac{f+1}{5} + \frac{f}{4} + \frac{1-f}{3} = 2$ l) $\frac{3g}{18} = \frac{g}{6} + 3$

Beispiel:

$\frac{7y-3}{6} = 6{,}5y + 7{,}5 \quad y \in \mathbb{Q}$

$\frac{7y-3}{6} = 6{,}5y + 7{,}5 \quad |\cdot 6$

$\Leftrightarrow 7y - 3 = (6{,}5y + 7{,}5) \cdot 6$

$\Leftrightarrow 7y - 3 = 39y + 45 \quad |-39y$

$\Leftrightarrow -32y - 3 = 45 \quad |+3$

$\Leftrightarrow -32y = 48 \quad |:(-32)$

$\Leftrightarrow y = \frac{-48}{32} = -\frac{3}{2}; -\frac{3}{2} \in \mathbb{Q}$

Probe: 2,25 = 2,25 wahr

$\mathbb{L} = \left\{-\frac{3}{2}\right\}$

Lösungen zu 7:
$\mathbb{L} = \{-13{,}5\}$; $\mathbb{L} = \{-13\}$;
$\mathbb{L} = \{-3{,}5\}$; $\mathbb{L} = \left\{-2\frac{1}{3}\right\}$;
$\mathbb{L} = \left\{-\frac{5}{7}\right\}$; $\mathbb{L} = \left\{2\frac{1}{5}\right\}$;
$\mathbb{L} = \{-1{,}2\}$; $\mathbb{L} = \left\{\frac{1}{2}\right\}$;
$\mathbb{L} = \left\{\frac{1}{2}\right\}$; $\mathbb{L} = \left\{1\frac{1}{4}\right\}$;
$\mathbb{L} = \{15\}$; $\mathbb{L} = \mathbb{Q} \setminus \{2\}$

7 Löse die Gleichungen im Bereich der rationalen Zahlen. Bestimme zunächst $\mathbb{D}$. Kürze rechtzeitig. Nutze auch die binomischen Formeln.

Beispiel: $\frac{1}{3x+4} = \frac{5}{10x+15} \Leftrightarrow \frac{1}{3x+4} = \frac{\cancel{5}^{1}}{\cancel{5}_{1}(2x+3)} \Leftrightarrow \ldots$

a) $\frac{x-3}{x^2-9} = -2$ b) $\frac{7+x}{x^2+14x+49} = \frac{3}{14}$ c) $\frac{1}{6x-8} = \frac{3}{3x+9}$

d) $\frac{x+4}{x-5} = \frac{x+5}{x-3}$ e) $\frac{x^2-9}{x^2+6x+9} = \frac{2}{3}$ f) $\frac{x^2+6x-7}{2x+8} = \frac{3x-4}{6}$

g) $\frac{7x+5}{-9x+13} = \frac{0}{3x+3}$ h) $\frac{x^2-6x}{x^2-36} = \frac{x^2+3x+2{,}25}{x^2+1{,}5x}$ i) $\frac{(x+4)^2}{(x-2)^2} = \frac{-x^2-8x-16}{-x^2+4x-4}$

j) $\frac{3x-0{,}5}{x-4{,}5} = \frac{6x-3}{2x-7}$ k) $\frac{x-6}{x^2-36} = \frac{2x-3}{x^2-3x+2{,}25}$ l) $\frac{1}{x-4} = \frac{x+1}{x^2+x-6}$

Weiterdenken

In vielen Anwendungen der Mathematik werden **Formeln** verwendet, um einen Zusammenhang zwischen Größen zu beschreiben. Eine Formel enthält **verschiedene Variablen** für Größen, von denen **eine zu berechnen** ist. Oft ist es deshalb hilfreich, die Formel so umzustellen, dass **die Variable für die gesuchte Größe alleine auf einer Seite steht.** Man sagt: „Man löst die Formel nach einer bestimmten Variablen auf."

Formeln sind **Gleichungen**, bei ihrer Umformung gelten die bekannten Regeln.

Beispiel:
Der Flächeninhalt eines Parallelogramms berechnet sich als Produkt aus Grundseite und zugehöriger Höhe: $A = a \cdot h_a$. Stelle die Formel um:

1 zur Grundseite a 2 zur zugehörigen Höhe h_a

Lösung:

1
$A = a \cdot h_a \quad | :h_a$
$a = \frac{A}{h_a};\ h_a \neq 0$

2
$A = a \cdot h_a \quad | :a$
$h_a = \frac{A}{a};\ a \neq 0$

Bei Umformungen behandelt man die Variablen wie Zahlen und ersetzt sie später durch die gegebenen Werte.

8 1 $A = \frac{g \cdot h}{2}$ 2 $u = 2a + 2b$ 3 $u = a + b + c + d$
4 $\alpha + \beta + \gamma + \delta = 360°$ 5 $U = R \cdot I$ 6 $A = \frac{1}{2} \cdot (a + c) \cdot h$
7 $p = m \cdot v$ 8 $V = a \cdot b \cdot c$ 9 $\frac{1}{f} = \frac{1}{g} + \frac{1}{b}$

a) Informiere dich: Was kann durch die Formeln jeweils beschrieben werden?
b) Stelle die Formeln nach jeder vorkommenden Variablen um.
c) Finde noch drei weitere Formeln und stelle sie nach den Variablen um. Erkläre, wofür die Formeln verwendet werden.

9 Welcher Sachverhalt, welche Skizze und welche Formel gehören zusammen? Ordne zu und löse die Sachaufgabe.

Sachverhalt	Skizze	Formel
I Ein Holzbalken hat ein Volumen von $0{,}54\ m^3$. Er ist 18 m lang und 20 cm breit. Wie hoch ist der Balken?	1 (Diagramm: km 0, 100, 200, 300; h 0, 1, 2, 3)	A $A = \frac{1}{2} \cdot (a + c) \cdot h$
II Herr Tauer legt mit seinem Auto 280 km bei einer Durchschnittsgeschwindigkeit von 112 km/h zurück. Wie lange ist er gefahren?	2	B $V = a \cdot b \cdot c$
III Ein trapezförmiger Acker ist auf den parallelen Seiten 150 m und 80 m lang. Er hat eine Fläche von 69 a. Wie breit ist der Acker?	3 (h)	C $v = \frac{s}{t}$

10 Vereinfache die Terme und kürze so weit wie möglich. Bestimme $\mathbb{D}$ in $\mathbb{Q}$.

a) $\frac{5}{2x} + \frac{3}{2x}$ b) $\frac{2x-3}{x+3} - \frac{5-2x}{x+3}$ c) $\frac{3}{x} - \frac{12}{x} + \frac{7}{x}$

d) $\frac{x-4}{2x+5} - \frac{x-3}{2x+5}$ e) $\frac{x-4}{3} - \frac{x+4}{3}$ f) $\frac{x+2}{4x-8} + \frac{2-y}{5x-10}$

g) $\frac{a+6}{6a+6} + \frac{3a-1}{3a-3}$ h) $\frac{5+a}{3a} + \frac{a-4}{7a}$ i) $\frac{k}{k-1} - \frac{k}{k+1}$

Weiterdenken

Beim Lösen von Verhältnisgleichungen entspricht die „Multiplikation über Kreuz" einem **Erweitern auf einen gemeinsamen Nenner** beider Brüche. Diese Idee kann man auch für andere Gleichungen nutzen, in denen Brüche vorkommen.

Beispiel:
Bestimme für die Gleichung $\frac{3}{2x} + \frac{3}{x} = \frac{9}{8}$ den Definitionsbereich im Bereich der rationalen Zahlen. Löse die Gleichung.

Lösung:

Definitionsbereich bestimmen	$\frac{3}{2x} + \frac{3}{x} = \frac{9}{8}$ $\mathbb{D} = \mathbb{Q}\setminus\{0\}$
Gemeinsamen Nenner bestimmen	$\frac{3}{2x} + \frac{3}{x} = \frac{9}{8}$ gemeinsamer Nenner: 8x
Erweitern auf gemeinsamen Nenner und Gleichung lösen	$\frac{4 \cdot 3}{4 \cdot 2x} + \frac{8 \cdot 3}{8 \cdot x} = \frac{9x}{8x}$ $4 \cdot 3 + 8 \cdot 3 = 9x$ $36 = 9x \quad \vert :9$ $4 = x \quad 4 \in \mathbb{D}$
Probe durchführen	$\frac{3}{2 \cdot 4} + \frac{3}{4} = \frac{9}{8}$ w. A.
Lösungsmenge bestimmen	$\mathbb{L} = \{4\}$

11 Begründe, dass man im Beispiel oben nach dem Erweitern auf den gemeinsamen Nenner nur die Gleichung für die Zähler lösen muss.

Suche einen möglichst einfachen gemeinsamen Nenner.

12 Löse die Gleichung wie im Beispiel. Bestimme zunächst den Definitionsbereich in $\mathbb{Q}$.

a) $\frac{1}{x} + \frac{1}{3x} = \frac{8}{9}$ b) $\frac{1}{2x} - \frac{1}{6x} = \frac{1}{12}$ c) $\frac{3}{3x} + \frac{3}{2x} = \frac{5}{4}$

d) $\frac{5}{3x} + \frac{7}{4x} = \frac{41}{48}$ e) $\frac{3}{2x} + \frac{7}{8} = \frac{5}{x}$ f) $\frac{1}{2x} + \frac{1}{3x} = \frac{5}{12}$

g) $\frac{4}{3x} - \frac{5}{4x} = \frac{1}{2}$ h) $\frac{13}{5x} + \frac{9}{10x} = \frac{47}{75}$ i) $\frac{3}{8x} + \frac{1}{2} = \frac{7}{12x}$

j) $\frac{2}{x} + \frac{2}{3x} = 15$ k) $\frac{x}{5x-10} - 1 = \frac{2}{5x-10}$ l) $\frac{1}{x} + 5 = \frac{15x}{3x+1}$

Klammere im Nenner geschickt aus. Nutze auch die binomischen Formeln.

13 Bestimme $\mathbb{D}$ im Bereich der rationalen Zahlen. Wie lautet die Lösungsmenge?

a) $\frac{4}{x+1} - \frac{7}{4x+4} = \frac{3}{2x-2}$ b) $\frac{20x+2}{6x+6} - 1 = \frac{6x-4}{2x+2}$ c) $\frac{11x-4}{2x+2} - \frac{5x+14}{x+1} = 6$

d) $\frac{5}{x+1} - \frac{8}{x} = \frac{-3}{x-1}$ e) $3 - \frac{x+2}{x-1} = \frac{x-4}{x-1}$ f) $\frac{6}{x+3} - \frac{4}{x-2} = \frac{-14}{(x-2)}$

g) $\frac{5}{x} = \frac{3}{x-2} + \frac{2}{x+2}$ h) $\frac{1}{x} - \frac{1}{x-4} = \frac{4}{x^2-8x+16}$ i) $\frac{1}{x-3} - \frac{1}{(x+3)^2} = \frac{x}{x^2-9}$

j) $\frac{1}{x^2+2x} - \frac{2}{x^2-4} = \frac{1}{x^2-2x}$ k) $\frac{3x+3}{x^2-4x+4} + \frac{3x}{x-2} = 3$ l) $\frac{3}{x+3} + \frac{3x}{x^2-9} = \frac{9}{3x^2-27}$

14 Bestimme die gesuchte Zahl mithilfe einer Bruchgleichung in $\mathbb{Q}$.

a) Der Quotient aus einer Zahl und der Differenz aus dieser Zahl und 4 ergibt $\frac{3}{5}$.

b) Addiert man zum Zähler von $\frac{2}{5}$ eine Zahl und zieht dieselbe Zahl vom Nenner ab, so erhält man 6.

c) Addiert man zum Nenner und Zähler von $\frac{3}{7}$ dieselbe Zahl, so erhält man 13.

15 a) Xaver tankt Benzin und bezahlt dafür 29,00 €. Maximilian tankt von der gleichen Sorte 8 ℓ mehr und zahlt 40,60 €. Wie teuer ist ein Liter Benzin?

b) Für x kg einer Sorte Tomaten zahlt man (x + 18) €. Für (x + 8) kg zahlt man (x + 38) €. Ermittle den Preis pro Kilogramm für diese Tomatensorte.

16 Stelle eine Gleichung auf. Wie lautet die gesuchte Zahl?

a) Bei einer Zahl ist der Nenner dreimal so groß wie der Zähler. Vermehrt man den Nenner um 1 und verringert den Zähler um 17, dann erhält man 2.

b) Bei einem Bruch mit unbekanntem Nenner x ist der Zähler doppelt so groß wie der Nenner. Addiert man 2 zum Nenner des Bruches und 5 zu seinem Zähler, so hat der neue Bruch den Wert $1\frac{1}{5}$.

c) Der achte Teil einer Zahl ist genauso groß wie das Neunfache des Kehrwerts dieses achten Teils der Zahl.

Gibt es mehrere Lösungen?

d) Der Zähler eines Bruchs ist um 4 kleiner als der Nenner. Verdoppelt man den Zähler und erhöht den Nenner um 24, so erhält man $\frac{5}{6}$.

17 a) Eine Bruchgleichung der Form $\frac{T_1(x)}{T_2(x)} = \frac{T_3(x)}{T_4(x)}$ besteht aus den Termen (x + 3), (x − 5), (x − 1) und (x + 23). Für die Lösungsmenge der Gleichung gilt: $\mathbb{L} = \{7\}$. Wie lautet die Bruchgleichung?

b) Welche anderen Gleichungen lassen sich mit diesen Termen noch erzeugen?

18 Löse mithilfe einer Verhältnisgleichung. Bestimme $\mathbb{D}$.

a) In einer Schulklasse gibt es vier Mädchen mehr als Jungen. Nach den Ferien haben zwei Jungen und ein Mädchen die Klasse verlassen. Der Anteil der Jungen an der Gesamtschülerzahl der Klasse beträgt nun 40 %.
Wie viele Jungen und Mädchen waren vor den Ferien in der Klasse?

b) Auf einem Bauernhof gibt es 5 Hühner mehr als Kaninchen. Der Anteil der Hühnerbeine ist 40 % vom Anteil aller Beine beider Tierarten. Bestimme die Anzahl der Hühner und Kaninchen.

19 Mischungsverhältnisse begegnen uns oft im Alltag. Löse in $\mathbb{Q}$.

a) Julia mischt Limo und Cola im Verhältnis 4 : 7. Sie hat 1,5 ℓ Cola mehr als Limo. Wie viel Liter Spezi erhält sie?

b) Max mischt Sirup mit Mineralwasser. Zu 0,5 ℓ Sirup gibt er x ℓ Wasser. Zu 1,8 ℓ Sirup müsste er (x + 6,5) ℓ Wasser geben. Wie viel Liter Wasser gibt er hinzu? In welchem Verhältnis stehen die Volumen von Sirup und Wasser?

20 Eine als Bauland ausgewiesene Fläche besteht aus 11 gleich großen Grundstücken und einem Grundstück, das 40 m² kleiner ist als die anderen. Das kleinere Grundstück nimmt 8,0 % der gesamten Fläche ein. Berechne die Grundstücksflächen.

2 Aufgaben zur Differenzierung

zu 2.1

1 **a)** Setze die Figuren um zwei weitere Schritte fort.
b) Bestimme die Anzahl der Punkte der Figuren.
c) Bestimme einen Term, mit dessen Hilfe man die Punktzahl der n-ten Figur berechnen kann.

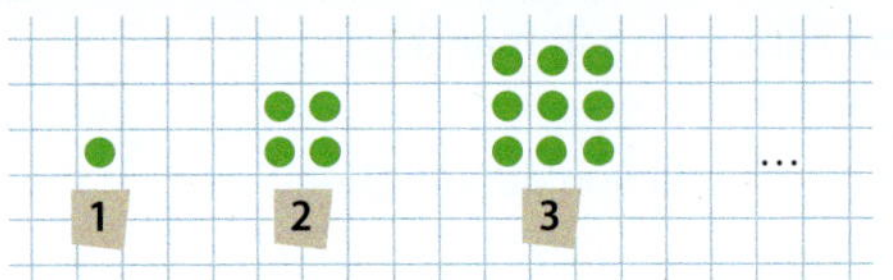

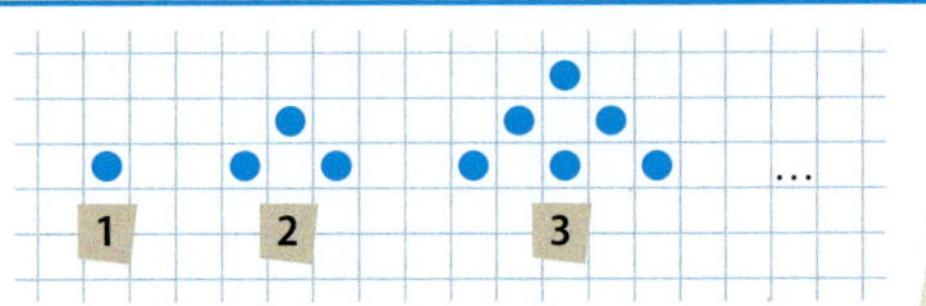

2 Vereinfache die Terme so weit wie möglich.

a) $-4ab - 3s + 7ab - ab + 8a$
b) $35x - 53y + 81xy - 30x$
c) $9a^2b - 5ab + 8ab - 12ab^2$
d) $-15cd + 7c - 23dc - 7c$

a) $\frac{5}{8}a^2 + \frac{3}{5}b^2 - \frac{3}{8}a^2 - \frac{1}{5}b^2 + d - 4d$
b) $\frac{3}{4}z + \frac{2}{5}w - \frac{7}{10}z - w + \frac{1}{2} - \frac{1}{2}z - \frac{11}{10}w + \frac{w}{5} + \frac{13}{10}$
c) $\frac{2}{3}cs + \frac{5}{3}s - \frac{1}{3}sc - \frac{4}{5}c - \frac{5}{6}cs + \frac{1}{6}s + \frac{8}{10}c$
d) $-8{,}2a - 3{,}4ab + 0{,}4x - 9{,}1a + ab + 6{,}2b + 7{,}6a + 0{,}9a$

zu 2.2

3 Löse die Klammern auf und fasse so weit wie möglich zusammen.

a) $2 \cdot (3a + 1) - 20$
b) $5 \cdot (x - 7) - 4x + 4$
c) $2 \cdot (a - 3) + 3 \cdot (4 - a)$
d) $5 \cdot (3b - 1) + 5 \cdot (1 - 3b)$
e) $4z - (3 - z) \cdot 9z$

a) $0{,}8 \cdot (15a - 25b) - 7a + 11b$
b) $2 \cdot (0{,}5x - 1{,}5y) + 7 \cdot (6x + 8y)$
c) $\frac{1}{3}a \cdot (9a - 12x) + 5x - 4a^2$
d) $(-3) \cdot (2a - 4) - a^2 + 2 - 4a \cdot (-a)$
e) $ab \cdot (a - b) - b \cdot (-ab - a^2) - b^2 \cdot (a + b)$

4 Finde den gemeinsamen Faktor. Klammere ihn aus und vereinfache.

a) $21x + 35y - 14z$
b) $\frac{1}{4}a^2 - \frac{3}{4}a + \frac{3}{2}a^3$
c) $6x^2 + 36x - 18x^4$
d) $8a^2b - 12ab^2 + 24ab + 20a^2b^2$

a) $39a^2bc^2 - 78a^2bc + 51abc^2$
b) $0{,}8a^3b^2 + 4a^2b^3 - 3{,}2a^2b^2$
c) $39p^2q - 65p^2q^3 + 13p^3q^2 - 26p^4q$
d) $8xyz^2 - 12x^2y^2z^3 + 28xy^2z^2 - 52xy^2z^3$

zu 2.3

5 Übertrage in dein Heft und ergänze so, dass eine wahre Aussage entsteht.

a) $(\square - 1)^2 = 121\,m^2 - 22\,m + 1$
b) $(13 - \square)^2 = -52x + 4x^2$
c) $(10 - \square)^2 = 1$

a) $(21 + 13) \cdot (\square - 13) = 441z^2 - \square$
b) $4 \cdot (2{,}5 - \square) \cdot (2{,}5 + \square) = \square - 4$
c) $(2k + \square)^2 = \square + \square\,k + 81$

6 Löse die Klammern mithilfe der binomischen Formeln auf.

a) $(-3x + 4)^2$ b) $(1 + 3z) \cdot (1 - 3z)$
c) $(2x + 0{,}5)^2$ d) $\left(6a + \frac{2}{a}\right)^2;\ a \neq 0$

a) $(x - 2)^2$ und $(2 - x)^2$
b) $(5s - 3t)^2$ und $(3t - 5s)^2$
Erkläre deine Beobachtung.

7 Faktorisiere – Forme in ein Produkt um. zu 2.3

a) $1a^2 + 20ab + 100b^2$
b) $r^2 - 22rs + 121s^2$
c) $1{,}44c^2 - 6{,}25d^2$

a) $16a^2 + 80ab + 100b^2$
b) $16x^2 + y^2 - 8xy$
c) $-68s^2 - 340st - 425s^2$

8 Martina hat in der Hausaufgabe Gleichungen gelöst. Überprüfe Martinas Arbeit und gib die Umformungen an, die sie gemacht hat. Notiere jeweils einen Tipp für Martina, wie sie gemachte Fehler vermeiden kann.

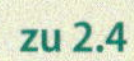
zu 2.4

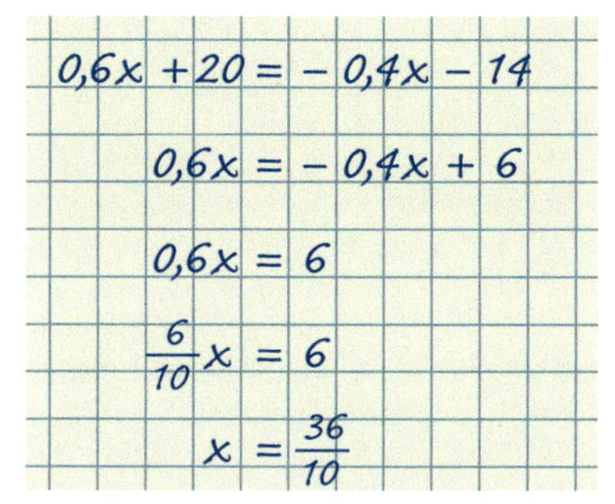

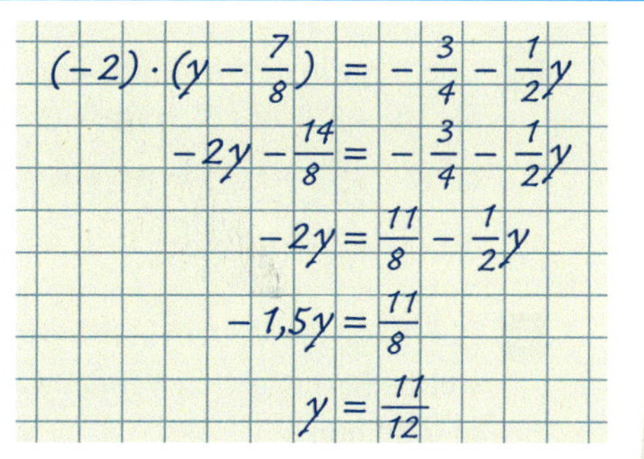

9 Bestimme die Lösungsmenge in $\mathbb{Q}$.

a) $4a + 14 - a = 26$
b) $14b + 20 = 8b + 2$
c) $\frac{1}{3} \cdot (c + 8c + 66) = 85$
d) $1{,}5 \cdot (2 + 4d) = (1 + 3) + 1$

a) $a \cdot (1 + 8) = 3 \cdot (a + 3)$
b) $12 + b = 3b + 8 - 2 \cdot (b + 4)$
c) $(c - 4)^2 = (c + 3)^2$
d) $(d + 4)^2 = (d + 2) \cdot (d + 8)$

10 **a)** Bestimme den Definitionsbereich der Gleichung im Bereich der rationalen Zahlen. zu 2.5
b) Finde jeweils durch Überlegen die Lösungsmenge und erkläre dein Vorgehen.

1 $\frac{6}{x} + 1 = 1$ **2** $\frac{6}{x} + 1 = 2$
3 $\frac{6}{x} + 1 = 6$ **3** $\frac{6}{x} + 1 = 0$

1 $\frac{x}{x} + 2 = 0$ **2** $\frac{3x^2 - 108}{x} = 0$
3 $\frac{x^2 + 1}{x^2 - 9} = 0$ **4** $x \cdot (1 - \frac{4}{x}) = 0$

11 Finde bei jeder Formel heraus, was sie bedeutet. Löse die Formel zu jeder der drei Größen auf.

$p = \frac{F}{A}$	$v = \frac{s}{t}$	$p\% = \frac{P}{G}$
p: Druck	v: Geschwindigkeit	p: Prozentsatz

$g = \frac{F}{m}$	$D = \frac{F}{s}$	$B = \frac{F}{I \cdot \ell}$
g: Ortsfaktor	D: Federhärte	B: Flussdichte

12 Bestimme $\mathbb{D}$ im Bereich der rationalen Zahlen. Wie lautet die Lösungsmenge? Faktorisiere die Nenner rechtzeitig.

a) $\frac{5}{x} + \frac{9}{3x} = 8$
b) $\frac{x}{x - 2} - \frac{1}{2} = \frac{3}{2x - 4}$
c) $\frac{2}{1 + 2x} = \frac{9}{3 + 6x} - \frac{1}{4 - x}$

a) $\frac{1}{x} + 5 = \frac{15x}{3x + 1}$
b) $\frac{2}{x - 3} + \frac{2}{x + 3} = \frac{24}{x^2 - 9}$
c) $\frac{6}{4x^2 + 12x + 9} + \frac{4x}{2x + 3} = 2$

2 Vermischte Aufgaben

Stell dir vor, du baust die Türme auf einem Tisch auf. Als sichtbar gelten alle von außen erkennbaren Flächen.

1

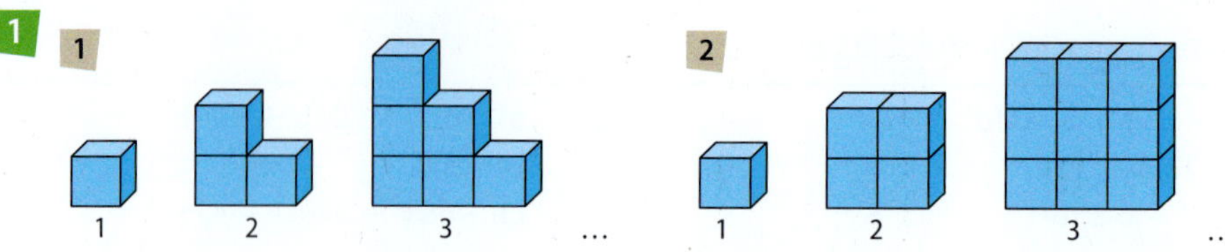

a) Übertrage in dein Heft und setze um mindestens zwei Schritte weiter fort.

b) Bestimme jeweils für jeden Schritt, wie viele Flächen der Würfel sichtbar sind (verdeckt sind). Stelle einen Term auf und beschreibe in Worten.

c) Bestimme die Anzahl der sichtbaren (verdeckten) Flächen nach 8 (10, 12) Schritten.

Findest du mehrere Möglichkeiten?

2 Übertrage in dein Heft und ergänze die Lücken.

a) $3p + 2 - \square : 3 = 8p + 2$
b) $1{,}8y + \square = -1{,}9y$

c) $\square \cdot \frac{15}{24}x + 0{,}25 = 5x + \square$
d) $(q + 5) : \square = \square\, q - 1$

e) $27r + 126s = \square \cdot (3r + \square s)$
f) $\square \cdot \left(\square + \frac{2}{3}y\right) = \square + \frac{4}{9}y$

3 Übertrage die Mauern in dein Heft und vervollständige sie. Finde bei c) zunächst heraus, welche Rechenart verwendet wird.

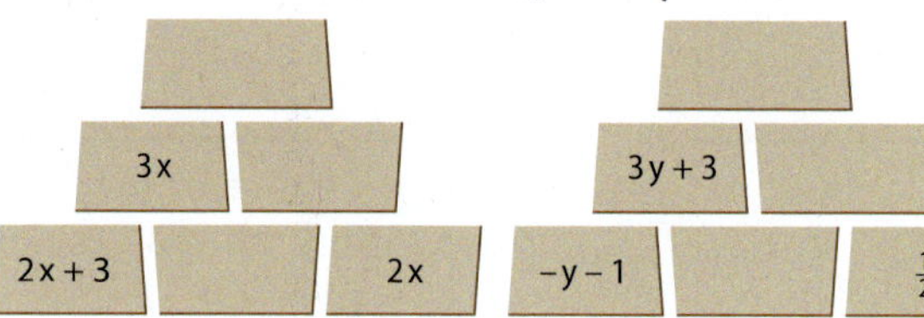

4 **a)** Finde fünf aufeinander folgende natürliche Zahlen, die addiert folgenden Summenwert ergeben.

1 425 **2** 12 345 **3** 17 500 **4** 524 765

b) Henriette meint: Wenn n die vorgegebene Zahl ist, dann erhält man die kleinste der fünf Zahlen durch $\frac{1}{5}n - 2$. Hat sie Recht? Überprüfe.

c) Erkläre mit der Formel aus b), dass sich solche fünf Zahlen nur dann finden lassen, falls n durch 5 teilbar ist.

5 Multipliziere die Klammern aus. Nutze die binomischen Formeln.

a) $(4 - x) \cdot (4 + x) \cdot \frac{2}{5}$
b) $4 \cdot \left(\frac{1}{2}x + 6y\right)^2$
c) $\left(\frac{1}{4}a - 4b\right)^2$

d) $\frac{7}{2} \cdot \left(\frac{1}{8} - \frac{3}{2}x\right) \cdot \left(\frac{3}{2}x + \frac{1}{8}\right)$
e) $(ax - by)^2$
f) $(3x - 9) \cdot (x + 3)$

6 Zerlege so weit wie möglich in Faktoren. Nutze die binomischen Formeln.

a) $a^2 - 100$
b) $9 + 4s + s^2 + 2s$
c) $-225b^2 + b$

d) $\frac{9}{16}q^2 - \frac{3pq}{2} + p^2$
e) $3x + 1{,}5x^2 + 0{,}5x^4$
f) $\frac{1}{4}x^2 - 2{,}5xy + \frac{9}{16}q^2$

7 Wie heißt die gesuchte rationale Zahl?

a) Wenn ich die Summe aus 11 und 5 quadriere, erhalte ich die Differenz aus einer Zahl und 44.

b) Der Quotient einer rationalen Zahl und der Differenz aus dieser Zahl und 4 ergibt $\frac{3}{5}$.

8 Löse die Gleichung im Bereich der rationalen Zahlen.

a) $(2x-5)^2 = 4x^2$ b) $(3y-1)^2 = 9y^2+7$ c) $16x^2 = (4x-6)^2$
d) $(3y+4)^2 = 9y^2+28$ e) $4x^2 = (2x+5)^2+15$ f) $(2x-2)^2 = (2x+2)\cdot(2x-2)$
g) $2\cdot(-2x-2)^2 = 8x^2-40$ h) $4\cdot(2-2x)^2 = 16x^2+32$ i) $(5-y)^2 = y^2-15$
j) $(1-2x)^2 = 4x^2-7$ k) $(3-3y)^2 = 9y^2-45$ l) $25x^2+39 = (5x+3)^2$

Lösungen zu 8:
$-3; -2; -1; -\frac{1}{2}; \frac{1}{2}; \frac{3}{4}; 1; 1; 1\frac{1}{4}; 2; 3; 4$

9 Bestimme die Lösungsmenge.

a) $3x - \frac{2}{3}\cdot\left(\frac{3}{2}x+4{,}8\right) = x+5{,}8;\ x \in \mathbb{N}$ b) $z+11{,}8 = 2{,}4z - 1{,}3\cdot(z+3);\ z \in \mathbb{Q}$
c) $7x-5+x^2 = 5-x\cdot(-x+5);\ x \in \mathbb{N}$ d) $(2p+0{,}4) : \frac{4}{5} = 6{,}5+p;\ p \in \mathbb{Z}$
e) $46-8p = 5\cdot(3-p)+112;\ p \in \mathbb{Z}$ f) $4r^2+8r+2 = (2r+2)^2-2;\ r \in \mathbb{N}$

10 Vier gleichschenklige Dreiecke mit einer Basis von je 12 cm ergeben zusammen ein Parallelogramm mit 86 cm Umfang. Legt man sie anders zusammen, erhält man wieder ein gleichschenkliges Dreieck. Bestimme den Umfang des großen Dreiecks.

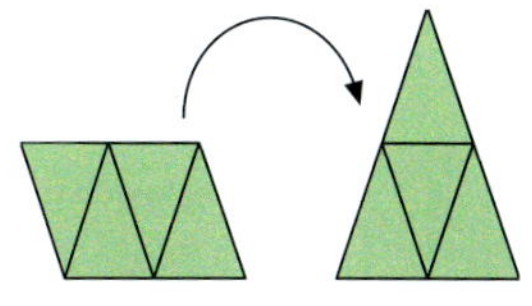

11 a) Stelle die Formel $\rho = \frac{m}{V}$ nach allen Größen um.

ρ bezeichnet man als Dichte.

b) Vervollständige folgende Tabelle. Vergleiche die Dichte mit den Werten in deiner Physik-Formelsammlung (oder recherchiere im Internet).

	Gold	Blei	Beton	Luft
Masse m	2 g	50 g	6,9 t	1 kg
Volumen V	740 mm³		3 m³	
Dichte ρ		$11{,}34\,\frac{g}{cm^3}$		$1{,}29\,\frac{kg}{m^3}$

c) Ermittle die Masse der Luft in deinem Klassenraum (einem Pkw). Wie bist du vorgegangen? Welche Annahmen hast du gemacht?

12 Berechne die fehlenden Größen.
Stelle dazu die Formel $Z = K\cdot p\,\%$ nach jeder Größe um.

Du kannst auch ein Tabellenprogramm nutzen.

K	500 €	733 €		12 250 €	
Z		21,99 €	61 €		60 €
p %	2,5 %		4 %	4 %	1,2 %

13 Bestimme den Definitionsbereich im Bereich der rationalen Zahlen. Wie lautet die Lösungsmenge?

a) $\frac{6}{x+4} = 1$ b) $\frac{1}{3\cdot(x+1)} = \frac{1}{6}$ c) $\frac{1}{3x-2} = -5$ d) $\frac{4}{x-1} = \frac{5}{x}$ e) $\frac{7}{x} = \frac{10}{x}$

Lösungen zu 13:
$\mathbb{L} = \left\{\frac{3}{5}\right\}$; $\mathbb{L} = \{1\}$; $\mathbb{L} = \{2\}$; $\mathbb{L} = \{5\}$; $\mathbb{L} = \{\,\}$

14 Gib den Definitionsbereich der Verhältnisgleichungen in $\mathbb{Q}$ an und löse sie.

a) $\frac{1}{x-3} = \frac{1}{2x+1}$ b) $\frac{3}{x+1{,}5} = \frac{2}{x-3}$ c) $\frac{2}{3x-1} = \frac{4}{6x+3}$
d) $\frac{1{,}5}{x-7} = \frac{1{,}2}{2{,}4x+4}$ e) $\frac{x+1{,}5}{x-1{,}5} = \frac{x+2}{x-2}$ f) $\frac{x+2{,}5}{x-3} = \frac{x+3}{x-2{,}5}$

15 Wie lautet die rationale Zahl?
Wenn ich das Produkt aus der Summe einer Zahl und 2 mit der Differenz der Zahl und 2 bilde, erhalte ich 221.

Klarer Durchblick 

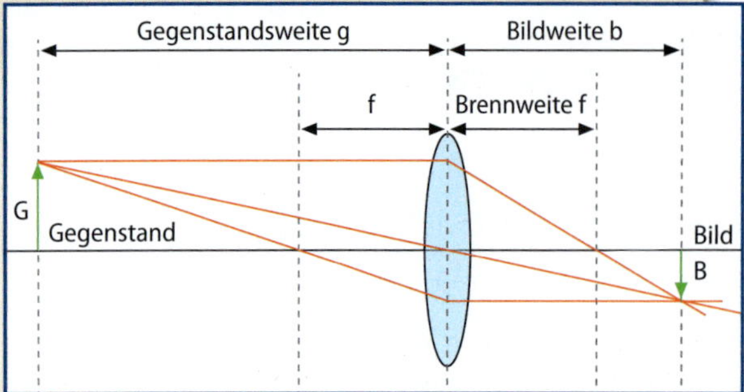

Durch Linsen lassen sich Bilder von Gegenständen auf eine Wand oder einen Schirm projizieren, wie es etwa bei einem Tageslichtprojektor oder Fotoapparat der Fall ist. Die Abbildung eines Gegenstandes durch eine konvexe Linse lässt sich mithilfe der beiden folgenden Gleichungen beschreiben:

A $\frac{B}{G} = \frac{b}{g}$ **B** $\frac{1}{f} = \frac{1}{g} + \frac{1}{b}$

Die Größen sind dabei folgendermaßen definiert:

G: Höhe des Gegenstandes
B: Höhe des Bildes
g: Abstand des Gegenstandes von der Linse
b: Abstand des Bildes von der Linse
f: Brennweite, d. h. charakteristischer Punkt einer Linse, in dem sich Strahlen bündeln

a) Löse die Gleichung **A** nach b und g auf.

b) Eine Linse hat eine Brennweite von f = 150 mm. In 40 cm (20 cm) Entfernung steht vor der Linse ein 15 cm großer Gegenstand.

1. Berechne die Bildweite b und die Bildgröße B.
2. Untersuche für diese Linse die Zusammenhänge zwischen den Größen, wenn $g = f$, $f < g < 2f$, $g = 2f$, oder $g > 2f$ ist. Übertrage dazu die Tabelle in dein Heft und vervollständige sie.

g in cm	15	20	25	30	35
b in cm					
B in cm					
g in cm	40	45	50	55	60
b in cm					
B in cm					

Ganz Ohr

Um die Höhe von Tönen zu messen, verwendet man die Größe „Frequenz". Die Frequenz einer Schwingung ist die Anzahl der Schwingungen, die ein Gegenstand, z. B. eine Gitarrensaite, in einer bestimmten Zeiteinheit macht. Frequenzen werden in der Einheit 1 Hz (Hertz) gemessen. 1 Hz bedeutet, dass eine Schwingung pro Sekunde vorliegt.

Es gilt die Gleichung $f = \frac{n}{t}$, wobei gilt:

f: Frequenz
n: Anzahl der Schwingungen
t: Zeit für n Schwingungen

Für ein und dieselbe Frequenz sind n und t direkt proportional, also quotientengleich.
Hört man beispielsweise den sogenannten „Kammerton a", eine Art Grundton, so schwingt eine Gitarrensaite dabei 440-mal pro Sekunde hin und her.

a) Berechne für den Kammerton a, in welcher Zeit die Saite 1 Schwingung (100 Schwingungen) ausführt.

b) Wie viele Schwingungen führt die Saite in einer Minute beim Kammerton a aus?

Je größer die Frequenz ist, desto höher hören wir einen Ton. Die menschliche Sprechstimme erzeugt Töne zwischen 200 Hz und 8000 Hz, das menschliche Ohr ist zwischen 1000 und 3500 Hz am empfindlichsten.

c) Stelle einen Überblick über das Hörvermögen des menschlichen Ohres dar. Führe dabei Vergleiche aus wie in a) und b). Informiere dich im Internet oder Büchern.

Fühlst du die Kraft?

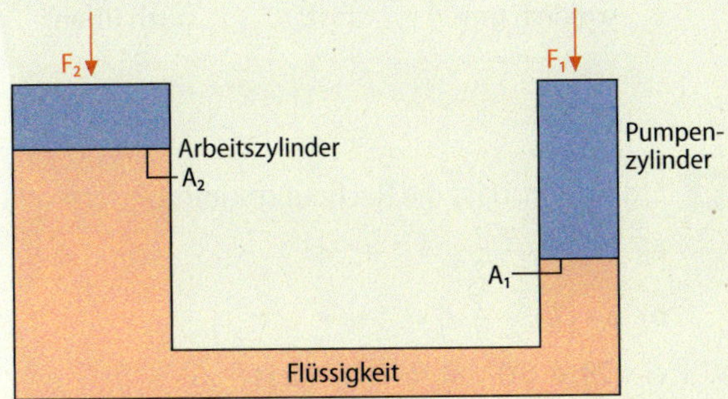

Hast du dich schon einmal gefragt, warum ein Auto in der Werkstatt scheinbar mühelos angehoben werden kann? Sogar ohne elektrische Hilfe kann man mittels eines Wagenhebers ein Auto aufbocken. Dahinter steckt meistens eine hydraulische Anlage. Die Abbildung oben zeigt das Prinzip einer solchen Anlage:
Die Kraft wird auf einen (kleinen) Pumpenzylinder ausgeübt, über eine Flüssigkeit überträgt dieser dann den Druck auf einen (großen) Arbeitszylinder, der dann eine sehr schwere Last heben kann.
Da in einer hydraulischen Anlage überall in der Flüssigkeit der gleiche Druck wirkt, gilt:

$$\frac{F_1}{A_1} = \frac{F_2}{A_2}$$

F: Kraft in Newton (N)
A: Fläche des Zylinders, auf den die Kraft ausgeübt wird

In einer hydraulischen Anlage wirkt auf den Pumpenzylinder mit einer Querschnittsfläche von 0,5 cm^2 eine Kraft von 150 N. Der Arbeitszylinder hat eine Querschnittsfläche von 400 cm^2.

a) Welche Kraft wirkt am Arbeitszylinder?

b) Welche Fläche müsste der Arbeitszylinder haben, damit dort eine Kraft von 12 000 N wirkt?

c) Bei einer hydraulischen Anlage hat der Pumpenzylinder eine Querschnittsfläche von 2 cm^2, der Arbeitszylinder 27 cm^2. Die Kraft am Arbeitszylinder ist um 100 N größer als die am Pumpenzylinder. Ermittle die wirkenden Kräfte.

Vom Schmecken und Riechen

Geschmack und Geruch sind diejenigen unserer Sinne, die sich nur sehr schwer messen lassen. Um zu ermitteln, ob etwas gut schmeckt oder ein Geruch angenehm ist, werden oftmals viele Testpersonen befragt und ihre Antwort als Maßstab verwendet. In den letzten Jahren wurden vermehrt technische Verfahren eingesetzt, um diese Sinne zu beschreiben.

Informiere dich in Büchern, Internet, … über einen der beiden Sinne „Geschmack" oder „Geruch". Wie werden die Sinne heute gemessen? Stelle die Ergebnisse deiner Klasse vor. Vielleicht wäre eine Versuchsreihe ja auch sinnvoll …

2 Das kann ich!

Überprüfe deine Fähigkeiten und Kompetenzen. Bearbeite dazu die folgenden Aufgaben und bewerte anschließend deine Lösungen mit einem Smiley. Hinweise zum Nacharbeiten findest du auf der folgenden Seite. Die Lösungen stehen im Anhang.

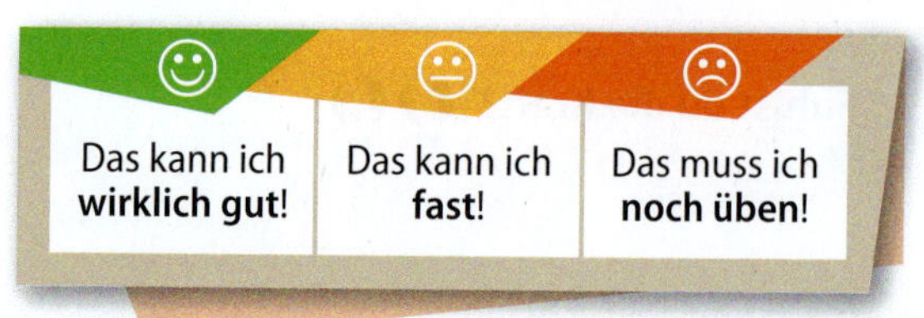

1 Die abgebildeten Würfelfiguren liegen auf einem Tisch.

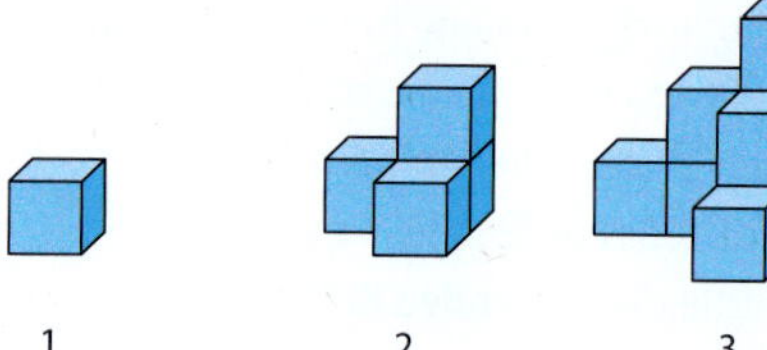

a) Bestimme die Anzahl der Würfel bei jedem Schritt. Setze die Reihe um drei weitere Schritte fort.

b) Stelle einen Term auf, mit dem du die Anzahl der Würfel für jeden Schritt angeben kannst.

2

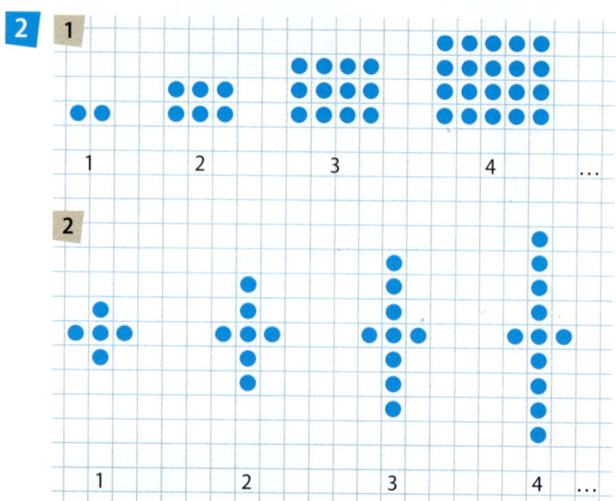

a) Erstelle eine Tabelle für die Anzahl der Punkte der ersten acht Schritte.

b) Beschreibe die Anzahl der Punkte für den n-ten Schritt mit einem Term.

3 Vereinfache so weit wie möglich.

a) $3x + 2{,}8y - 4 + 5{,}4y$
b) $2{,}5x + 12y - x^2 - 3y$
c) $\frac{2}{5} \cdot (x + 3y)$
d) $(1{,}2y - 4{,}5x) : 1{,}5$
e) $(-4) \cdot \left(-\frac{2}{3}y - 3{,}5 + \frac{1}{2}x\right)$
f) $(7ab - 3b) \cdot 2{,}3$
g) $(x - 6y + 1) \cdot (2x - 3)$
h) $(2x + 4) \cdot (4x + 2)$

4 Ergänze so, dass die Rechnung stimmt.

a) $\square + 1 - \frac{1}{3}s = 1 + 3s$

b) $2 \cdot \left(\square + \frac{2}{7}v\right) = \frac{2}{9}u + \square\, v$

c) $(28 + 5t) : \square = \square - 1{,}25t$

5 Berechne das Produkt und vereinfache. Du kannst auch eine Verknüpfungstabelle nutzen.

a) $(x - 3) \cdot (x + 1)$
b) $(a - b) \cdot (a - 2)$
c) $(-3x + 2) \cdot (x - 4)$
d) $(2{,}5y + 7) \cdot (x - y)$
e) $(1{,}2s - 0{,}5) \cdot (1{,}2s - t)$
f) $(-0{,}9a + b) \cdot (a - 6)$

6 Wie lautet ein gemeinsamer Faktor? Klammere ihn aus und schreibe als Produkt.

a) $7x^2 + 21x$
b) $12ab - 36a^2 + 18ab^2$
c) $15x^3 + 12x^2y$
d) $0{,}4klm + 2k^2lm - 1{,}6kl$
e) $0{,}8x^2 + 0{,}4ax - 0{,}2x$
f) $-t^4 - 1{,}2t^2 - 4{,}8t^3s$

7 Multipliziere die Klammern aus. Nutze die binomischen Formeln.

a) $(x - 1{,}5)^2$
b) $(8x + 2y) \cdot (8x - 2y)$
c) $3 \cdot (3 + h)^2$
d) $(2x + 6)^2$
e) $-(9y - 5x)^2$
f) $\frac{3}{4} \cdot (0{,}5a - 0{,}25b)^2$

8 Schreibe mit Klammern.

a) $a^2 - 4ab + 4b^2$
b) $9 + 16z^2 + 24z$
c) $6{,}25 - 4y^2$
d) $-1 - 4r - 4r^2$
e) $1{,}44x^2 - 0{,}64a^2$
f) $289y^2 - 4$

9 Wenn du ein Quadrat an beiden Seiten um jeweils 5 cm verkürzt, entsteht ein neues Quadrat mit der Gesamtfläche 64 cm². Welche Seitenlänge hatte das ursprüngliche Quadrat?

10 Gib jeweils die Lösungsmenge an.

a) $12x - 1 = 2 \cdot (5x + 8)$ $\quad x \in \mathbb{N}$
b) $-2{,}5 + 4x = 4 - (x - 2{,}5 + 4x)$ $\quad x \in \mathbb{Z}$
c) $-z \cdot (2 - z) = (2 - z)^2$ $\quad z \in \mathbb{Q}$
d) $(2x + 3)^2 = 4x \cdot (x + 6)$ $\quad x \in \mathbb{Q}$

11 Ein Dreieck hat einen Umfang von 19 cm. Die längste Seite ist 2 cm länger als die mittlere, die 1 cm länger ist als die kürzeste. Zeichne das Dreieck.

12 Bestimme den Definitionsbereich des Terms …

1 in $\mathbb{N}$. **2** in $\mathbb{Q}$.

a) $\frac{x-3}{x+3}$ b) $\frac{1}{2x-1}$ c) $\frac{5}{4-4x}$

d) $\frac{2}{x^2-16}$ e) $\frac{2x}{2x^2-18}$ f) $\frac{6}{6x-36}$

g) $\frac{x+3}{x^2+6x+9}$ h) $\frac{6x}{x^2-4}$ i) $\frac{x-2}{x^2-2x}$

13 Bestimme den Definitionsbereich im Bereich der rationalen Zahlen. Gib die Lösungsmenge an.

a) $\frac{3}{2} = \frac{6}{x-2}$ b) $\frac{2}{x+3} = \frac{1}{x-5}$

c) $\frac{8}{3x-6} = \frac{5}{4x-8}$ d) $\frac{8}{x+1} - \frac{4}{x-1} = 0$

e) $\frac{1}{2x} + \frac{2}{3x} + \frac{3}{2x} = 4$ f) $4 - \frac{8}{x} + \frac{5}{x} = 1$

14 Gegeben ist die Formel $A_O = 2ab + 2ac + 2bc$.

a) Um welche Formel kann es sich handeln?

b) Löse die Formel durch Ausklammern nach allen Variablen auf.

Aufgaben für Lernpartner

Sind folgende Behauptungen richtig oder falsch? Begründe schriftlich.

A Mithilfe von Termen und Variablen lassen sich mathematische Zusammenhänge beschreiben.

B Wenn in einer Summe ein Faktor ausgeklammert wird, muss er in mindestens einem Summanden der Summe vorkommen.

C Ausklammern und Vereinfachen sind entgegengesetzte Operationen.

D $(x + y)^2 = x^2 + y^2$

E Bei einer Äquivalenzumformung darf sich die Lösungsmenge einer Gleichung nur ein bisschen ändern.

F Eine Formel umzustellen bedeutet, einfach zwei Variablen miteinander zu vertauschen.

G Im Definitionsbereich einer Gleichung werden all die Zahlen aufgeführt, die man grundsätzlich in eine Gleichung einsetzen kann.

H $(a + b) \cdot (a - b) = a^2 + b^2$

I Es ist oftmals günstig, Terme zuerst zu vereinfachen, bevor man mit ihnen weiterrechnet.

J Bei Verhältnisgleichungen müssen diejenigen Zahlen ausgeschlossen werden, bei denen der Nenner null wird.

K Bei einer Verhältnisgleichung gehört stets diejenige Zahl zur Lösungsmenge, bei der der Nenner null wird.

L Die binomischen Formeln sind ein Sonderfall der Multiplikation von Summen.

M Die quadratische Ergänzung verändert die Lösungsmenge der Gleichung.

N Bei Verhältnisgleichungen muss bei dem Definitionsbereich darauf geachtet werden, dass der Zähler nicht null wird.

Ich kann …	Aufgaben	Hilfe
Terme aufstellen, beschreiben und deren Definitionsbereich bestimmen.	1, 2, A, C	S. 48
Terme vereinfachen, ausmultiplizieren und gemeinsame Faktoren ausklammern.	3, 4, 5, 6, B, C, I	S. 48, 50
mit binomischen Formeln arbeiten.	7, 8, 9, D, H, L, M	S. 54
Gleichungen durch Äquivalenzumformungen lösen.	10, 11, 13, E, G	S. 58
Verhältnisgleichungen lösen und zuvor deren Definitionsbereich bestimmen.	12, 13, J, K, N	S. 62
Formeln nach einer Variablen umstellen.	14, F	S. 65

2 Auf einen Blick

Seite 48

Terme aufstellen und vereinfachen

Terme lassen sich anhand der bekannten Rechenregeln **vereinfachen**. Dadurch entstehen zueinander **äquivalente** Terme.

Zusammenfassung gleichartiger Summanden:
$2x - 3y - 6x + 3y$
$= (2 - 6) \cdot x + (-3 + 3) \cdot y = -4x$

Seite 50

Umformen von Termen

- **Ausmultiplizieren mit einem Faktor**: Jeder Summand wird mit dem Faktor multipliziert.
- **Ausmultiplizieren zweier Summen**: Jeder Summand der ersten Summe wird mit jedem Summanden der zweiten Summe multipliziert.
- **Ausklammern**: Ein gemeinsamer Faktor in jedem Summanden wird ausgeklammert.

$(-4) \cdot (2x^2 + 3) = 8x^2 - 12$

$(3x + 7) \cdot (4x - 5)$
$= 12x^2 + \underbrace{-15x + 28x} - 35$
$= 12x^2 \quad + 13x \quad - 35$

$30x^2y - 42x^2y^2 = 6x^2y \cdot (5 - 7y)$

Seite 54

Binomische Formeln

1. $(a + b)^2 = a^2 + 2ab + b^2$
2. $(a - b)^2 = a^2 - 2ab + b^2$
3. $(a + b) \cdot (a - b) = a^2 - b^2$

1 Ausmultiplizieren
$(3 + a)^2 = 9 + 6a + a^2$
$(5x - 2) \cdot (5x + 2) = 25x^2 - 4$

2 Zusammenfassen
$y^2 - 4y + 4 = (y - 2)^2$

Seite 58, 62

Gleichungen lösen

Gleichungen (und Ungleichungen) lassen sich durch **Äquivalenzumformungen** lösen. Dabei ändert sich die **Lösungsmenge** nicht.

1 Terme auf jeder Seite vereinfachen.
2 Ordnen der Terme.
3 Koeffizienten vor Variable normieren („zu 1 machen").
4 Probe durchführen.
5 Lösungsmenge bestimmen.

Löse in $\mathbb{Q}$.
$63 - 50b + 12 = -5b$; $\mathbb{D} = \mathbb{Q}$ | **1** vereinfachen
$75 - 50b = -5b$ | **2** $+ 50b$
$75 = 45b$ | **3** $: 45$
$b = \frac{75}{45} = \frac{5}{3}$ $\quad \frac{5}{3} \in \mathbb{Q}$

4 Probe:
l. S.: $63 - 50 \cdot \frac{5}{3} + 12 = -\frac{25}{3}$
r. S.: $-5 \cdot \frac{5}{3} = -\frac{25}{3}$

5 $\mathbb{L} = \left\{\frac{5}{3}\right\}$

Bei **Verhältnisgleichungen** darf der Nenner niemals null werden. Man löst die Gleichung durch „Multiplikation über Kreuz".

$\frac{3}{x + 1} = \frac{9}{x + 2}$ $\qquad \mathbb{D} = \mathbb{Q} \setminus \{-1; -2\}$
$3 \cdot (x + 2) = 9 \cdot (x + 1)$

Seite 65

Formeln umstellen

Eine Formel wird so umgestellt, dass **die Variable der gesuchten Größe alleine auf einer Seite steht**.

Auflösen der Formel für das Volumen eines Quaders nach der Breite b:
$V = a \cdot b \cdot c \qquad | : (a \cdot c)$
$b = \frac{V}{a \cdot c}$

3 Lineare Funktionen

Einstieg

- Die Entfernungen auf Straßenschildern werden in Deutschland in Kilometern angegeben. In den USA sind die Angaben in Meilen, dabei gilt: 1 Meile ≈ 1,61 Kilometer
- Die Entfernung zwischen Berlin und Cottbus beträgt ca. 100 km (Luftlinie). Überprüfe an der Karte (Maßstab 1 : 2 000 000). Gib die Entfernung in Meilen an.
- Übertrage und vervollständige die Tabelle in deinem Heft.
- Stelle die Zuordnung *Länge in km* ↦ *Länge in Meilen* grafisch dar. Beschreibe den Verlauf des Graphen.

Entfernung zwischen …	in Kilometern	in Meilen
Berlin–Cottbus	100	
Rathenow–Frankfurt (Oder)	140	
Neuruppin–Elsterwerda	160	
Schwedt–Brandenburg		

Ausblick

Am Ende dieses Kapitels hast du gelernt, …

- Rechenvorschriften zu bekannten Zuordnungen aufzustellen.
- bei Zuordnungen zu entscheiden, ob es sich um eine Funktion handelt.
- lineare Funktionen grafisch, tabellarisch und mit Worten darzustellen.
- Steigungen, Achsenschnittpunkte und Nullstellen anzugeben.
- Funktionsgleichungen grafisch und rechnerisch zu ermitteln.

Direkte und indirekte Proportionalität feststellen

Eine Zuordnung heißt **direkt proportional**, wenn zum Doppelten (zum Dreifachen, ..., zur Hälfte, ...) der Ausgangsgröße das Doppelte (das Dreifache, ..., die Hälfte, ...) der zugeordneten Größe gehört.

Zuordnung: *Anzahl Eiskugeln ↦ Preis in €*

Anzahl Eiskugeln	1	2	3	5
Preis in €	0,70	1,40	2,10	3,50

Der Quotient aus zugeordneter Größe und Ausgangsgröße ist stets gleich.

$$\frac{\text{zugeordnete Größe}}{\text{Ausgangsgröße}} = \frac{0{,}70\ €}{1\ \text{Kugel}} = \frac{1{,}40\ €}{2\ \text{Kugeln}} = \frac{3{,}50\ €}{5\ \text{Kugeln}} = \dots$$

Eine Zuordnung heißt **indirekt proportional**, wenn zum Doppelten (zum Dreifachen, ..., zur Hälfte, ...) der Ausgangsgröße die Hälfte (ein Drittel, ..., das Doppelte, ...) der zugeordneten Größe gehört.

Zuordnung: *Anzahl Pferde ↦ Hafervorrat in Tagen*

Anzahl Pferde	1	2	4	5
Hafervorrat in Tagen	40	20	10	8

Das Produkt aus zugeordneter Größe und Ausgangsgröße ist stets gleich. Man nennt es Gesamtgröße.

$$\text{Gesamtgröße} = 1 \cdot 40 = 2 \cdot 20 = 4 \cdot 10 = 5 \cdot 8$$

Direkte und indirekte Proportionalität darstellen

Bei einer direkten Proportionalität liegen die Punkte alle auf einer Geraden, die durch den Koordinatenursprung geht (Ursprungsgerade). Wenn direkte Proportionalität vorliegt, wird zum Zeichnen der Geraden neben dem Ursprung nur ein weiterer Punkt benötigt.

Bei einer indirekten Proportionalität liegen alle Punkte auf einer Kurve (Hyperbel). Für große x- bzw. y-Werte nähert sie sich den Koordinatenachsen an, schneidet sie jedoch nicht.

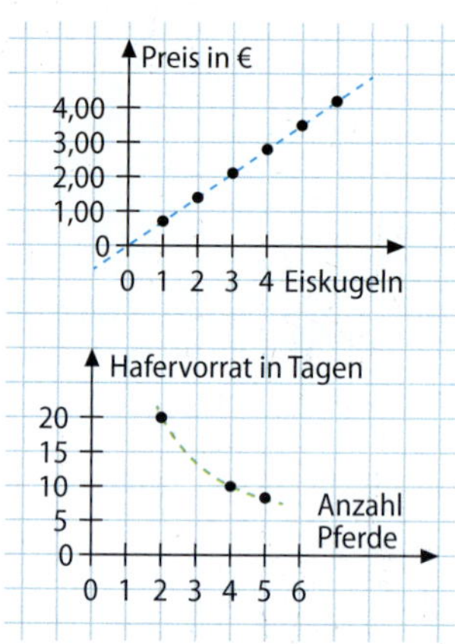

Proportionalitätsfaktor berechnen und Rechenvorschriften angeben

Der Quotient, bei dem die Ausgangsgröße eine Einheit ist, heißt Proportionalitätsfaktor.

Gesuchte Größen sind **Vielfache** bzw. **Teile dieses Proportionalitätsfaktors**. Man kann also eine **Rechenvorschrift** angeben:

y = Proportionalitätsfaktor · **x**,
wobei gilt:
x: Vielfaches bzw. Anteil der Einheit
y: zugeordnete Größe zu x

2 Eiskugeln kosten 1,40 €. Ermittle die Preise für verschiedene Anzahlen an Eiskugeln.
Es gilt Quotientengleichheit, also:

$$\frac{70\ \text{ct}}{1\ \text{Kugel}} = \frac{140\ \text{ct}}{2\ \text{Kugeln}} = \frac{350\ \text{ct}}{5\ \text{Kugeln}} = \dots$$

Rechenvorschrift:

$\mathbf{y} = 70\ \frac{\text{ct}}{\text{Kugel}} \cdot \mathbf{x}$; Proportionalitätsfaktor: Preis pro Kugel

x: Anzahl der Kugeln
y: Preis für die Anzahl der Kugeln

Direkte und indirekte Proportionalität feststellen

1 Ist die Zuordnung direkt oder indirekt proportional? Begründe.

a) *Anzahl der Teilnehmer bei einem Ausflug* $\mapsto$ *Preis pro Teilnehmer*

b) *Geschwindigkeit eines Pkws* $\mapsto$ *Fahrzeit in h*

c) *Anzahl der Zuckerpäckchen* $\mapsto$ *Gesamtpreis in €*

d) *Schrittlänge in cm* $\mapsto$ *Anzahl der Schritte für eine Strecke*

2 Welche der Tabellen stellen direkte bzw. indirekte Proportionalität dar? Überprüfe.

a)

x	0,5	2,5	4
y	16	3,2	2

b)

x	3	$\frac{25}{3}$	9,3
y	$\frac{9}{2}$	$\frac{25}{2}$	13,95

c)

x	2	0,5	7,2
y	14,4	3,6	51,84

Direkte und indirekte Proportionalität darstellen

3 Drei Becken werden gleichmäßig mit Wasser befüllt.

1

2

3

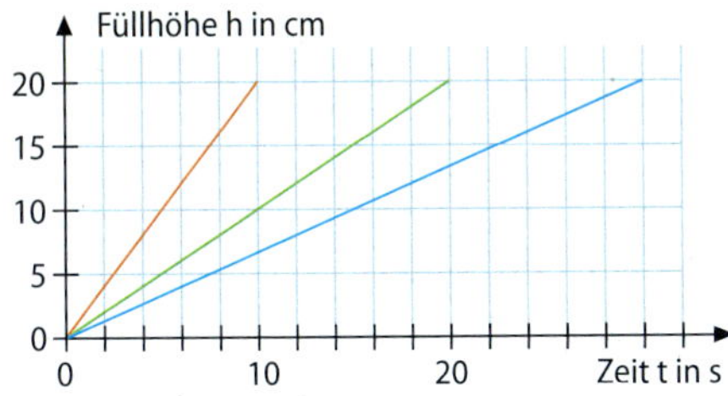

a) Ordne jedem Graphen das dazugehörige Becken zu. Begründe deine Auswahl.

b) Erstelle für jedes Becken eine Tabelle und lies die Füllhöhe nach jeweils 5 Sekunden so genau wie möglich aus den gegebenen Graphen ab.

c) Bestimme die Änderung der Füllhöhe pro Sekunde für jedes Becken.

d) Miss mit einem Lineal die Außenmaße der Becken. Welcher Zusammenhang besteht zwischen ihnen und den Ergebnissen in c)?

Proportionalitätsfaktor berechnen und Rechenvorschriften angeben

4 Bestimme zu jeder Zuordnung einen Proportionalitätsfaktor und eine Rechenvorschrift. Beschreibe, was die einzelnen Teile der Rechenvorschrift bedeuten.

a) 3 kg Sand kosten 1,98 €.

b) 35 ℓ Super kosten 54,60 €.

c) 6 Eier der Größe L wiegen 408 g.

d) Für 150 Mio. km braucht Licht 8 min.

e) Ein Turm aus 20 5-ct-Münzen ist 33,4 mm hoch.

f) 45 m^2 eines Teppichbodens kosten 517,50 €.

Kap. 3.1

Tank voll – Tank leer

Familie Blum aus Cottbus möchte in den Sommerferien eine zehntägige Reise mit einem gemieteten Wohnmobil unternehmen. Die Familie informiert sich vor Antritt der Reise über den durchschnittlichen Kraftstoffverbrauch pro 100 km. Im Prospekt wird ein Verbrauch von 9,5 ℓ Diesel pro 100 km angegeben.

- Ermittle den erwarteten Kraftstoffverbrauch für 1000 km, 2000 km bzw. 3000 km.
- Wie viele Kilometer kann Familie Blum bei gleichbleibendem Verbrauch mit einer Tankfüllung von ca. 90 ℓ fahren?
  Gib eine Gleichung für die Zuordnung *Fahrstrecke* $\mapsto$ *Kraftstoffverbrauch* an.
- Überlege dir, wie man den Kraftstoffverbrauch verringern könnte.
- Informiere dich über mögliche Reiseziele der Familie Blum, wenn sie mit dem Wohnmobil insgesamt etwa 2500 km zurücklegen möchte.

Kap. 3.2

Reicht die Urlaubskasse?

Familie Blum holt sich mehrere Angebote zum Mieten eines Wohnmobils für ihre Reise ein. Herr Blum findet folgendes Angebot:

Jupp-Reisemobil:
120 € pro Nacht und eine einmalige Servicepauschale von 105 €.

- Übertrage die Tabelle in dein Heft und vervollständige sie. Trage die Werte in ein Koordinatensystem ein.

Anzahl der Nächte	1	2	3	4	5
Betrag in €					

- Beschreibe die grafische Darstellung.
- Wie hoch ist die Ausleihgebühr für zehn Tage?
- Wie viele Tage kann Familie Blum das Wohnmobil mieten, wenn sie dafür höchstens 1600 € ausgeben möchte?
- Die Familie versucht, einen Preisnachlass von 5 % auf die Ausleihgebühr für 10 Tage zu erhalten. Wie teuer ist dann eine Nacht bei gleichbleibender Servicepauschale?

Kap. 3.3

Vergleichen kann sich lohnen

Frau Blum möchte ihren Mann unterstützen und sucht auf eigene Faust nach einem Angebot für ein Wohnmobil. Dabei stößt sie auf folgende Anzeige.

Sonnenschein-Mobil:
110 € pro Nacht und eine einmalige Servicepauschale von 185 €

- Gib eine Wortvorschrift an, wie man den Preis für eine beliebige Anzahl von Nächten bei Sonnenschein-Mobil berechnet.
- Vergleiche mit der Anzeige von Jupp-Reisemobil auf der Vorseite. Wer von der Familie Blum hat das bessere Angebot gefunden? Begründe deine Entscheidung.
- Ermittle die Anzahl der Nächte, bei denen beide Angebote den gleichen Preis haben.

Kap. 3.4

Abenteuer Camping

Die Kinder der Familie Blum haben drei Angebote für Campingplätze an der Mecklenburgischen Seenplatte herausgesucht und in einem Diagramm dargestellt.

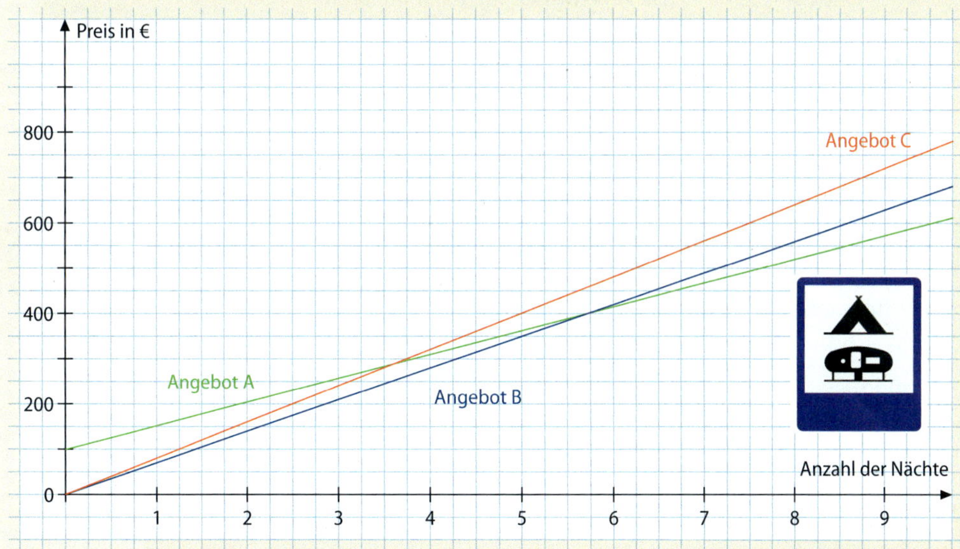

- Formuliere die Angebote der drei Campingplätze.
- Für welches Angebot wird sich Familie Blum für ihren achttägigen Aufenthalt entscheiden? Begründe.

Entdecken

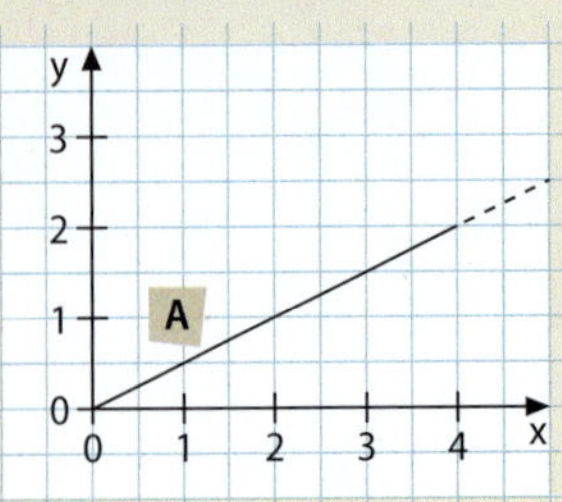

Bei Zuordnungen können Zahlen und Variablen auf verschiedene Arten miteinander verbunden werden.

	x	0	1	2	3	4	5
A	$y = 0{,}5 \cdot x$						
B	$y = 0{,}5 \cdot x + 1$						
C	$y = 0{,}5 \cdot x + 2{,}5$						

- Übertrage die Tabelle ins Heft und vervollständige sie.
- Zeichne die Graphen zu den drei Zuordnungen.
  1. Welcher Graph gehört zu einer direkt proportionalen Zuordnung?
  2. Wie unterscheiden sich die Graphen voneinander?
  3. Welcher Zusammenhang besteht zwischen Graph und Term?

Verstehen

Werden alle Werte einer direkt proportionalen Zuordnung um einen festen Wert verändert, dann spricht man von einer linearen Zuordnung.

Eine Zuordnung nennt man **lineare Zuordnung**, wenn alle Wertepaare auf einer **Geraden** liegen. Die **direkt proportionale Zuordnung** ist ein **Sonderfall** der linearen Zuordnung, deren Graph durch den Koordinatenursprung verläuft.

Zu einer **direkt proportionalen Zuordnung** gehört eine **Rechenvorschrift** der Art:
$y = m \cdot x$

m ist der Proportionalitätsfaktor bei diesem Sonderfall.

Der Graph einer **linearen Zuordnung** ist gegenüber dem einer direkt proportionalen Zuordnung um einen festen Wert n entlang der y-Achse **verschoben**. Zu einer linearen Zuordnung gehört folgende **Rechenvorschrift**:
$y = m \cdot x + n$

n ist ein fester Wert.

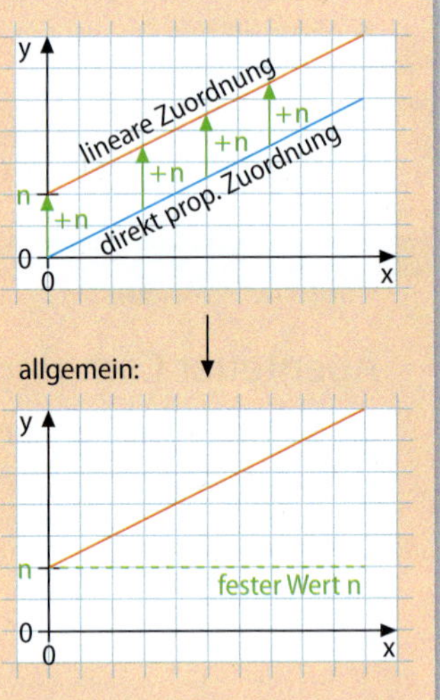

Beispiel

Die Stadtwerke Potsdam bieten Strom für eine monatliche Grundgebühr von 6 € bei einem Verbrauchspreis von 0,25 €/kWh an.

kWh steht für Kilowattstunde.

1. Stelle eine Rechenvorschrift für den monatlichen Preis auf.
2. Zeichne einen Graphen, der den Sachverhalt wiedergibt.

Lösung:

Um den Graphen einer linearen Zuordnung zu zeichnen, benötigt man zwei Punkte. Einfache Möglichkeit: Neben dem festen Punkt S (0; n) auf der y-Achse bestimmt man einen weiteren Punkt.

1 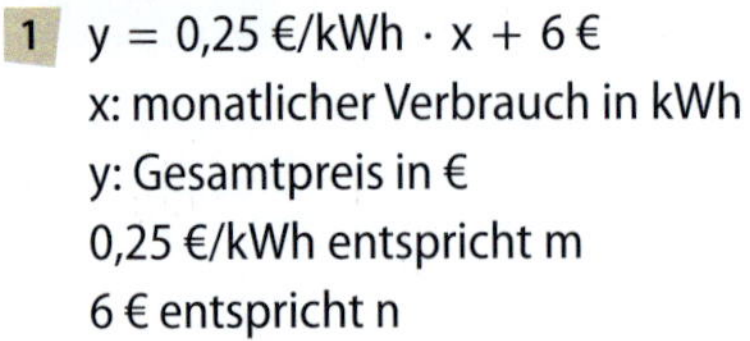
$y = 0{,}25$ €/kWh $\cdot x + 6$ €
x: monatlicher Verbrauch in kWh
y: Gesamtpreis in €
0,25 €/kWh entspricht m
6 € entspricht n

2 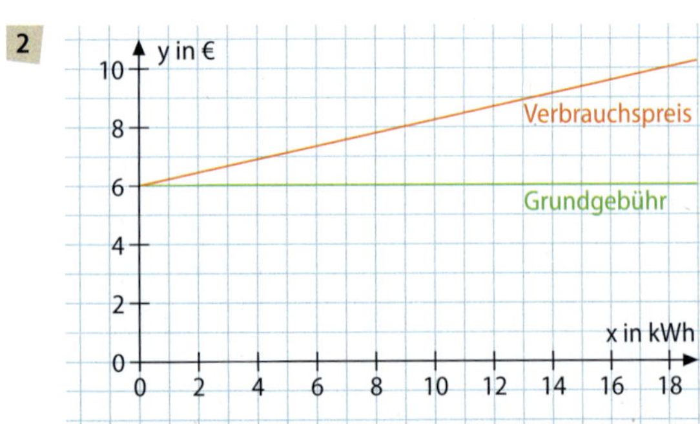

- Jede direkt proportionale Zuordnung ist eine lineare Zuordnung. Erkläre.
- Warum reichen zwei Punkte aus, um den Graphen einer linearen Zuordnung zu zeichnen?

Nachgefragt

Aufgaben

1 Um welche Art der Zuordnung handelt es sich? Benenne.

a) 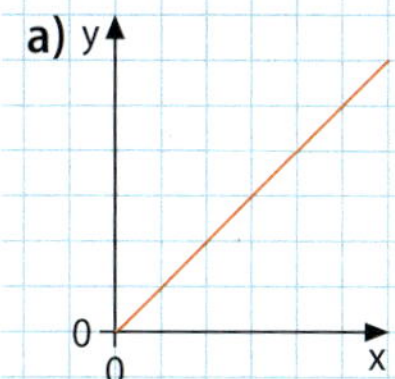

b) 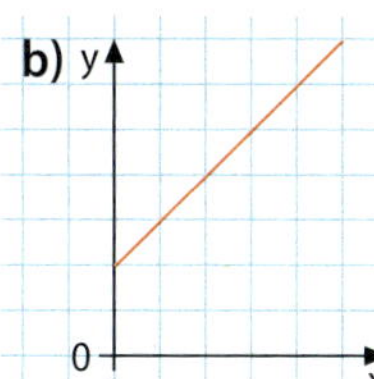

c) 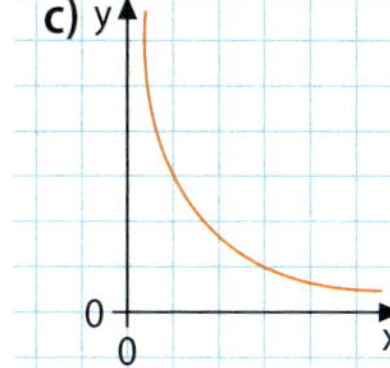

d)

2 Bestimme die fehlenden Rechenvorschriften der rot eingezeichneten Zuordnungen. Diejenige des blauen Graphen ist jeweils angegeben.

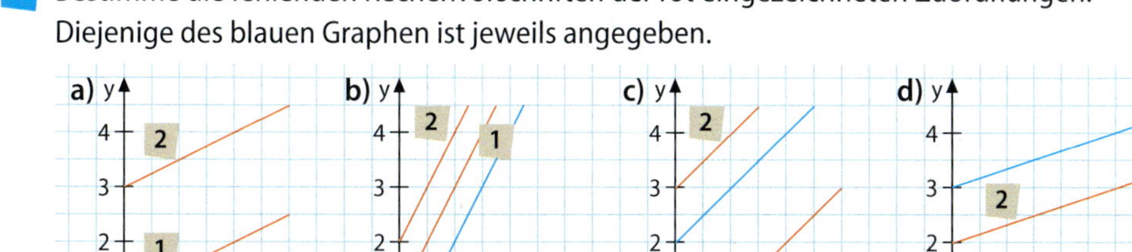

a) $y = \frac{1}{2}x$ b) $y = 2x$ c) $y = x + 2$ d) $y = \frac{1}{3}x + 3$

3
1. Bei einem Leihwagen wird eine Leihgebühr von 99 € fällig. Außerdem werden für jeden gefahrenen Kilometer noch einmal 0,11 € berechnet.
2. Bei einem Online-Kaffeeversand werden pro Kaffeepackung 3,10 € berechnet, zuzüglich einer Versandgebühr von 4,95 €.
3. Eine Online-Bank stellt monatlich eine Servicegebühr von 2,95 € in Rechnung. Außerdem wird jede Überweisung mit 0,25 € abgerechnet.
4. Eine Ferienwohnung kostet pro Tag 45 €. Unabhängig von der Aufenthaltsdauer werden für die Endreinigung 30 € erhoben.

a) Beschreibe bei jedem Sachverhalt den Proportionalitätsfaktor m.
b) Gib jeweils eine Rechenvorschrift an. Welche Bedeutung hat der feste Wert n?

4

1	x	0	1	2	3	4	5	6
	y = 2x + 4							
2	x	0	1	2	3	4	5	6
	y = 3x + 1							
3	x	0	2	4	6	8	10	12
	y = 0,25x + 6							
4	x	0	0,5	1	1,5	2	2,5	3
	y = 5x + 2,5							

a) Übertrage die Tabelle in dein Heft und vervollständige sie.
b) Zeichne die zugehörigen Graphen in ein Koordinatensystem.
c) Gib die Rechenvorschrift der zugehörigen direkt proportionalen Zuordnung an.

Entdecken

- Ordne jeweils jedem Tier das zugehörige Futter zu.
- Beschreibe die Unterschiede bei den Zuordnungen.

Verstehen

Die bisher bekannten linearen und direkt bzw. indirekt proportionalen Zuordnungen sind Spezialfälle von Funktionen.

Ist eine Zuordnung **eindeutig**, so nennt man sie eine **Funktion**. Dabei wird jedem x-Wert (**Argument**) genau ein y-Wert (**Funktionswert**) zugeordnet.
Beachte: Derselbe Funktionswert darf verschiedenen Argumenten zugeordnet sein.

Definitionsbereich $\mathbb{D}$: Menge aller Argumente x, z. B. $\mathbb{D} = \mathbb{Q}$
Wertebereich $\mathbb{W}$: Menge aller Funktionswerte y, z. B. $\mathbb{W} = \mathbb{Z}$

Eine Funktion lässt sich auf verschiedene Arten darstellen:

1 verbale Beschreibung
2 Gleichung $y = f(x)$ (lies: „f von x")
3 Wertetabelle
4 Graph

Die Zuordnungsvorschrift $x \mapsto f(x)$ ist eine weitere Möglichkeit, um Funktionen algebraisch zu beschreiben.

Beispiel:

1 Jeder Zahl wird ihre Hälfte zugeordnet.

2 $y = \frac{1}{2}x$ oder $f(x) = \frac{1}{2}x$ oder $f: x \mapsto \frac{1}{2}x$

3

x	−2	−1	0	1	2	3
y	−1	$-\frac{1}{2}$	0	$\frac{1}{2}$	1	$1\frac{1}{2}$

4

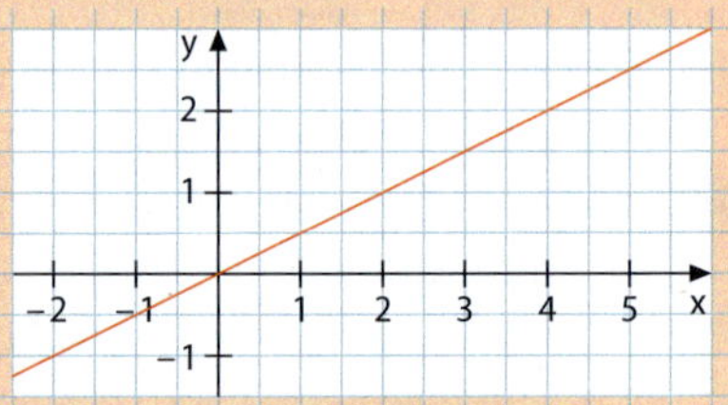

Beispiele

1. Entscheide, ob eine Funktion angegeben ist. Begründe.

a) *Geburtsdatum $\mapsto$ Person* **b)** *Rechteck $\mapsto$ Flächeninhalt*

Lösung:

a) Diese Zuordnung ist nicht eindeutig (also keine Funktion), weil an einem Tag verschiedene Personen Geburtstag haben.

b) Jedes Rechteck besitzt genau einen Flächeninhalt. Somit handelt es sich bei dieser Zuordnung um eine Funktion.

2. „Jeder rationalen Zahl wird ihr Doppeltes vermindert um eins zugeordnet."
Gib zu der verbalen Beschreibung weitere Darstellungen der Funktion an.

Lösung:

Wertetabelle:

x	−1	−0,5	0	0,5	1	1,5	2
y	−3	−2	−1	0	1	2	3

Graph:

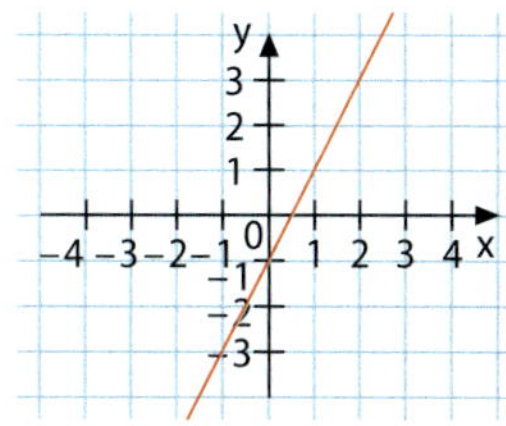

Gleichung: $y = 2x - 1$
oder $f(x) = 2x - 1$

Nachgefragt

- Jede Funktion ist eine Zuordnung. Jede Zuordnung ist eine Funktion. Sind beide Aussagen wahr? Begründe deine Entscheidung.
- Erläutere, ob die Zuordnung *Zahl* $\mapsto$ *Quadratzahl* eine Funktion ist.

Aufgaben

1 Überprüfe jeweils, ob durch die Wertetabelle eine Funktion gegeben ist.
Gib für eine Funktion mindestens eine weitere Darstellung an.

a)

x	−1	0	1	2	3
y	1	0	1	4	9

b)

x	4	2	0	−2	−3
y	−4	−2	0	2	3

c)

x	1	3	8	−5	−2
y	6	2	1	0	8

d)

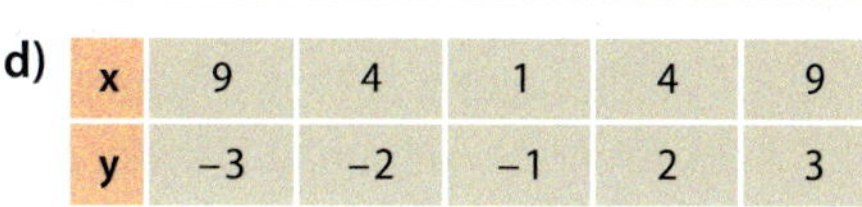

x	9	4	1	4	9
y	−3	−2	−1	2	3

2 Entscheide, ob folgende Beschreibungen Funktionen darstellen. Begründe.
a) Jedem Schüler deiner Schule wird sein Klassenlehrer zugeordnet.
b) Jedem Klassenlehrer werden die Schüler zugeordnet, die er unterrichtet.
c) Jedem Schlüssel wird das passende Schloss zugeordnet.

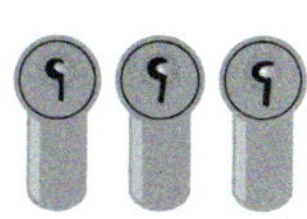

3 Entscheide, ob der Graph einer Funktion gegeben ist. Begründe deine Antwort.

a)
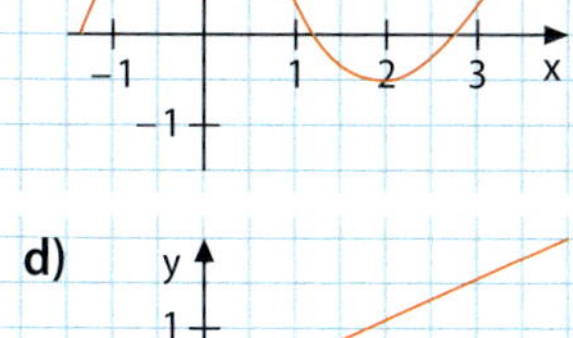

b)
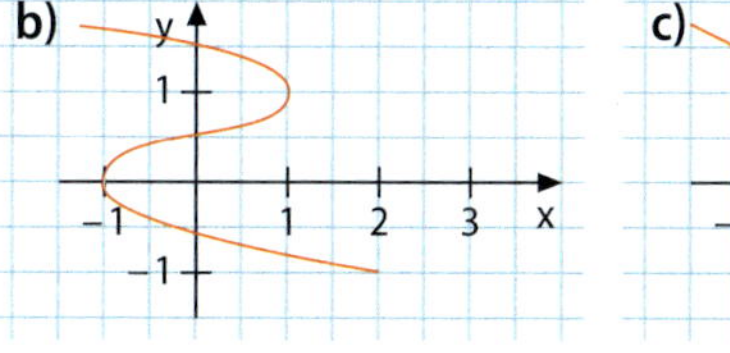

c)
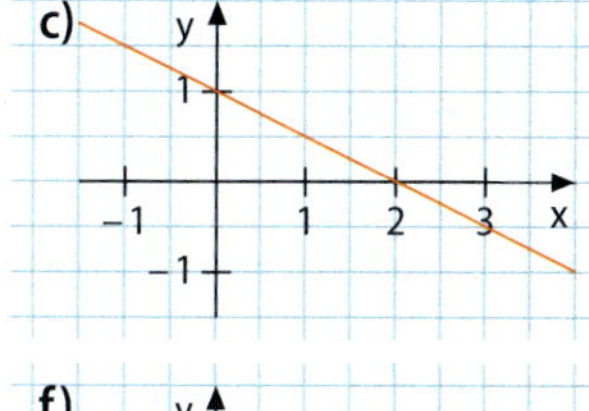

d)
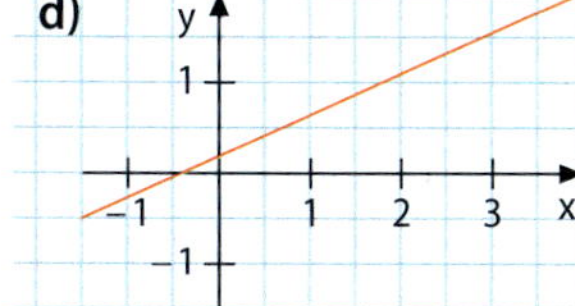

e)
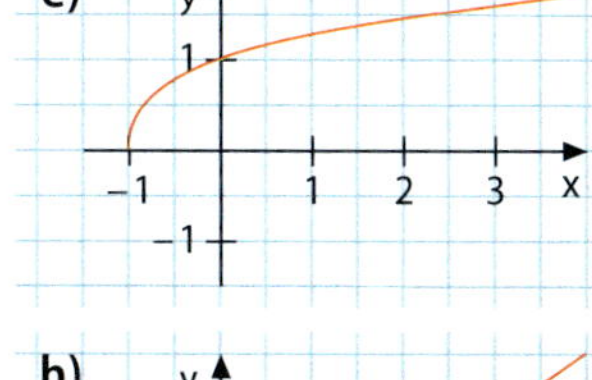

f)
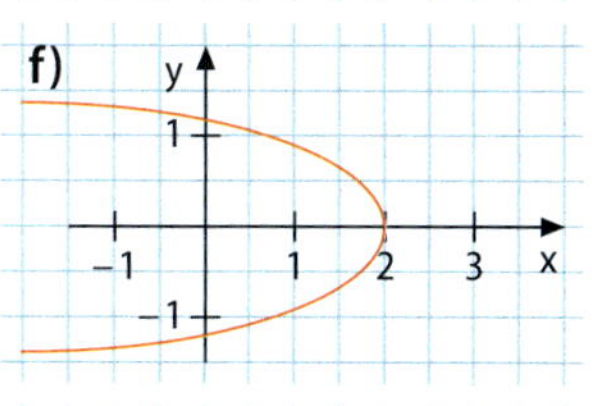

g)
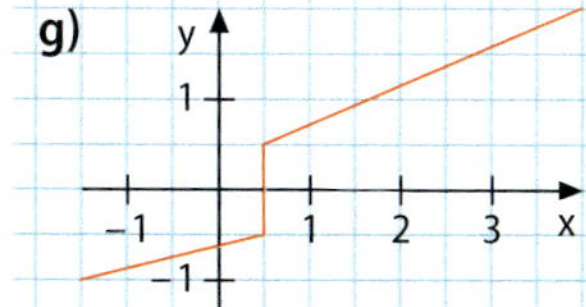

h)
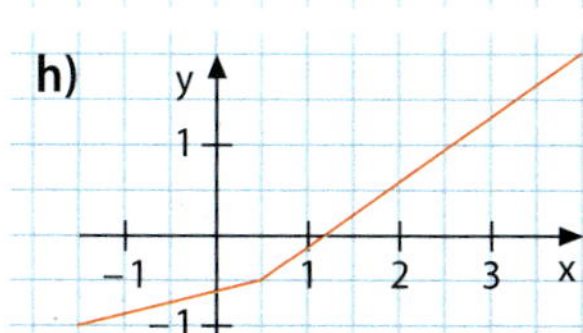

i)
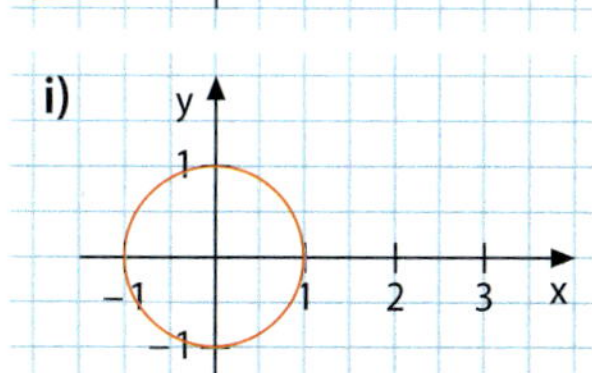

Entdecken

Leon wechselt das Wasser seines Aquariums. Dazu lässt er das Wasser bis zu einer Resthöhe von 5 cm aus dem Becken ab. Anschließend füllt er mit einem Schlauch frisches Wasser wieder auf. Der Wasserstand steigt pro Minute um 2 cm.

- Stelle den Wasserstand in Abhängigkeit von der Zeit für das Füllen des Aquariums grafisch dar.
- Gib eine Gleichung zur Berechnung des Wasserstands in Abhängigkeit von der Zeit an.
- Ermittle die Höhe des Wasserstands nach 30 min.
- Beschreibe den Verlauf des Graphen, wenn …
  1 das Aquarium vor dem Füllen völlig leer wäre.
  2 das Ablassen des Wassers in Abhängigkeit von der Zeit dargestellt würde.

Verstehen

Anhand der Gleichung einer Funktion lässt sich ablesen, wie der zugehörige Graph aussehen wird. Besonders hilfreich sind dabei die beiden Parameter m und n.

y-Achsen-abschnitt $n = \frac{3}{4}$; Steigungsdreieck; $f(x) = \frac{1}{2}x + \frac{3}{4}$; $m = \frac{1}{2}$

hier: $f(x) = \frac{1}{2}x + \frac{3}{4}$

Eine Funktion mit der Funktionsgleichung $y = f(x) = mx + n$ heißt **lineare Funktion**. Ihr Graph ist eine Gerade.

- Die Zahl m heißt Anstieg oder Steigung. Für $m > 0$ steigt die Gerade, man nennt sie „monoton steigend". Für $m < 0$ fällt sie, man nennt sie „monoton fallend". Für $m = 0$ verläuft die Gerade parallel zur x-Achse, man erhält eine „konstante Funktion".
- Die Zahl n heißt y-Achsenabschnitt. Für $n > 0$ schneidet der Graph die y-Achse oberhalb, für $n < 0$ unterhalb des Koordinatenursprungs. Der Schnittpunkt ist $S(0|n)$. Für $n = 0$ geht der Graph durch den Koordinatenursprung. Die Gleichung $y = f(x) = mx$ beschreibt eine **direkt proportionale Funktion**. Die Gerade heißt Ursprungsgerade.

Beispiele

1. Nenne die Eigenschaften des Graphen der Funktion $y = f(x) = -\frac{3}{7}x + 2$.

Lösung:
Der Graph ist eine Gerade.
$m = -\frac{3}{7}$: Die Steigung ist negativ, die Gerade verläuft monoton fallend.
$n = 2$: Die Gerade schneidet die y-Achse im Punkt $(0|2)$.

2. Zeichne den Graphen der Funktion $y = f(x) = \frac{1}{4}x - 2$.

Lösungsmöglichkeit:
Eine Gerade ist durch zwei Punkte eindeutig festgelegt. Der erste Punkt ergibt sich aus dem y-Achsenschnittpunkt: $A(0|-2)$. Zeichnet man von A ausgehend das zur Steigung $\frac{1}{4}$ gehörige Steigungsdreieck, erhält man den zweiten Punkt: $B(4|-1)$.

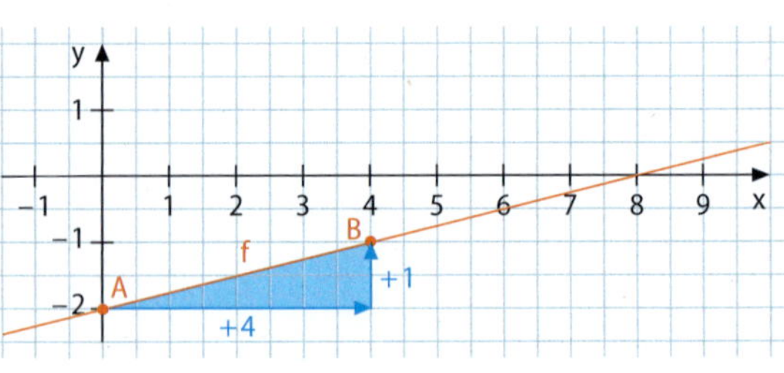

Die Gerade durch die beiden Punkte ist der gesuchte Funktionsgraph.

Nachgefragt

- Leon sagt zu Lina: „Der Graph der Funktion $y = f(x) = mx + n$ hat den Schnittpunkt mit der y-Achse $P(n|0)$." Stimmt das? Begründe.
- Beschreibe die Lage einer linearen Funktion im Koordinatensystem, wenn die Steigung $m = 1$ und der y-Achsenabschnitt $n = 0$ ist.

Aufgaben

1 Zeichne mindestens zwei verschiedene Geraden mit der gegebenen Eigenschaft. Gib zu jeder Geraden die zugehörige Funktionsgleichung an.

a) Steigung: **1** 1 **2** −2 **3** −0,5 **4** $\frac{1}{3}$

b) y-Achsenschnittpunkt: **1** $(0|3)$ **2** $(0|7)$ **3** $(0|-2)$ **4** $(0|0,3)$

2 Ordne den Graphen die richtige Funktionsgleichung zu. Bestimme dazu den y-Achsenabschnitt und die Steigung.

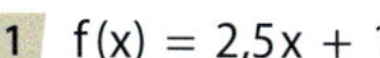

1 $f(x) = 2,5x + 1$
2 $f(x) = -2x - 2$
3 $f(x) = -x + 5$
4 $f(x) = x + 2$
5 $f(x) = 2x + 1$
6 $f(x) = x + 5$
7 $f(x) = 2x - 2$
8 $f(x) = -3x - 1$

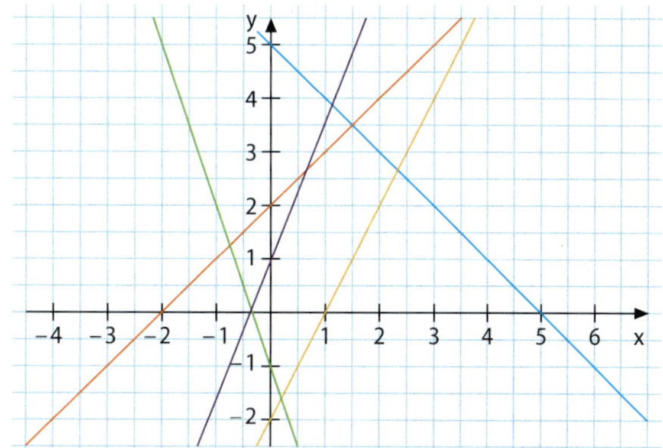

Kontrolle: Addiere die Nummern der übrig gebliebenen Funktionsgleichungen. Du erhältst 18.

3 Gegeben sind die linearen Funktionen f_1, f_2, f_3 und f_4 mit folgenden Eigenschaften:

	f_1	f_2	f_3	f_4
Steigung	3	−2	−0,5	$\frac{1}{3}$
y-Achsenabschnitt	1	5	−2	−1

a) Zeichne die Graphen der Funktionen f_1, f_2, f_3, und f_4 in ein Koordinatensystem ein.

b) Gib jeweils eine zugehörige Funktionsgleichung an.

c) Vervollständige die Sätze zu einer wahren Aussage, indem du „steiler" bzw. „flacher" einsetzt.

1 Der Graph der Funktion f_1 ist … als der Graph von f_4.

2 Der Graph der Funktion f_2 ist … als der Graph von f_3.

Liegt m zwischen −1 und +1, ist die Gerade flacher als bei $m = \pm1$. In allen anderen Fällen ist sie steiler.

4 Gegeben ist die Funktion mit der Gleichung $f(x) = \frac{1}{2}x + 3$. Gib eine Gleichung für eine weitere Funktion an, deren Graph …

a) flacher als der Graph von f(x) verläuft.

b) parallel zur x-Achse verläuft und denselben y-Achsenabschnitt wie f(x) hat.

c) steiler als der Graph von f(x) verläuft.

5 Zeichne jeweils den Graphen der Funktion. Nutze Millimeterpapier, wenn möglich. Beschreibe den Verlauf der Graphen verbal.

a) $f(x) = 2x$ b) $g(x) = -\frac{2}{7}x$ c) $h(x) = 2x + 3$ d) $i(x) = 4x - 2$

e) $j(x) = -2x - 2$ f) $k(x) = -x + 1$ g) $l(x) = 0,4x + 2$ h) $m(x) = -1,2x - 1,5$

6 Bestimme jeweils eine Funktionsgleichung, indem du m und n ermittelst.

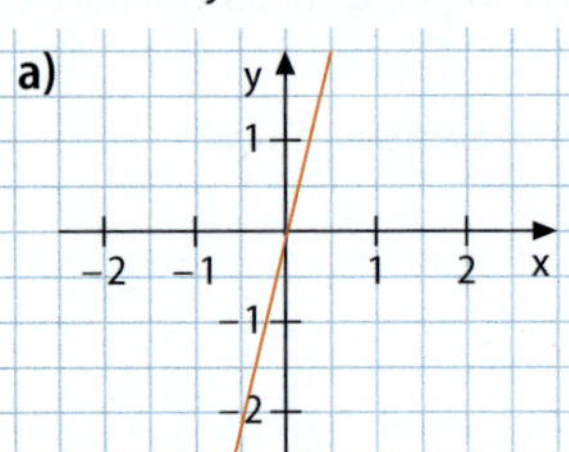

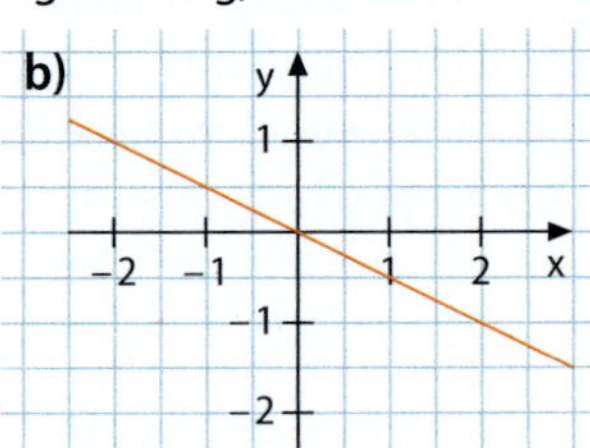

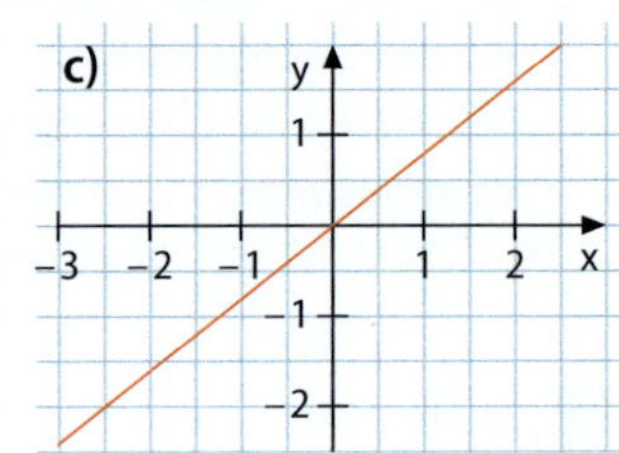

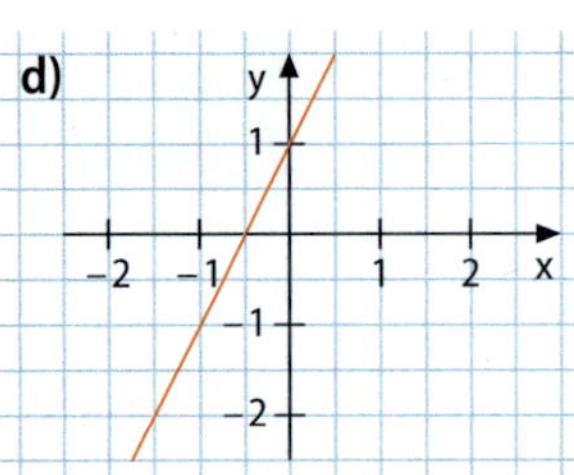

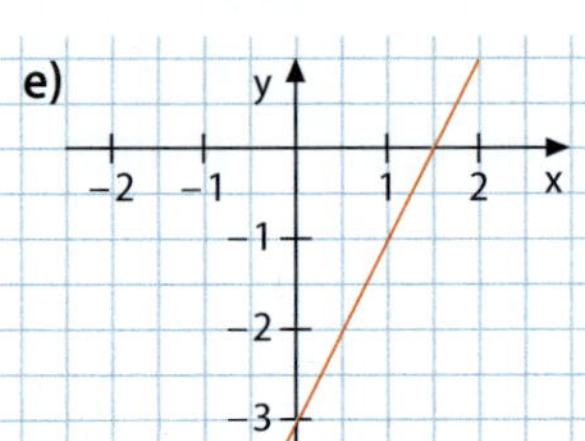

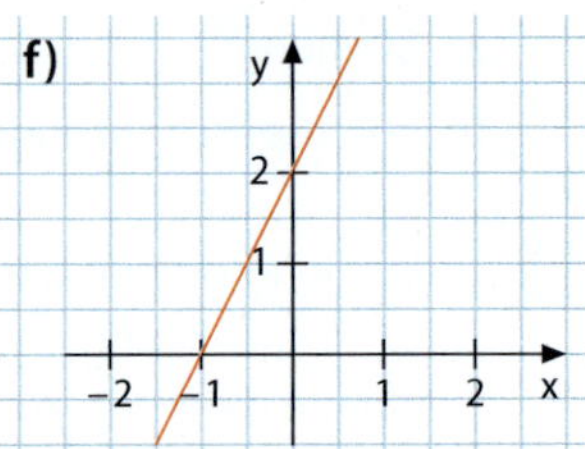

Weiterdenken

Der Verlauf eines Graphen einer linearen Funktion lässt sich anhand der Steigung m und dem y-Achsenabschnitt n beschreiben.

1 Alle Geraden mit gleichem y-Achsenabschnitt n schneiden die y-Achse in demselben Punkt.
2 Alle Geraden mit gleicher Steigung m liegen parallel zueinander.
3 Für $m > 0$ sind alle Geraden monoton steigend.
4 Für $m < 0$ sind alle Geraden monoton fallend.

Beachte: Für $m = 0$ verläuft die Gerade parallel zur x-Achse („konstante Funktion“).

Du kannst für die Aufgabe auch ein Geometrieprogramm nutzen.

7 a) Zeichne verschiedene Graphen linearer Funktionen $f(x) = mx + n$ in ein Koordinatensystem, indem du für m und n die angegeben Zahlen einsetzt.

1 $n = 2$ fest. Variiere m: $m = -2; -1; -\frac{1}{2}; \frac{3}{4}; 1; 2; 0$

2 $m = 3$ fest. Variiere n: $n = -2; -1; -\frac{1}{2}; \frac{3}{4}; 1; 2$

b) Überprüfe anhand der Graphen aus a) die Aussagen aus dem Kasten.

8 Gegeben sind Geraden durch folgende Gleichungen.

1 $f(x) = -4x$	2 $f(x) = \frac{3}{4}x$	3 $f(x) = 2$	4 $f(x) = -4x - 2$
5 $f(x) = -\frac{4}{3}x$	6 $f(x) = \frac{6}{5}x + 1$	7 $f(x) = -x - 1$	8 $x = 3$
9 $f(x) = -3x + 1$	10 $f(x) = 2x$	11 $x = -4$	12 $f(x) = \frac{6}{5}x - 3$

a) Zeichne diese Geraden in ein Koordinatensystem. Verwende jeweils eine andere Farbe.

b) Gib die Geraden an, die …
1 keine Funktionen darstellen. Begründe.
2 parallel zueinander sind.
3 senkrecht aufeinander stehen.

Senkrechte Geraden bezeichnet man auch als Orthogonalen.

c) Woran erkennt man bereits an der Funktionsgleichung, dass Geraden parallel bzw. senkrecht zueinander sind? Formuliere jeweils eine Aussage.

9 Einer Zahl wird ihre Hälfte vermindert um 1 zugeordnet.
a) Gib eine sinnvolle Zuordnungsvorschrift an.
b) Begründe, dass es sich um eine lineare Funktion handelt.
c) Ermittle die zugehörige Funktionsgleichung.
d) Stelle den Sachverhalt grafisch dar.

Beispiel zu Aufgabe 10:

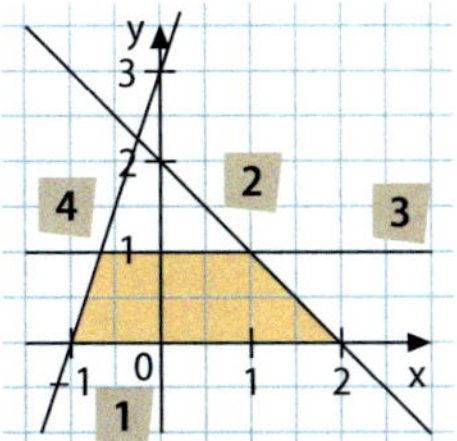

1 $f(x) = 0$
2 $f(x) = -x + 2$
3 $f(x) = 1$
4 $f(x) = 3x + 3$

10 Zeichne eine Figur aus mehreren Geraden in ein Koordinatensystem. Notiere die zugehörigen Funktionsgleichungen. Beschreibe diese grafische Darstellung einem Mitschüler für seine Zeichnung. Lass ihn nun die Funktionsgleichungen angeben. Vergleicht anschließend eure Darstellungen und Funktionsgleichungen.

11 Lege auf dem Geobrett ein Koordinatensystem fest (siehe Beispiele).

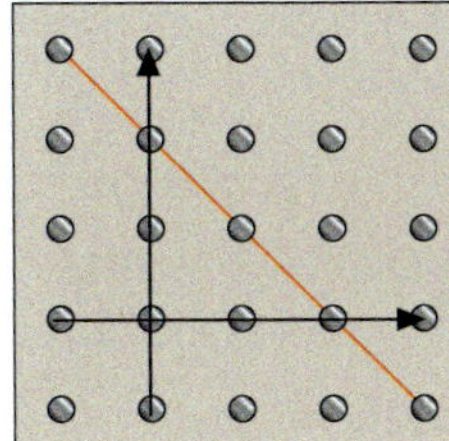

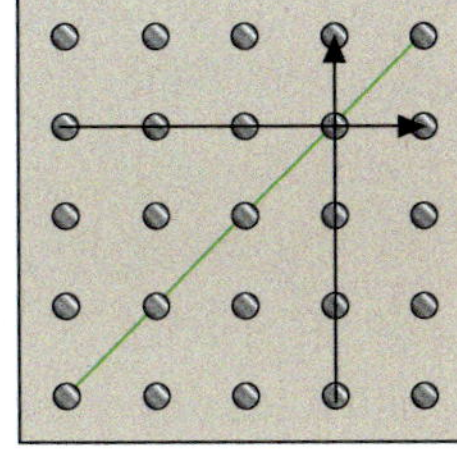

a) Spanne Geraden mit …
1 verschiedenen Steigungen.
2 verschiedenen Achsenabschnitten.
Lass einen Mitschüler jeweils die Funktionsgleichung bestimmen. Wechselt euch ab.
b) Gib deinem Mitschüler die Gerade durch zwei Punkte vor. Verändert nun einen dieser Punkte. Beschreibt die Veränderung des Graphen und der Funktionsgleichung.

Werkzeug

Mit Tabellenprogrammen Wertetabellen anlegen

Mithilfe einer Rechenvorschrift lassen sich Wertetabellen anlegen. Für eine Wertetabelle werden zunächst die Ausgangswerte in eine Spalte eingetragen. Dieses geht beispielsweise wie folgt:

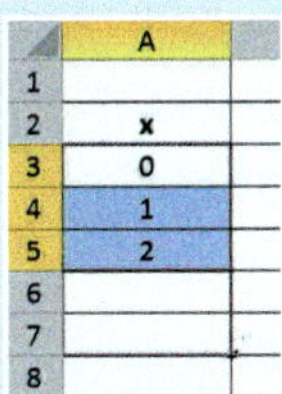

	A
1	
2	x
3	0
4	1
5	2
6	
7	
8	

1 Reihe von natürlichen (ganzen) Zahlen:
Es werden die ersten Zahlen der Reihe eingegeben und markiert. Mit dem Mauszeiger geht man zum Quadrat in der unteren Ecke: Der Zeiger wird zum Kreuz +.
Bei gedrückter Maustaste setzt man die Reihe fort.

2 Zahlenreihe mit festgelegter Schrittweite:
Eine Zelle mit der Schrittweite zwischen den einzelnen Werten wird festgelegt (hier B1). In der Tabelle wird der Anfangswert (hier A3) notiert. Der nächste Wert ergibt sich aus Anfangswert + Schrittweite. Da sich die Schrittweite beim Kopieren nicht ändern soll, schreibt man vor Zeilen- und Spaltenbezug ein „$"-Zeichen.

	A	B
1	Schrittweite	0,5
2	x	
3	0	
4	=A3+B1	
5		
6		
7		
8		

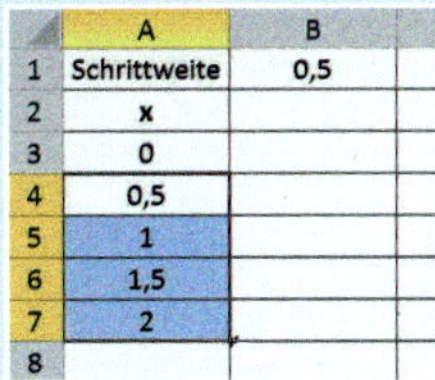

	A	B
1	Schrittweite	0,5
2	x	
3	0	
4	0,5	
5	1	
6	1,5	
7	2	
8		

Fortsetzen wie unter 1 *beschrieben*

Beim ersten Ausgangswert berechnet man anschließend den zugeordneten Wert und füllt mit der Kopierfunktion aus 1 die weitere Tabelle aus.

- Lege für die folgenden Funktionsgleichungen jeweils eine Tabelle an für x-Werte zwischen 0 und 10 mit Schrittweite 0,5. Stelle die Werte grafisch dar.

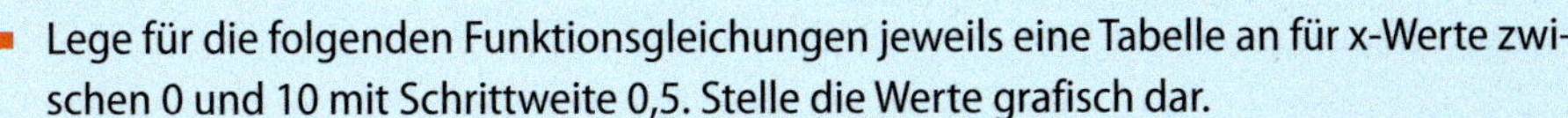

a) $f(x) = 3x + 4$ **b)** $f(x) = 5x + 3$ **c)** $f(x) = 4x$ **d)** $f(x) = x + 2,5$

	x	y
2	x	y
3	0	=3*A3+4

Entdecken

Michelle fährt mit dem Fahrstuhl vom 8. Stock direkt runter ins Erdgeschoss und misst mit ihrem Smartphone, wie lange sie dafür benötigt. In der Schule stellt sie den Sachverhalt mathematisch dar.

- Gib mindestens zwei Punkte der Geraden an.
- Bestimme die zugehörige Funktionsgleichung.
- Nach wie vielen Sekunden hat der Fahrstuhl das Erdgeschoss erreicht?

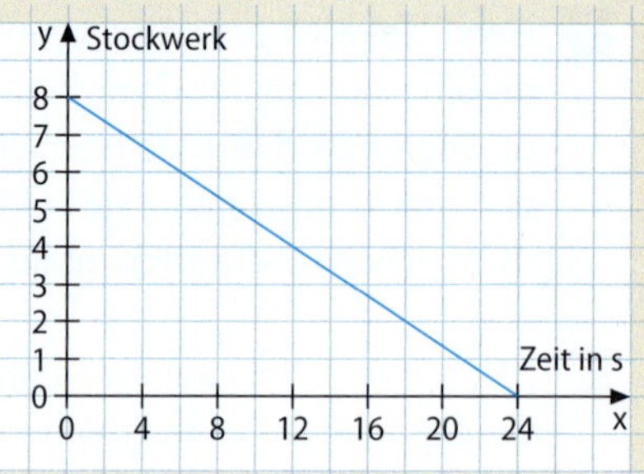

Verstehen

Häufig ist es einfacher und genauer, einen Funktionswert rechnerisch zu bestimmen statt auf grafischem Wege.

Für die Änderungsrate $\frac{f(b) - f(a)}{b - a}$ ist auch die Schreibweise $\frac{y_2 - y_1}{x_2 - x_1}$ bzw. $\frac{\triangle y}{\triangle x}$ üblich.

Für jede lineare Funktion f mit $f(x) = mx + n$ mit der Steigung m gilt für zwei verschiedene Argumente a und b aus dem Definitionsbereich: $m = \frac{f(b) - f(a)}{b - a}$.
Der Term $\frac{f(b) - f(a)}{b - a}$ heißt **Änderungsrate** oder auch Differenzenquotient.

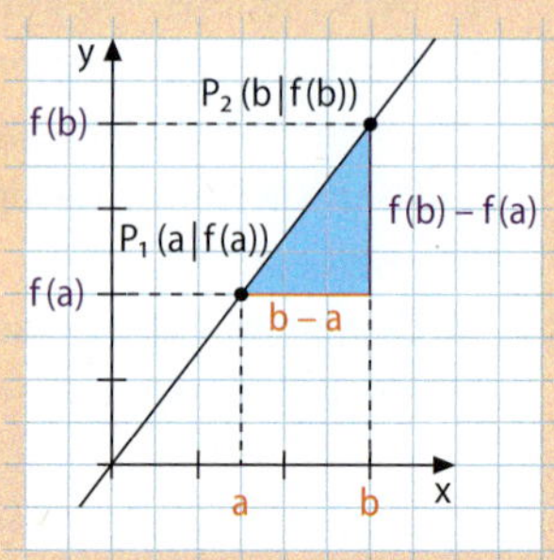

Die **Nullstelle** einer Funktion ist die Zahl aus dem Definitionsbereich, bei der der Graph der Funktion die x-Achse schneidet. x_0 ist also Nullstelle der Funktion f(x), wenn $f(x_0) = 0$ gilt.

Zwei Geraden $f(x) = m_1x + n_1$ und $g(x) = m_2x + n_2$ liegen …
- **parallel** zueinander, wenn gilt: $\mathbf{m_1 = m_2}$.
- **senkrecht** zueinander, wenn gilt: $\mathbf{m_1 \cdot m_2 = -1}$.

Beispiele

1. a) Ermittle die Nullstelle der Funktion $f(x) = -\frac{3}{4}x + 1$ grafisch und rechnerisch.
b) Gib die Funktion einer Geraden an, die senkrecht zu f(x) verläuft.

Lösung:

a) grafisch:

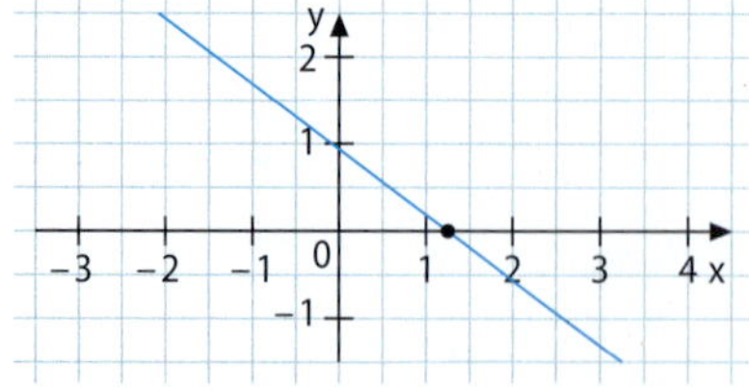

Man liest den x-Wert des Schnittpunkts des Graphen mit der x-Achse ab: $x_0 \approx 1{,}3$.

rechnerisch:
Der Funktionswert f wird Null gesetzt. Diese Gleichung wird nach x aufgelöst.

$$-\frac{3}{4}x + 1 = 0 \quad | -1$$
$$-\frac{3}{4}x = -1 \quad | :\left(-\frac{3}{4}\right)$$
$$x = \frac{4}{3} \approx 1{,}33$$

Für die Steigung gilt: $m \cdot m_\perp = -\frac{3}{4} \cdot \frac{4}{3} = -1$

b) Für die Steigung der Senkrechten bildet man die Gegenzahl zum Kehrwert der Steigung m: $m_\perp = +\frac{4}{3}$. Für n gibt es keine Vorgabe, also z. B. $n = -3$. Man erhält: $f_\perp(x) = \frac{4}{3}x - 3$.

2. Der Graph einer linearen Funktion verläuft durch die Punkte $P\left(\frac{3}{4}\middle|-2\right)$ und $Q\left(-\frac{5}{4}\middle|-\frac{1}{2}\right)$. Ermittle rechnerisch eine Gleichung dieser Funktion.

Lösungsmöglichkeit:

Für jede lineare Funktion gilt die allgemeine Gleichung $f(x) = mx + n$.

1 Die Steigung m lässt sich mithilfe der Änderungsrate berechnen:

$$m = \frac{y_2 - y_1}{x_2 - x_1} = \frac{-2 - \left(-\frac{1}{2}\right)}{\frac{3}{4} - \left(-\frac{5}{4}\right)} = -\frac{3}{4} \Rightarrow f(x) = -\frac{3}{4}x + n$$

2 Zur Berechnung von n setzt man die Koordinaten eines gegebenen Punktes in die Gleichung ein. Nimm $P\left(\frac{3}{4}\middle|-2\right)$:

$$-2 = -\frac{3}{4} \cdot \frac{3}{4} + n \Rightarrow n = -\frac{23}{16}$$

Gleichung der Funktion: $f(x) = -\frac{3}{4}x - \frac{23}{16}$

3 Probe mit $Q\left(-\frac{5}{4}\middle|-\frac{1}{2}\right)$: $-\frac{1}{2} = -\frac{3}{4} \cdot \left(-\frac{5}{4}\right) - \frac{23}{16} = -\frac{8}{16} = -\frac{1}{2}$ w. A.

Nachgefragt

- Erläutere, wie man die Gleichung einer Geraden anhand eines bekannten Punktes P auf der Geraden und vorgegebener Steigung m ermitteln kann.
- Bei welchen speziellen Geraden reicht es aus, die Steigung zu kennen, um die Funktionsgleichung angeben zu können?

Aufgaben

1 Berechne die Nullstellen der Funktion f. Kontrolliere das Ergebnis grafisch.

a) $f(x) = \frac{3}{2}x + 2$ **b)** $f(x) = -\frac{1}{4}x - 2$ **c)** $f(x) = -3x + 5$ **d)** $f(x) = -2x - 1$

e) $f(x) = \frac{2}{5}x - 3$ **f)** $f(x) = \frac{4}{3}$ **g)** $f(x) = 5$ **h)** $f(x) = x - 5$

2 Berechne die Steigung der linearen Funktion, deren Graph durch die gegebenen Punkte verläuft.

a) $P(6|1)$ und $Q(8|4)$ **b)** $P(-2|3)$ und $Q(1|-5)$ **c)** $P(-1|-3)$ und $Q(-4|-3)$

d) $P(-1|-1)$ und $Q(6|0)$ **e)** $P(-1|2)$ und $Q(1|-2)$ **f)** $P(4|1)$ und $Q(-1|-3)$

3 Gib mindestens zwei verschiedene Gleichungen einer linearen Funktion an, für die gilt:

a) Die Nullstelle ist $x_0 = 1 \left(x_0 = -\frac{1}{7}\right)$. **b)** Die Funktion hat keine Nullstelle.

Lineare Funktionen, die parallel zur x-Achse verlaufen, gehören zu den ***konstanten Funktionen.***

4 Erkläre die einzelnen Umformungsschritte in der Herleitung der Gleichung für die Änderungsrate.

$f(x) = mx + n$ (allgemeine Funktionsgleichung)

Sei $a, b \in \mathbb{D}$:

$$f(b) = mb + n;\ f(a) = ma + n$$
$$f(b) - f(a) = mb + n - (ma + n)$$
$$f(b) - f(a) = mb - ma$$
$$f(b) - f(a) = m(b - a)$$
$$m = \frac{f(b) - f(a)}{b - a}$$

5 Berechne die Gleichung der linearen Funktion, die durch die Punkte A und B gegeben ist. Kontrolliere deine Lösung grafisch. Prüfe, ob $C\left(-\frac{1}{6}\middle|\frac{8}{5}\right)$ auch auf der Geraden liegt.

a) A (1 | 2); B (5 | 4) **b)** A (−4 | −3); B (1 | 3) **c)** A (−7,5 | 6); B (−2,5 | 3)

6 Fabio hat in seiner Hausaufgabe die Gleichung einer linearen Funktion ermittelt, deren Graph durch die Punkte M (3 | −4) und N (−2 | −3) verläuft. Beurteile seinen Lösungsweg.

geg.: M (3 | −4); N (−2 | −3)
ges.: Gleichung $y = mx + n$
Lösung: $m = \frac{y_2 - y_1}{x_2 - x_1} = \frac{-4-3}{3-2} = -\frac{7}{1}$
$y = -7x + n$
$-2 = -7 \cdot (-3) + n$
$n = -23 \Rightarrow y = -7x - 23$

Wähle für die rechnerische Lösung geeignete Punkte auf der Geraden.

7 Bestimme die Gleichungen der gegebenen linearen Funktionen grafisch und rechnerisch.

a)
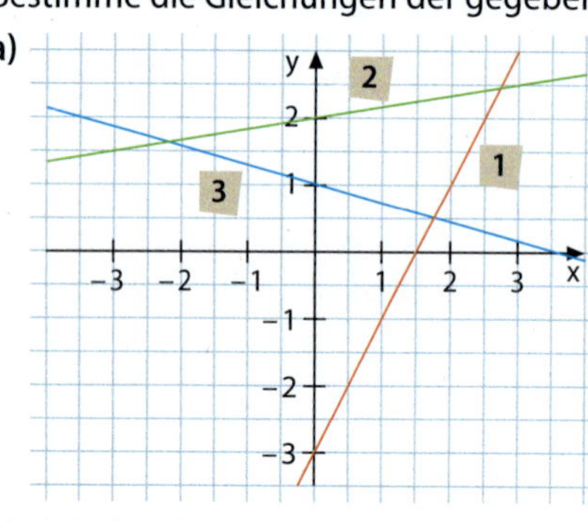

b)
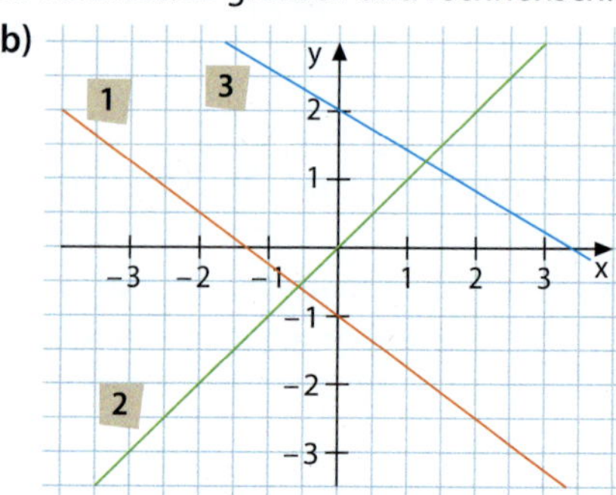

c)
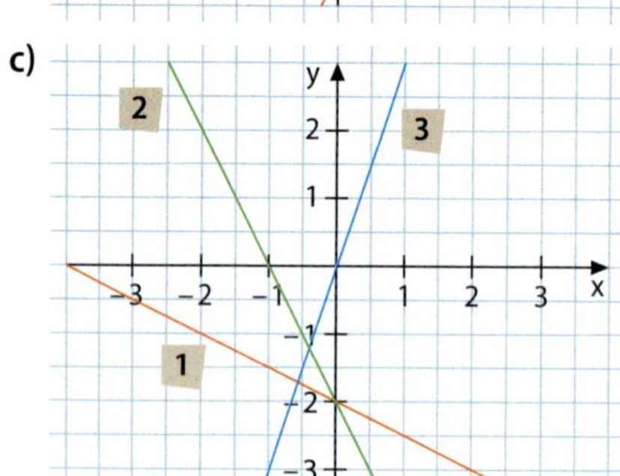

d)
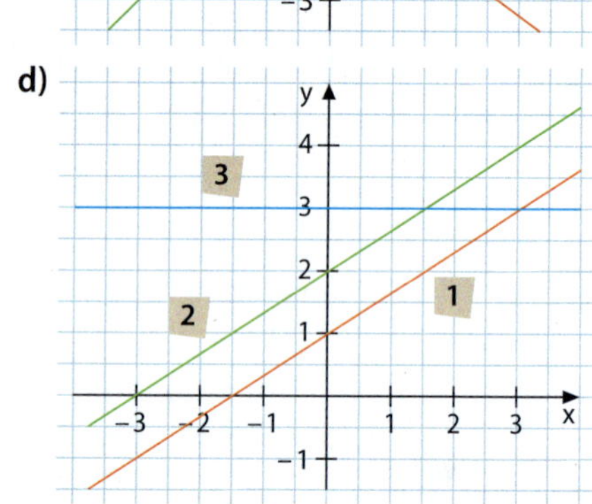

Findest du mehrere Möglichkeiten?

8 Gib jeweils eine Gleichung der linearen Funktionen mit folgenden Eigenschaften an.

a) Der Graph von f (x) verläuft parallel zur Geraden a mit $a(x) = 3x - 2$.
b) Der Graph von g (x) mit Nullstelle $x_0 = 4$ ist parallel zum Graphen von $b(x) = -2x$.
c) Der Graph von h (x) steht senkrecht auf dem Graphen von $c(x) = 0{,}5x - 2$.
d) Der Graph von k (x) verläuft durch den Punkt (−3 | 5) und ist parallel zum Graphen von $d(x) = -1{,}5x + 6$.

9 Entscheide, ob folgende Aussagen wahr sind. Begründe.

a) Der Punkt $P\left(\frac{3}{5}\middle|0\right)$ liegt auf dem Graphen der Funktion f mit $f(x) = 5x - 3$.
b) Eine lineare Funktion hat die Steigung $m = -7$ und verläuft durch den Punkt P (−4 | −18). Die zugehörige Funktionsgleichung ist $f(x) = -7x + 10$.
c) Der Graph einer linearen Funktion schneidet stets die x-Achse.
d) Wenn die Änderungsrate null ist, verläuft der Graph parallel zur x-Achse.

10 Temperaturen werden in vielen Ländern in Grad Fahrenheit (°F) angegeben. In der grafischen Darstellung ist der Zusammenhang zwischen den Temperaturen in °C und in °F dargestellt.

a) Ermittle die Funktionsgleichung.

b) Stelle eine Wertetabelle auf, indem du die Temperatur in °C (in °F) vorgibst und den fehlenden Wert berechnest. Überprüfe grafisch.

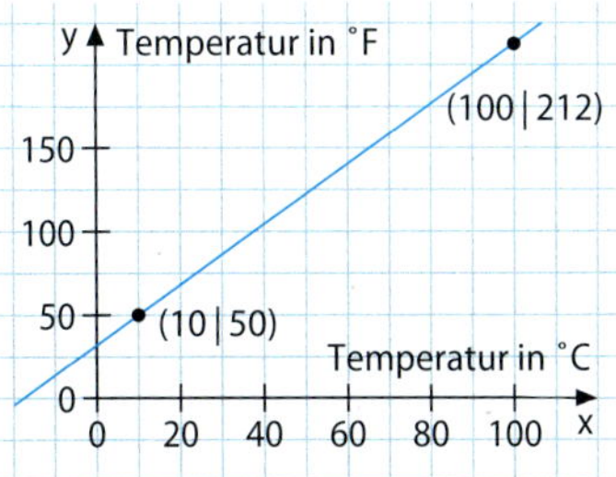
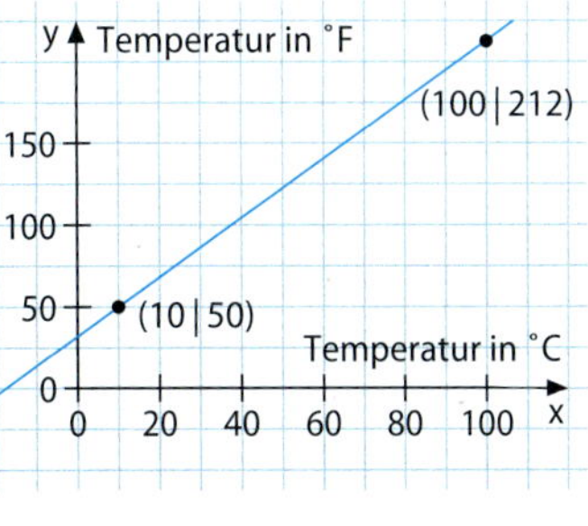

11 Ordne jedem Kärtchen den Buchstaben der richtigen Funktionsgleichung zu.

1

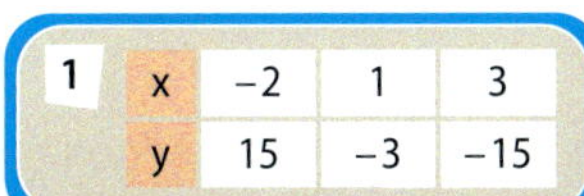

x	−2	1	3
y	15	−3	−15

2 Jeder Zahl wird ihr um 3 vermindertes Sechsfaches zugeordnet.

3 Die lineare Funktion hat die Steigung −3 und die Nullstelle 2.

4

x	−1	−3	−5
y	−3	3	9

5

6

Lies deine Lösungsbuchstaben rückwärts. Du erhältst den Namen eines Mathematikers.

A $f(x) = -6x - 3$ **D** $f(x) = -6x + 3$ **E** $f(x) = 6x + 3$ **I** $f(x) = 6x - 3$

L $f(x) = -3x + 6$ **U** $f(x) = 3x + 6$ **N** $f(x) = 3x - 6$ **K** $f(x) = -3x - 6$

Werkzeug

Funktionen mit Geometriesoftware untersuchen

Mithilfe einer dynamischen Geometriesoftware kann man den Einfluss von m und n auf den Verlauf des Funktionsgraphen untersuchen. Dazu verwendet man am besten einen Schieberegler. Die Abbildungen zeigen die Darstellung von Funktionen mit der Gleichung $f(x) = mx + 0{,}5$ mit jeweils unterschiedlicher Steigung m.

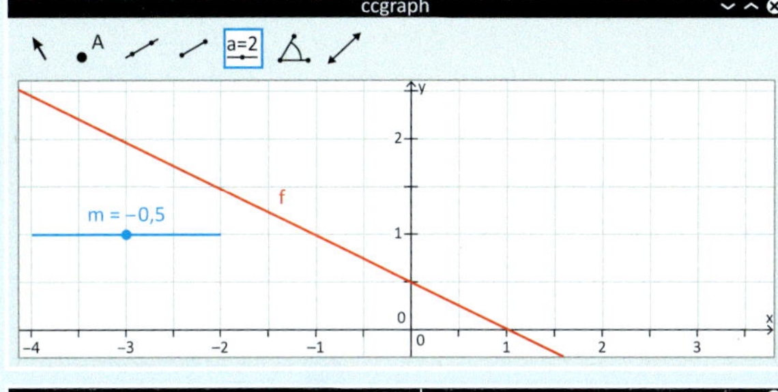

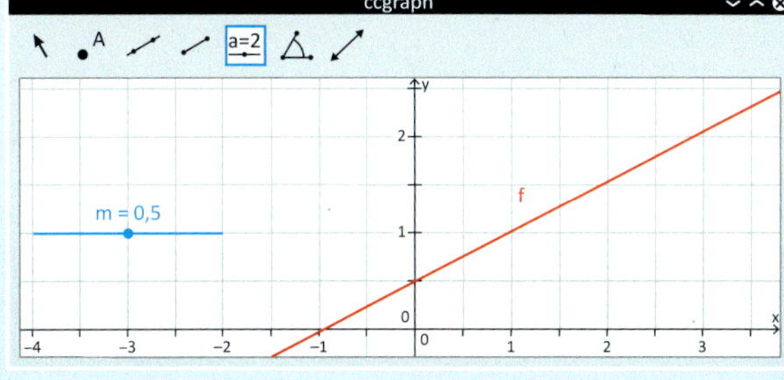

- Wie lässt sich ein Schieberegler einrichten? Wie können Funktionsterme eingegeben bzw. Graphen erstellt werden? Probiere aus.
- Untersuche und beschreibe den Verlauf des Funktionsgraphen, der zu folgenden Funktionsgleichungen gehört. Für den Schieberegler empfiehlt sich ein Bereich von −10 bis 10 in Schritten von 0,25.

  a) $f(x) = mx + 2$ b) $f(x) = mx - 2$ c) $f(x) = 0{,}5x + n$

  d) $f(x) = -0{,}5x + n$ e) $f(x) = -\frac{2}{5}x + n$ f) $f(x) = mx + n$

Aufgaben

1 Niclas möchte gerne den Rollerführerschein machen. Dafür vergleicht er die Angebote verschiedener Fahrschulen.

	Fahrschule Schuster	Fahrschule Müller	Fahrschule Konrad
Grundgebühr für Anmeldung und Theorieausbildung	129 €	115 €	145 €
Fahrstunde	35 €	40 €	30 €

a) Stelle zur Berechnung der Kosten für jede Fahrschule eine Funktionsgleichung auf.
b) Berechne die Kosten für jede Fahrschule, wenn Niclas 30 Fahrstunden benötigt.
c) Niclas hat die Fahrschule Konrad gewählt. Wie viele Fahrstunden kann er höchstens nehmen, wenn er dafür 1000 € gespart hat?

2 Beim Obsthof Sonnenschein zahlt jede Person ab 5 Jahren 2,00 € Eintritt. Pro Kilogramm gepflückter Pflaumen zahlt man 3,80 €, ab 5 kg 3,20 € pro kg und ab 10 kg nur noch 2,80 € pro kg. Wie viel muss Frau Kirsten für die angegebene Menge bezahlen?
a) 3 kg b) 8 kg c) 10 kg d) 15 kg

Hinweis:
$1\,m^3 = 1000\,dm^3$
$1\,dm^3 = 1\,\ell$

3 Im Haushalt lassen sich oftmals Kosten für Wasser, Strom, Gas usw. mithilfe von linearen Funktionen beschreiben.
Die grafischen Darstellungen zeigen die Wasserkosten in Abhängigkeit vom Verbrauch.

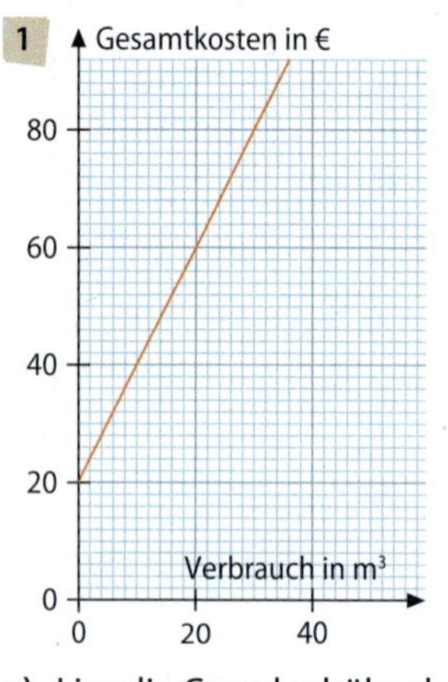

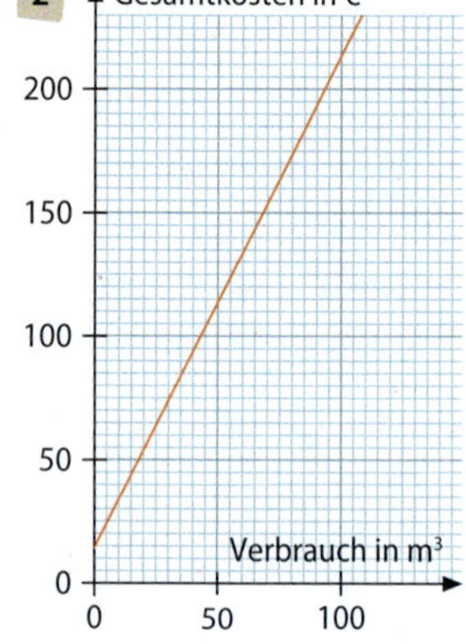

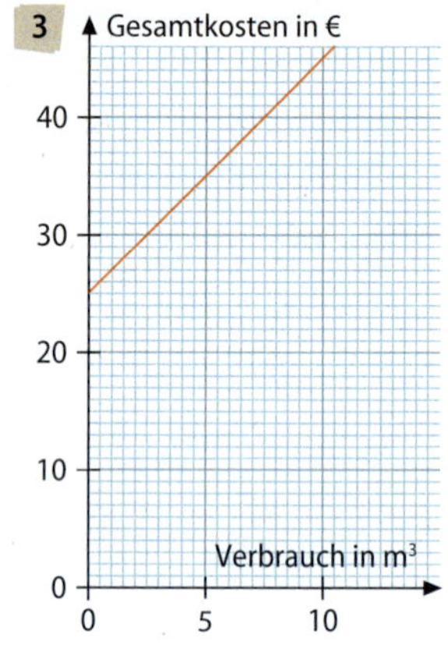

a) Lies die Grundgebühr ab.
b) Bestimme die Kosten für 1 m³ Wasser so genau wie möglich.
c) Gib die zugehörige Funktionsgleichung an.
d) Bestimme die Kosten für einen Verbrauch von 70 m³ (120 m³, 165 m³) rechnerisch.

4 Die Stadtwerke bieten ihren Kunden verschiedene Stromtarife an.

Die Verbrauchspreise werden auch oft Arbeitspreise genannt.

Tarif	Classic	Best Natur	Aqua 100
Grundpreis pro Jahr	69,90 €	78,00 €	85,00 €
Arbeitspreis pro kWh	23,2 ct	22,8 ct	22,4 ct

Du kannst auch ein Tabellenprogramm nutzen.

a) Ermittle für jeden Tarif die Funktionsgleichung für die Gesamtkosten.
b) Bestimme mithilfe einer Wertetabelle die Gesamtkosten pro Jahr für einen Verbrauch von 0 kWh, 200 kWh, 400 kWh, …, 2000 kWh für die verschiedenen Tarife.
c) Zeichne die Graphen der drei Tarife in ein gemeinsames Koordinatensystem.
d) Ab wann lohnt sich welcher Tarif? Erkläre mit den Ergebnissen aus b) und c).

5 Die Auswahl an Smartphonetarifen ist sehr unübersichtlich. Die meisten Tarife lassen sich jedoch einigen Grundarten zuordnen.

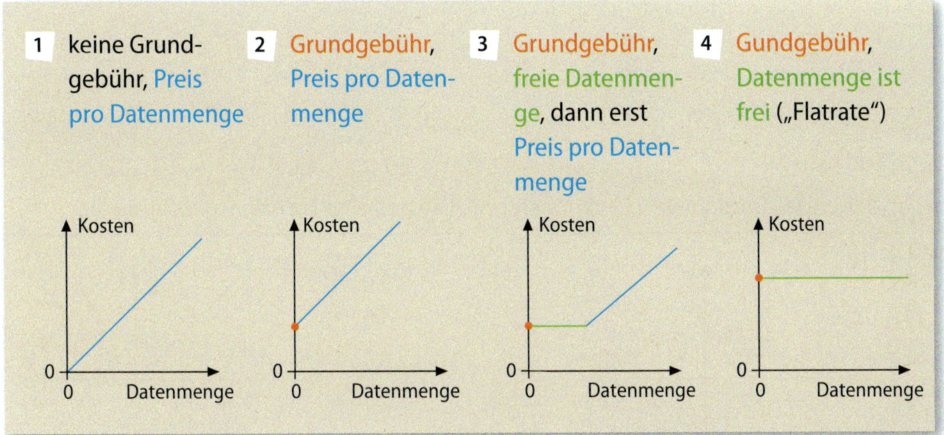

a) Ordne den Angeboten jeweils eine der vier Arten zu.

	LINE	SUN	MOON	HIGH	FREE	EASY	FUN
Grundgebühr	0 €	19,99 €	4,99 €	2,99 €	1,88 €	17,90 €	0 €
freie Datenmenge (MB)	0	0	100	0	50	0	0
Preis pro 10 MB	9 ct	0 ct	4,5 ct	6 ct	10 ct	0 ct	8 ct

b) Welchen Tarif hast du? Lässt er sich einer der Grundarten zuordnen?

c) Um welche Art von Zuordnung handelt es sich bei den einzelnen Tarifarten?

d) Gib eine Funktionsgleichung für jeden Tarif aus a) außer für MOON bzw. FREE an.

e) Beschreibe in Worten, wie Funktionsgleichungen zu den Tarifen MOON bzw. FREE aussehen müssen.

6 a) Wie können die Smartphonetarife zu folgenden Graphen aussehen? Beschreibe.

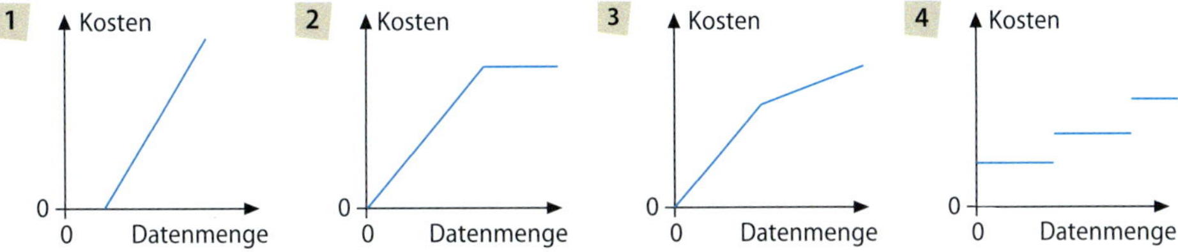

b) Erfinde selbst Tarife und zeichne die zugehörigen Graphen.

7 Die Graphen stellen die Kosten für verschiedene Handytarife (nur Gesprächszeit) dar.

a) Gib für jeden Tarif die Grundgebühr und den Minutenpreis an.

b) Bestimme grafisch und rechnerisch die Kosten bei den einzelnen Tarifen, wenn man im Monat 50 min (80 min, 100 min, 160 min) telefoniert.

c) Wann lohnt sich welcher Tarif? Beschreibe.

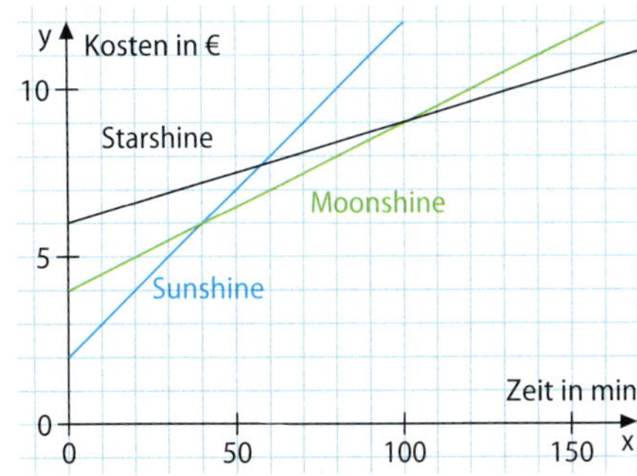

Aufgaben zur Differenzierung

zu 3.1

1 Bestimme eine Rechenvorschrift für die folgenden linearen Zuordnungen.

	x	0	1	2	3
a)	y	0	4	8	12
b)	y	2,5	3	3,5	4

	x	2	5	8	11
a)	y	3	7,5	12	16,5
b)	y	$\frac{4}{3}$	$\frac{7}{3}$	$\frac{10}{3}$	$\frac{13}{3}$

zu 3.2

2 Entscheide, ob folgende Zuordnungen Funktionen sind. Gib ggf. eine Funktionsgleichung an.

a)

x	y
−1	1
0	1
1	1

b)

a)

x	y
−2	4
0	0
2	4

b)

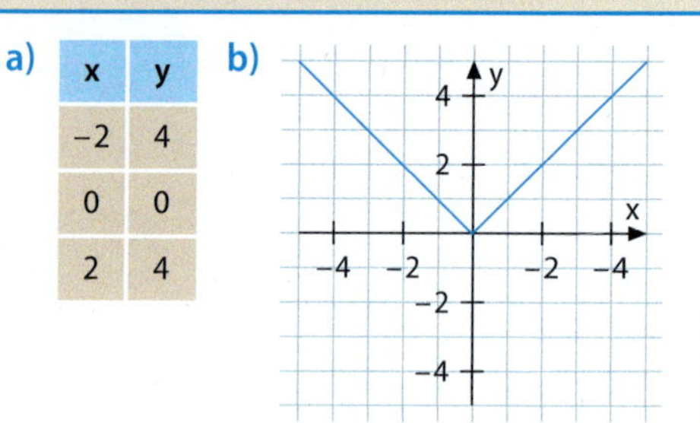

3 Zeichne die Graphen folgender Funktionen. Nenne jeweils die Steigung und den y-Achsenabschnitt.

a) $f(x) = -2x + 2{,}5$ b) $y = \frac{2}{3}x - \frac{3}{4}$

a) $f(x) = 4{,}8 - 0{,}2x$ b) $3y - 4x = -12$

zu 3.3

4 Ordne den abgebildeten Graphen I bis IV die zugehörige Funktionsgleichung zu.

$f(x) = 2x$ $g(x) = -x + 2{,}5$

$h(x) = \frac{1}{4}x - 2$ $k(x) = 2{,}5x - 5$

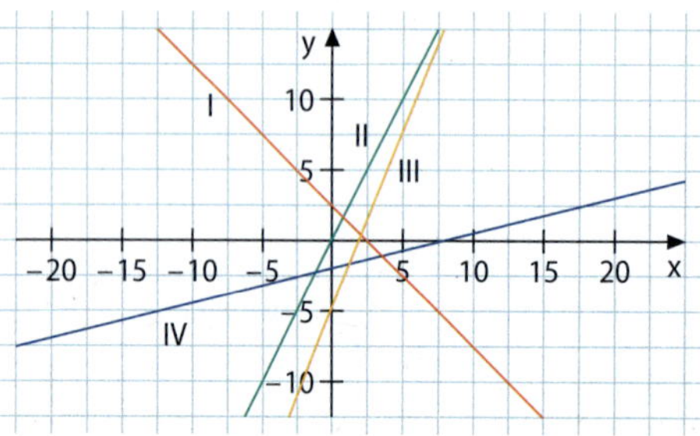

Ermittle zu den abgebildeten Graphen I bis IV die zugehörige Funktionsgleichung.

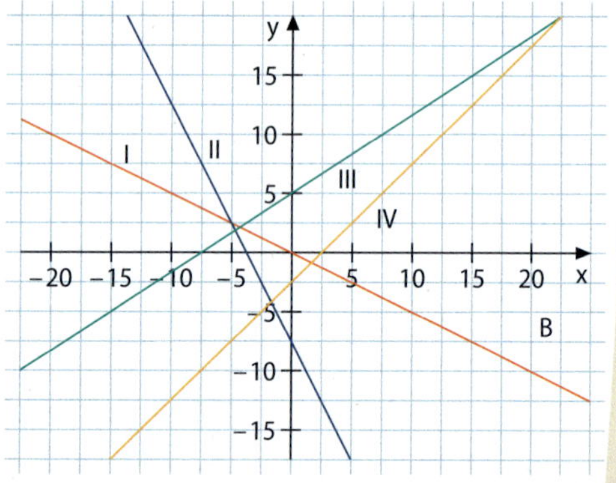

5 Die Funktion f ist gegeben durch die Gleichung $f(x) = 4x - 4$. Zeichne die Graphen von f, g und h in ein und dasselbe Koordinatensystem ein. Gib für die Funktionen g und h eine Gleichung an.

a) Der Graph der Funktion g hat die gleiche Steigung wie der Graph von f und geht durch den Punkt A(0|−2).

b) Der Graph der Funktion h soll die y-Achse im gleichen Punkt wie der Graph von f schneiden und die entgegengesetzte Steigung von f haben.

a) Der Graph von g verläuft parallel zum Graphen von f und geht durch den Punkt A(−0,5|−3,5).

b) Der Graph von h steht senkrecht auf dem Graphen von f und schneidet die x-Achse im gleichen Punkt wie f.

6 Überprüfe rechnerisch, ob die Punkte R und S auf dem Graphen der Funktion g liegen. zu 3.4

$g(x) = -0{,}5x + 6{,}5$
$R(-0{,}5\,|\,6{,}25)$ $S(1{,}5\,|\,5{,}75)$

$g(x) = -\frac{4}{7}x + \frac{32}{7}$
$R\left(7\,\middle|\,\frac{4}{7}\right)$ $S\left(-\frac{4}{7}\,\middle|\,\frac{208}{49}\right)$

7 Die Funktion f geht durch die Punkte P und Q. Ermittle eine Funktionsgleichung.

a) $P(2\,|\,0)$ $Q(0\,|\,-1)$
b) $P(-4\,|\,-7)$ $Q(0\,|\,3)$

a) $P(2\,|\,-3)$ $Q(-2\,|\,1)$
b) $P\left(\frac{1}{3}\,\middle|\,\frac{4}{9}\right)$ $Q\left(-\frac{4}{7}\,\middle|\,\frac{22}{21}\right)$

8 Ermittle die fehlenden Koordinaten der Punkte A und B, die auf dem Graphen der Funktion f mit $f(x) = -3x + 1$ liegen.
$A(-2\,|\,y_A)$ $B(x_B\,|\,4{,}6)$

Auf der Geraden g, die durch die Punkte $A(-1\,|\,7)$ und $B(4\,|\,4)$ geht, liegt der Punkt C mit $x_C = 3$. Beschreibe, wie du ohne Zeichnung die fehlende Koordinate von C bestimmen kannst.

9 Berechne die Nullstelle der Funktion g mit
a) $g(x) = 1{,}5x - 4{,}5$
b) $g(x) = 2x + 4$

Gib die Schnittpunkte von g mit den Koordinatenachsen an.
a) $g(x) = -\frac{1}{4}x - \frac{4}{7}$ b) $g(x) = 0{,}4x - 4{,}8$

10 Gib die Gleichung einer linearen Funktion mit folgenden Eigenschaften an.

a) Der Graph von f(x) hat die gleiche Steigung wie $a(x) = 2x + 7$ und schneidet die y-Achse bei −4.
b) Der Graph von g(x) hat die Nullstelle $x_0 = 3$ und geht durch den Punkt $P(-3\,|\,10)$.

a) Der Graph von f(x) ist parallel zum Graphen von $g(x) = -\frac{2}{3}x + 5$ und schneidet die y-Achse im Ursprung.
b) Der Graph von g(x) geht durch den Punkt $P(1{,}25\,|\,-1{,}5)$ und ist senkrecht zu $b(x) = 0{,}625x - 12$.

11 In Berlin gibt es verschiedene Mietstationen von Fahrrädern. zu 3.5

Fahrrad Horst
- ab drei Tagen 7 € pro Tag
- einmalig 5 € für einen Kindersitz

Familie Demir möchte sich zwei Fahrräder und einen Kindersitz ausleihen.

a) Berechne die Ausleihgebühr für 5 Tage bei beiden Mietstationen.
b) Wie viele Tage kann sich die Familie Demir für 135 € bei BBB zwei Fahrräder und einen Kindersitz leihen?

a) Gib für jede Mietstation eine Gleichung zur Berechnung der Ausleihgebühr an.
b) Ermittle, wann die Ausleihe bei Fahrrad Horst von zwei Fahrrädern und einem Kindersitz günstiger ist.

1 Gegeben sind die Graphen der linearen Funktionen f, g und h.

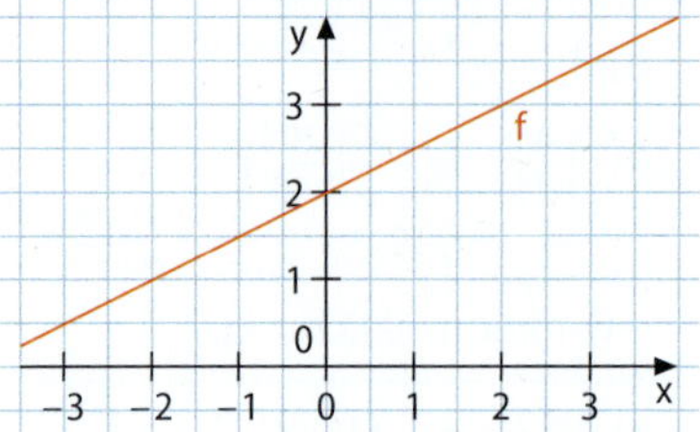

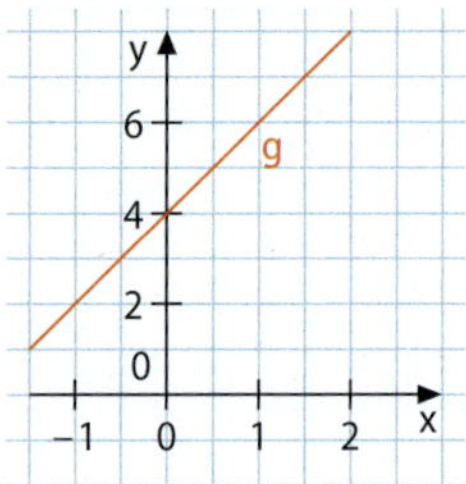

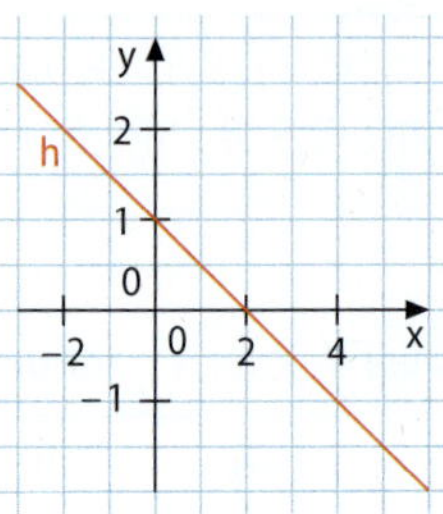

a) Bestimme jeweils eine Funktionsgleichung für f, g und h.

b) Der Graph der Funktion k entsteht aus dem Graphen von f, g bzw. h, indem er …

1 entlang der y-Achse um eine Einheit nach unten verschoben wird.
2 entlang der y-Achse um drei Einheiten nach oben verschoben wird.
3 entlang der x-Achse um zwei Einheiten nach rechts verschoben wird.
4 entlang der x-Achse um eine Einheit nach links verschoben wird.
5 an der x-Achse gespiegelt wird.
6 an der y-Achse gespiegelt wird.

Zeichne für f, g bzw. h jeweils die Graphen der Funktionen k in ein Koordinatensystem und bestimme eine zugehörige Gleichung.

2 Beim Beladen eines Lkws mit Sand darf ein zulässiges Gesamtgewicht nicht überschritten werden. Dieses setzt sich aus dem Leergewicht des Lkws zusammen sowie dem Gewicht der Ladung. Ein Lkw hat ein Leergewicht von 21,7 t. Man weiß aus Erfahrung, dass der Sand in einer Baggerschaufel etwa 1,5 t wiegt.

a) Welches Gewicht entspricht beim Beladen eines Lkws einem Proportionalitätsfaktor m, welches einem festen Wert n? Begründe.

b) Stelle eine Rechenvorschrift auf, mit der man für jede Baggerschaufel Sand das Gesamtgewicht des Lkws bestimmen kann. Zeichne den zugehörigen Graphen.

c) Bestimme rechnerisch und grafisch, mit wie vielen Baggerschaufeln der Lkw beladen werden kann, bis ein Gesamtgewicht von 40 t (55 t) erreicht ist.

3

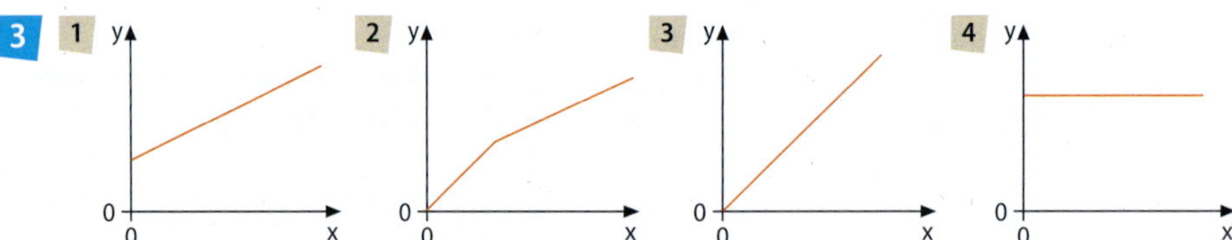

a) Welcher Graph gehört zu einer linearen Funktion? Begründe.

b) Erfinde zu jedem Graphen einen passenden Sachverhalt. Stelle ihn deiner Klasse vor.

4 Die Graphen der linearen Funktionen f_1 und f_2 schneiden sich im Punkt $P(0|4)$. Der Graph von f_1 hat die Steigung 2 und der Graph von f_2 die Steigung $-\frac{1}{2}$.

a) Gib die Funktionsgleichungen von f_1 und f_2 an.

b) Beschreibe die Lage der beiden Graphen zueinander.

c) Berechne die Nullstellen der Funktionen.

d) Überprüfe deine Ergebnisse durch eine grafische Darstellung.

5 Die Graphen zeigen zwei Angebote für Mietwagen. Dabei werden neben einer Mietgebühr noch Abnutzungskosten pro gefahrenem Kilometer berechnet.

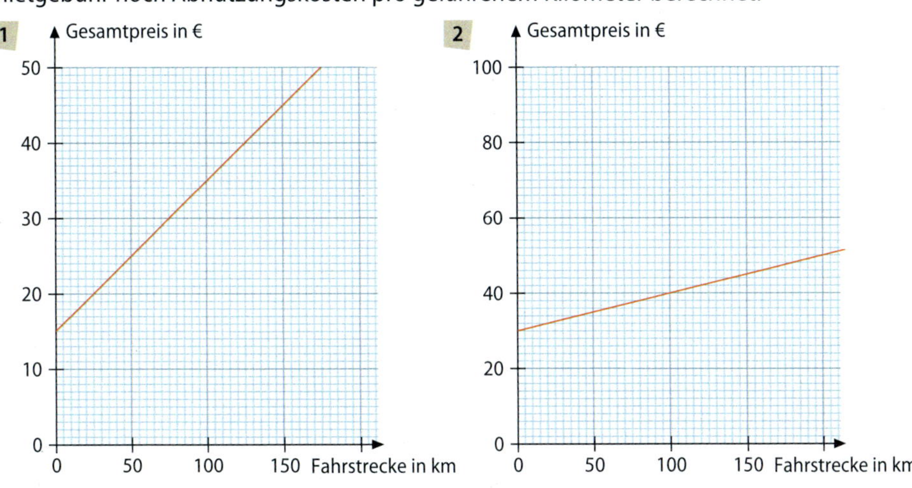

a) Welche Gesamtkosten fallen für eine Fahrstrecke von 50 km (100 km, 120 km, 175 km) an?

Lies so genau wie möglich ab.

b) Wie viele Kilometer ist jemand gefahren, der 30 € (50 €) bezahlen muss?

c) Wie teuer sind die Kosten pro Kilometer? Wie hoch ist die Mietgebühr? Stelle eine Rechenvorschrift zu diesem Sachverhalt auf. Beschreibe dein Vorgehen.

d) Beschreibe, für welche Fahrstrecken sich welches Angebot eignet.

6 Herr Förster leiht sich für seinen Garten eine Heckenschere aus.

a) Erkläre den dargestellten Sachverhalt.

b) Wie hoch ist die Grundgebühr? Welche Mietkosten werden pro Stunde berechnet?

c) Stelle eine Rechenvorschrift zu dem Sachverhalt auf.

d) Bestimme die Kosten für eine Ausleihdauer von 9 Stunden.

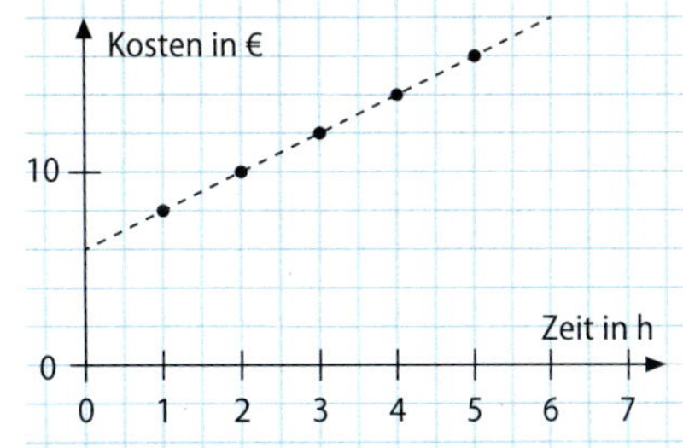

7 Im Zoo Eberswalde gelten die abgedruckten Eintrittspreise.

a) Übertrage die Tabelle in dein Heft und ergänze sie.

Anzahl	1	5	10	15	20	50	100	120
Gesamtpreis bei … Schülern								
Gesamtpreis bei … Erwachsenen								

Einzelpreise
Erwachsener 10,00 €
Schüler 5,00 €

Gruppenticket ab 10 Personen
Erwachsener 9,00 €
Schüler 4,50 €

Gruppenticket ab 100 Personen
Erwachsener 8,00 €
Schüler 4,00 €

b) Stelle den Sachverhalt für Schüler und Erwachsene jeweils grafisch dar. Beschreibe den Verlauf der Graphen.

c) Sind die Zuordnungen linear (direkt proportional)? Begründe deine Antwort.

d) Wie viel müsste eine Gruppe aus 80 Schülerinnen und Schülern sowie 10 Erwachsenen bezahlen? Lies an den Graphen ab.

8 Gib für das Schiff und das Segel Funktionsgleichungen an. Welche der benötigten Geraden ist keine Funktion?
Beispiel:
$f_1(x) = -x$ für $0 \le x \le 2$

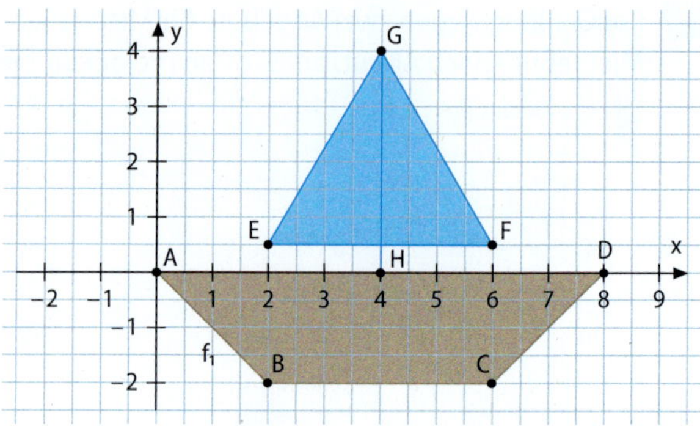

9 Entscheide, welche Zuordnungen eindeutig sind. Begründe.

a)

x	−2	−1	0	1	2
y	1	2	3	2	1

b) *Menge von Äpfeln ↦ Preis der Äpfel*

c) $f(x) = x - 1$

d)

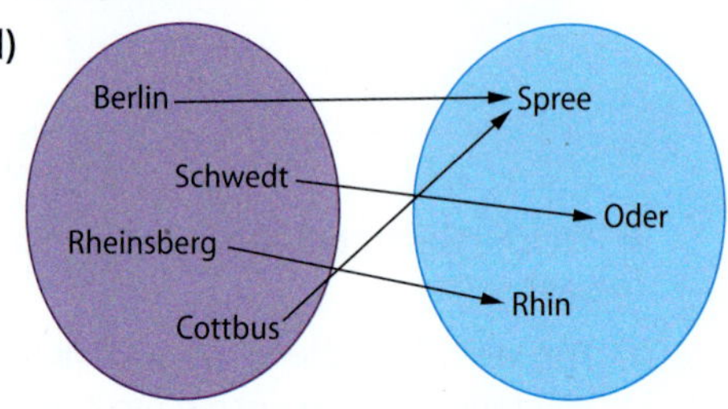

10 Beschreibe durch Gleichungen linearer Funktionen. Erläutere deine Überlegungen.

a) Jeder Zahl wird ihr zehnter Teil zugeordnet.

b) Winkelhalbierende des II. und IV. Quadranten.

c) Parallele zu $f(x) = -2x + 5$ durch $K(3|-2)$.

d) Zum Doppelten einer Zahl wird 3 addiert.

e) Senkrechte zu $f(x) = \frac{2}{7}x - 1$ durch den Koordinatenursprung.

f) Gerade mit Nullstelle −1,5 und Steigung $\frac{2}{3}$.

g) Gerade mit den Achsenschnittpunkten $(1{,}5|0)$ und $(0|-2{,}5)$.

11 Julia möchte an die polnische Ostseeküste fahren. Sie erkundigt sich nach dem Wechselkurs. Im August 2016 erhielt man für einen Euro 4,28 Polnische Zloty.

a) Vervollständige die Wertetabellen und stelle den Sachverhalt jeweils grafisch dar.

1

Euro	1	5	10	20
Zloty				

2

Zloty	1	5	10	20
Euro				

b) Beschreibe beide Darstellungen und erläutere den Zusammenhang.

kWh (Kilowattstunde) ist ein Maß für die Energie, die in einer Stunde umgewandelt wird:
$1\,kWh = 1000\,W \cdot h$

12 Glühlampen wurden in der Europäischen Union nach und nach verboten und durch sogenannte Energiesparlampen ersetzt. Vergleiche die Kosten miteinander, wenn 1 kWh 19,5 ct kostet. Bestimme die Strommenge für dieselbe Lebensdauer, bevor du die Kosten vergleichst.

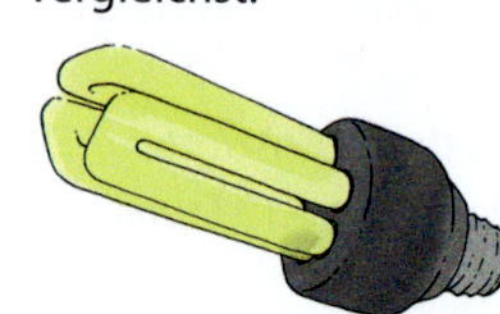

Anschaffung: 14,90 €
Lebensdauer: ca. 10 000 h
Leistung: 12 Watt

Anschaffung: 0,99 €
Lebensdauer: ca. 1000 h
Leistung: 60 Watt

13

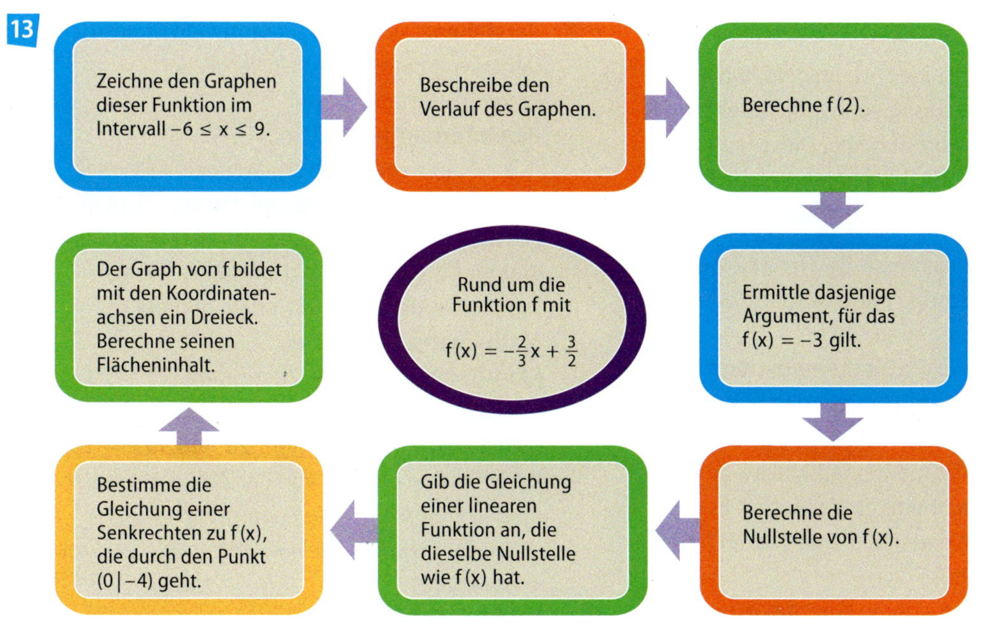

Man unterscheidet:
- *abgeschlossenes Intervall:* $[-6; 9]$, *also* $-6 \leqq x \leqq 9$
- *offenes Intervall:* $]-6; 9[$, *also* $-6 < x < 9$
- *halboffene Intervalle:* $]-6; 9]$ *bzw.* $[-6; 9[$, *also* $-6 < x \leqq 9$ *bzw.* $-6 \leqq x < 9$

14 Prüfe dein Wissen im folgenden Multiple-Choice-Test. Gib das Zutreffende an.

a) Die Funktion ist linear.

1 $f(x) = x^2$ **2** $f(x) = \frac{x}{2}$ **3** $f(x) = 2x + 1$ **4** $f(x) = -x$ **5** $f(x) = 2 - x^3$

b) Der Punkt liegt auf dem Funktionsgraphen von $y = -\frac{1}{3}x - 2$.

1 (3 | −3) **2** (−2 | 0) **3** (0 | −2) **4** (−6 | −4) **5** (6 | −4)

c) Wenn die Gerade von $f(x) = mx + n$ monoton steigend ist, dann gilt:

1 m und n haben gleiche Vorzeichen. **2** m muss positiv sein.
3 m und n haben verschiedene Vorzeichen. **4** m muss negativ sein.
5 n muss positiv sein.

d) Wenn eine lineare Funktion die Steigung 5 hat und die y-Achse im Punkt P (0 | −3,5) schneidet, dann ist …

1 $f(1) = 2{,}5$. **2** $x_0 = 0{,}7$ die Nullstelle. **3** $x_0 = -3{,}5$ die Nullstelle.
4 der Graph der Funktion monoton fallend.
5 der Punkt (−0,5 | −5) auf dem Graphen der Funktion.

e) Der Graph der Funktion erzeugt mit den Koordinatenachsen ein gleichschenkliges Dreieck.

1 $f(x) = -x$ **2** $f(x) = -x + 1$ **3** $f(x) = 2x - 2$
4 $f(x) = x - 1$ **5** $f(x) = \frac{1}{2}x - 2$

f) Wenn eine Gerade durch die Punkte P (10 | 8) und Q (12 | −2) verläuft, kann die Änderungsrate berechnet werden durch:

1 $\frac{10 - 12}{8 + 2}$ **2** $\frac{8 + 2}{10 - 12}$ **3** $\frac{-2 - 8}{12 - 10}$ **4** $\frac{12 - 10}{-2 - 8}$ **5** $\frac{-2 - 8}{10 - 12}$

Bereite für den Test zum Ankreuzen ein Blatt nach dem Muster vor.
Es können je Aufgabe keine oder auch mehrere Antworten richtig sein.

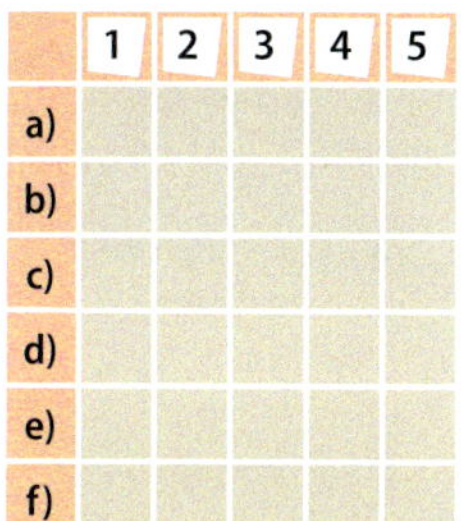

	1	2	3	4	5
a)					
b)					
c)					
d)					
e)					
f)					

15 Die linearen Funktionen $f_1(x) = 3x - 2$, $f_2(x) = -0{,}5x + 1$, $f_3(x) = 3x$ und $f_4(x) = -0{,}5x - 3$ bilden im Koordinatensystem ein Viereck.
Begründe, möglichst ohne die Graphen zu zeichnen, dass das entstehende Viereck ein Parallelogramm, aber kein Rechteck ist.

Der Modellierungskreislauf

Sachaufgaben sind ein wichtiges Arbeitsgebiet in der Mathematik. Für die Bearbeitung kennst du bereits das **F**rage-**R**echnung-**A**ntwort-Schema. Dieses soll hier weiter fortgesetzt werden. Die bisherigen Bearbeitungsschritte lassen sich wie folgt zusammenfassen:

1 Du sollst den Sachverhalt **verstehen** und eine **Frage** selbst formulieren, wichtige Informationen entnehmen und **Vereinfachungen** machen.

2 Du entscheidest dich für ein **mathematisches Modell** (z. B. eine lineare Zuordnung), mit dessen Hilfe du den Sachverhalt bearbeiten möchtest, und **übersetzt** die Informationen in das mathematische Modell.

3 Du **bearbeitest** das mathematische Modell. Es gibt verschiedene Möglichkeiten (z. B. grafisch, rechnerisch, durch Argumente).

4 Du **deutest** das mathematische Ergebnis in der Realität: Sind Rundungen o. Ä. sinnvoll, …?

5 Du **bewertest** das reale Ergebnis im Hinblick auf den Sachverhalt: Gibt es Aspekte, die du nicht berücksichtigt hast? Beschreibt das Ergebnis gut die Wirklichkeit? Falls nicht, kannst du das Modell verbessern und den Kreislauf erneut durchlaufen.

Dieser Kreislauf ist hier symbolisch dargestellt:

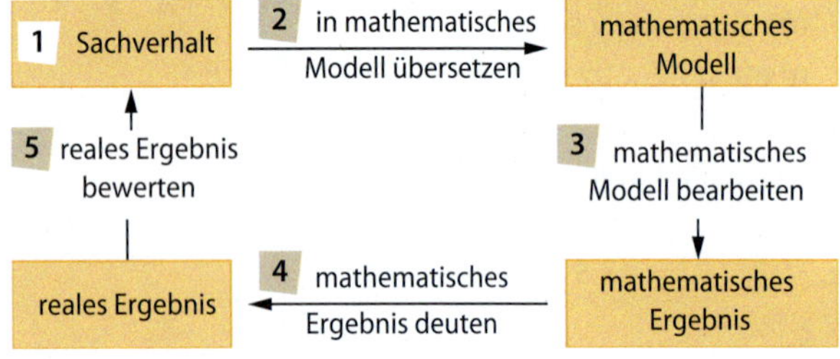

Der Windelstreit – ein Beispiel

Familie Kleine erwartet ihr erstes Kind und überlegt, welche Windeln am besten geeignet sind.

- Herr Kleine möchte Stoffwindeln nehmen. Eine Windel kostet 19,50 €. Er meint, dass 20 Stoffwindeln reichen. Pro Windel schätzt er die Waschkosten auf 10 ct.
- Frau Kleine möchte gerne Einwegwindeln verwenden. Sie rechnet pro Windel mit Kosten von etwa 30 ct.

1 **Verstehen:** Die Kosten für Stoffwindeln werden mit denen von Einwegwindeln verglichen.
Frage: Was ist günstiger?
Vereinfachungen im Text:
Anzahl der benötigten Stoffwindeln (20 Stück)
Kosten für einen Waschgang (10 ct = 0,10 €)
Kosten für die Einwegwindeln (30 ct = 0,30 €)
Weitere Vereinfachung, die festgelegt wird:
Pro Tag werden etwa 5 Windeln gebraucht.

2 **Mathematisches Modell:**
Modell Herr Kleine: Die Zuordnung
Anzahl Stoffwindeln ↦ *Kosten in €* ist linear:
fixe Anschaffungskosten: 20 · 19,50 € = 390 €,
Waschkosten hängen von der Zahl der Windeln ab.
Modell Frau Kleine: Die Zuordnung
Anzahl Einwegwindeln ↦ *Kosten in €* ist direkt proportional.

Funktionsgleichungen:
Modell Frau Kleine: $f(x)_{Einweg} = 0{,}30\,€ \cdot x$
Modell Herr Kleine: $f(x)_{Stoff} = 0{,}10\,€ \cdot x + 390\,€$

3 **Bearbeitung:**
Grafische Lösung mit einem Tabellenprogramm

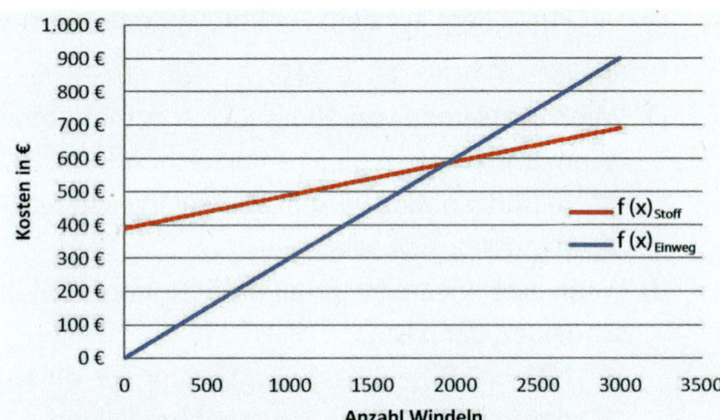

4 **Bedeutung:** Der Schnittpunkt gibt an, wann die Kosten gleich sind. Vorher sind Einwegwindeln günstiger, danach Stoffwindeln. Hier liegt der Schnittpunkt bei etwa 1950 Windeln. Bei täglich 5 Windeln wären das 390 Tage.

5 **Bewertung:** Jede Vereinfachung kann hinterfragt werden (z. B.: Müssen Stoffwindeln erneuert werden?). Wie sieht es mit Preissteigerungen aus? Die Berechnungen sind zwar richtig, aber es handelt sich sicherlich nur um ein einfaches Modell. In der Realität werden neben den Kosten auch andere Faktoren wie die Waschzeit bei Stoffwindeln, Umweltaspekte bei Einwegwindeln usw. wichtig sein.

Alles Flatrate oder was?

Flat-for-all	Surf and more
29,99 € im Monat - Flat ins Festnetz - Flat in alle Handynetze - Flat ins Internet	**9,99 € im Monat** - 100 Freiminuten in alle Netze - ab Minute 101 in alle Netze 2,9 ct - Internetflat

Vergleiche die beiden Tarife mithilfe der fünf Schritte des Modellierungskreislaufs. Folgende Teilschritte können dabei helfen:

1. Formuliere eine Frage und beschreibe diejenigen Vereinfachungen, die in der Aufgabe stecken, und diejenigen, die du noch treffen musst.
2. Beschreibe das mathematische Modell, das du zugrunde legst.
3. Bearbeite das mathematische Modell aus 2. Entscheide dich für eine Vorgehensweise (z. B. grafisch, rechnerisch).
4. Welche Bedeutung hat das Ergebnis aus 3? Beschreibe kurz.
5. Bewerte deine Lösung aus 4. Welche Vereinfachungen lassen sich verändern? Welche Auswirkungen haben diese Veränderungen?

Alles digital?

Auch in Zeiten von Digitalkameras lassen viele Menschen gerne noch Fotos entwickeln. Doch welches Angebot soll man nehmen? Stell dir vor, jemand möchte 100 Fotos entwickeln. Berate ihn und erkläre dein Vorgehen. Nutze die Schritte des Modellierungskreislaufs.

Easy-Click

Format	Einzelpreis	ab 50 Fotos
9×13	15 ct	12 ct
10×15	18 ct	15 ct
13×18	25 ct	20 ct

Versandkosten: 1,99 €

Der einfachste Weg zum Urlaubsfoto

Viele Wege führen nach …

Eine 8. Klasse aus Neuruppin plant einen Projekttag im Kleistmuseum in Frankfurt (Oder).

Welches ist der schnellste Weg von Neuruppin nach Frankfurt (Oder)? Bearbeite die Aufgabe anhand der fünf Schritte des Modellierungskreislaufs.
Vergleiche dabei die Wege über die Autobahn (blau) bzw. die Bundesstraßen (gelb) hinsichtlich der Streckenlänge und der Fahrzeit.
Erkundige dich, ob die Reise mit öffentlichen Verkehrsmitteln preisgünstiger ist.
Stelle das Ergebnis deinen Mitschülerinnen und Mitschülern vor.

Das kann ich!

Überprüfe deine Fähigkeiten und Kompetenzen. Bearbeite dazu die folgenden Aufgaben und bewerte anschließend deine Lösungen mit einem Smiley. Hinweise zum Nacharbeiten findest du auf der folgenden Seite. Die Lösungen stehen im Anhang.

1 Entscheide, ob es sich um Graphen von Funktionen handelt. Begründe.

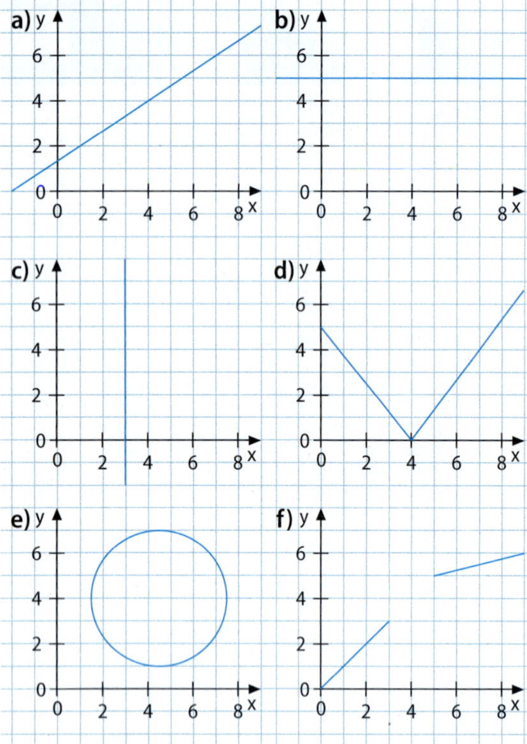

2 Welcher Graph gehört zu welchem Sachverhalt? Ordne zu und begründe.

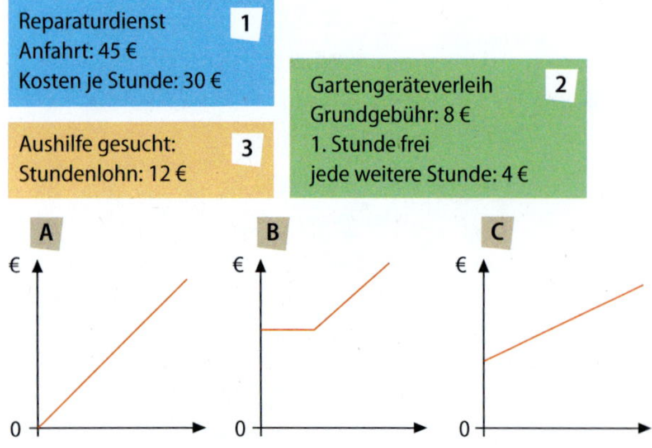

3 Handelt es sich bei den folgenden Zuordnungen um Funktionen? Begründe deine Entscheidung.

a) *Anzahl Hotelübernachtungen ↦ Preis in €*

b) *Farbverbrauch in ℓ ↦ gestrichene Fläche in m^2*

c) *Anzahl Teilnehmer eines Ausflugs ↦ Preis pro Teilnehmer in €*

d) *Fahrpreis Stadtbusticket ↦ Fahrstrecke in km*

e) *Anzahl der Wochenstunden ↦ Schüler deiner Schule*

4 Bestimme für die Sachverhalte zugehörige Funktionsgleichungen. Gib den Definitionsbereich an.

a) Drei Kugeln Eis kosten 1,80 €.

b) 25 DIN-A4-Blätter wiegen ungefähr 125 g.

c) Ein Turm aus vier Autoreifen hat eine Höhe von 792 mm.

d) 25 Schüler wollen eine Klassenfahrt unternehmen. 400 € werden aus der Klassenkasse finanziert, zusätzlich muss jeder Schüler 150 € bezahlen.

5 Liegt eine lineare Funktion vor? Begründe.

a) Taxifahrt: 2,70 € Grundgebühr; 1,30 € pro km

b)

Anzahl Bratwürste	1	2	3	4
Verkaufspreis	1,40 €	2,80 €	4,20 €	5,60 €

c)

Anzahl Stühle	20	15	12	8
Anzahl Sitzreihen	24	32	40	60

6 Stelle den Sachverhalt jeweils grafisch dar.

a) Ein Schlüsseldienst berechnet 40 € für die Anfahrt sowie 35 € pro Stunde.

b) Ein Internetdienst verlangt im Monat 9,99 € sowie 0,02 € pro MB Datentransfer.

c) Ein Telefonanbieter verlangt 29,95 € pro Monat als Flatrate. Darin sind alle Gebühren enthalten.

7 **Aktion**

Smartphone für 0,– €

Tarif	Grundgebühr (pro Monat)	alle Netze (pro MB)
FUN	19,99 €	0,50 €
SUN	9,99 €	0,80 €

a) Stelle eine Rechenvorschrift für jeden Tarif auf.
b) Zeichne die Graphen der Tarife in ein Koordinatensystem.
c) Vergleiche die Tarife miteinander. Wann lohnt sich welcher Tarif?

8 Übertrage in dein Heft und ergänze die fehlenden Angaben zu den gegebenen linearen Funktionen.

a)

x	−5	−3		
$g(x) = -\frac{1}{5}x + \frac{6}{5}$			$\frac{8}{5}$	$\frac{1}{5}$

b)

x	−1	2,5		10
h(x) = 4,5x + ▢	2		42,5	

9 Der Graph einer linearen Funktion verläuft durch die Punkte P und Q. Berechne die zugehörige Funktionsgleichung.
a) P(−3|−5); Q(2|−6) b) P(2|3); Q(−4|3)

10 Überprüfe, ob der Punkt A(−5|1) auf dem Graphen der gegebenen Funktion liegt.
a) $f(x) = 3x - 14$
b) Der Graph der Funktion ist eine Gerade mit der Steigung −2, die durch den Punkt M(0|−9) verläuft.

11 Gegeben ist die Funktion f durch $f(x) = -4x + 6$.
a) Berechne die Nullstelle von f.
b) Gib mindestens drei Eigenschaften des Graphen von f an.
c) Gib drei Punkte an, die auf dem Graphen von f liegen.
d) Parallel zum Graphen von f verläuft eine Gerade durch den Punkt P(3|−3). Bestimme die Funktionsgleichung dieser Gerade.

Aufgaben für Lernpartner

Sind folgende Behauptungen richtig oder falsch? Begründe schriftlich.

A Jede lineare Zuordnung ist auch eine direkt proportionale Zuordnung.

B Die Vorschrift $f(x) = 2x + 4$ bedeutet, dass der Graph der Funktion die y-Achse bei $y = 2$ schneidet.

C Der Graph einer linearen Zuordnung verläuft immer durch den Ursprung des Koordinatensystems.

D Der Graph einer linearen Funktion ist immer eine Gerade.

E Ist die Steigung einer Ursprungsgeraden negativ, so verläuft die Gerade vom III. in den I. Quadranten.

F Gilt für zwei Geraden mit den Steigungen m_1 und m_2 die Gleichung $m_1 - m_2 = 0$, so verlaufen die Geraden parallel zueinander.

Ich kann …	Aufgaben	Hilfe
entscheiden, ob eine Funktion bzw. lineare Funktion vorliegt.	1, 3, 4, 5, A	S. 84, 86
lineare Funktionen grafisch darstellen.	6, 10, C, D	S. 86
Funktionsgleichungen linearer Funktionen bestimmen.	8, 9	S. 90
Eigenschaften linearer Funktionen angeben.	3, 8, 11, B, E, F	S. 86, 88
Sachaufgaben aus dem Alltag mithilfe von Funktionen bearbeiten.	2, 7	S. 94

Seite 84

Funktionen

Eine eindeutige Zuordnung heißt **Funktion**. Jedem Element aus dem **Definitionsbereich** wird ein Element aus dem **Wertebereich** zugeordnet. Funktionen kann man darstellen durch:

1 verbale Beschreibung
2 Wertetabelle
3 Gleichung $y = f(x)$
4 Graph

1 Jeder rationalen Zahl wird ihr Doppeltes vermehrt um 1 zugeordnet.

2
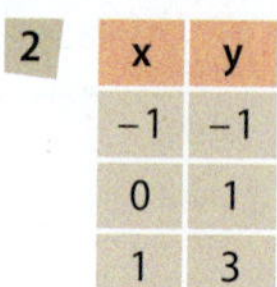

x	y
−1	−1
0	1
1	3

3 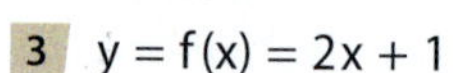
$y = f(x) = 2x + 1$

4
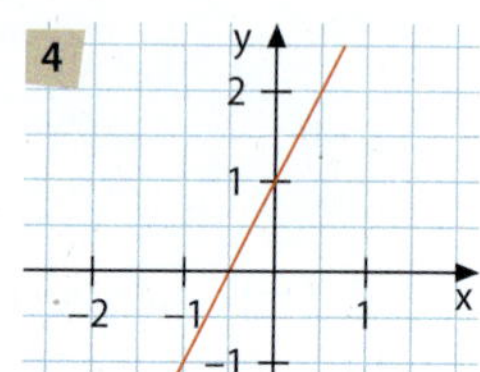

Seite 86

Lineare Funktionen grafisch bestimmen

Eine Funktion mit der Funktionsgleichung $f(x) = mx + n$ heißt **lineare Funktion**. Ihr Graph ist eine Gerade. Die Zahl m heißt Steigung, die Zahl n heißt y-Achsenabschnitt. m lässt sich über das **Steigungsdreieck** ermitteln, n ist die y-Koordinate des y-Achsenschnittpunktes (O | n).

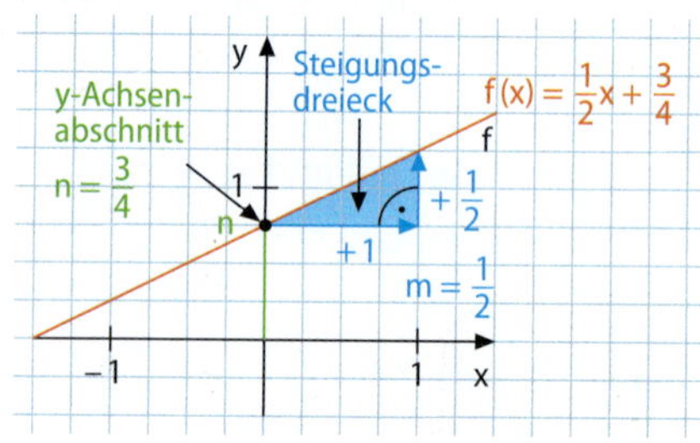

Seite 90

Lineare Funktionen rechnerisch bestimmen

Wenn zwei beliebige Punkte A und B einer linearen Funktion bekannt sind, lässt sich daraus rechnerisch die Funktionsgleichung bestimmen.

1 Die Steigung m kann über die **Änderungsrate** berechnet werden:
$m = \frac{f(b) - f(a)}{b - a}$

2 Hat man m bestimmt, lässt sich der y-Achsenabschnitt n berechnen, indem man die Koordinaten von A oder B in die Funktionsgleichung $f(x) = mx + n$ einsetzt. Die Zahl x_0 ist **Nullstelle** der Funktion, wenn $f(x_0) = 0$ gilt.

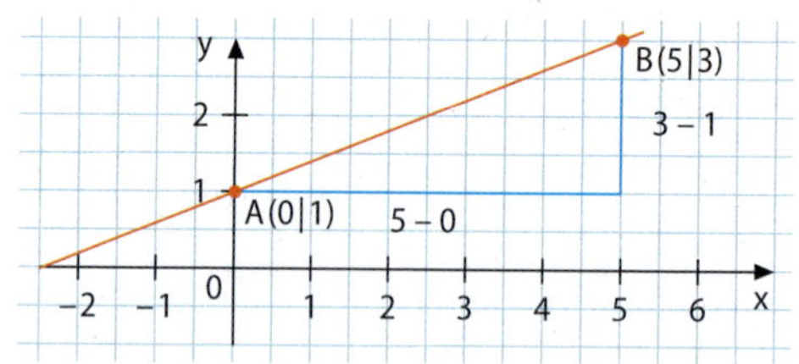

$m = \frac{f(5) - f(0)}{5 - 0} = \frac{3 - 1}{5} = \frac{2}{5} = 0{,}4$

B einsetzen: $f(5) = 0{,}4 \cdot 5 + n = 3 \Rightarrow n = 1$

Funktionsgleichung: $f(x) = 0{,}4x + 1$

Nullstelle: $0{,}4x_0 + 1 = 0 \Rightarrow x_0 = -2{,}5$

Seite 90

Einfluss der Steigung bei linearen Funktionen

- Ist $m > 0$, so verläuft der Graph einer linearen Funktion **monoton steigend**, für $m < 0$ **monoton fallend**. Je größer der Betrag von m ist, desto steiler ist auch der Graph.
- Zwei Geraden liegen **parallel** zueinander, wenn für ihre Steigungen $m_1 = m_2$ gilt.
- Zwei Geraden stehen **senkrecht** aufeinander, wenn gilt: $m_1 \cdot m_2 = -1$.

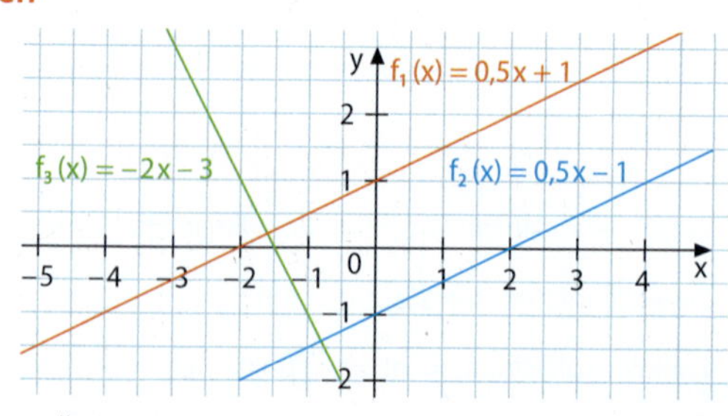

$f_1 \parallel f_2$

$f_1 \perp f_3,\ f_2 \perp f_3$

4 Maßstäbliches Vergrößern und Verkleinern

Einstieg

- Informiere dich im Internet über Claudius Ptolemäus, Galileo Galilei und Nikolaus Kopernikus. Recherchiere über die Zeit, in der sie lebten.
- Welche Vorstellungen hatten sie von unserem Sonnensystem?
- Informiere dich über die Durchmesser der Planeten. In welchem Verhältnis stehen sie zum Durchmesser der Sonne? Vergleiche.

Bei seinen astronomischen Beobachtungen, vor allem bei der Entdeckung der vier größten Jupitermonde und bei der Beobachtung der Phasen der Venus, fand Galilei wichtige Indizien für die Richtigkeit des kopernikanischen Weltbilds, das er im Jahr 1632 öffentlich verteidigte.

„Eppur' si muove" („Und sie bewegt sich doch.")
(Galileo Galilei)

Heute wissen wir, dass alle Planeten kugelähnliche Himmelskörper sind und das Licht der Sonne reflektieren. Die Planeten umlaufen die Sonne auf elliptischen Bahnen.

Ausblick

Am Ende dieses Kapitels hast du gelernt, …

- Figuren maßstäblich zu vergrößern und zu verkleinern.
- ähnliche Figuren zu erkennen sowie zugehörige Seitenlängen und Winkelgrößen zu vergleichen.
- besondere Verhältnisse an ähnlichen Figuren zu nutzen.

Verhältnisse ermitteln

Ein **Verhältnis** ist ein **Quotient** zweier Größen. Verhältnisse zwischen Längen werden auch als **Maßstab** bezeichnet. Auf einer Karte bedeutet der Maßstab 1:1000 beispielsweise: 1 cm in der Karte entspricht 1000 cm in Wirklichkeit.

$a = 3{,}2\text{ cm};\ b = 8{,}0\text{ cm}$

Verhältnis: $a:b = 3{,}2:8{,}0$ oder $\frac{a}{b} = \frac{32}{80}$

bzw. $a:b = 2:5$ oder $\frac{a}{b} = \frac{2}{5}$

Wird eine Strecke $\overline{AB}$ durch einen Punkt T in zwei Teilstrecken zerlegt, so spricht man von einer **Streckenteilung im Verhältnis $\overline{AT}:\overline{TB}$.**

Streckenverhältnis: $\overline{AT}:\overline{TB} = 10:4$ bzw. $\overline{AT}:\overline{TB} = 5:2$

Kongruente Figuren konstruieren

Figuren sind zueinander **kongruent** (**deckungsgleich**), wenn sie in Form und Größe übereinstimmen. Wird eine Figur durch eine **Achsenspiegelung**, **Punktspiegelung**, **Drehung** oder **Verschiebung** abgebildet, so ist die Bildfigur kongruent zur Originalfigur.

Unter einer **Konstruktion** versteht man in der Mathematik die Zeichnung von Figuren aus gegebenen Stücken. In der Regel sind als Konstruktionswerkzeuge nur Zirkel und Lineal zugelassen, das Geodreieck darf zum Winkelmessen benutzt werden.

Eine Konstruktion besteht aus drei Schritten:

1 Planfigur
2 Zeichnung
3 Beschreibung

Damit ein Dreieck konstruierbar ist, muss die Summe der Innenwinkel 180° betragen (**Innenwinkelsatz**). Zudem werden drei Angaben benötigt, eine davon muss eine Seitenlänge sein. Ein Dreieck lässt sich dann eindeutig konstruieren, wenn einer der vier **Kongruenzsätze** erfüllt ist.

1 Dreiecke sind genau dann kongruent zueinander, wenn sie in der Länge ihrer drei Seiten übereinstimmen.
(Kongruenzsatz SSS)

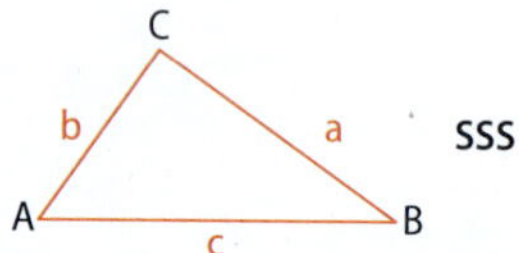

2 Dreiecke sind genau dann kongruent zueinander, wenn sie in der Länge zweier Seiten und der Größe des eingeschlossenen Winkels übereinstimmen.
(Kongruenzsatz SWS)

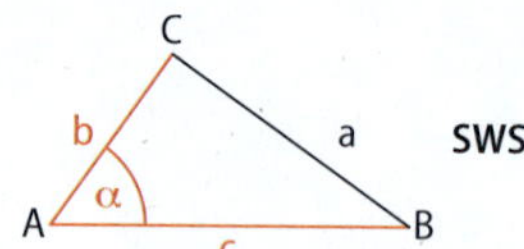

3 Dreiecke sind genau dann kongruent zueinander, wenn sie in der Länge einer Seite und der Größe der beiden anliegenden Winkel übereinstimmen.
(Kongruenzsatz WSW)

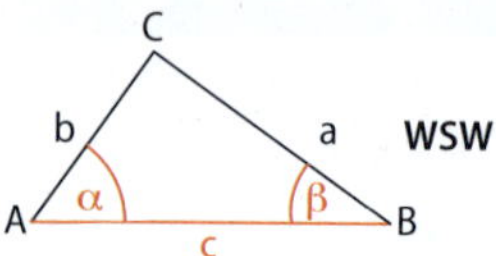

4 Dreiecke sind genau dann kongruent zueinander, wenn sie in der Länge zweier Seiten und der Größe des Winkels, der der längeren Seite gegenüberliegt, übereinstimmen.
(Kongruenzsatz SsW)

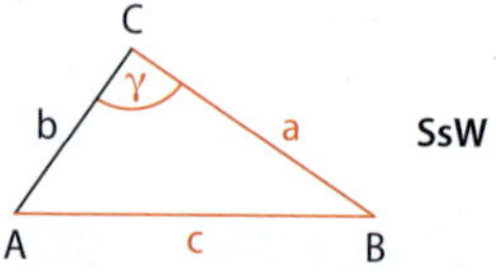

Verhältnisse ermitteln

1 Übertrage die Sätze ins Heft und ergänze die fehlenden Werte.

a) Bei einem Maßstab von 1 : 25 entsprechen 15 cm in der Karte …

b) Bei einem Maßstab von 1 : 1000 entsprechen 2 m im Original …

c) Bei einem Maßstab von 1 : 500 000 entsprechen 100 km in der Wirklichkeit …

d) Bei einem Maßstab von 75 : 1 entsprechen 20 cm im Modell …

2 Familie Hurtig wandert gern durch die Mark Brandenburg. Dazu nutzt sie Wanderkarten im Maßstab 1 : 25 000.

a) In der Karte beträgt die Strecke von Storkow zum Großen Kölpiner See 7,5 cm. Wie viele Kilometer sind das in der Natur?

b) Am nächsten Wochenende möchte Familie Hurtig etwa 15 km von Bad Saarow aus wandern. In welcher Entferung auf der Karte liegt dann das mögliche Ziel?

c) An einem 50 m entfernten Baum wollen die Wanderer Rast machen. Vater Hurtig schätzt die Höhe des Baumes auf 15 m. Sohn Paul meint, dass der Baum mindestens 25 m hoch sei. Ermittle mit einer maßstabsgerechten Zeichnung ($\alpha = 15°$) die tatsächliche Höhe des Baumes. Berücksichtige als Augenhöhe 1,50 m.

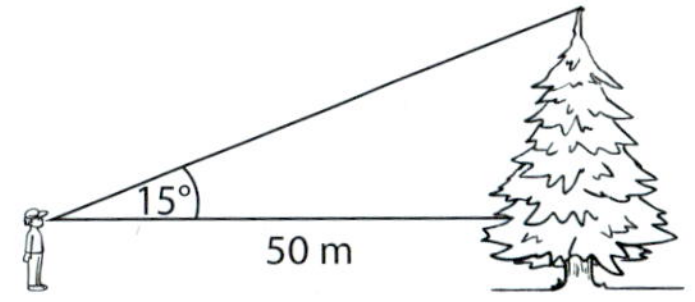

3 a) Bestimme jeweils das Verhältnis der Streckenteilung.

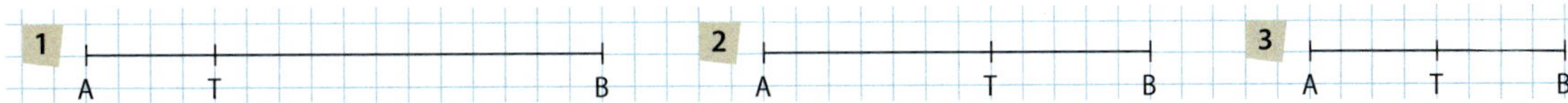

b) Teile eine 14 cm (21 cm; 18,9 cm) lange Strecke im Verhältnis 3 : 4. Erkläre dein Vorgehen.

c) In welche Verhältnisse lässt sich eine 24 cm lange Strecke leicht teilen? Zeichne einige Möglichkeiten.

Kongruente Figuren konstruieren

4 Konstruiere das Dreieck ABC mit dem angegebenen Kongruenzsatz.

a) SSS:
1 $a = 5$ cm; $b = 3$ cm; $c = 2{,}5$ cm
2 $a = 12{,}3$ cm; $b = 5{,}5$ cm; $c = 9{,}2$ cm
3 $a = 3{,}5$ cm; $b = 6{,}4$ cm; $c = 5{,}7$ cm

b) SWS:
1 $a = 5$ cm; $c = 4$ cm; $\beta = 40°$
2 $a = 3{,}5$ cm; $b = 4{,}5$ cm; $\gamma = 110°$
3 $a = 4{,}3$ cm; $c = 5{,}6$ cm; $\alpha = 53°$

c) WSW:
1 $b = 4$ cm; $\alpha = 80°$; $\gamma = 40°$
2 $a = 4{,}5$ cm; $\gamma = 110°$; $\beta = 25°$
3 $c = 4{,}3$ cm; $\alpha = 54°$; $\beta = 94°$

d) SsW:
1 $c = 3{,}5$ cm; $a = 3$ cm; $\gamma = 60°$
2 $b = 6$ cm; $c = 4{,}5$ cm; $\beta = 60°$
3 $a = 7$ cm; $c = 5{,}5$ cm; $\alpha = 90°$

5 Durch einen Berg soll ein geradliniger Tunnel gebaut werden. Die Stellen, an denen die Eingangsportale des Tunnels geplant sind, sind von einem Punkt P aus unter einem Winkel von 42° sichtbar und von diesem Punkt 1200 m bzw. 1500 m entfernt. Bestimme die Länge des Tunnels aus einer Zeichnung im Maßstab 1 : 20 000.

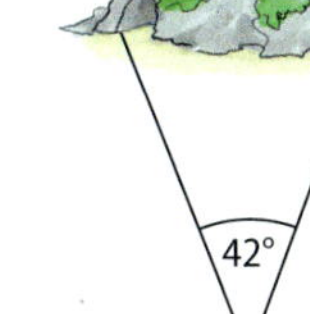

6 Welche Dreiecke können nicht konstruiert werden? Überprüfe und begründe.

a) $c = 5$ cm; $\alpha = 90°$; $\beta = 110°$

b) $a = 4$ cm; $\beta = 95°$; $\gamma = 85°$

c) $b = 6$ cm; $\alpha = 30°$; $\gamma = 80°$

d) $c = 5{,}5$ cm; $a = 3$ cm; $b = 4$ cm

Kap. 4.1

Das Verhältnis zwischen Planeten und Sonne

Seit jeher sind die Menschen vom nächtlichen Himmel fasziniert und beobachten die Sterne. Es gibt viele Milliarden kosmischer Objekte am Himmel, die von der Erde aus betrachtet scheinbar alle gleich weit entfernt sind. Tatsächlich stehen jedoch alle Himmelsobjekte in ganz unterschiedlicher Entfernung zueinander.

Jupiter ist der größte Planet im Sonnensystem. Die Sonne ist nur 10-mal größer als er. Auch Saturn, Uranus und Neptun haben einen sehr großen Durchmesser. Die übrigen Planeten sind viel kleiner.

- Informiere dich über die Durchmesser der Planeten und ihren Abstand zur Sonne.
- Bilde jeweils das Verhältnis *Abstand zur Sonne : Durchmesser des Planeten.* Gibt es Planeten, die in diesem Verhältnis übereinstimmen?

Kap. 4.2

Globus: Die Karte eines Planeten

Der Himmelskörper, den wir am besten kennen, ist unsere Erde. Sie ist einer der acht Planeten, die um unsere Sonne kreisen.

Den ersten Erdglobus soll um 150 v. Chr. Krates von Mallos gebaut haben. Der typische Maßstab für einen Erdglobus beträgt 1 : 40 Millionen.

- Informiere dich über den Durchmesser der Erde, des Erdmonds und vom Jupiter.
- Welchen Durchmesser hat ein solcher Globus der Erde?
- Welchen Durchmesser müsste ein Mondglobus haben, wenn er ebenfalls im Maßstab 1 : 40 Millionen dargestellt wird?
- In welchem Maßstab müsste man einen Globus des Jupiters bauen, damit dieser den gleichen Durchmesser hat wie der Globus der Erde?

Kap. 4.2

Modell des Sonnensystems

In einem Klassenraum sollen Planetenmodelle maßstabsgerecht aufgehängt werden.

- Finde heraus, wie weit die Planeten von der Sonne entfernt sind.
- Wie weit müssen sie im Modell jeweils von der Sonne aus entfernt sein, wenn der Klassenraum 20 m lang und 20 m breit ist?
- Welcher Durchmesser muss für die Planetenmodelle dann gewählt werden?
- Warum entscheidet man sich oft nicht für eine maßstabsgerechte Darstellung?

Kap. 4.3

Sonne und Mond

Am Himmel erscheint uns der Mond so groß wie die Sonne. Die Sonne ist zwar 400-mal größer, dafür aber auch 400-mal weiter entfernt als der Mond. Unser Mond kreist in einem durchschnittlichen Abstand von 384 400 km um die Erde. Der Monddurchmesser beträgt 3476 km. Das entspricht etwa einem Viertel des Erddurchmessers. Aus diesen Angaben lassen sich Durchmesser und Entfernung zu anderen Himmelskörpern berechnen.

- Wie weit ist die Sonne von der Erde entfernt?
- Welchen Durchmesser hat die Sonne?

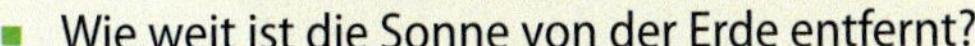

Kap. 4.4

Riesiges Fernrohr

Die Archenhold-Sternwarte in Berlin ist die älteste und größte Volkssternwarte in Deutschland. Dort befindet sich das längste bewegliche Linsenfernrohr der Welt. Das 1896 gebaute Riesenfernrohr mit einer Brennweite von 21 m wird auch heute noch für besondere Beobachtungsabende eingesetzt.

- Informiere dich im Internet, wie das Riesenfernrohr entstand.
- Mithilfe von Sammellinsen kann man Bilder von Gegenständen abbilden. Wie entsteht das Bild in einem Linsenfernrohr? Erkläre.

Entdecken

- Bei manchen Bildern fällt es schwer, zu entscheiden, was vergrößert oder verkleinert wurde. Was glaubst du? Begründe.
- Um welchen Faktor muss man das Auto vergrößern, damit es in einem realistischen Verhältnis zu der Tischgruppe steht?
- Angenommen, der Tisch habe eine normale Größe. Wie groß müsste ein Mensch sein, wenn er mit dem Auto tatsächlich fahren möchte?

Verstehen

Unter dem Verhältnis a : b (lies: a zu b) zweier Streckenlängen a und b versteht man bei gleichen Längeneinheiten den Quotienten ihrer Maßzahlen.

Verhältnisse werden als **Bruch** oder in der **Verhältnisschreibweise (mit natürlichen Zahlen)** angegeben: $a:b = \frac{a}{b}$

Verhältnisse zwischen Längen werden auch als Maßstab bezeichnet. Beim Maßstab werden Streckenlängen immer in derselben Maßeinheit angegeben.

vorne: Streckenlänge auf der Karte → 1 : 25 000 ← hinten: Streckenlänge in Wirklichkeit

Beispiele

1. Das im Maßstab 1 : 120 angefertigte Modell einer Dampflokomotive ist 11,3 cm lang. Bestimme die Originallänge dieser Lokomotive.

   Lösung:

   1 : 120 bedeutet, dass 1 cm im Modell 120 cm in der Wirklichkeit entsprechen.

   $$\frac{1\text{ cm}}{120\text{ cm}} = \frac{11{,}3\text{ cm}}{x} \quad \Rightarrow \quad x = 120 \cdot 11{,}3\text{ cm}$$
   $$x = 1356\text{ cm} = 13{,}56\text{ m}$$

   Antwort: Die Lokomotive ist im Original 13,56 m lang.

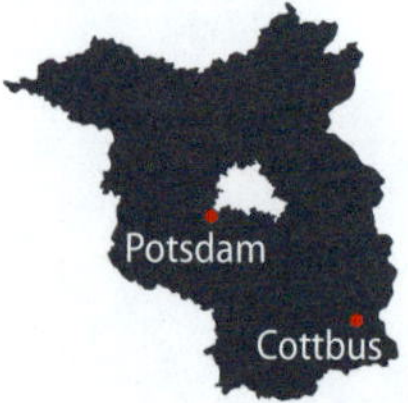

2. Die Entfernung zwischen Potsdam und Cottbus beträgt etwa 120 km (Luftlinie). Gib den Maßstab der Karte an.

   Lösung:

   In der Karte sind Potsdam und Cottbus 1,2 cm voneinander entfernt. Aus dem Verhältnis zwischen dem Abstand auf der Karte und dem tatsächlichen Abstand lässt sich der Maßstab ermitteln.

   $$\frac{1\text{ cm}}{x} = \frac{1{,}2\text{ cm}}{120\text{ km}} \quad \Rightarrow \quad x = 12\,000\,000\text{ cm} : 1{,}2\text{ cm}$$
   $$x = 10\,000\,000$$

   Antwort: Der Maßstab der Karte beträgt etwa 1 : 10 000 000.

Nachgefragt

- Erkläre, dass bei Bildern, die ein Mikroskop aufgenommen hat, niemals der Maßstab 1:200 stehen kann.
- Tim behauptet, dass das Cinemascope-Format für Kinofilme statt mit 21:9 auch mit 7:3 bezeichnet werden könnte. Was meinst du?

Aufgaben

1 Auf einer Karte sind Berlin und Hamburg 6,4 cm voneinander entfernt. Wie weit liegen Berlin und Hamburg tatsächlich auseinander, wenn die Karte einen Maßstab von 1:4 000 000 hat?

2 Zeichne im angegebenen Maßstab.
a) Ein Basketballfeld ist 28 m lang und 15 m breit (Maßstab 1:150).
b) Die Erde hat im Mittel einen Radius von 6370 km (Maßstab 1:250 000 000).
c) Das Haar eines Menschen ist etwa 0,06 mm dick. Der Längenzuwachs beträgt am Tag ca. 0,4 mm. (Maßstab 200:1).

3 Die berühmteste deutsche Dampflok ist die BR 01. Die Tabelle zeigt die Länge der Lok im Original und in verschiedenen gebräuchlichen Verkleinerungen bei Modellbahnen. Übertrage die Tabelle ins Heft und ergänze sie.

	Original	G	H0	TT	N	Z
Länge	23,94 m		27,5 cm		150 mm	
Maßstab		1:29		1:120		1:220

4 Der Bildschirm eines Fernsehgeräts ist …
1 88,6 cm breit und 49,8 cm hoch. **2** 112,0 cm breit und 70,0 cm hoch.
a) In welchem Verhältnis stehen die Seitenlängen des Bildschirms?
b) Bestimme die Länge der Bildschirmdiagonale in Zoll.

5 Übertrage die Figuren im angegebenen Maßstab in dein Heft.

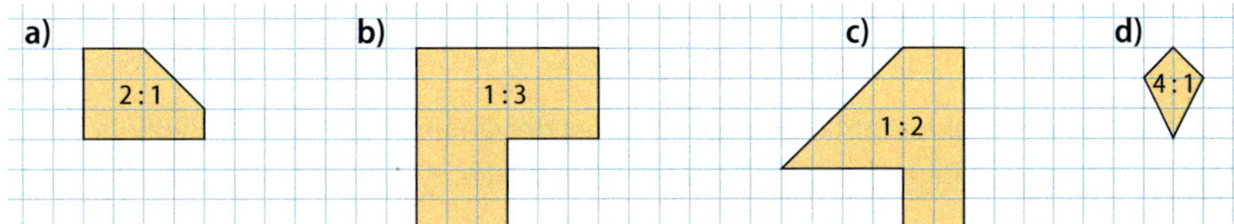

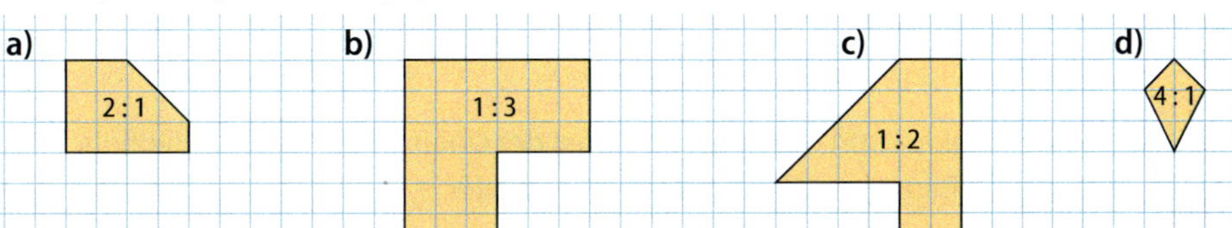

6 Die Architektin Baumann hat das Erdgeschoss des neuen Einfamilienhauses der Familie Fröhlich im Maßstab 1:200 gezeichnet.
a) Bestimme die tatsächliche Länge und Breite des Hauses an den Außenseiten.
b) Berechne die Grundfläche des Hauses.
c) Ermittle die Länge und Breite des Gästezimmers.
d) Welche Fläche hat Oma Fröhlich im Gästezimmer zur Verfügung, wenn sie zu Besuch kommt?
e) Der Fußboden im Wohnzimmer soll mit 60 cm × 30 cm großen Fliesen ausgelegt werden. Wie viele Fliesen werden mindestens benötigt?

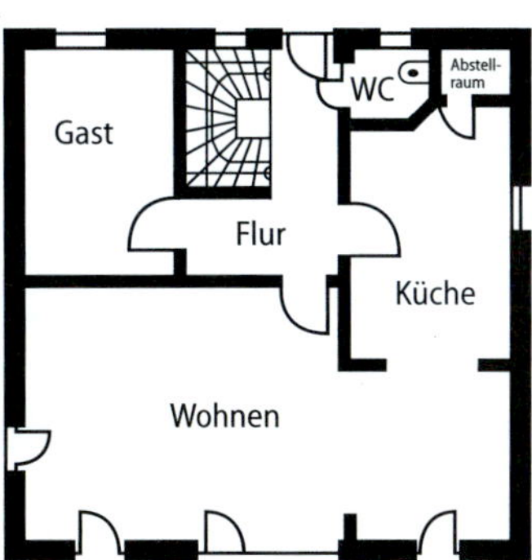

Entdecken

Du brauchst:
- *15 cm hohes „Monster" aus Pappe*
- *Taschenlampe*
- *Maßband*

Hast du schon einmal im Dunkeln mit einer Taschenlampe „Monster" erschaffen? Untersuche einmal, welche Effekte sich erzielen lassen.

- Führe eine Versuchsreihe in einem dunklen Raum durch. Vervollständige die Tabelle.
- Welche Zusammenhänge erkennst du zwischen Formen und Winkel bei der Originalfigur und beim Schattenbild?

Höhe des Schattenbildes	Das Schattenbild ist ▢-mal so groß wie das Pappmonster.	Abstand l (Lichtquelle – Monster)	Abstand b (Lichtquelle – Schattenbild)
60 cm	4		
90 cm			
120 cm			

Verstehen

Bei maßstäblichen Vergrößerungen und Verkleinerungen gibt der Maßstab darüber Auskunkft, in welchem Verhältnis die Länge der Bildstrecke zur Länge der Originalstrecke steht.

|k| gibt die Art der Vergrößerung bzw. Verkleinerung an, das Vorzeichen von k die Richtung der Streckung von Z aus.

Eine Vergrößerung mit dem Faktor $k = 2$ ergibt den Maßstab 2 : 1. Eine Verkleinerung mit dem Faktor $k = \frac{1}{4}$ ergibt den Maßstab 1 : 4.

Bei einer **zentrischen Streckung** (Z; k) mit **Streckungszentrum Z** und **Streckungsfaktor k** liegen zugehörige Original- und Bildpunkte auf einer Geraden durch Z.
Alle **Streckenlängen** werden mit dem Streckungsfaktor |k| multipliziert.

$$|k| = \frac{\text{Länge der Bildstrecke}}{\text{Länge der Originalstrecke}}$$

$|k| = 1$: Das Bild ist so groß wie das Original.
$|k| > 1$: Das Bild ist größer als das Original.
$0 < |k| < 1$: Das Bild ist kleiner als das Original.
$k < 0$: Das Bild wurde an Z gespiegelt und ggf. vergrößert oder verkleinert.

Die Größe von Winkeln und Formen bleiben bei der Originalfigur und der Bildfigur erhalten. Original- und Bildstrecken sind parallel zueinander.

Beispiele

1. Verkleinere ein Rechteck mit $a = 3{,}0$ cm, $b = 1{,}8$ cm mit dem Streckungsfaktor $k = \frac{1}{3}$.

Lösung:

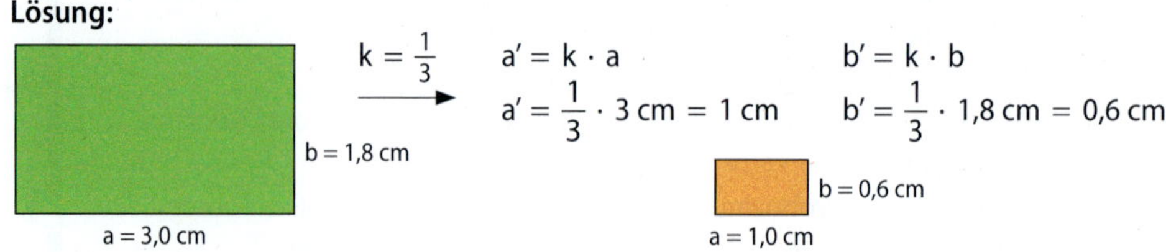

$k = \frac{1}{3}$

$a' = k \cdot a$ $\qquad$ $b' = k \cdot b$

$a' = \frac{1}{3} \cdot 3\text{ cm} = 1\text{ cm}$ $\qquad$ $b' = \frac{1}{3} \cdot 1{,}8\text{ cm} = 0{,}6\text{ cm}$

Der Maßstab von Originalfigur zur Bildfigur ist 3 : 1.

2. Ein beliebiges Dreieck ABC soll mit dem Streckungszentrum Z = A um den Faktor k = 2 gestreckt werden. Beschreibe dein Vorgehen.

Lösung:

1 Ausgangsfigur und Z zeichnen

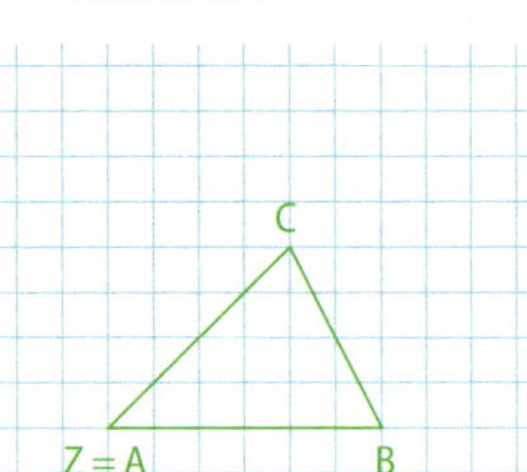

2 Strahlen durch Z einzeichnen

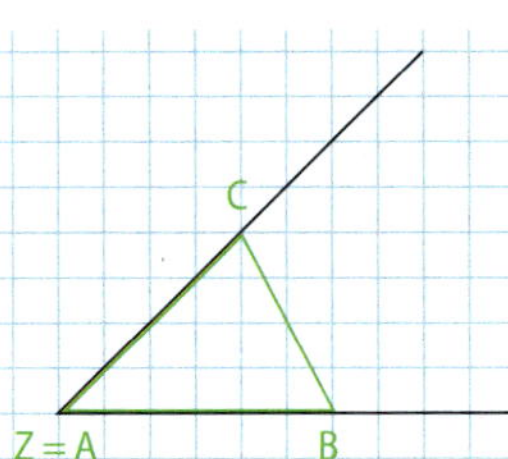

3 Länge der Bildstrecken abtragen

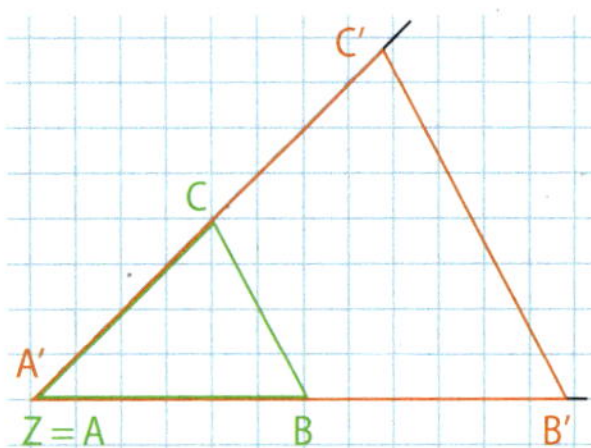

3. Die rote Figur ist durch zentrische Streckung aus der grünen Figur entstanden.

a) Bestimme das Streckungszentrum Z.

b) Bestimme den Streckungsfaktor k.

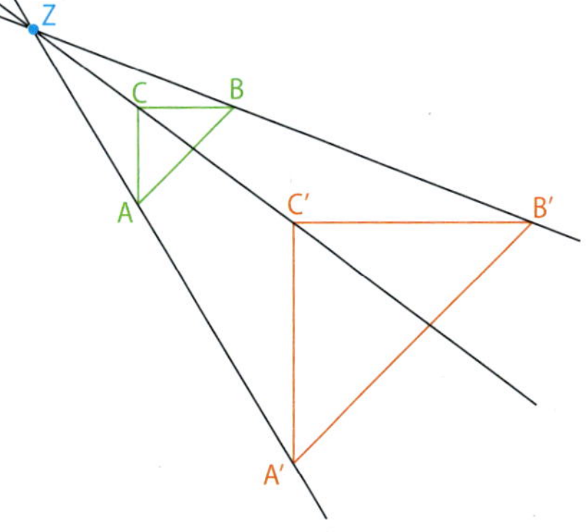

Lösung:
Die einander entsprechenden Strecken von Original- und Bildfigur verlaufen parallel zueinander.

a) Das Streckungszentrum Z ergibt sich als Schnittpunkt der Geraden, die durch entsprechende Original- und Bildpunkte verlaufen.

b) Messungen der Streckenlängen ergeben, dass jede Bildstrecke 2,5-mal so lang ist wie die Originalstrecke, somit ist k = 2,5.

Nachgefragt

- Begründe: Beim Streckungsfaktor k = 1 ist der Maßstab 1 : 1.
- Tom meint, dass das Streckungszentrum Z auch zwischen der Originalfigur und Bildfigur liegen darf. Was meinst du?
- Lea behauptet, dass man jedes Quadrat durch eine zentrische Streckung aus einem Quadrat mit a = 1 LE erzeugen kann. Stimmt das? Begründe.

Aufgaben

1 Ein Quadrat hat die Seitenlänge a = 12 cm.

1 k = 12 **2** k = 2,5 **3** $k = \frac{1}{2}$ **4** $k = \frac{1}{4}$ **5** k = 1 **6** k = 0,6

a) Bestimme mithilfe des Streckungsfaktors k die Seitenlängen des Bildquadrates.

b) Bestimme den zugehörigen Maßstab als Verhältnis zweier natürlicher Zahlen.

2 Zeichne ein Rechteck mit den Seitenlängen a = 3 cm und b = 4 cm. Berechne die neuen Seitenlängen und zeichne das neue Rechteck bei einer zentrischen Streckung mit dem angegebenen Streckungsfaktor k.

a) k = 1,5 **b)** k = 2,5 **c)** $k = \frac{1}{2}$ **d)** $k = \frac{2}{3}$ **e)** k = 1,2 **f)** k = 0,8

3 Zeichne jeweils einen Kreis und verändere dessen Größe um die gegebenen Streckungsfaktoren. Beschreibe dein Vorgehen.

a) k = 1,5 **b)** k = 3 **c)** $k = \frac{1}{2}$ **d)** k = 0,4 **e)** k = 2,4 **f)** $k = \frac{3}{5}$

4 Übertrage das Koordinatensystem mit der Figur in dein Heft. Führe anschließend die zentrischen Streckungen mit den angegebenen Werten von Z und k durch.

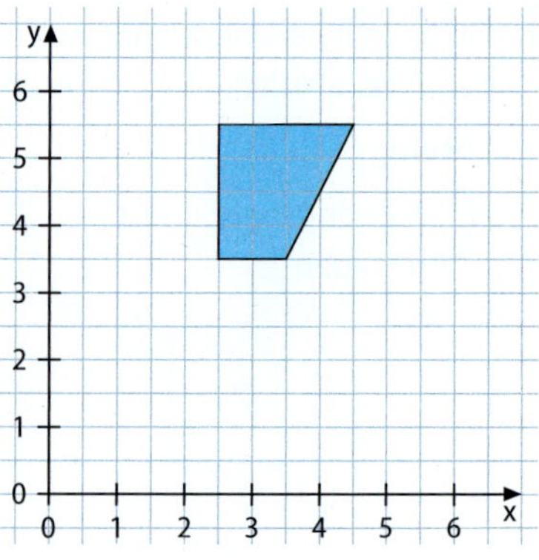

a) $Z_1 (1{,}5 | 4{,}5)$; $k_1 = 3$

b) $Z_2 (2{,}5 | 0{,}5)$; $k_2 = 0{,}5$

c) $Z_3 (4 | 3)$; $k_3 = 2$

d) Durch Überlappung der Originalfigur und der zentrisch gestreckten Figur aus c) ist eine weitere Figur entstanden. Begründe, warum diese Figur nicht durch zentrische Streckung aus der Originalfigur entstehen kann.

5 Begründe jeweils, dass die weiße Figur nicht durch eine zentrische Streckung aus der grünen Figur entstanden sein kann.

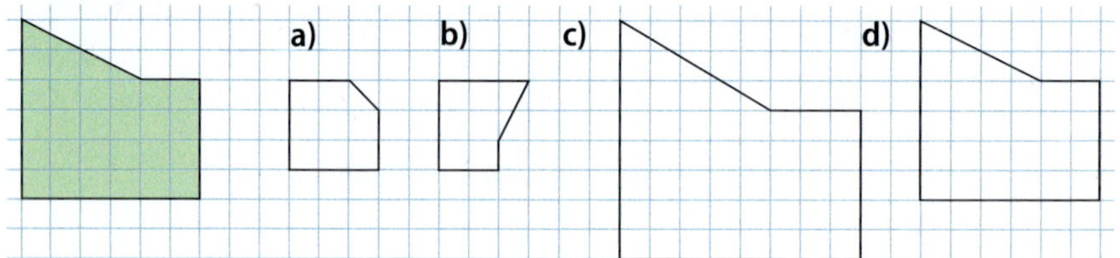

6 Zeichne ein Dreieck ABC mit $\alpha = 50°$, $\beta = 70°$ und $c = 4$ cm. Lege das Streckungszentrum Z …

a) außerhalb des Dreiecks.

b) auf eine Dreiecksseite.

c) innerhalb des Dreiecks.

d) in eine Dreiecksecke.

Bilde anschließend das Dreieck ABC mit dem Streckungsfaktor $k = 2$ ab. Vergleiche die entstandenen Bilder.

7 Gegeben ist ein Fünfeck ABCDE mit $A (2 | 1)$, $B (5 | 1)$, $C (5 | 4)$, $D (3 | 5)$, $E (1 | 4)$. Das Streckungszentrum sei $Z (6 | 3)$.

a) Vergrößere das Fünfeck mit $k = 2$.

b) Verkleinere das Fünfeck mit $k = \frac{1}{2}$.

c) Vergrößere das Fünfeck so, dass der Bildpunkt von A die Koordinaten $(0 | 0)$ besitzt. Bestimme den Streckungsfaktor k.

8 Ein Dreieck mit den Eckpunkten $A (0{,}5 | 4{,}5)$, $B (2 | 2{,}5)$ und $C (3 | 4{,}5)$ wurde an einem Streckungszentrum Z gestreckt. Mit dem Streckungsfaktor $k = -2$ entstand so der Bildpunkt $A' (-2{,}5 | -3)$.

a) Ermittle die Koordinaten des Streckungszentrums Z.

b) Konstruiere die Bildpunkte B' und C'.

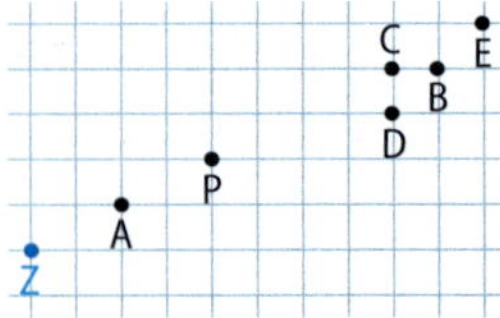

9 Der Punkt P soll durch zentrische Streckung mit Z als Streckungszentrum und dem Streckungsfaktor k abgebildet werden.

a) Übertrage die Abbildung in dein Heft. Auf welche der Punkte A bis E lässt sich P abbilden? Bestimme jeweils k.

b) Begründe, dass es keine zentrische Streckung durch Z geben kann, die B auf E abbildet.

10 Bestimme jeweils die Koordinaten von Z sowie den Streckungsfaktor k.

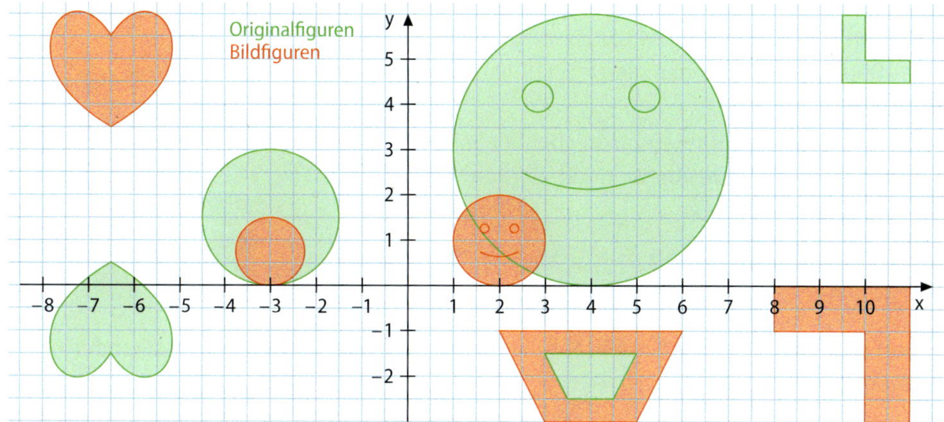

Lösungen zu 10:
(10|3); (−3|0); (1|0); (−6,5|2); (4|−2)
$-2; -1; \frac{1}{3}; \frac{1}{2}; 2$

Die zentrische Streckung hat folgende Eigenschaften:

- Der Inhalt der Bildfläche ist das k^2-Fache des Inhalts der Originalfläche: $A_{Bild} = k^2 \cdot A_{Original}$
- Der Umfang der Bildfigur ist das $|k|$-Fache des Umfangs der Originalfigur.

Beispiel Flächeninhalte:

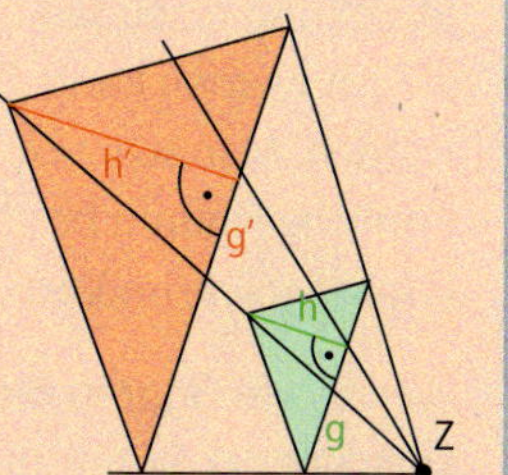

Weiterdenken

11 a) Überprüfe den Zusammenhang zwischen den Flächeninhalten A der Originalfigur und A' der Bildfigur anhand der Abbildung im Kasten.
b) Begründe den Zusammenhang zwischen den Umfängen von Original- und Bildfigur.

12 Berechne den Flächeninhalt A_{Bild} der Bildfigur bei zentrischer Streckung.

a) Trapez: $A = 15\,m^2$; $k = 4$
b) Fünfeck: $A = 10{,}3\,m^2$; $k = 1{,}5$
c) Quadrat: $a = 5\,cm$; $k = 0{,}4$
d) Rechteck: $a = 2\,cm$; $b = 3\,dm$; $k = -0{,}2$
e) Kreis: $r = \frac{1}{\pi}\,dm$; $k = 10$
f) Dreieck: $a = 10{,}2\,mm$; $h_a = 2{,}4\,cm$; $k = 2$

Lösungen zu 12:
2,4; 4; 23,18; 31,83; 48,96; 240
(gerundete Werte ohne Einheiten)

13 Bestimme jeweils die fehlenden Umfänge von Original- und Bildfigur.

a) Dreieck ABC mit $a = 4\,cm$; $b = 5\,cm$; $c = 3\,cm$; $k = 2{,}5$
b) Rechteck ABCD mit $a = 4{,}8\,cm$; $b = 3{,}9\,cm$; $k = 0{,}3$
c) Trapez ABCD mit $a \parallel c$ und $a = 6{,}8\,cm$; $b = d = 4{,}2\,cm$; $c = 1{,}4\,cm$; $k = 1{,}2$

14 Ein Dreieck ABC wird wie in der Abbildung mittels zentrischer Streckung mit Z = A so vergrößert, dass das Dreieck A'B'C' entsteht.
Berechne den Streckungsfaktor k sowie den Flächeninhalt des Trapezes BB'C'C.

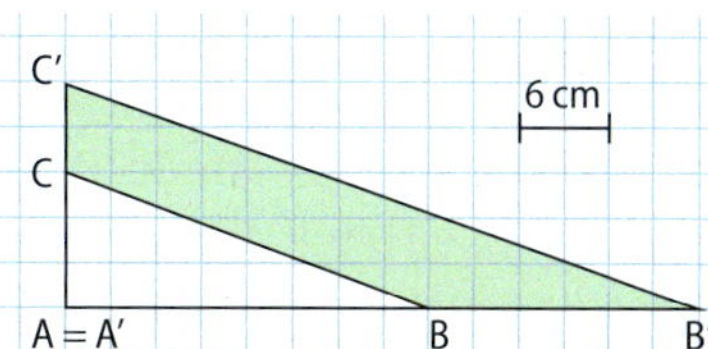

15 Zeichne ein Dreieck ABC. Bilde es durch zentrische Streckung mit Z = C und $k = -1{,}5$ ab. Zeige, dass die Seitenmittelpunkte von Dreieck ABC auf diejenigen von Dreieck A'B'C' abgebildet werden.

Entdecken

- Zeichne ein Quadrat ABCD mit der Seitenlänge a = 1 cm. Zeichne die Diagonalen ein. Verschiebe die einzelnen Seiten des Quadrates parallel so, dass neue Quadrate A'B'C'D', A"B"C"D" usw. entstehen, deren Eckpunkte auf den Diagonalen liegen.
- Ermittle die Verhältnisse entsprechender Seiten von je zwei Quadraten. Verfahre ebenso mit Dreiecken, die du in der Anordnung entdeckst.

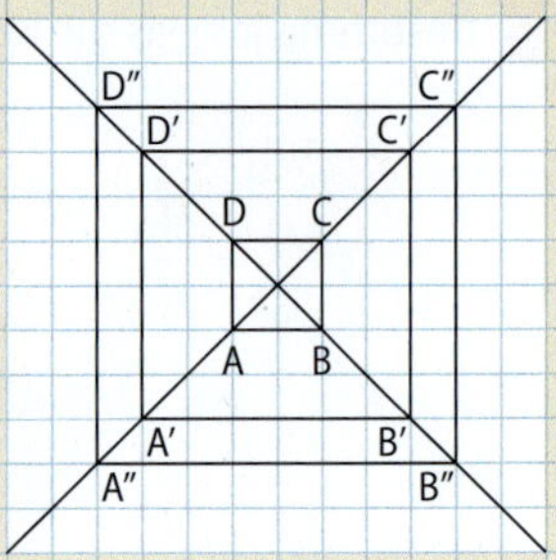

Verstehen

Zwei Figuren können durch maßstäbliches Vergrößern oder Verkleinern auseinander hervorgehen.

Eine Figur A heißt zu einer Figur B **ähnlich**, wenn man B aus A durch eine **zentrische Streckung** erzeugen kann, die mit **Spiegelungen**, **Drehungen** oder **Verschiebungen** verknüpft werden kann. Dabei können auch mehrere Abbildungen miteinander kombiniert werden. Man schreibt: **A ~ B** (sprich: „A ist ähnlich zu B.")
Ähnliche Figuren besitzen die gleiche Form und stimmen in **der Größe entsprechender Winkel** sowie im **Verhältnis** einander **entsprechender Seitenlängen überein**.

Wenn zwei Figuren nicht ähnlich zueinander sind, dann reicht es aus, ein Verhältnis entsprechender Seiten zu betrachten, das nicht übereinstimmt.

Beispiel

Zeige, dass die rote Figur zur gelben Figur ähnlich ist.

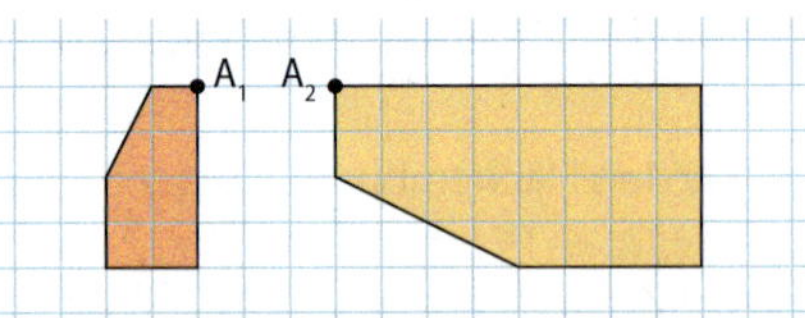

Lösungsmöglichkeiten:

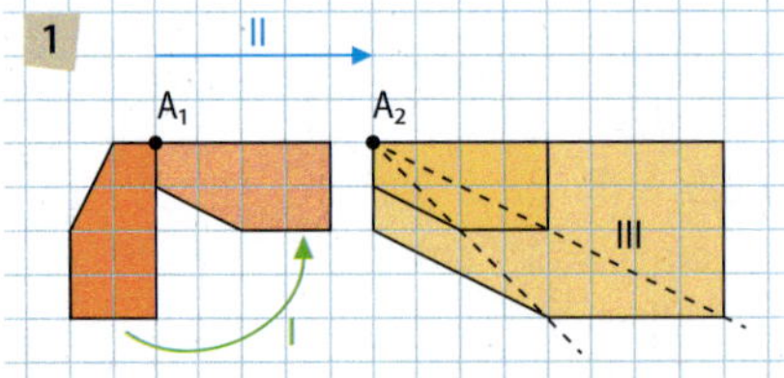

Man kann die rote Originalfigur durch eine 90°-Drehung um A_1 (I), eine anschließende Verschiebung um $\overline{A_1A_2}$ (II) und eine zentrische Streckung mit Zentrum A_2 und Streckungsfaktor k = 2 (III) auf die gelbe Figur abbilden.

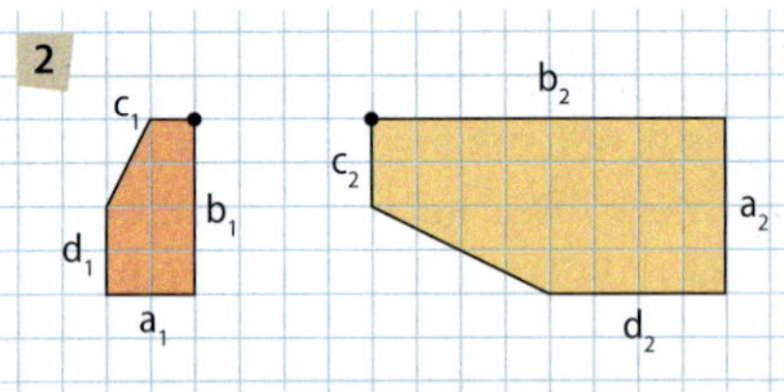

Der Vergleich entsprechender Seitenverhältnisse liefert:

$\frac{a_1}{b_1} = \frac{a_2}{b_2} = \frac{1}{2}$

$\frac{c_1}{d_1} = \frac{c_2}{d_2} = \frac{1}{2}$

… (weitere Vergleiche möglich)

Die rote Figur ist zur gelben Figur ähnlich.

- Begründe: Quadrate sind immer zueinander ähnlich. Nenne weitere Figuren, auf die das zutrifft.
- Begründe, dass nur zwei Winkel in Dreiecken übereinstimmen müssen, damit die Dreiecke zueinander ähnlich sind.
- Erkläre den Unterschied des Begriffs „ähnlich" im Alltag und in der Mathematik.

Nachgefragt

Aufgaben

Farbe und Material sind für die Ähnlichkeit in der Mathematik ohne Bedeutung.

1 Finde die Rechtecke, die zueinander ähnlich sind. Begründe deine Entscheidung.

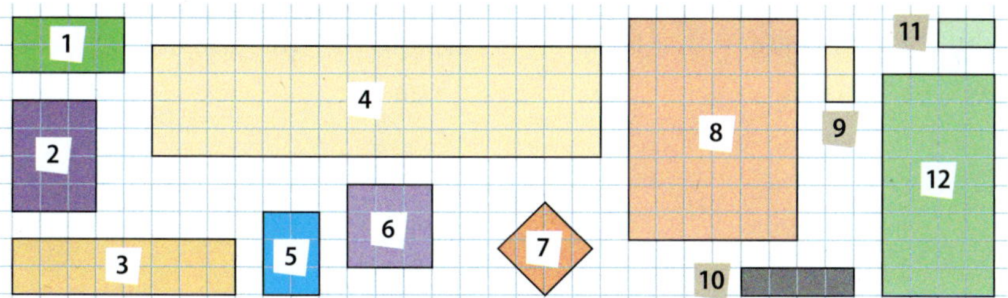

2 Übertrage die Figuren in dein Heft.
Überprüfe auf verschiedene Arten, dass die Figuren zueinander ähnlich sind.

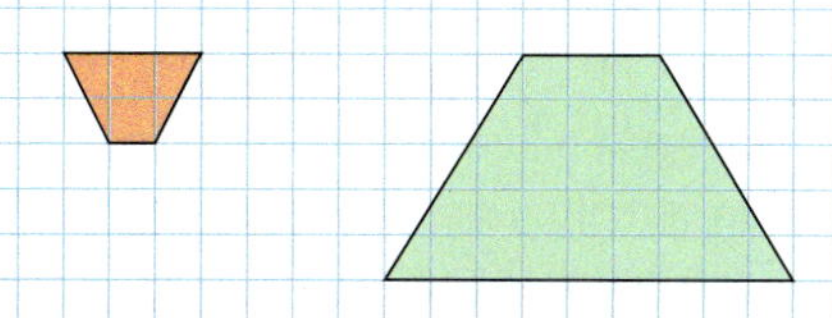

3 Zeichne ein Rechteck und trenne davon wie abgebildet ein Teilrechteck ab, das zum ursprünglichen Rechteck ähnlich ist.

a) $a = 10$ cm; $b = 5$ cm **b)** $a = 6$ cm; $b = 2$ cm
c) $a = 120$ mm; $b = 80$ mm **d)** $a = 7{,}2$ cm; $b = 5{,}4$ cm

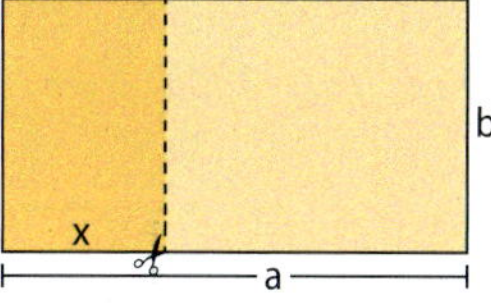

4 Finde jeweils heraus, ob die Dreiecke TRE und T'R'E' zueinander ähnlich sein können.

a) $\overline{TR} = 12$ cm; $\overline{RE} = 15$ cm; $u_{TRE} = 48$ cm
$\overline{T'R'} = 42$ cm; $\overline{R'E'} = 52{,}5$ cm; $u_{T'R'E'} = 168$ cm

b) $u_{TRE} = 40$ cm; $u_{T'R'E'} = 100$ cm; $A_{TRE} = 60\text{ cm}^2$; $A_{T'R'E'} = 375\text{ cm}^2$

5 Zeichne ein Koordinatensystem (Einheit 1 cm) und trage die Punkte O (0|0), L (8|0), A (6,5|4), F (1,5|4), I (4|0) und U (4|4) sowie das Trapez OLAF und seinen Diagonalenschnittpunkt S ein.

a) Durch eine zentrische Streckung wird die Strecke $\overline{AF}$ auf die Strecke $\overline{LO}$ abgebildet. Weise grafisch und rechnerisch nach, dass das Streckungszentrum die Koordinaten $Z\left(4\,\middle|\,10\frac{2}{3}\right)$ besitzt. Ermittle auch den Streckungsfaktor k.

b) Ermittle die Streckenverhältnisse $\overline{OS} : \overline{SA}$ und $\overline{LS} : \overline{SF}$.

c) Begründe, dass
1 die Dreiecke OIS und AUS, **2** die Dreiecke SIL und SUF
zueinander ähnlich sind.

d) Bestimme das Verhältnis, in dem der Punkt S die Trapezhöhe $\overline{IU}$ teilt.
Berechne die Längen der Strecken $\overline{IS}$ und $\overline{SU}$.
Wie groß ist der prozentuale Anteil der Trapezfläche an der Fläche des Dreiecks OLS?

Entdecken

Manchmal verdecken viel kleinere Objekte die Sicht auf große, aber weit entfernte Dinge. Ihr könnt das selbst mit diesem Experiment ausprobieren.

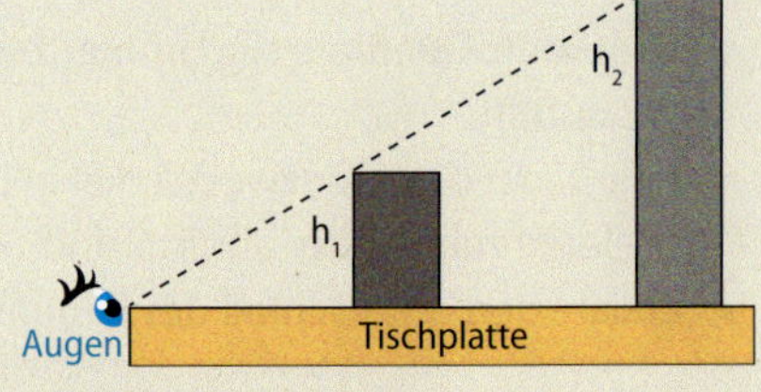

- Stelle ein großes und ein kleines Objekt auf einen Tisch. Sieh so über den Tisch, dass du noch die Kante, aber nicht die Tischplatte siehst.
- Verschiebe den kleinen Körper so, dass er den großen gerade so verdeckt.
- Übertrage die Tabelle in dein Heft und fülle sie aus. Fasse Besonderheiten zusammen.

kleiner Körper			großer Körper		
Höhe h_1	Abstand s_1	$h_1 : s_1$	Höhe h_2	Abstand s_2	$h_2 : s_2$
2 cm	6 cm	1 : 3	4 cm		

Verstehen

Bei ähnlichen Dreiecken ist das Verhältnis zugehöriger Seiten stets gleich. Diese Eigenschaft wird bei den sogenannten Strahlensätzen ausgenutzt.

*Je nach Lage der Parallelen spricht man von einer **V-Figur***

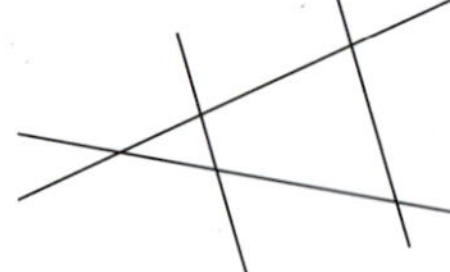

*oder einer **X-Figur**.*

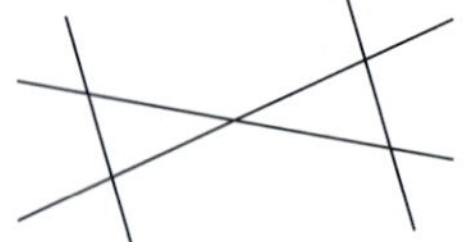

Beachte: Beim 2. Strahlensatz müssen die zugehörigen Abschnitte immer auf derselben Geraden in Z beginnen.

Werden zwei Strahlen mit gemeinsamem Anfangspunkt von zwei Parallelen geschnitten,

- so verhalten sich die Abschnitte auf dem einen Strahl zueinander wie die gleich liegenden Abschnitte auf dem anderen Strahl. (**1. Strahlensatz**)

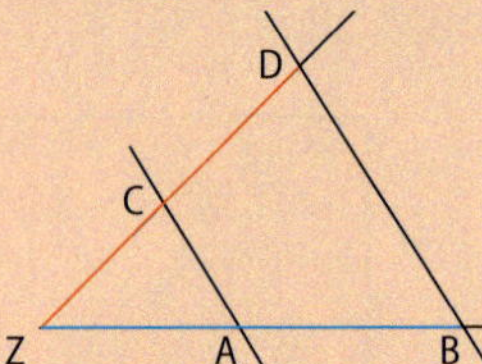

$$\frac{\overline{ZA}}{\overline{ZB}} = \frac{\overline{ZC}}{\overline{ZD}}$$
oder
$$\frac{\overline{ZA}}{\overline{AB}} = \frac{\overline{ZC}}{\overline{CD}}$$

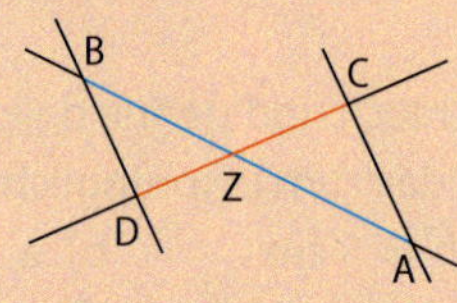

- so verhalten sich die parallelen Abschnitte zueinander wie die zugehörigen Abschnitte auf ein und demselben Strahl. (**2. Strahlensatz**)

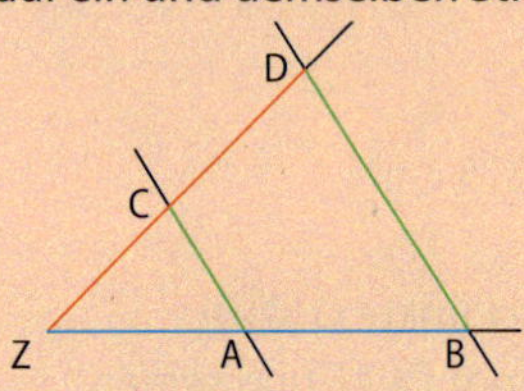

$$\frac{\overline{ZA}}{\overline{ZB}} = \frac{\overline{AC}}{\overline{BD}}$$
oder
$$\frac{\overline{ZC}}{\overline{ZD}} = \frac{\overline{AC}}{\overline{BD}}$$

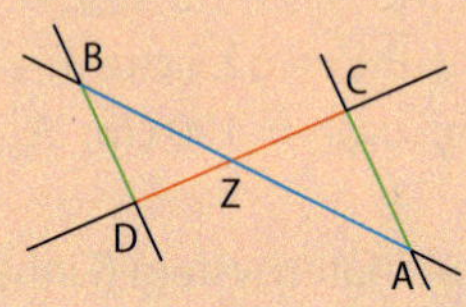

Beispiel

Berechne mithilfe der Strahlensätze die fehlenden Längen x und y.

Lösungsmöglichkeit:

Berechnung von …

y mit dem 1. Strahlensatz:

$$\frac{\overline{ZB}}{\overline{BB'}} = \frac{\overline{ZA}}{\overline{AA'}}$$
$$\frac{y}{9{,}5\text{ cm}} = \frac{6\text{ cm}}{7{,}6\text{ cm}} \quad | \cdot 9{,}5$$
$$y = 7{,}5\text{ cm}$$

x mit dem 2. Strahlensatz:

$$\frac{\overline{A'B'}}{\overline{AB}} = \frac{\overline{ZA'}}{\overline{ZA}}$$
$$\frac{x}{3\text{ cm}} = \frac{(6 + 7{,}6)\text{ cm}}{6\text{ cm}} \quad | \cdot 3\text{ cm}$$
$$x = 6{,}8\text{ cm}$$

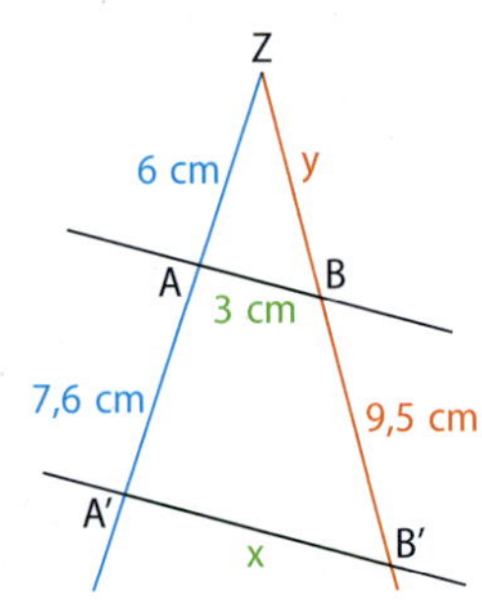

Nachgefragt

- Beschreibe die Strahlensätze in eigenen Worten.
- Beschreibe ein Vorgehen, wie man mithilfe der Strahlensätze den Streckungsfaktor k bestimmen kann.

Aufgaben

1 Formuliere die Strahlensätze für die Figuren.

a)

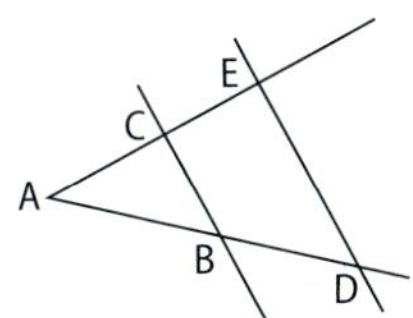

b)

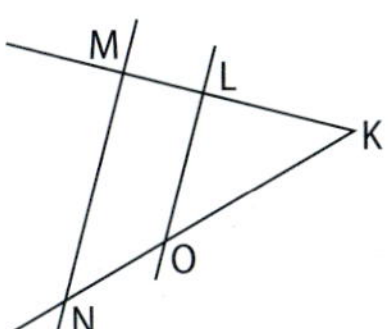

c)

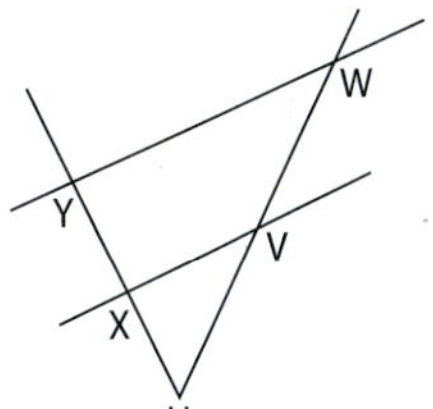

2 Überprüfe, ob die Strahlensätze richtig angewendet wurden (g || h). Beschreibe Fehler und korrigiere sie.

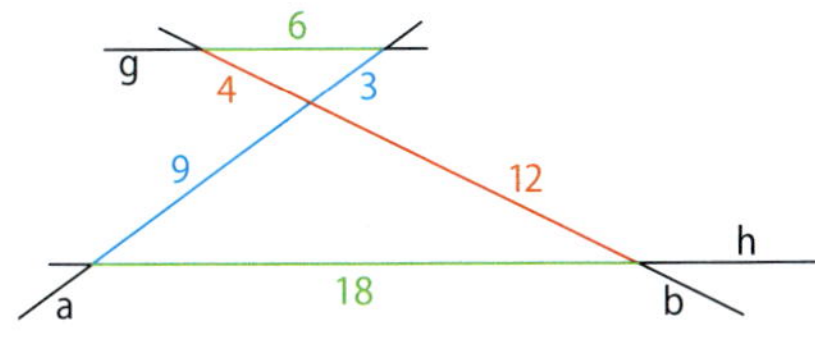

1 $\frac{3}{9} = \frac{18}{6}$

2 $\frac{4}{9} = \frac{6}{18}$

3 $\frac{6}{18} = \frac{4}{12}$

4 $\frac{3}{4} = \frac{9}{12}$

5 $\frac{6}{18} = \frac{9}{12}$

6 $\frac{4}{6} = \frac{9}{18}$

3 Berechne die farbig markierten Längen mithilfe der Strahlensätze.

a)

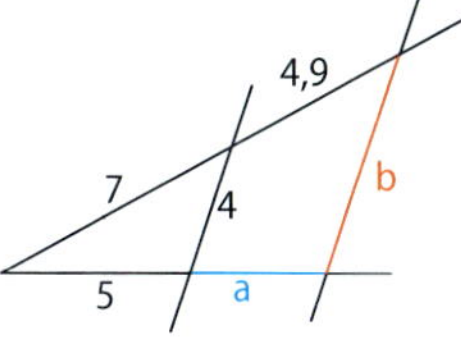

b)

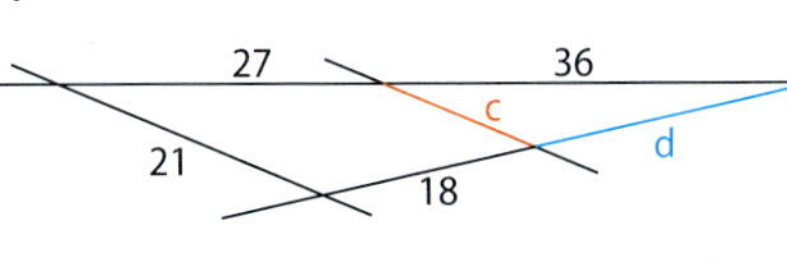

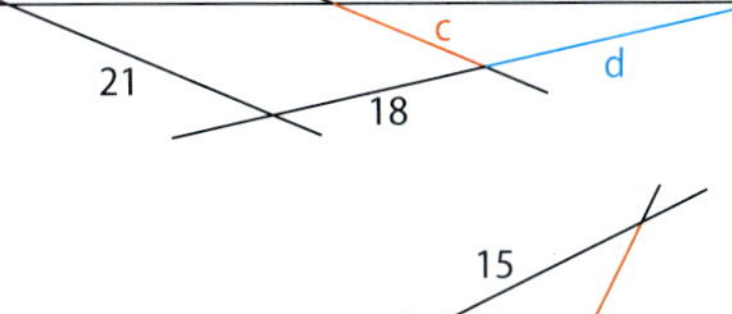

c)

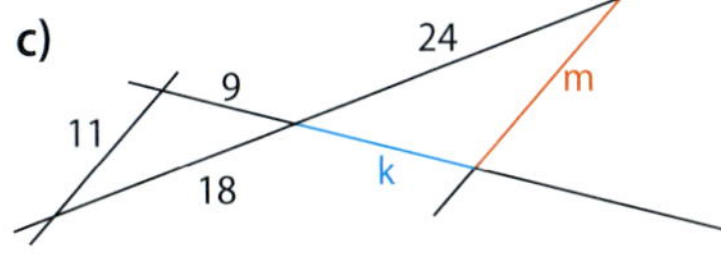

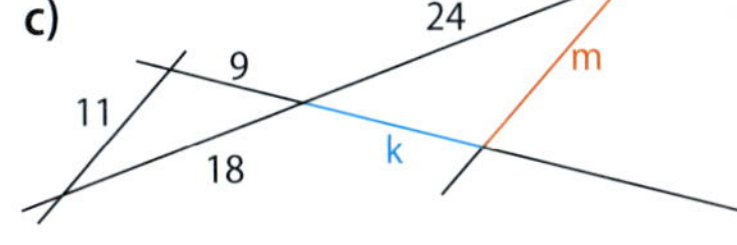

d)

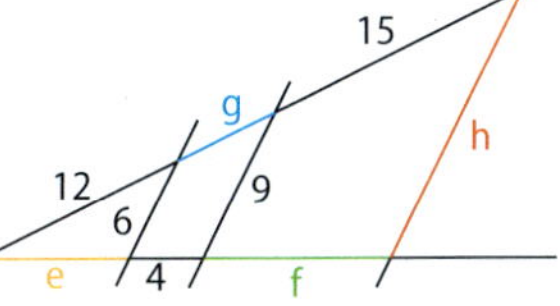

Es liegen jeweils „Strahlensatzfiguren" vor, d. h. die sich nicht schneidenden Geraden sind jeweils parallel.

Lösungen zu 3:
12; 24; 12; $14\frac{2}{3}$; 8; 10; 6; 16,5; 3,5; 6,8

4 Finde möglichst viele Zusammenhänge mithilfe der Strahlensätze. Findest du mehrere Lösungen?

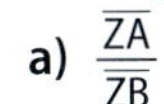

a) $\frac{\overline{ZA}}{\overline{ZB}} = \frac{\square}{\square}$ b) $\frac{\overline{ZG}}{\overline{ZI}} = \frac{\square}{\square}$ c) $\frac{\overline{ZE}}{\overline{ZF}} = \frac{\square}{\square}$ d) $\frac{\overline{ZE}}{\overline{ZH}} = \frac{\square}{\square}$ e) $\frac{\overline{ZE}}{\overline{EH}} = \frac{\square}{\square}$

f) $\frac{\overline{ZA}}{\overline{AG}} = \frac{\square}{\square}$ g) $\frac{\overline{ZI}}{\overline{ZC}} = \frac{\square}{\square}$ h) $\frac{\overline{DA}}{\overline{FC}} = \frac{\square}{\square}$ i) $\frac{\overline{HE}}{\overline{GD}} = \frac{\square}{\square}$ j) $\frac{\overline{DE}}{\overline{DF}} = \frac{\square}{\square}$

$\overline{AG} \parallel \overline{BH} \parallel \overline{CI}$

Z, G, H, I, D, E, F, A, B, C

5 Bei Strahlensätzen müssen Verhältnisgleichungen gelöst werden. Bestimme die unbekannte Größe.

a) $\frac{5}{9} = \frac{x}{27}$ b) $\frac{6}{y} = \frac{45}{135}$ c) $\frac{12,5}{36} = \frac{17,5}{x}$ d) $\frac{z}{17,5} = \frac{22,2}{8,4}$ e) $\frac{0,5}{x} = \frac{2,25}{6,3}$

Lösungen zu 5:
1,4; 15; 18; 46,25; 50,4

6 In einen Dachstuhl muss eine Stütze eingebracht werden. Berechne, in welcher Entfernung zum Ende des Dachstuhls diese eingepasst werden muss.

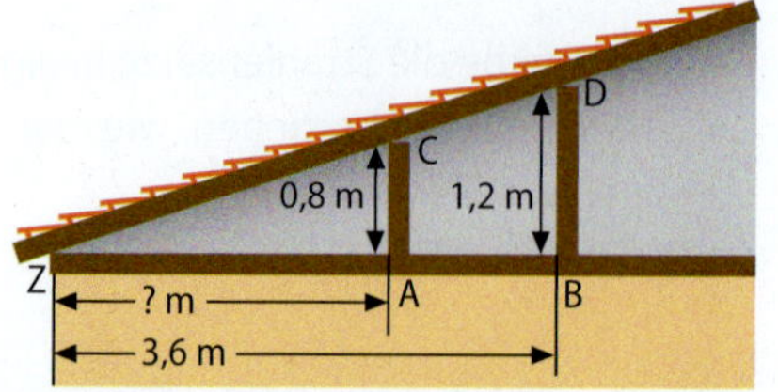

7 Mithilfe eines Försterdreiecks werden Höhen von Bäumen ermittelt.

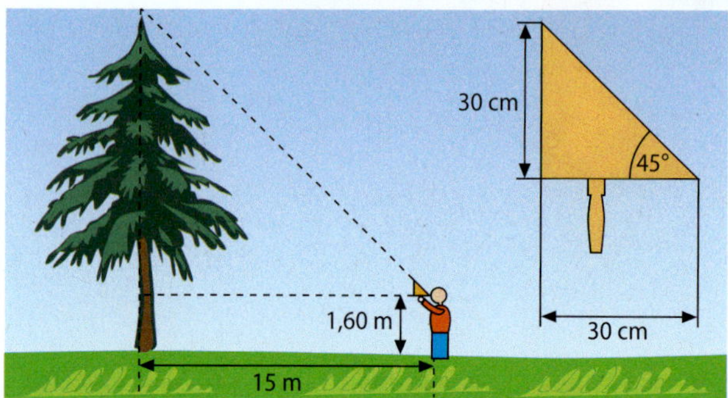

a) Übertrage die Skizze in dein Heft.
b) Worauf muss bei der Bestimmung der Höhe des Baumes geachtet werden?
c) Erkläre, warum nicht der Boden angepeilt wird.
d) Berechne die Höhe des Baumes. Beachte die Körpergröße des Mannes.

Alle Längenangaben sind in Metern gegeben.

8 Mithilfe der Strahlensätze kann man die Längen unzugänglicher Strecken berechnen. Bei einer Übung sollen verschiedene Gruppen die Breite eines Teichs bestimmen.

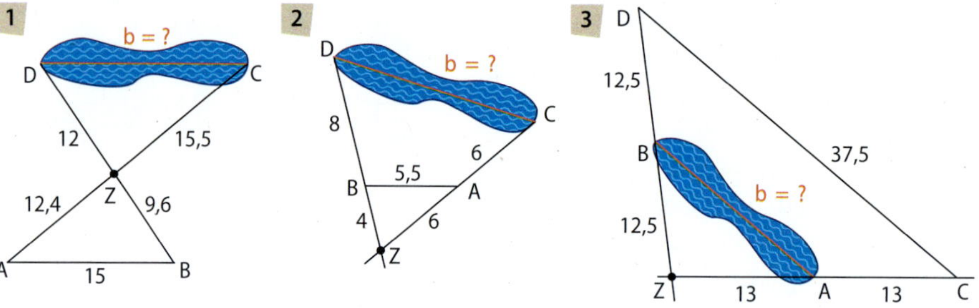

a) Entscheide, ob die Gruppen 1 bis 3 die Breite b bestimmen können. Begründe.
b) Bestimme die Breite des Teichs mit den Ergebnissen aus a).

Wissen

Streckeneinteilung mit dem Strahlensatz

Jede Strecke kann mithilfe der Strahlensätze in einem beliebigen rationalen Verhältnis geteilt werden.

Beispiel: Für die Teilung einer Strecke im Verhältnis 5 : 3 gibt es zwei Möglichkeiten:

1

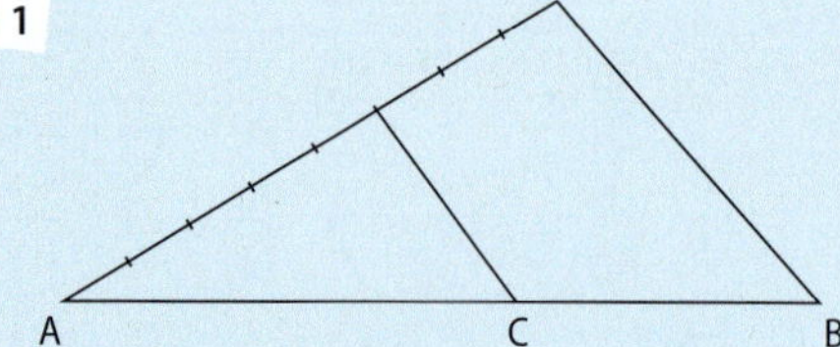

2

A C B

- Beschreibe beide Konstruktionen.
- Erkläre das Vorgehen mithilfe der Strahlensätze.

9 Der Schatten eines Turms ist 45,5 m lang. Zur gleichen Zeit misst der Schatten eines 1,85 m großen Mannes 2,59 m. Beide Schatten enden im gleichen Punkt. Skizziere die Situation und berechne die Höhe des Turmes.

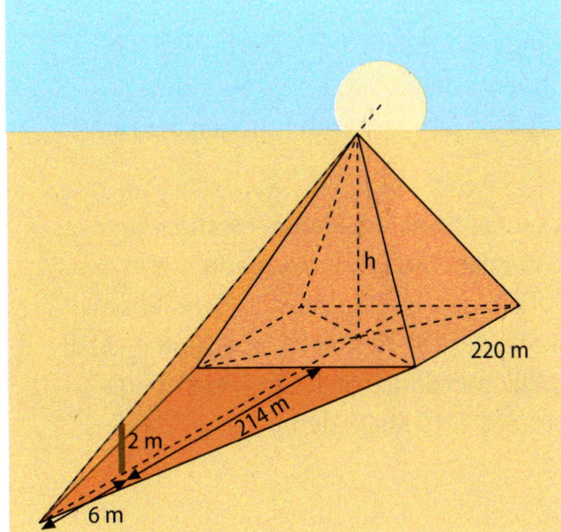

10 Schon im Altertum wurde ein Stab senkrecht so aufgestellt, dass die Spitze des Pyramidenschattens auf den Schatten des Stabs fiel, um die Höhe einer Pyramide zu bestimmen.
Berechne die Höhe der quadratischen Pyramide in der Zeichnung.

11 Unbekannte Größen kann man „Pi mal Daumen" bestimmen.
Dazu peilt man einen Gegenstand bei ausgestreckter Armlänge l über den Daumen mit der Daumenlänge d an. Bei einem Abstand a lässt sich damit ein Gegenstand der Länge g abdecken.

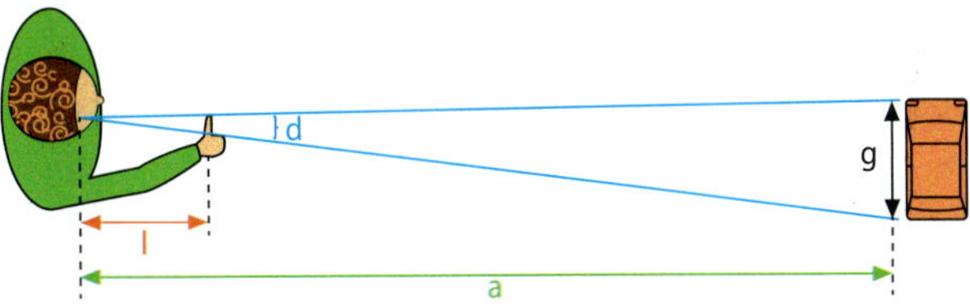

a) Ein Auto ist etwa 4,50 m lang. Bestimme mit deinen Maßen d und l die Entfernung vom Auto.

b) Probiere selbst aus, entweder den Abstand a oder die Länge g von Gegenständen mithilfe deiner Daumen- und Armlänge zu bestimmen.

Wissen

Umkehrung des 1. Strahlensatzes

Werden zwei Geraden a und b mit gemeinsamem Anfangspunkt Z von zwei Geraden g und h so geschnitten, dass das Verhältnis zugehöriger Abschnitte jeweils gleich ist, dann sind die Geraden g und h parallel zueinander.

- Begründe rechnerisch, dass die beiden roten Geraden g und h parallel zueinander sind.
- Konstruiere mithilfe der Umkehrung des 1. Strahlensatzes zueinander parallele Geraden.
- Finde heraus, welche der Geraden m, a, l, e und r in Wirklichkeit parallel zueinander sind. Begründe deine Aussage. Die Zeichnung ist nicht maßstäblich.

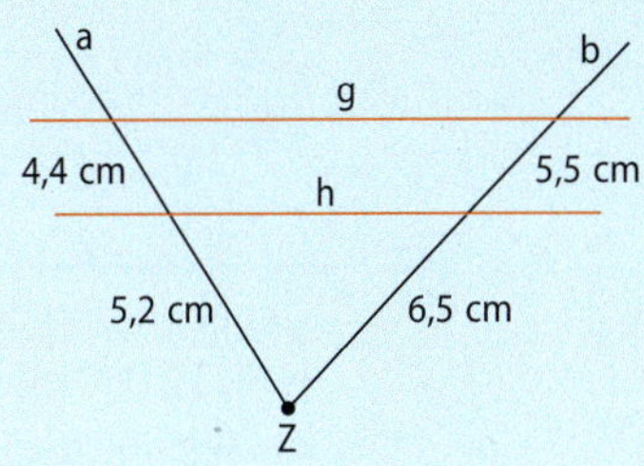

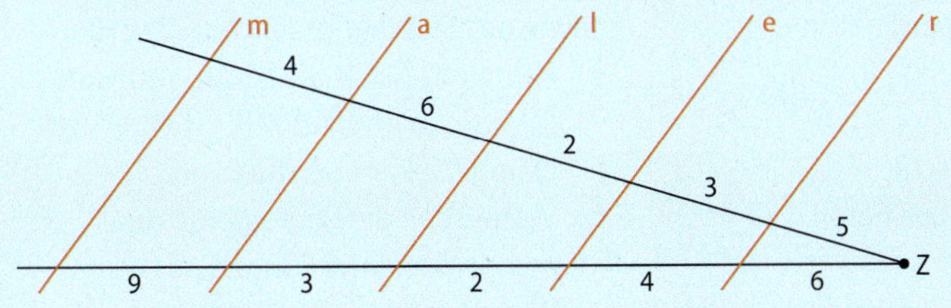

4 Aufgaben zur Differenzierung

zu 4.1

1 Planetenwanderwege sind verkleinerte Modelle unseres Sonnensystems. Sie vermitteln einen Eindruck von den Größen und Entfernungen der Himmelskörper.

In Cottbus kannst du einem Planetenwanderweg vom Raumflugplanetarium „Juri Gagarin" bis in den Branitzer Park folgen. Die Kuppel des Planetariums stellt die Sonne dar. Die Himmelskörper sind im Maßstab 1 : 10 Millionen dargestellt. Der Entfernungsmaßstab beträgt 1 : 10 Milliarden.

Himmelskörper	Durchmesser in km	Abstand von der Sonne in 10^6 km
Sonne	1 390 000	
Merkur	4880	58
Venus	12 100	108
Erde	12 700	150
Mars	6780	228
Jupiter	143 000	778
Saturn	120 500	1 430
Uranus	50 800	2 880
Neptun	49 500	4 500
	Durchmesser in km	**Abstand von der Erde in km**
Erdmond	3480	384 000

a) Welchen Durchmesser hat die Sonne im Cottbusser Modell?
b) Wie weit muss man auf dem Planetenwanderweg von der Sonne bis zum Jupiter laufen?

a) Zeichne Erde und Mond jeweils im selben Maßstab in dein Heft.
b) Eine Wanderkarte hat einen Maßstab von 1 : 25 000. Wie lang ist ein kompletter Planetenweg in dieser Karte?

zu 4.2

2 Zeichne die Figuren sowie deren Bilder in ein geeignetes Koordinatensystem. Bestimme die jeweiligen Streckungszentren Z und die Streckungsfaktoren k.

a) A (2 | 1,5); B (3 | 2); C (3 | 3)
A′(1 | 2); B′(3 | 3); C′(3 | 5)
b) D (−4 | 3); E (−3 | 3); F (−2,5 | 5); G (−4,5 | 5)
D′(−5 | 1); E′(−2 | 1); F′(−0,5 | 7);
G′(−6,5 | 7)

a) H (−3 | −3); I (−2 | −3); J (−3 | −2)
H′(−2 | −2); I′(−1,5 | −2); J′(−2 | −1,5)
b) K (−1 | −1); L (2 | −4); M (5 | −1); N (5 | 2);
O (2 | 2)
K′(13 | 3); L′(10 | 6); M′(7 | 3); N′(7 | 0);
O′(10 | 0)

3 Berechne die fehlenden Werte für die Streckungsfaktoren bzw. Flächeninhalte in deinem Heft.

	k	k^2	A	A′
a)	1,5		22 cm²	
b)	−0,7			10,78 cm²
c)			14 dm²	8,96 dm²

	k	k^2	A	A′
a)	−8			832 cm²
b)		1,96	40 cm²	
c)			1,2 cm²	480 mm²

4 Gegeben sind die Punkte R (3 | 1), A (6 | 3), N (4 | 5), D (2 | 5) und Z (0 | 1).
a) Zeichne die Punkte in ein Koordinatensystem und verbinde die Punkte R, A, N, D zu einem Viereck RAND.
b) Führe mit k = 2 eine zentrische Streckung durch. Gib die Koordinaten der Bildpunkte an.

Gegeben sind das Viereck ABCD mit A (−2 | 0), B (3 | −2), C (3 | 1) und D (2 | 2) sowie das Streckungszentrum Z (0 | 0).
a) Führe mit ABCD die zentrische Streckung (Z; k_1 = 2) und mit A′B′C′D′ die Streckung (Z; k_2 = −1) aus.
b) Vertausche die Reihenfolge der zentrischen Streckungen aus a). Was stellst du fest? Begründe.

5 Begründe, welche Aussagen stimmen. Ähnlich zueinander sind stets … zu 4.3

a) zwei rechtwinklige Dreiecke.
b) zwei gleichschenklige Dreiecke.
c) zwei gleichseitige Dreiecke.
d) zwei Kreise.

a) zwei Rauten.
b) zwei gleichschenklige Trapeze.
c) zwei kongruente Dreiecke.
d) zwei regelmäßige Sechsecke.

6 Zeichne die Figur in dein Heft und zerlege sie dann dort mithilfe einer einzigen Strecke in zwei zueinander ähnliche Teilfiguren.

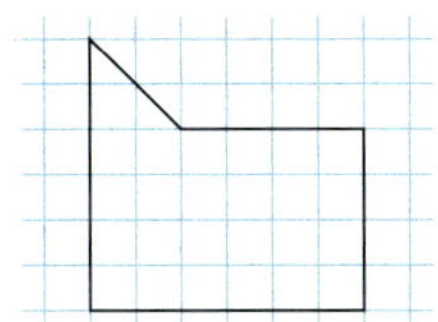

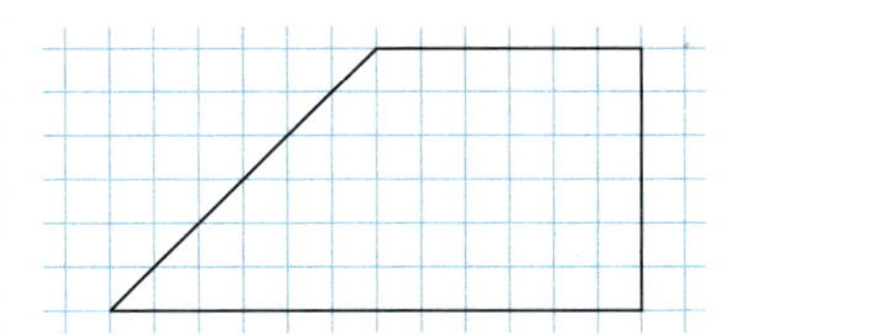

7 Bestimme jeweils die Längen aller vier farbig markierten Strecken (Maße in cm; Zeichnungen nicht maßstäblich). zu 4.4

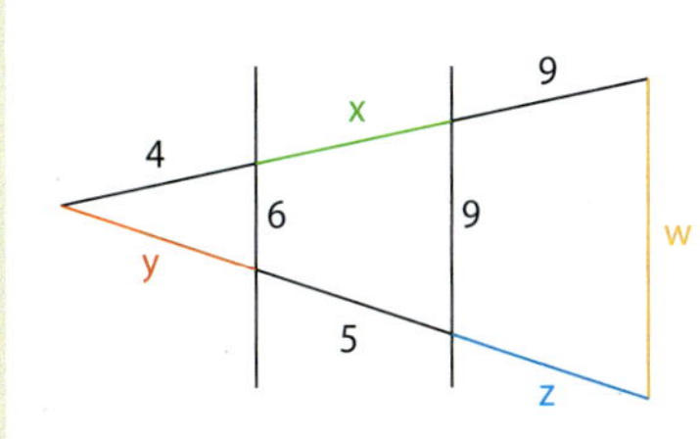

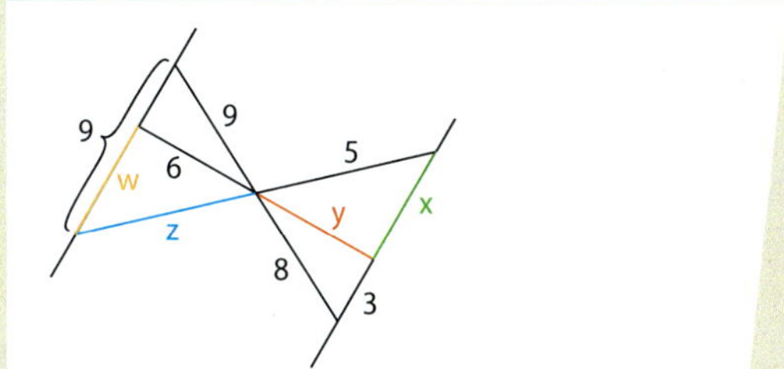

8 Die „Breite" von Gewässern kann durch Anpeilen von markanten Punkten und durch Abmessen bestimmter Streckenlängen ermittelt werden.

Berechne mit den angegebenen Werten jeweils die Länge der Strecke $\overline{AB}$.

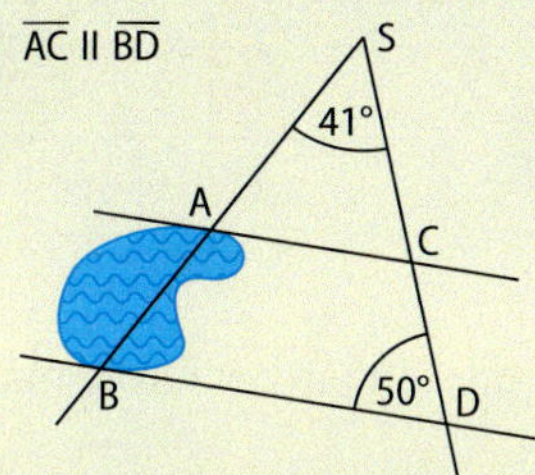

a) $\overline{CD} = 85$ m; $\overline{CS} = 63$ m
b) $\overline{DS} = 115$ m; $\overline{CS} = 74$ m

a) $\overline{AS} = 35$ m; $\overline{BD} = 54$ m
b) $\overline{DS} = 96$ m; $\overline{CD} = 42$ m

9 Berechne die Höhe des Turms.

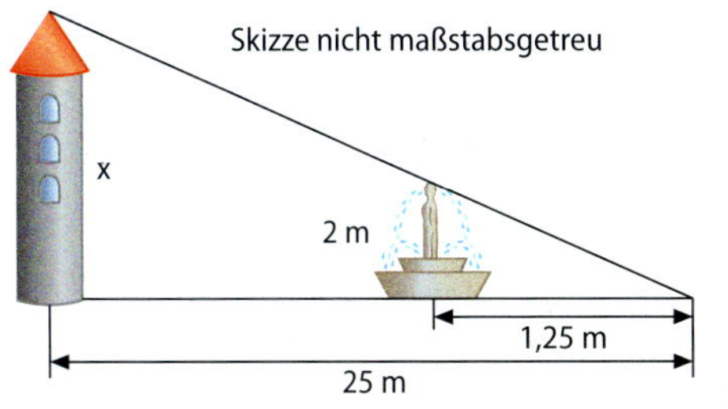

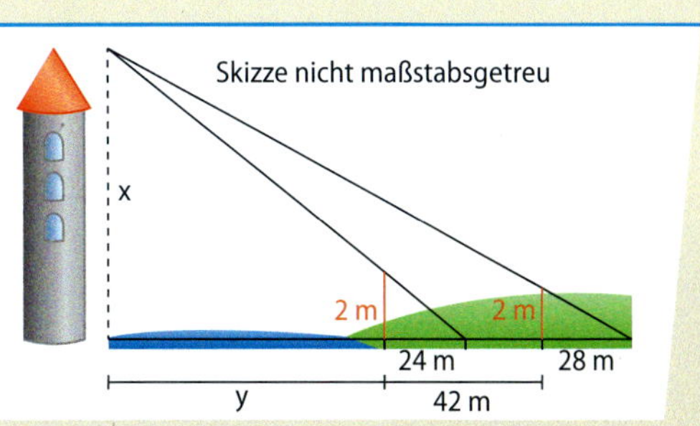

4 Vermischte Aufgaben

1 Mit welchem Faktor k wurden die Figuren vergrößert bzw. verkleinert?

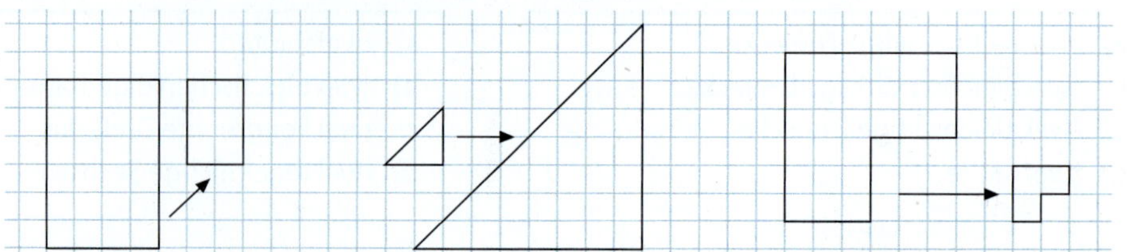

2 Übertrage die Figuren mit $k = \frac{1}{2}$ ($k = 1{,}5$) in dein Heft.

a)

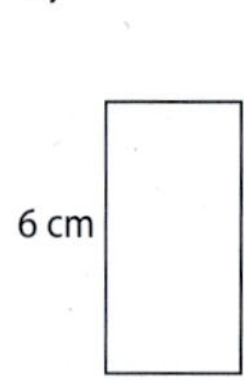

b) **c)**

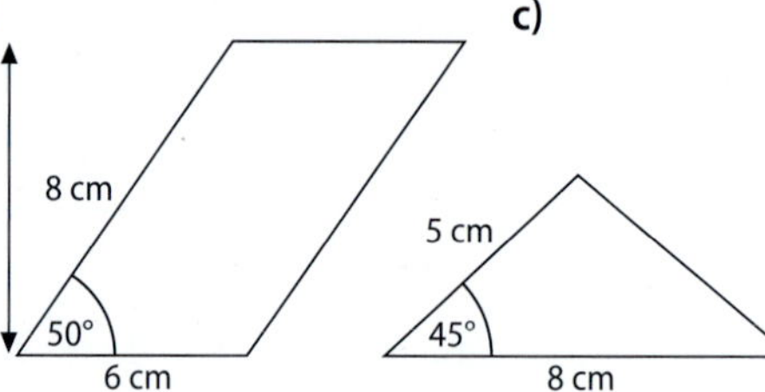

d)

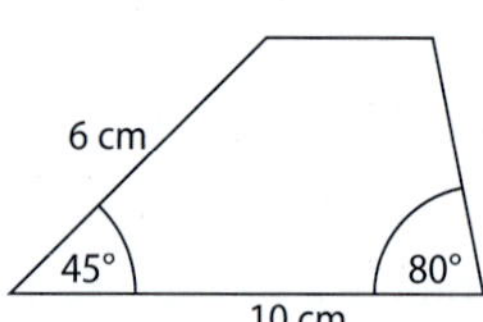

3 Welche Figuren sind ähnlich zueinander? Begründe.

Lösungen zu 4:
2,5; 6; 3; 8; 6; 9; 12; 14,4; 4; 7,5; 12,5

4 Bestimme die Längen der farbig markierten Strecken (alle Maße in cm).

a)

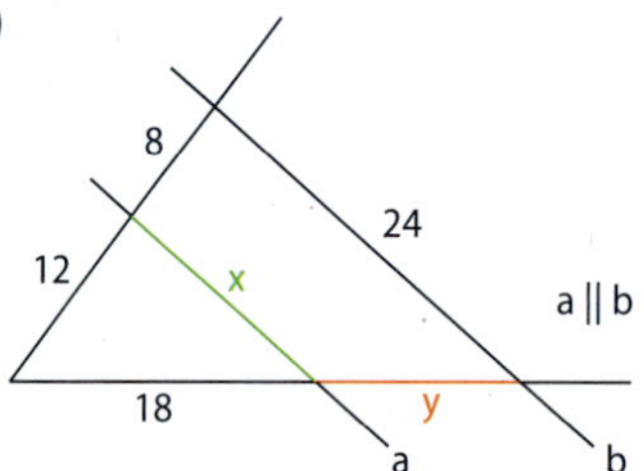

b)

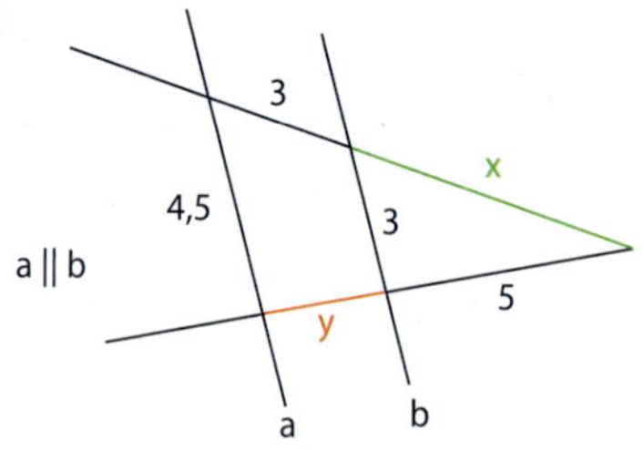

c)

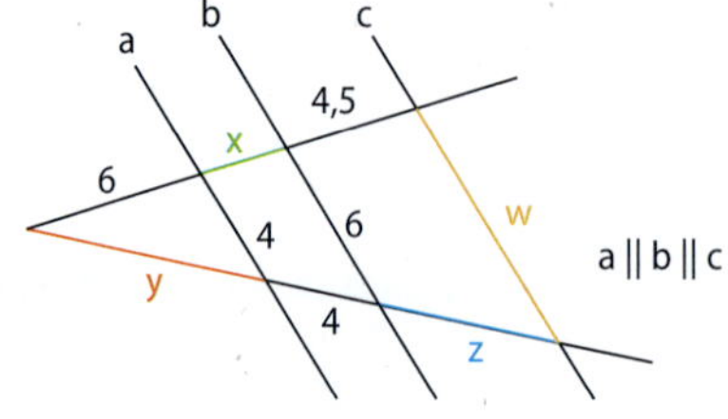

d)

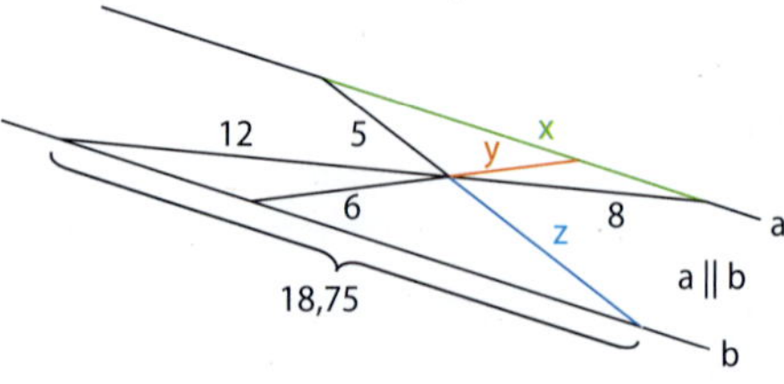

5 Welche Dreiecke sind zueinander ähnlich? Begründe.

1 $a = 9\,cm$; $\beta = 81°$; $\gamma = 47°$

2 $b = 6{,}3\,cm$; $\beta = 52°$; $\gamma = 81°$

3 $b = 9{,}9\,cm$; $\alpha = 47°$; $\gamma = 52°$

4 $c = 2{,}4\,cm$; $\alpha = 80°$; $\beta = 48°$

5 $a = 7{,}2\,cm$; $\alpha = 52°$; $\gamma = 48°$

6 $b = 6\,cm$; $\alpha = 47°$; $\gamma = 80°$

6 Ein beliebiges Rechteck ABCD wird wie rechts abgebildet in drei Dreiecke zerlegt. Untersuche, ob die Dreiecke zueinander ähnlich sind. Begründe deine Antwort.

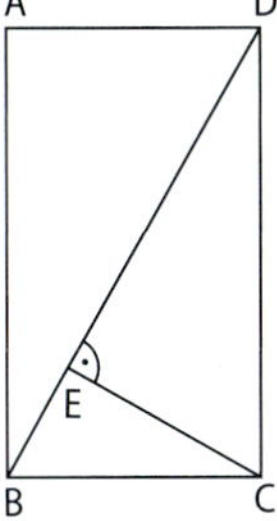

7 Bestimme jeweils alle Streckenlängen in der abgebildeten Figur (AE || BF).

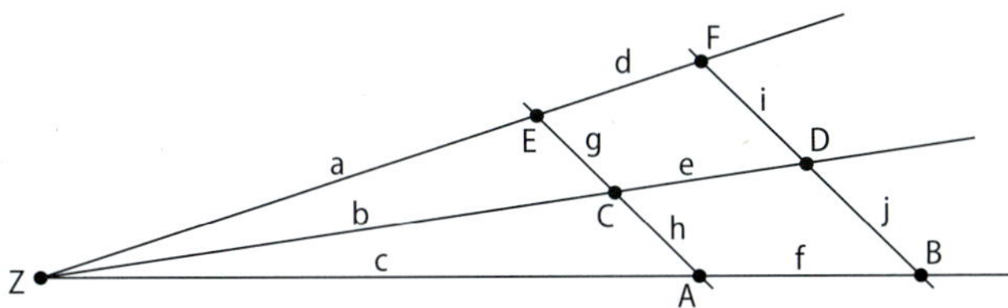

a) $a = 4\,cm$; $b = 5\,cm$; $c = 7{,}5\,cm$; $d = 2{,}5\,cm$; $g = 2\,cm$; $j = 5\,cm$
b) $a = 3{,}2\,cm$; $c = 4\,cm$; $e = 6{,}5\,cm$; $f = 8\,cm$; $h = 1{,}8\,cm$; $i = 3\,cm$
c) $a = 4\,cm$; $c = 3\,cm$; $e = 7{,}4\,cm$; $h = 2\,cm$; $i = 3\,cm$; $j = 6\,cm$

8 Berechne die Längen der Strecken $\overline{AA'}$ und $\overline{A'B'}$.
Es gilt: $\overline{AB} \parallel \overline{A'B'}$.

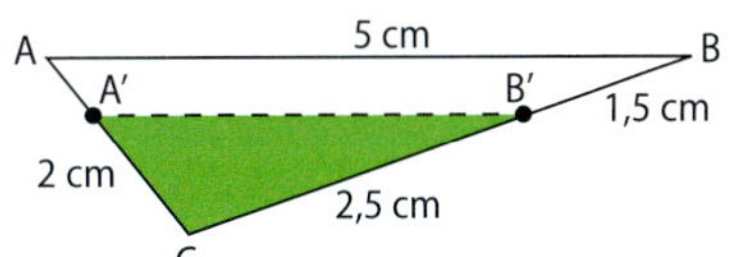

9 Ein dreiseitiges Prisma ($a = 5\,cm$; $b = 12\,cm$; $c = 13\,cm$; $h = 4\,cm$) wird mittels zentrischer Streckung um den Faktor $k = 2$ ($k = 5$) vergrößert. Berechne das Volumen und den Oberflächeninhalt des vergrößerten Prismas.

Skizze nicht maßstabsgetreu

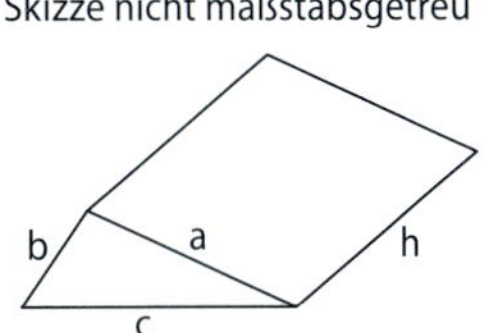

10 Schüler des Rathenower Jahngymnasiums wollen ihren Schulhof neu gestalten. Dafür erarbeiten sie in einem gemeinsamen Projekt mit Studenten der FH Potsdam verschiedene Vorschläge. Die Präsentation erfolgt mit einem Modell der Schule, das im Maßstab von 1 : 75 angefertigt wurde.

a) Im Modell ist das Gebäude 44 cm hoch. Berechne mit dem angegebenen Maßstab die Originalhöhe des Gebäudes.
b) Die Länge einer der parallelen Außenseiten des U-förmigen, eckigen Gebäudes beträgt 53,50 m. Berechne die Länge der Außenseite im Modell.
c) Die beiden Seitenflügel des Schulgebäudes sind an der Innenseite 48 m, der Mittelteil 32 m lang. Wie groß ist die Fläche des Innenhofs im Modell? Fertige dafür zunächst eine Skizze an.

11 Gegeben sind die Originalfigur ABC mit A (2,5 | 4), B (2,5 | –1), C (3,5 | 1) sowie die Bildfigur A'B'C' mit A' (5,5 | 5,5), B' (5,5 | –4,5) und C' (7,5 | –0,5).

a) Zeichne beide Dreiecke in ein Koordinatensystem (1 LE = 1 cm). Bestimme zeichnerisch die Koordinaten des Streckungszentrums Z.

b) Bestimme den Streckungsfaktor k.

c) Berechne die Flächeninhalte der beiden Dreiecke und vergleiche sie.

12 Mithilfe von Sammellinsen kann man Bilder von Gegenständen abbilden.

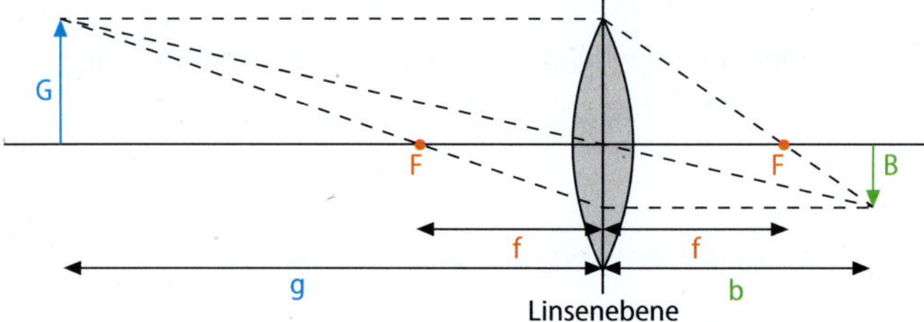

a) Beschreibe den Strahlenverlauf an der Sammellinse. Welche Bedeutung haben die Größen G, B, F, g, b und f?

b) Skizziere den Aufbau in deinem Heft und kennzeichne ähnliche Dreiecke.

c) Berechne B für G = 6 cm, g = 24 cm und b = 18 cm.

d) Eine Kerze ist 10 cm hoch und steht 25 cm vor einer Linse. Wie weit ist das Bild der Kerze von der Sammellinse entfernt, wenn das Bild 6 cm groß ist?

13 Ein Set aus drei zueinander ähnlichen Truhen steht zum Verkauf. Die größte Truhe hat die Außenmaße 96 cm × 48 cm × 48 cm. Das längste Maß der kleinsten Truhe entspricht dem kleinsten Maß der größten Truhe. Das Volumen der mittleren Truhe beträgt $\frac{27}{64}$ des Volumens der größten Truhe.

a) Berechne die Maße der mittleren und kleinen Truhe.

b) Vergleiche die Oberflächeninhalte der Truhen und bestimme die Faktoren a, b und c in folgenden Gleichungen: $A_{groß} = a \cdot A_{klein}$; $A_{groß} = b \cdot A_{mittel}$; $A_{mittel} = c \cdot A_{klein}$

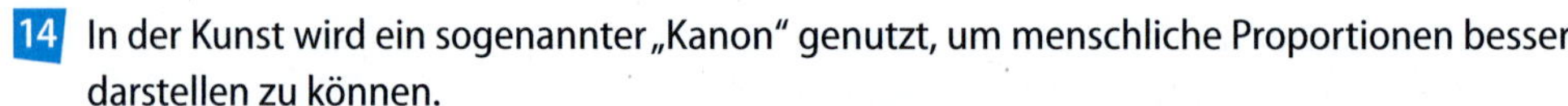

14 In der Kunst wird ein sogenannter „Kanon" genutzt, um menschliche Proportionen besser darstellen zu können.

a) Berechne die Längen der Beine (die Höhe des Knies, die Kopflänge, die Länge vom Bauchnabel bis zum Hals) für einen 1,80 m großen erwachsenen Menschen nach diesem „Kanon".

b) Ein 1-jähriges Kind ist 86 cm groß. Berechne die Größe des Kopfes. Vergleiche seine Kopfgröße mit der eines Erwachsenen.

c) Die Fußlänge eines erwachsenen Menschen beträgt etwa $\frac{1}{7}$ der Körpergröße. Wie groß müsste Ute (23 Jahre) sein, wenn ihre Füße 25 cm groß sind?

d) Vermesse dich selbst und prüfe, ob der „Kanon" auch auf dich zutrifft.

Größe von Menschen in Vielfachen ihrer Kopflänge

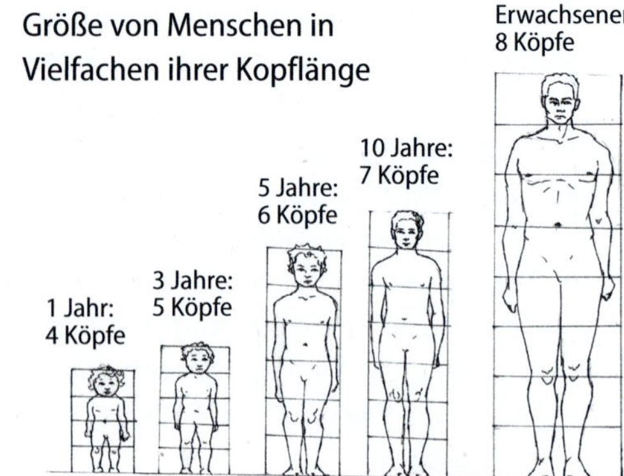

15 DIN-Formate sind genormte Papierformate. Das Urformat (DIN A0) ist ein Rechteck, das 1189 mm lang und 841 mm breit ist. Sein Flächeninhalt beträgt 1 m^2. Durch Halbierung der größeren Seite ergibt sich jeweils das nächste DIN-Format.

a) Berechne den Streckungsfaktor von einem DIN-Format zum nächstgrößeren (nächstkleineren).

b) Bestimme das Verhältnis der langen zur kurzen Blattkante bei einem Blatt vom Format DIN A4 (vom Format DIN A5).

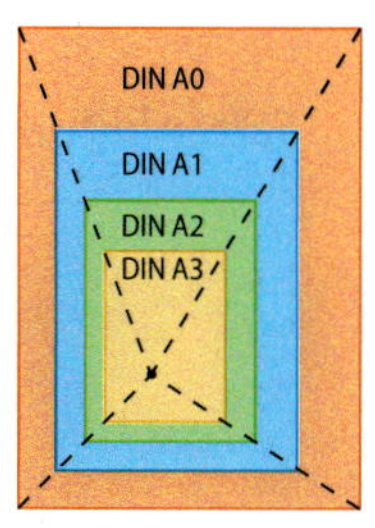

Werkzeug

Ähnliche Dreiecke mit dynamischer Geometriesoftware

In diesem Kapitel hast du bereits gelernt, wie man Dreiecke zentrisch streckt. Zur Ähnlichkeit wird die zentrische Streckung mit Spiegelungen, Drehungen und Verschiebungen verknüpft.

Achsenspiegelung einer Figur am Beispiel eines Dreiecks

1 Zeichne ein Dreieck und eine Gerade als Spiegelachse.

2 Wähle in der Menüleiste über das Symbol den Befehl zur Achsenspiegelung (z. B. „Spiegle an Gerade."). Danach musst du nacheinander die Figur und die Gerade markieren.

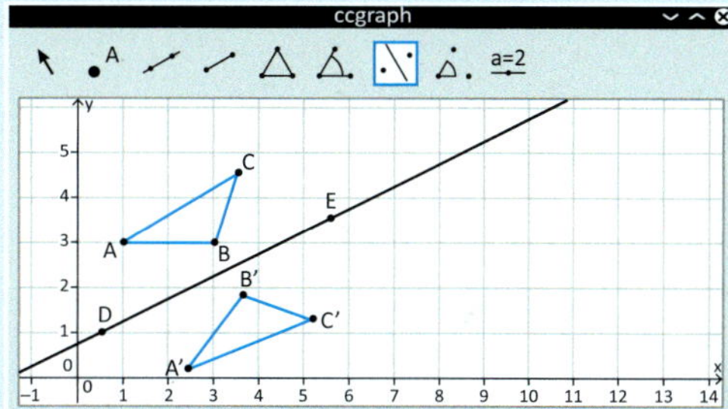

Drehung einer Figur am Beispiel eines Dreiecks

1 Erstelle mit a=2 einen Schieberegler für den Drehwinkel.

2 Zeichne die Figur. Wenn das Drehzentrum außerhalb der Figur liegt, wähle einen Punkt als Drehzentrum. Wähle in der Menüleiste über das Symbol den Befehl zur Drehung (z. B. „Drehe um Punkt.").
Danach musst du das zu drehende Objekt, das Drehzentrum D sowie den Schieberegler für den Drehwinkel markieren. Mit Betätigung des Schiebereglers ändert sich der Drehwinkel.

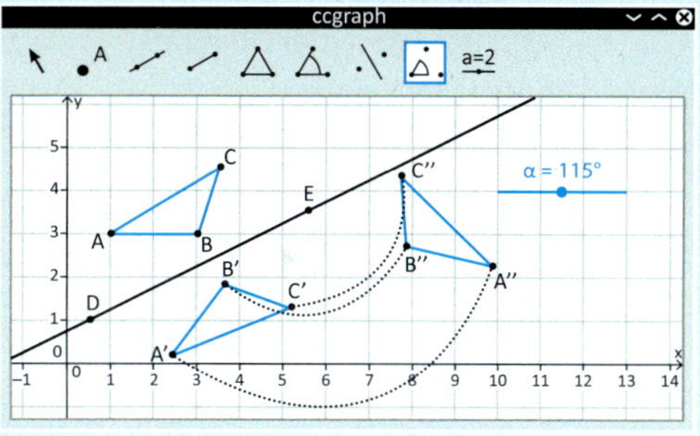

- Beschreibe ebenso die Verschiebung einer Figur.

Du kannst nun ein Dreieck gleichzeitig spiegeln, drehen, verschieben und zentrisch strecken.

- Zeichne mithilfe der Verknüpfung der verschiedenen Abbildungen ähnliche Dreiecke. Überprüfe die Eigenschaften ähnlicher Dreiecke.
- Zeichne ein Dreieck ABC und markiere die Mittelpunkte der Dreiecksseiten. Verbinde sie durch Strecken. Zeige durch Drehung und zentrischer Streckung, dass das entstandene Dreieck und das Ursprungsdreieck zueinander ähnlich sind. Notiere die entsprechenden Dreh- und Streckzentren.
- Zeichne ein Trapez ABCD, wobei $a \parallel c$ gelten soll. Zeichne außerdem die Diagonalen ein, die sich in E schneiden sollen. Zeige mithilfe der Geometriesoftware, dass $\Delta ABE \sim \Delta ECD$ gilt. Verändere das Trapez so, dass auch $\Delta AED \sim \Delta EBC$ gilt. Notiere Eigenschaften dieses Trapezes.

Faltanleitung Fisch

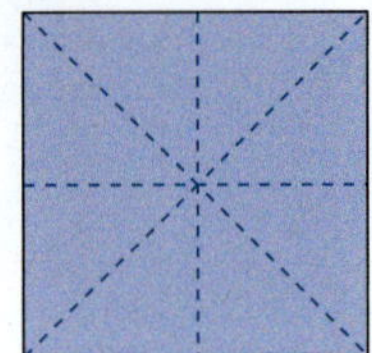

1 Lege die farbige Fläche nach oben, falte Diagonalen und Mittellinien und öffne wieder.

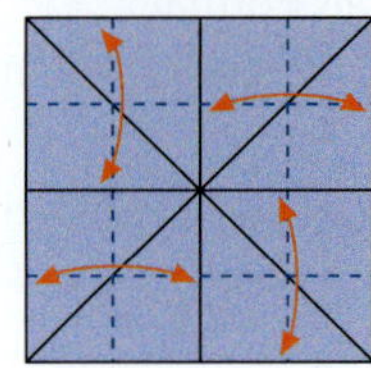

2 Viertele jede Quadratseite und öffne wieder.

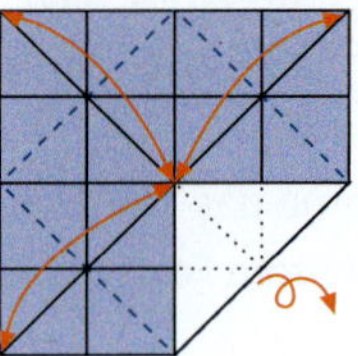

3 Falte alle vier Ecken zur Mitte. Öffne drei Ecken, die rechte untere bleibt eingeklappt. Wende das Blatt.

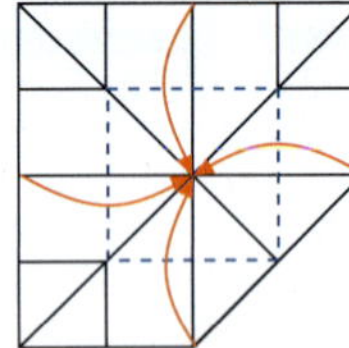

4 Knicke entlang der blau gezeichneten Kanten so um, dass die Mittelpunkte der Quadratseiten auf den Schnittpunkt in der Quadratmitte fallen, wobei …

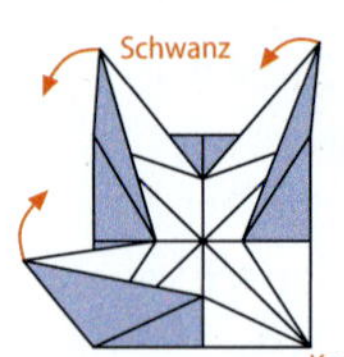

5 die drei äußeren Ecken hochstehen. Diese bilden Flossen und Schwanz. Die Flossen werden in Richtung Schwanz umgelegt, dieser wird selbst nach unten geklappt.

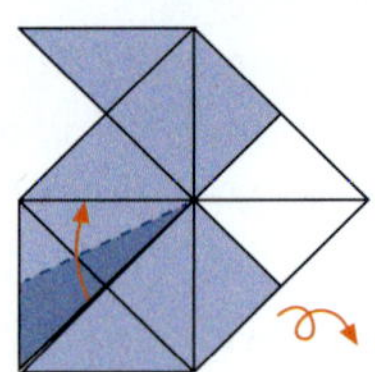

6 Knicke für den Schwanz die nach unten geklappte Ecke zur Hälfte nach oben, sodass Kante auf Kante liegt. Drehe die Figur: Der Fisch ist fertig.

Fischige Angelegenheiten

Falte aus Origamipapier einen Fisch nach der obigen Anleitung und entfalte ihn wieder. Färbe in dem Faltmuster die markierten Dreiecke ein.

a) Begründe, dass die markierten Dreiecke jeweils ähnlich zueinander sind.

b) Bestimme jeweils den Faktor k, um den die Seiten gestreckt wurden.

1 2 3 4

Alles ähnlich beim Falten

Ähnliche Flächen 

Falte aus Origamipapier den Fisch nach der Anleitung und entfalte ihn wieder. Das blaue Dreieck stellt für die folgenden Aufgaben eine Grundfigur dar.

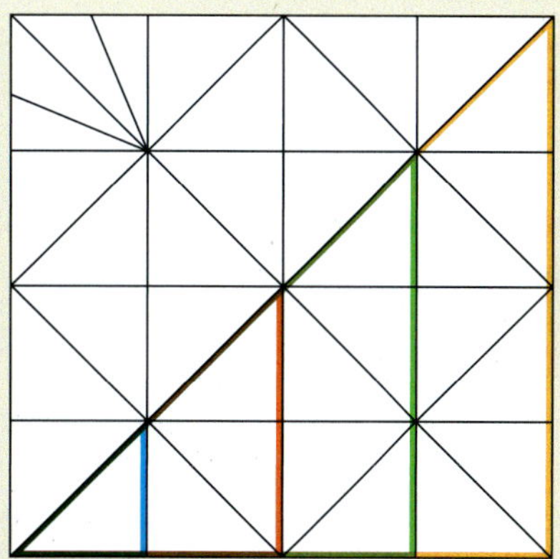

a) Begründe, warum die markierten Dreiecke jeweils ähnlich zueinander sind.

b) Übertrage die Tabelle in dein Heft und fülle sie anhand der folgenden beiden Fragen aus.

Dreieck	blau	rot	grün	gelb
Streckungsfaktor k	1			
Anzahl Grundfiguren	1			

1 Bestimme jeweils den Streckungsfaktor k, mit dem die markierten Dreiecke aus dem blauen Dreieck entstanden sind.

2 Mit wie vielen blauen Dreiecken kann man jeweils die anderen Dreiecke auslegen?

c) Beschreibe den Zusammenhang zwischen dem Streckungsfaktor und dem Flächeninhalt ähnlicher Figuren, wie du ihn aus b) erkennen kannst. Überprüfe den Zusammenhang an beliebigen weiteren ähnlichen Figuren.

Lauter Strahlen 

Ein Blatt durch Falten zu vierteln ist ziemlich einfach.
Doch wie lässt es sich – nicht nur nach Augenschein, sondern exakt – dritteln?

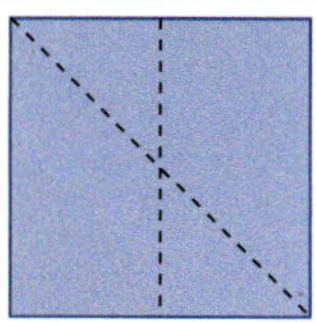

1 Falte das Quadrat zur Hälfte und entlang einer Diagonalen.

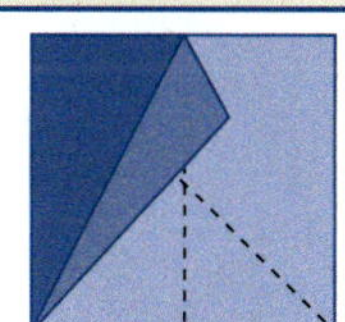

2 Falte die Diagonale im Rechteck einer Quadrathälfte so, dass sich diese Diagonale mit der aus Schritt 1 schneidet.

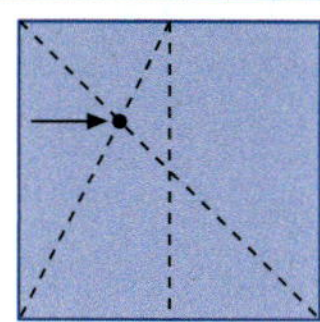

3 Falte nun eine Linie parallel zur Mittelfaltung, die den Schnittpunkt der beiden Diagonalen enthält.

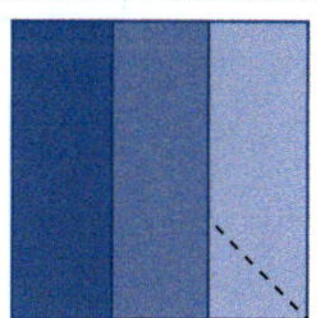

4 Die untere und obere Quadratseite (und somit auch die Fläche) wird durch die Faltung gedrittelt.

a) Suche in dem Faltmuster nach möglichst vielen Strahlensatzfiguren und markiere diese farbig.

b) Eine Quadratseite soll nun die Länge 1 haben. Zeige über die Untersuchung von Seitenverhältnissen aus Strahlensatzfiguren, dass x die Quadratseite drittelt.

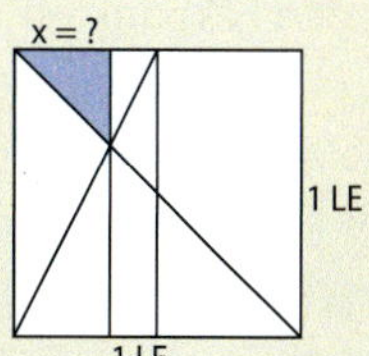

4 Das kann ich!

Überprüfe deine Fähigkeiten und Kompetenzen. Bearbeite dazu die folgenden Aufgaben und bewerte anschließend deine Lösungen mit einem Smiley. Hinweise zum Nacharbeiten findest du auf der folgenden Seite. Die Lösungen stehen im Anhang.

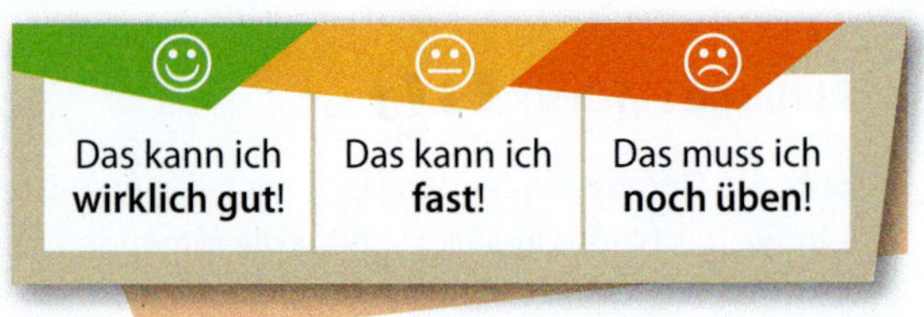

1 Eine 36 cm lange Strecke soll im Verhältnis 5 : 7 geteilt werden. Berechne die Längen der beiden Teilstrecken.

2 Zeichne ein Rechteck ABCD mit den Seitenlängen a = 4,0 cm und b = 5,0 cm.

a) Strecke das Rechteck mit den Streckungsfaktoren …
1 $k = \frac{1}{2}$. **2** $k = 1,5$.
Wähle das Streckungszentrum Z so, dass es …
A auf einem Eckpunkt des Rechtecks liegt.
B innerhalb des Rechtecks liegt.

b) Vergleiche die Flächeninhalte des Originalrechtecks mit den Flächeninhalten der Bildrechtecke.

3 Übertrage die Figur in dein Heft und vergrößere sie mit k = 3.

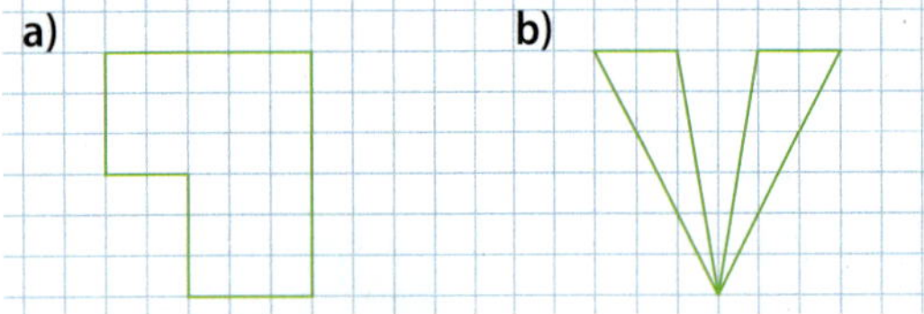

4 Bestimme den Streckungsfaktor k, wenn es sich um eine Vergrößerung (Verkleinerung) handelt.

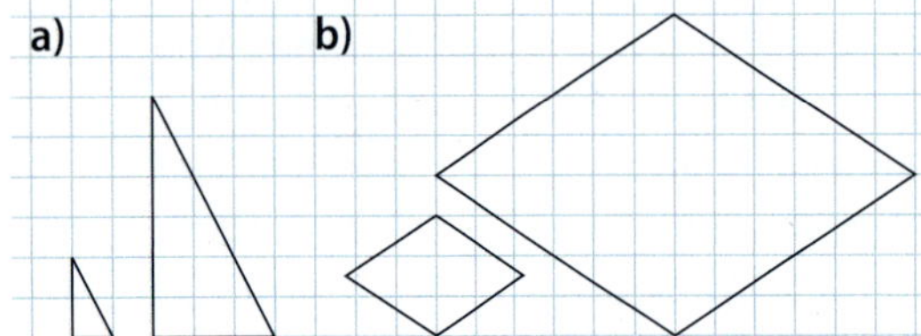

5 Das Dreieck mit den Eckpunkten A (1 | 1,5), B (3 | 1,5) und C (4 | 3,5) wurde zentrisch gestreckt. Dabei sind die folgenden Bildpunkte entstanden: A′(−1,5 | −3,5), B′(−4,5 | −3,5) und C′(−6 | −6,5). Ermittle den Streckungsfaktor k und das Streckungszentrum Z.

6 Die Punkte A′(6,5 | 1,5) und B′(4 | 4) sind durch zentrische Streckung aus den Punkten A (2 | 0) und B (1 | 1) entstanden.

a) Bestimme die Koordinaten des Streckungszentrums Z.

b) Ermittle den Streckungsfaktor k.

7 Bestimme den Maßstab der Zeichnung eines Rechtecks mit …

a) a = 40 m und b = 25 m, dessen Umfang in einer maßstäblichen Zeichnung 52 cm beträgt.

b) a = 800 m und b = 450 m, dessen Flächeninhalt in einer maßstäblichen Zeichnung 9 cm^2 beträgt.

8 Welche Figuren sind ähnlich zueinander?

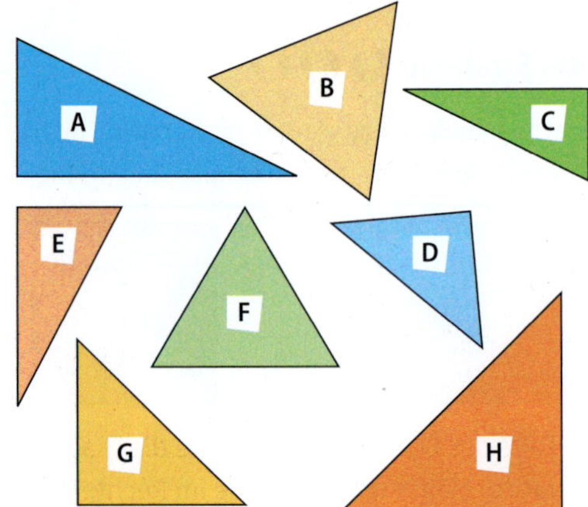

9 Überprüfe die Rechtecke A, B, C auf Ähnlichkeit.

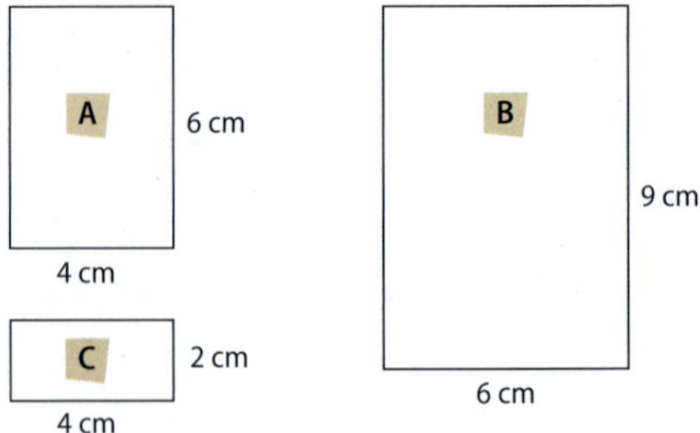

10 Stelle möglichst viele Zusammenhänge zwischen Streckenlängen mit dem 1. und 2. Strahlensatz her.

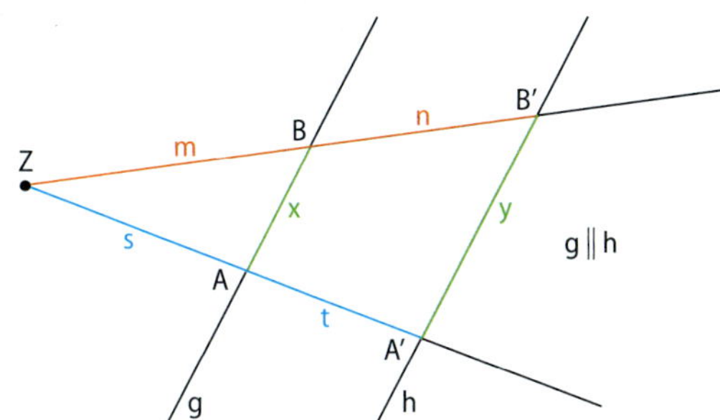

11 Überprüfe, ob es sich bei dieser Figur um eine Strahlensatzfigur handelt. Begründe.

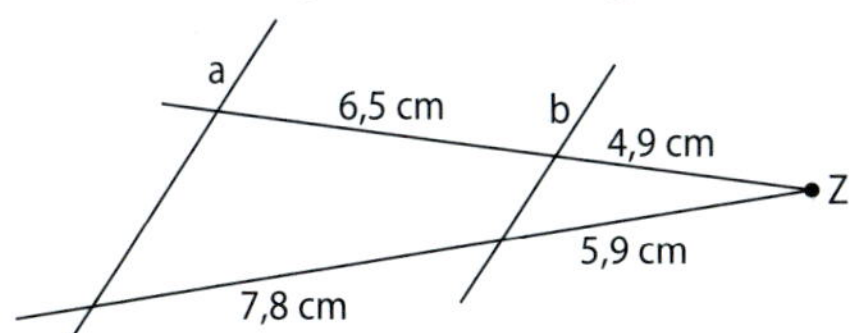

12 Zeichne eine Strecke $\overline{CD}$ der Länge 7,8 cm. Teile diese Strecke mithilfe des Strahlensatzes in 3 (4; 5) gleich lange Teilstrecken.

13 Berechne die Höhe h des Turms.

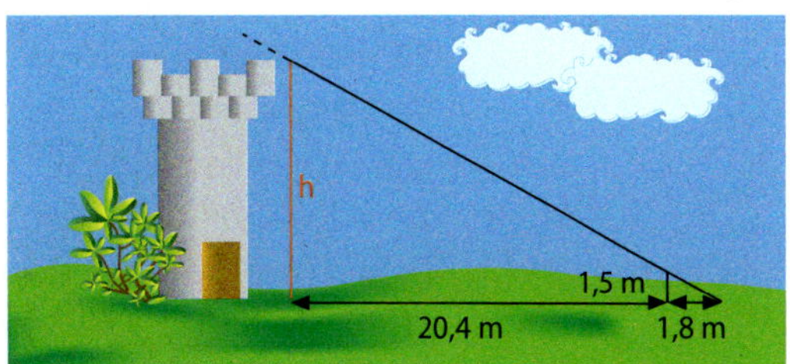

14 Um die Länge eines Sees zu ermitteln, wurden folgende Strecken vermessen: y = 320 m, b = 160 m, a = 80 m.

a) Berechne die Entfernung der Punkte A und B.

b) Unter welcher Bedingung ist die Berechnung nur möglich?

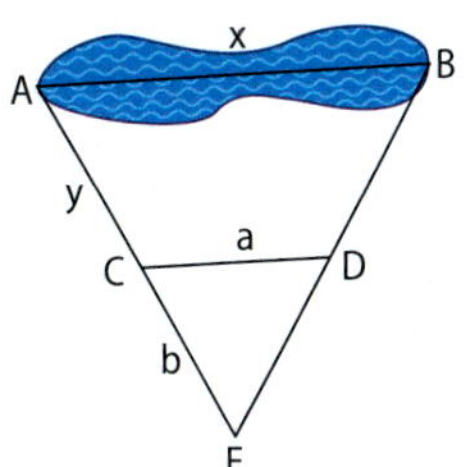

Aufgaben für Lernpartner

Sind folgende Behauptungen richtig oder falsch? Begründe schriftlich.

A Beim maßstäblichen Vergrößern mit dem Faktor k = 2 werden alle Strecken und Winkel verdoppelt.

B Der Streckungsfaktor $k = \frac{1}{4}$ entspricht dem Maßstab 1 : 4.

C Ähnliche Figuren stimmen in ihrer Form überein.

D Zwei Dreiecke sind zueinander ähnlich, wenn sie in der Länge aller drei Seiten übereinstimmen.

E Die Strahlensätze kann man anwenden, wenn zwei sich schneidende Geraden von zwei weiteren Geraden geschnitten werden.

F Mithilfe der Strahlensätze lassen sich oftmals auch unzugängliche Streckenlängen bestimmen.

G Wenn bei einer zentrischen Streckung $|k| < 1$ gilt, so werden die Figuren vergrößert.

Ich kann …	Aufgaben	Hilfe
Figuren zentrisch strecken und Flächeninhalte von Bildfiguren berechnen.	2, 3, 4, A, G	S. 114, 117
bei Figuren den Streckungsfaktor und Maßstab bestimmen.	1, 5, 6, 7, B	S. 112, 114
erkennen und begründen, wenn Figuren ähnlich zueinander sind.	8, 9, C, D	S. 118
Streckenverhältnisse anhand der Strahlensätze aufstellen.	10, 11, E	S. 120
Strahlensätze nutzen, um Streckenlängen zu bestimmen.	12, 13, 14, F	S. 120

Seite 114

Zentrische Streckung

Bei **maßstäblichen Vergrößerungen** und **Verkleinerungen** legt der Maßstab fest, in welchem Verhältnis die Länge der Bildstrecke zur Länge der Originalstrecke steht. Diesen Vorgang nennt man **zentrische Streckung**. Den Maßstab bezeichnet man als **Streckungsfaktor k**.

$$|k| = \frac{\text{Länge der Bildstrecke}}{\text{Länge der Originalstrecke}}$$

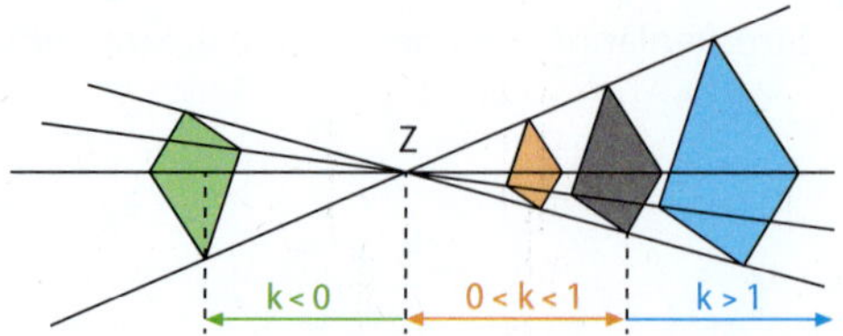

$|k| = 1$: Das Bild ist so groß wie das Original.
$|k| > 1$: Das Bild ist größer als das Original.
$0 < |k| < 1$: Das Bild ist kleiner als das Original.
$k < 0$: Das Bild wurde an Z gespiegelt und ggf. vergrößert oder verkleinert.

Die Größe von Winkeln und Formen bleiben bei der Originalfigur und der Bildfigur erhalten. Original- und Bildstrecken sind parallel.

Seite 118

Ähnlichkeit

Eine Figur A heißt zu einer Figur B **ähnlich**, wenn man B aus A durch eine **zentrische Streckung** erzeugen kann, die mit einer **Spiegelungen, Drehungen** oder **Verschiebungen** verknüpft wird. Dabei können auch mehrere Verknüpfungen miteinander kombiniert werden. Man schreibt:
A ~ B (sprich: „A ist ähnlich zu B.“).
Wenn zwei Figuren zueinander ähnlich sind, so gilt:

1. Einander entsprechende Winkel sind gleich groß.
2. Einander entsprechende Seiten stehen im gleichen Verhältnis zueinander.

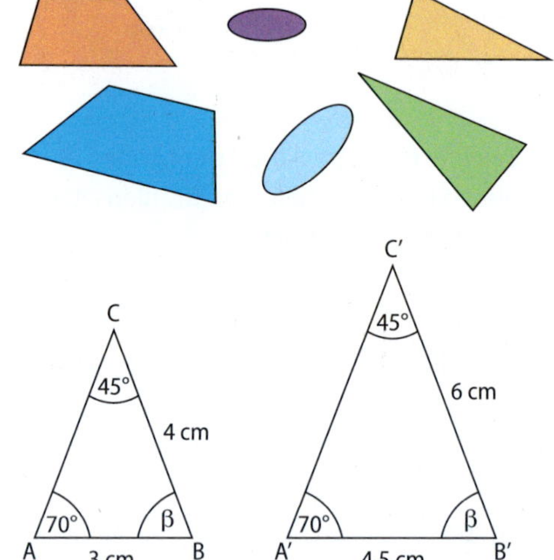

Seite 120

1. Strahlensatz

Werden zwei Strahlen mit gemeinsamem Anfangspunkt von zwei Parallelen geschnitten, so verhalten sich die Abschnitte auf dem einen Strahl zueinander wie die gleich liegenden Abschnitte auf dem anderen Strahl.

2. Strahlensatz

Werden zwei Strahlen mit gemeinsamem Anfangspunkt von zwei Parallelen geschnitten, so verhalten sich die Parallelenabschnitte zueinander wie die zugehörigen Abschnitte auf ein und demselben Strahl.

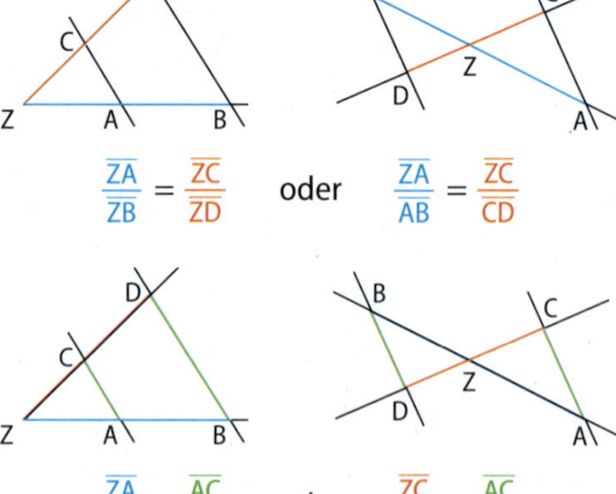

$\frac{\overline{ZA}}{\overline{ZB}} = \frac{\overline{ZC}}{\overline{ZD}}$ oder $\frac{\overline{ZA}}{\overline{AB}} = \frac{\overline{ZC}}{\overline{CD}}$

$\frac{\overline{ZA}}{\overline{ZB}} = \frac{\overline{AC}}{\overline{BD}}$ oder $\frac{\overline{ZC}}{\overline{ZD}} = \frac{\overline{AC}}{\overline{BD}}$

Satz des Pythagoras und seine Anwendungen

Einstieg

- Pythagoras von Samos war ein griechischer Philosoph der Antike. Erstelle ein Plakat über das Leben und Wirken von Pythagoras.
- Recherchiere, welcher mathematische Satz ihn bis heute berühmt gemacht hat. Erkläre, was man mit dem Satz berechnen kann.
- Kennst du noch weitere mathematische Regeln oder Gesetze, die nach ihrem Erfinder benannt sind?

Ausblick

Am Ende dieses Kapitels hast du gelernt, …

- was Quadratwurzeln sind.
- den Satz des Pythagoras für die Berechnung von Längen in verschiedenen Anwendungen zu nutzen.
- Pyramiden und Kegel in verschiedenen Darstellungen zu zeichnen.
- den Oberflächeninhalt und das Volumen von Pyramiden und Kegeln zu bestimmen.

5 Das kann ich schon ...

Rund um Dreiecke

Dreiecke lassen sich **1** nach Winkeln und **2** nach Seitenlängen unterscheiden:

1 **spitzwinkliges Dreieck:** alle Winkel sind < 90°

rechtwinkliges Dreieck: ein Winkel ist ein rechter Winkel

stumpfwinkliges Dreieck: ein Winkel ist > 90°

Die Summe aller Innenwinkel in einem Dreieck beträgt stets 180° (**Innenwinkelsatz**).

2 **gleichschenkliges Dreieck:** zwei Seiten sind gleich lang

gleichseitiges Dreieck: alle Seiten gleich lang

unregelmäßiges Dreieck: alle drei Seiten unterschiedlich lang

Für den **Flächeninhalt** eines Dreiecks gilt:

$A_D = \frac{1}{2} \cdot \text{Grundseite} \cdot \text{zugehörige Höhe}$

$A_D = \frac{1}{2} \cdot a \cdot h_a = \frac{1}{2} \cdot b \cdot h_b = \frac{1}{2} \cdot c \cdot h_c$

Beispiel für Grundseite c:

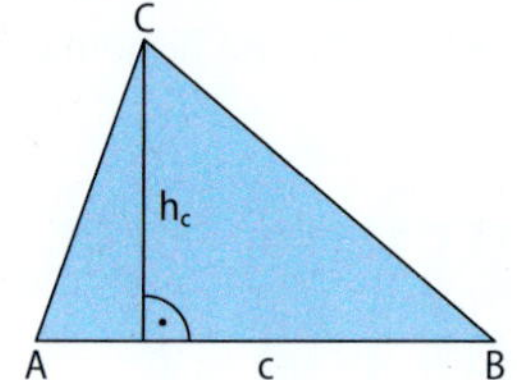

Der Satz des Thales

Wenn ein Punkt C eines Dreiecks ABC auf einem Kreis mit dem Durchmesser $d = \overline{AB}$ liegt, dann hat das Dreieck ABC bei C einen rechten Winkel.

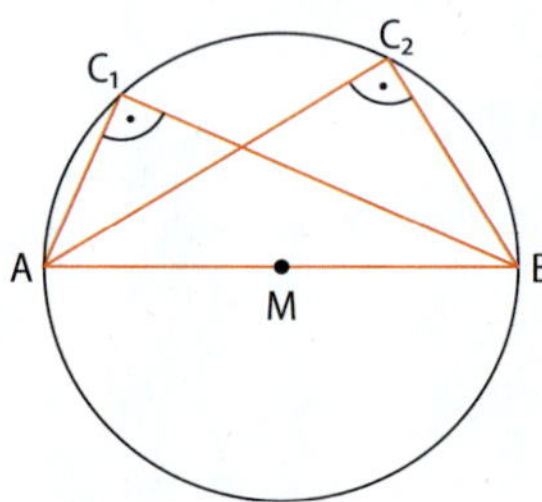

Rund um Prisma und Zylinder

Bei einem **Schrägbild** zeichnet man zunächst die Kanten der Vorder- und Rückfläche. Die nach hinten laufenden Kanten werden in halber Länge unter einem Winkel von 45° gezeichnet. Nicht sichtbare Kanten werden gestrichelt.

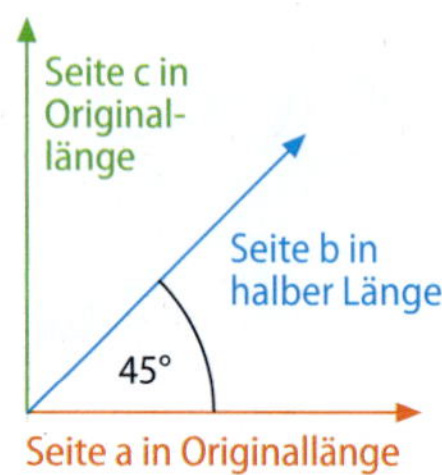

Prisma:

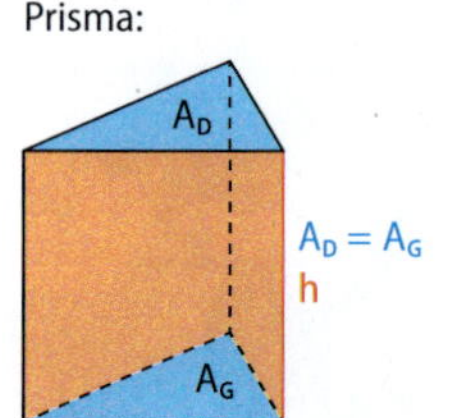

Zylinder:

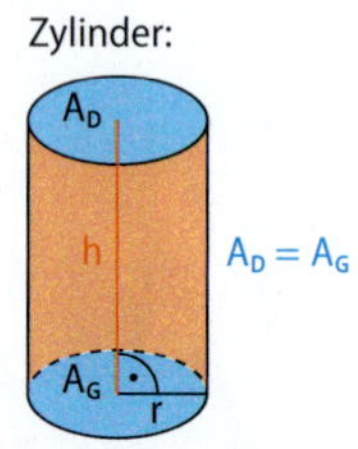

Das **Netz** eines Körpers erhält man, indem man ihn entlang der Kanten aufschneidet und flach ausbreitet.

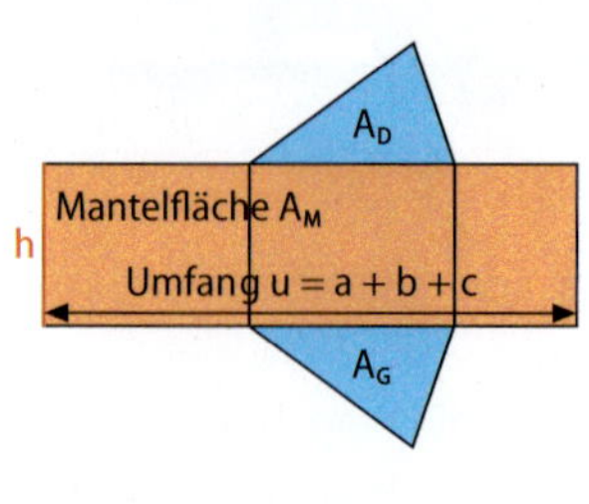

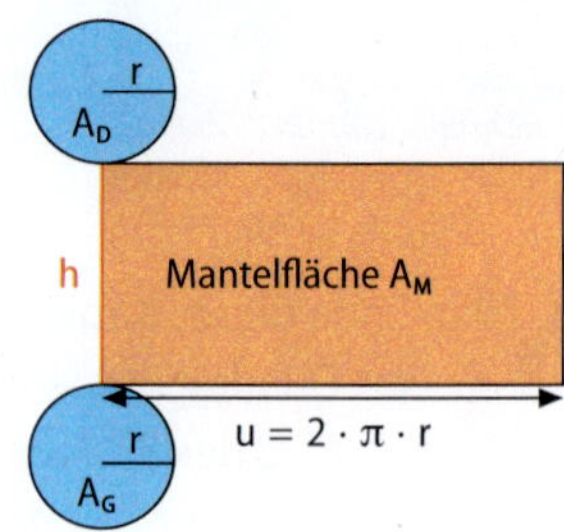

Für die Berechnung des **Oberflächeninhalts A_O** eines **Prismas** oder **Zylinders** mit der Grundfläche A_G und der Mantelfläche A_M gilt:

$A_O = 2 \cdot A_G + A_M = 2 \cdot A_G + u \cdot h$

Für das **Volumen V** eines Prismas oder Zylinders gilt: $V = A_G \cdot h$.

Rund um Dreiecke

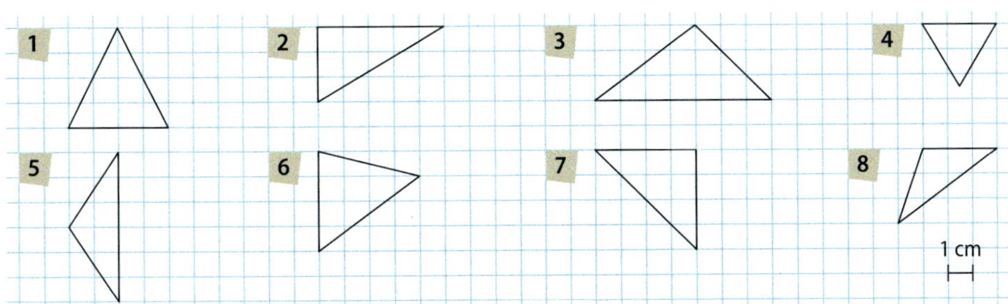

a) Ordne die Dreiecke den Dreiecksarten zu.
b) Berechne den Flächeninhalt der Dreiecke. Beachte den Maßstab.

Der Satz des Thales

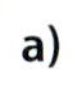

2 Konstruiere ein rechtwinkliges Dreieck ABC mit $\overline{AB} = 9$ cm und Höhe $h_c = 4{,}5$ cm. Bestätige oder widerlege Pias Überlegung.

3 Berechne die fehlenden Winkelmaße.

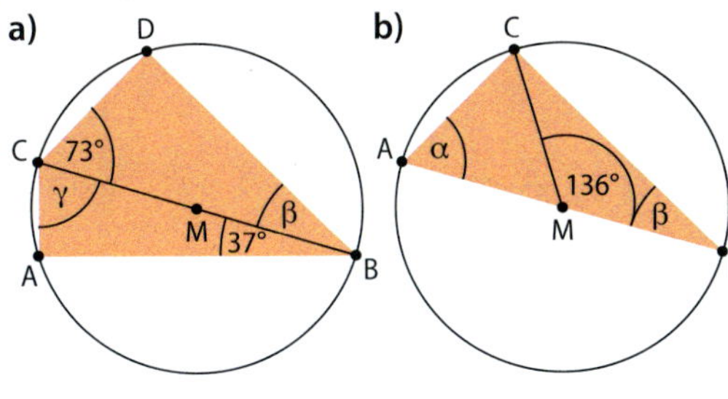

Rund um Prisma und Zylinder

4 Zeichne ein Schrägbild und ein Netz des Körpers. Berechne den Oberflächeninhalt und das Volumen des Körpers.
a) Würfel: $a = 3$ cm
b) Quader: $a = 3$ cm; $b = 4$ cm; $c = 5$ cm
c) Zylinder: $r = 2$ cm; $h = 3$ cm
d) Dreiecksprisma: $a = b = c = 3$ cm; $h_a = 2{,}6$ cm; $h = 8$ cm

Zeichne bei d) ein Prisma, das auf der Seite liegt.

5 Zeichne ein Netz des im Schrägbild dargestellten Körpers. Berechne den Oberflächeninhalt und das Volumen des Körpers.

a) dreiseitiges Prisma

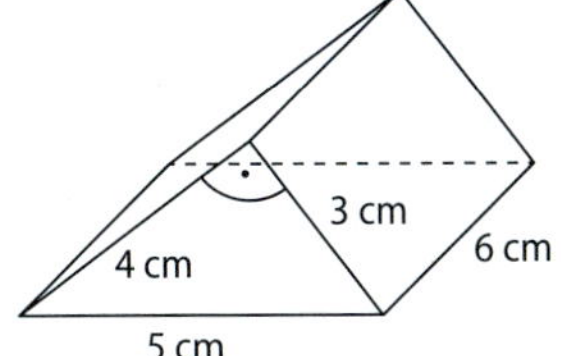

b) gleichschenkliges Trapezprisma

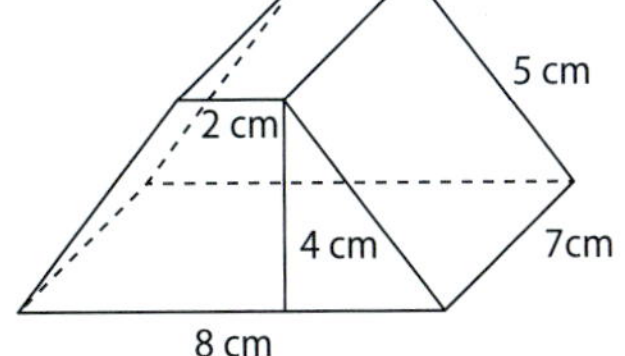

c) Zylinder

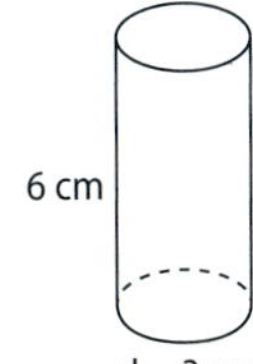

Kap. 5.1

Figurenzahlen

Jede Quadratzahl entsteht aus der vorhergehenden durch Anhängen eines „Winkelhakens“.

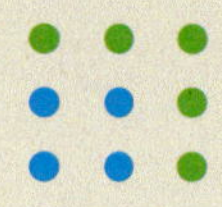

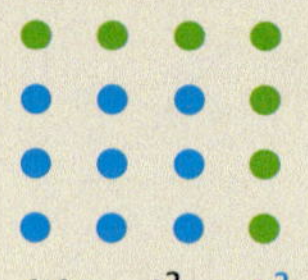

$4 = 2^2 = 1^2 + 3$ $9 = 3^2 = 2^2 + 5$ $16 = 4^2 = 3^2 + 7$

Man kann nun mithilfe von Plättchen näherungsweise diejenige Zahl x bestimmen, die quadriert die vorgegebene Zahl x^2 ergibt. Dazu nimmt man zunächst die Seitenlänge des maximal möglichen Quadrates. Als nächstes zählt man die Plättchen des Winkelhakens und dividiert die Anzahl durch die maximale Anzahl an Plättchen, aus denen der Winkelhaken bestehen kann. Beide Zahlen addiert ergeben einen ungefähren Wert für x.

Beispiele: **a)** $x^2 = x \cdot x = 8$

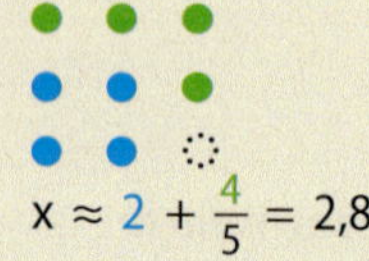

$x \approx 2 + \frac{4}{5} = 2{,}8$

b) $x^2 = x \cdot x = 23$

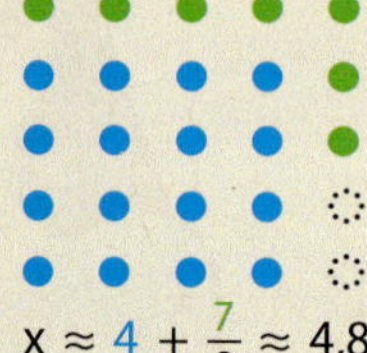

$x \approx 4 + \frac{7}{9} \approx 4{,}8$

- Bestimme so näherungsweise die Zahl x, für die gilt:

1 $x^2 = 5$ **2** $x^2 = 12$ **3** $x^2 = 17$ **4** $x^2 = 30$ **5** $x^2 = 39$

Kap. 5.2

Dynamische Geometrie

- Zeichne mit einem Geometrie-Programm ein bei C rechtwinkliges Dreieck ABC, wobei C auf dem Thaleskreis über der Strecke $\overline{AB}$ liegt.
- Konstruiere über den Seiten jeweils die Seitenquadrate und lass dir den jeweiligen Flächeninhalt anzeigen.
- Verändere nun die Lage des Punktes C auf dem Thaleskreis und beobachte die Veränderung der Flächeninhalte.
- Welchen Zusammenhang entdeckst du?

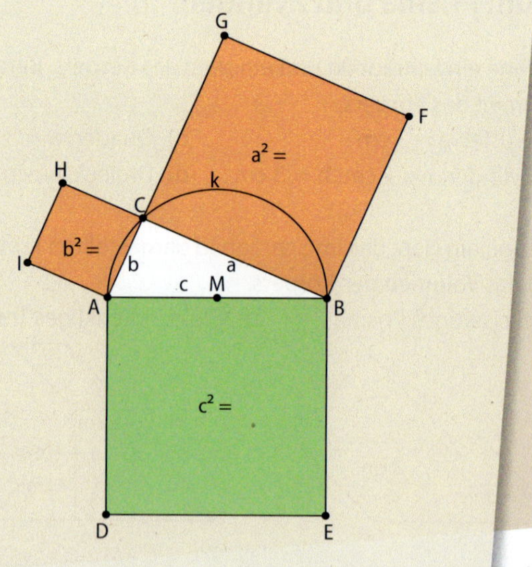

Kap. 5.3

Seilspanner

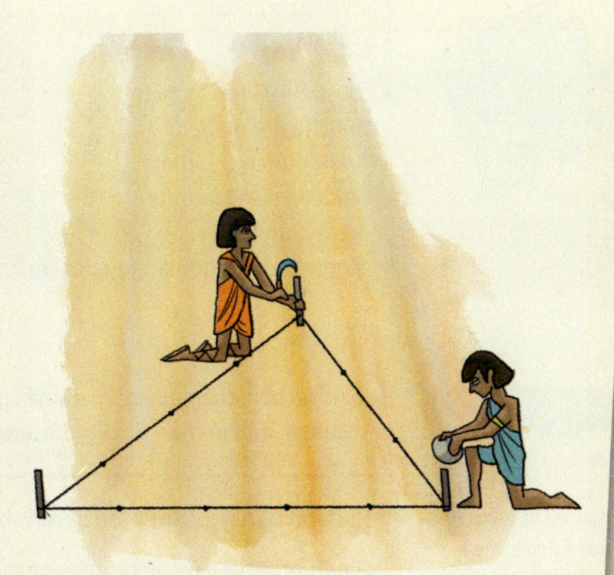

Im alten Ägypten war es nach den jährlichen Nilüberschwemmungen notwendig, die Felder wieder neu zu vermessen. Die Seilspanner *(Harpedonapten)* verwendeten für das Aufspannen rechtwinkliger Dreiecke 12-Knoten-Seile mit Knoten in gleichen Abständen.

Bearbeitet die folgenden Aufgaben in einer Gruppe mit 3–4 Schülerinnen und Schülern.

- Nehmt ein 3 m langes Seil. Knüpft nach jeweils 25 cm Bänder an das Seil. Haltet den Anfang und das Ende des Seils zusammen und spannt dann mit dem Seil Dreiecke auf, deren Eckpunkte jeweils bei einem Band liegen. Findet eine Aufspannung für ein rechtwinkliges Dreieck und notiert euch, an welchen Stellen die Eckpunkte liegen müssen.
- Sucht weitere Knoten-Seile, mit denen sich rechtwinklige Dreiecke aufspannen lassen.
- Sucht in eurer Umgebung nach rechten Winkeln in Räumen und überprüft sie mit dem Seil.

Kap. 5.4 und 5.6

Pyramiden aus Strohhalmen

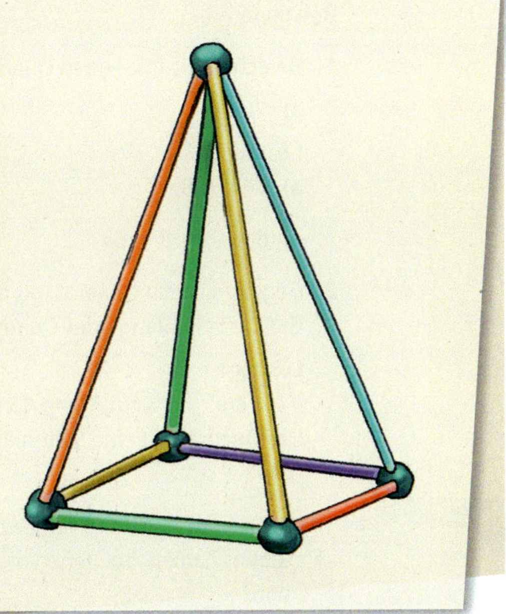

- Besorge dir je sechs lange und kurze Strohhalme (ca. 10 cm bzw. 5 cm). Du kannst dafür auch die langen Strohhalme mit einer Schere kürzen.
- Baue aus den gegebenen Strohhalmen…
  1 eine Pyramide mit quadratischer Grundfläche.
  2 mehrere Pyramiden mit unterschiedlicher Grundfläche.

  Um die Strohhalme zu verbinden, kannst du Pfeifenputzer in die Halme stecken oder Knete benutzen.
- Skizziere jeweils die Pyramide. Gib jeweils an, aus welchen Flächen die Pyramide besteht.

Entdecken

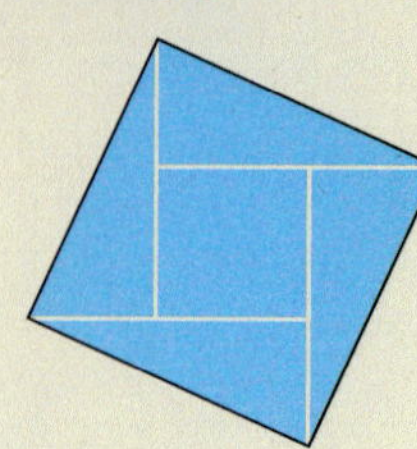

Auf dem Geobrett wurden Quadrate gespannt. Das blaue Quadrat hat einen Flächeninhalt von 1 cm^2.

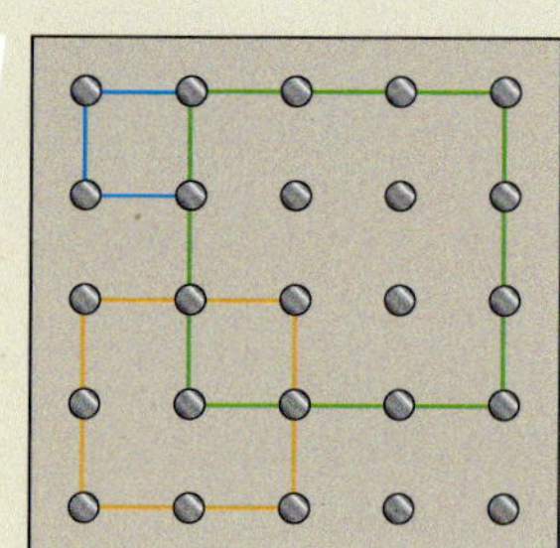

- Bestimme die Flächeninhalte der gelben und grünen Quadrate. Zerlege die Quadrate gegebenenfalls.
- Ermittle die Seitenlängen der Quadrate. Beschreibe auftretende Probleme.

Verstehen

Ist der Flächeninhalt eines Quadrates gegeben, dann kann man die Seitenlänge des Quadrates berechnen, indem man das Potenzieren umkehrt.

Radix (lat.) bedeutet „Wurzel". Radieschen sind Wurzelgemüse mit dem gleichen Wortstamm.

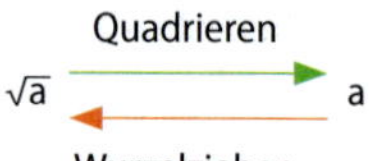

Die **Umkehrung des Potenzierens** bezeichnet man als **Wurzelziehen** (**Radizieren**).

Die **Quadratwurzel** aus einer nichtnegativen Zahl a ist diejenige nichtnegative Zahl b, die quadriert a ergibt:

Man schreibt $\sqrt{a} = b$ mit $a, b \in \mathbb{Q}^+$ und spricht: „Die Quadratwurzel aus a ist b." oder kurz: „Die Wurzel aus a ist b."
Beispiel: $\sqrt{144} = 12$. „Die Wurzel aus 144 ist 12."

Die Zahl bzw. den Term unter der Wurzel (hier die Variable a bzw. die Zahl 144) nennt man **Radikand**.

Beispiele

1. Berechne die folgenden Quadratwurzeln und begründe deine Rechnung.

a) $\sqrt{64}$ **b)** $\sqrt{1{,}44}$ **c)** $\sqrt{\frac{9}{16}}$

Lösung:

a) $\sqrt{64} = 8$, denn $8 \cdot 8 = 64$

b) $\sqrt{1{,}44} = 1{,}2$, denn $1{,}2 \cdot 1{,}2 = 1{,}44$

c) $\sqrt{\frac{9}{16}} = \frac{3}{4}$, denn $\frac{3}{4} \cdot \frac{3}{4} = \frac{9}{16}$

2. Gegeben ist ein Quadrat mit dem Flächeninhalt 169 cm^2. Gib die Seitenlänge des Quadrates an.

Lösung:
$\sqrt{169\,cm^2} = 13\,cm$, denn $13\,cm \cdot 13\,cm = 169\,cm^2$.
Das Quadrat hat eine Seitenlänge von 13 cm.

Nachgefragt

- Begründe, warum es keine Quadratwurzeln aus negativen Zahlen gibt.
- Gibt es Zahlen, bei denen die Quadratwurzel und der Radikand die gleichen Zahlen sind?

1 Zeichne zwei Quadrate, die jeweils den Flächeninhalt 16 cm² (25 cm²) haben. Zerschneide beide Quadrate entlang einer Diagonalen und lege alle Teile zu einem neuen Quadrat zusammen.

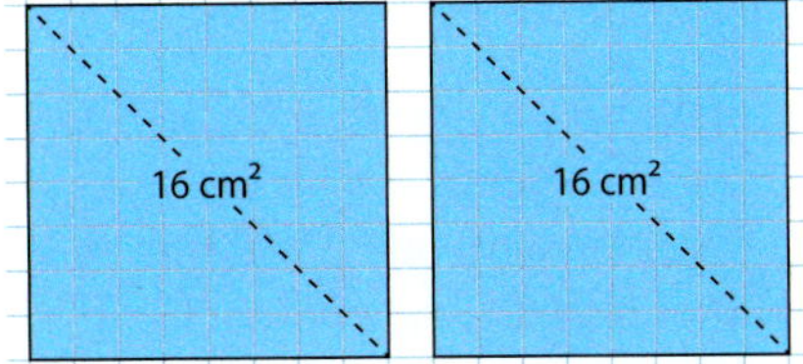

a) Gib den Flächeninhalt des neuen Quadrats an.
b) Bestimme die Seitenlänge des neuen Quadrats durch Messen und rechnerisch.

2 Bestimme die Quadratwurzeln im Kopf.
a) $\sqrt{36}$; $\sqrt{49}$; $\sqrt{81}$; $\sqrt{121}$; $\sqrt{169}$; $\sqrt{225}$; $\sqrt{400}$; $\sqrt{900}$; $\sqrt{10\,000}$; $\sqrt{\frac{4}{25}}$; $\sqrt{\frac{49}{100}}$
b) $\sqrt{1}$; $\sqrt{0{,}64}$; $\sqrt{0{,}25}$; $\sqrt{0{,}09}$; $\sqrt{0{,}81}$; $\sqrt{1{,}21}$; $\sqrt{1{,}44}$; $\sqrt{0{,}01}$; $\sqrt{0{,}0001}$; $\sqrt{0{,}0016}$

3 Übertrage die Tabelle ins Heft und vervollständige sie.

Quadratzahl	100			324	625			0,09
Quadratwurzel		15	50			0,4	0,25	

4 Welche Ziffern fehlen? Bestimme die Quadratwurzel. Finde alle Möglichkeiten. Begründe, dass du alle passenden Ziffern gefunden hast.
a) $\sqrt{1\square 1} = 11$; $\sqrt{\square 4} = 8$
b) $\sqrt{\square 00} = 20$; $\sqrt{14\square} = 12$
c) $\sqrt{\square} = \square$; $\sqrt{\square\square} = \square$
d) $\sqrt{0{,}\square\square} = \square{,}\square$; $\sqrt{\frac{1}{\square\square\square}} = \frac{\square}{\square}$

5 Grenze die Quadratwurzel zwischen zwei benachbarten natürlichen Zahlen ein.
Beispiel: $5 < \sqrt{30} < 6$, denn $5^2 < 30 < 6^2$
a) $\sqrt{7}$ **b)** $\sqrt{20}$ **c)** $\sqrt{45}$ **d)** $\sqrt{108}$ **e)** $\sqrt{200}$

6 Übertrage in dein Heft und fülle die Lücken aus. Finde alle Möglichkeiten.
a) $6 < \sqrt{4\square} < 7$ **b)** $9 < \sqrt{\square 2} < 10$ **c)** $7 < \sqrt{\square\square} < 8$

7 Ein rechteckiges Grundstück ist 64 m lang und 25 m breit. Berechne die Maße eines quadratischen Grundstücks mit dem gleichen Flächeninhalt.

8 Ein quadratisches Feld hat einen Flächeninhalt von 3,24 ha. Berechne die Breite eines rechteckigen Feldes mit einem Flächeninhalt von 46 800 m², das die gleiche Länge wie das quadratische Feld hat.

Werkzeug

Wurzeln mit dem Taschenrechner

Mit dem Taschenrechner kann man quadrieren (Taste z. B. [x^2]) und Quadratwurzeln ziehen (Taste z. B. [$\sqrt{\ }$]). Je nach Modell musst du die Tasten in einer anderen Reihenfolge drücken.
Beispiel: $\sqrt{25}$

1 Wurzeltaste zuerst: [$\sqrt{\ }$] 25 = 5
2 Wurzeltaste zum Schluss: 25 [$\sqrt{\ }$] = 5

- Berechne folgende Wurzeln mit dem Taschenrechner.

$\sqrt{64}$; $\sqrt{361}$; $\sqrt{2}$; $\sqrt{0{,}4}$; $\sqrt{12{,}1}$; $\sqrt{0{,}169}$; $\sqrt{\frac{16}{27}}$; $\sqrt{\frac{8}{13}}$; $\sqrt{\frac{12}{5}}$

Entdecken

Untersuche rechtwinklige Dreiecke in einem Koordinatensystem.

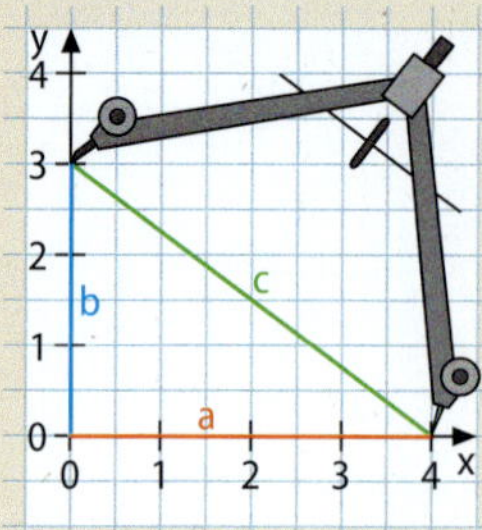

- Stelle mit dem Zirkel wie abgebildet eine 5 cm lange Strecke ein und trage diese jeweils zwischen den Koordinatenachsen an. Welchen Zusammenhang erkennst du zwischen den Seitenlängen a und b? Beschreibe so: „Wenn a größer wird, …"
- Miss anschließend genauer nach. Übertrage dazu die Tabelle in dein Heft und vervollständige sie.
- Berechne die Quadrate a^2, b^2 und c^2. Erweitere dazu die Tabelle. Welchen Zusammenhang zwischen den Quadraten entdeckst du?

a	1 cm	2 cm	3 cm	3,5 cm	4 cm	4,5 cm
b					3 cm	
c	5 cm	5 cm	5 cm	5 cm	5 cm	5 cm

Verstehen

In jedem rechtwinkligen Dreieck besteht ein Zusammenhang zwischen den Flächeninhalten der Quadrate über den Dreiecksseiten.

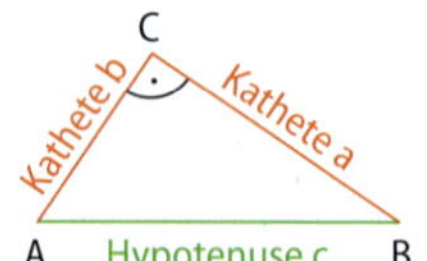

Zum Satz des Pythagoras gibt es zahllose ***Beweise****. Einige davon findest du im Kasten auf Seite 145. Im Internet und in Büchern findest du weitere.*

Bezeichnungen im rechtwinkligen Dreieck
In einem rechtwinkligen Dreieck bezeichnet man die Seite, die dem rechten Winkel gegenüberliegt, als Hypotenuse. Die beiden am rechten Winkel anliegenden Seiten heißen Katheten.

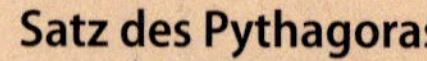

Satz des Pythagoras
In einem rechtwinkligen Dreieck hat das Quadrat über der Hypotenuse den gleichen Flächeninhalt wie die beiden Quadrate über den Katheten zusammen.
Mit den Bezeichnungen in der Abbildung gilt kurz:
$a^2 + b^2 = c^2$

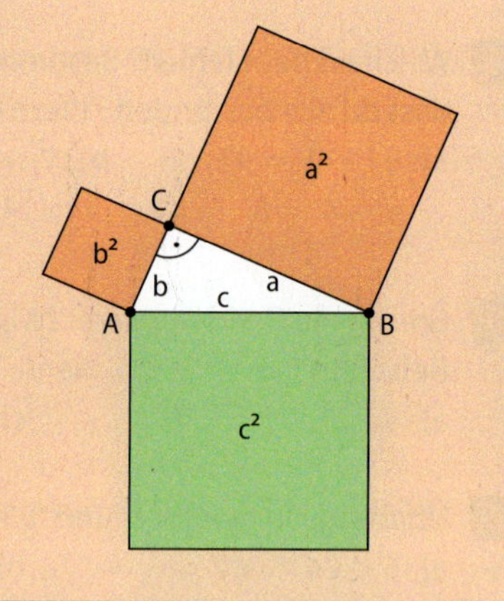

Beispiel

Wenn die Maße in denselben Grundeinheiten angegeben sind (z. B. alles in cm bzw. cm²), dann kann man die Rechnung ohne Einheiten durchführen. Das Ergebnis ist dann in der Grundeinheit anzugeben.

Berechne die fehlenden Seitenlängen im rechtwinkligen Dreieck.

a)

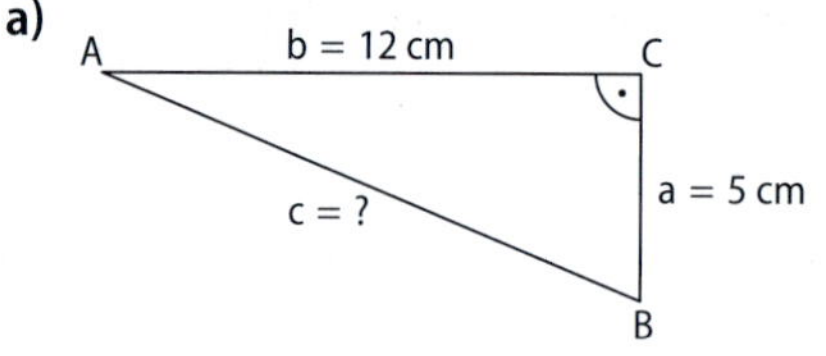

b)

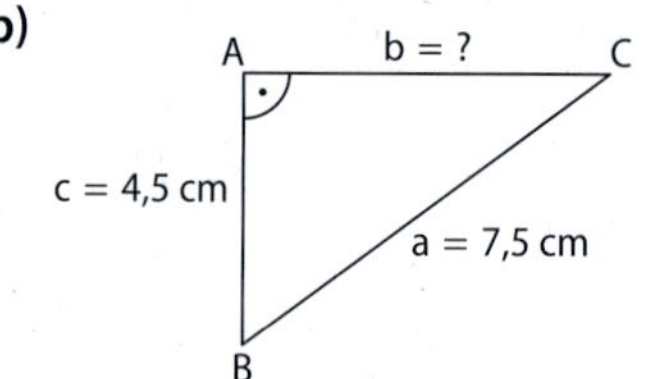

Lösung:

a)
$c^2 = a^2 + b^2$
$c^2 = 5^2 + 12^2$
$c^2 = 169 \quad | \sqrt{}$
$c = 13$

Die Seite c ist 13 cm lang.

b)
$a^2 = b^2 + c^2 \quad | -c^2$
$b^2 = a^2 - c^2$
$b^2 = 7{,}5^2 - 4{,}5^2$
$b^2 = 36 \quad | \sqrt{}$
$b = 6$

Die Seite b ist 6 cm lang.

Nachgefragt

- Wozu kann man den Satz des Pythagoras verwenden? Beschreibe.
- Stefan ist der Meinung, dass die Formel von Pythagoras für alle Dreiecke angewendet werden kann. Hat er Recht?
- Hanna fragt ihre Eltern, wie der Satz des Pythagoras lautet. Sie antworten: „$a^2 + b^2 = c^2$." Stimmt das immer? Begründe.

Aufgaben

1 Benenne jeweils die Seiten des Dreiecks mit den Begriffen Hypotenuse und Katheten. Stelle jeweils den Satz des Pythagoras für das Dreieck auf.

a)

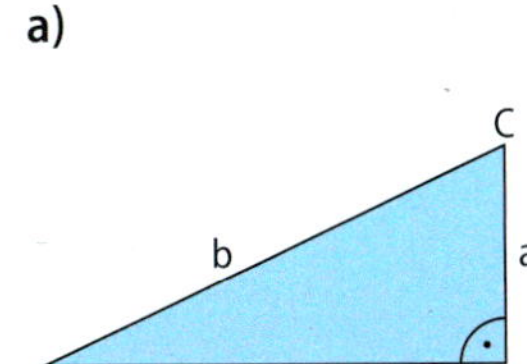

b)

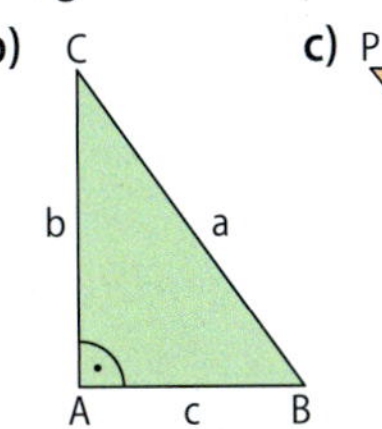

c)

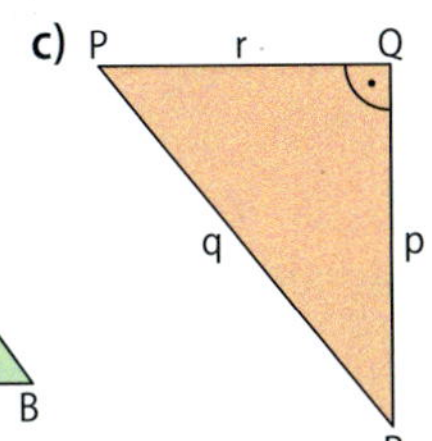

d)

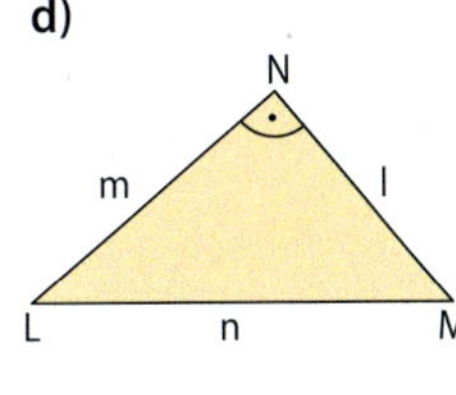

2 Berechne den Flächeninhalt des dritten Quadrats im rechtwinkligen Dreieck.

a) $b^2 = 25\ cm^2$, $a^2 = 16\ cm^2$

b)

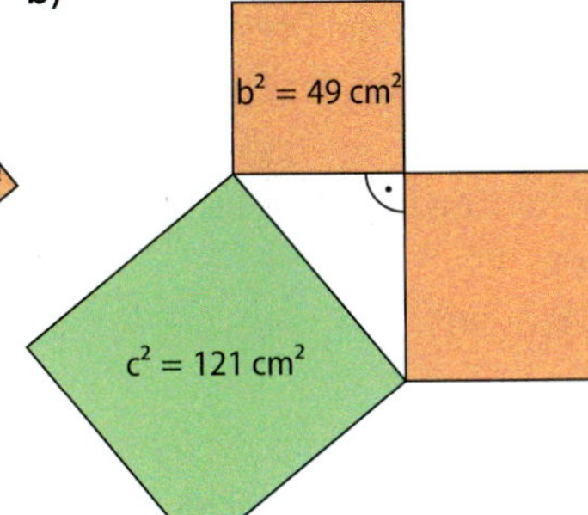

c)

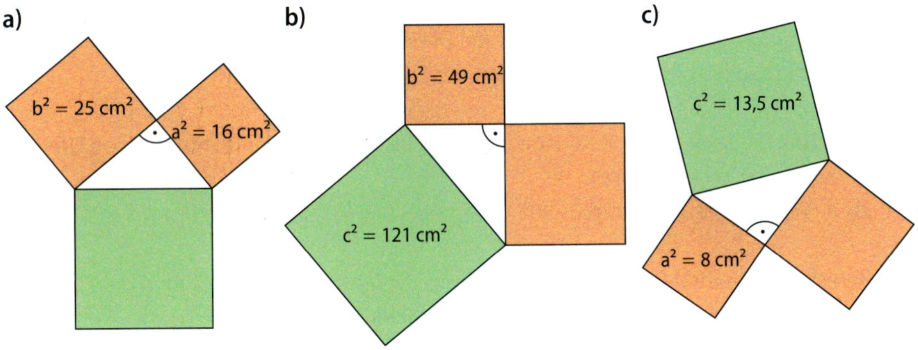

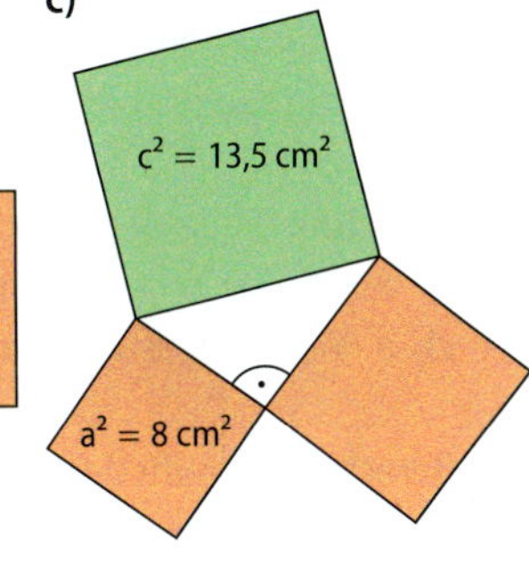

3 Berechne jeweils die fehlende Seitenlänge im rechtwinkligen Dreieck.

a) 2 cm, 6 cm, x

b)

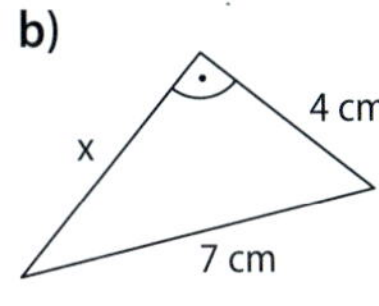

c)

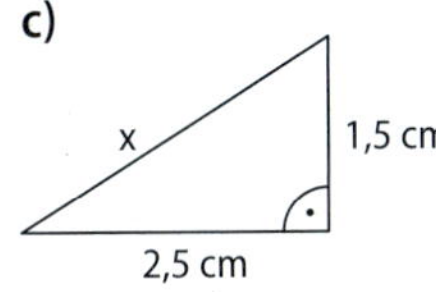

d)

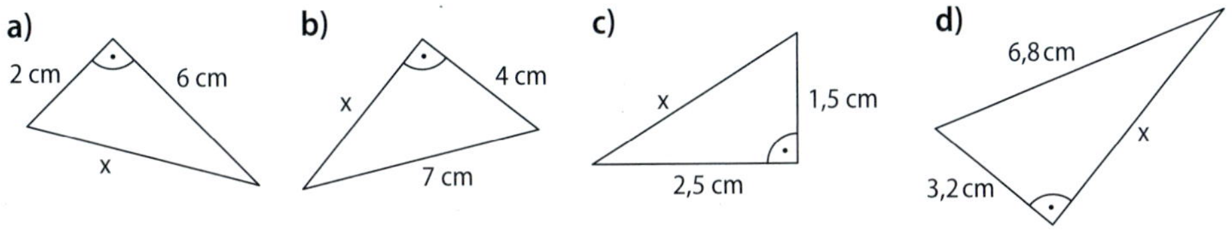

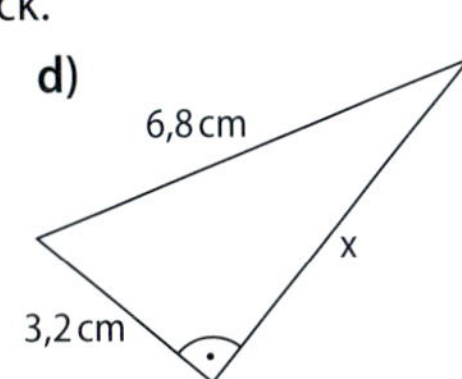

4 Überprüfe durch Auszählen der Kästchen, ob der Satz des Pythagoras im Dreieck ABC gilt.

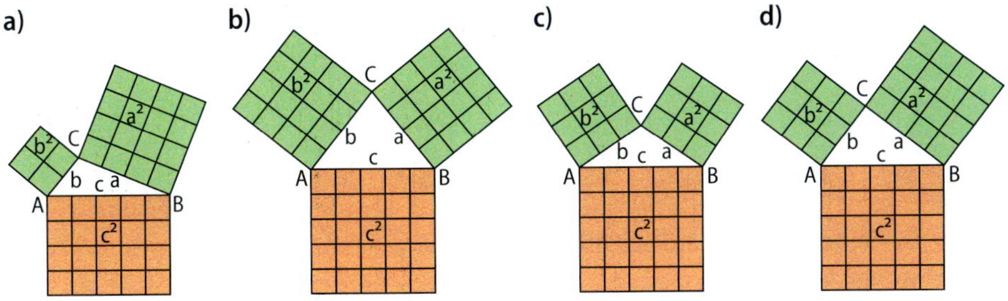

a)

b)

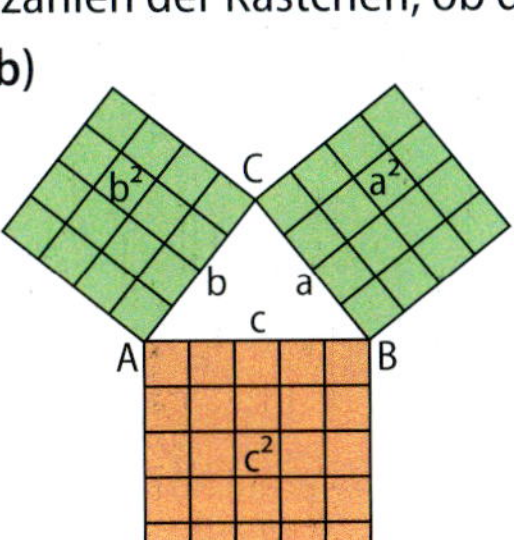

c)

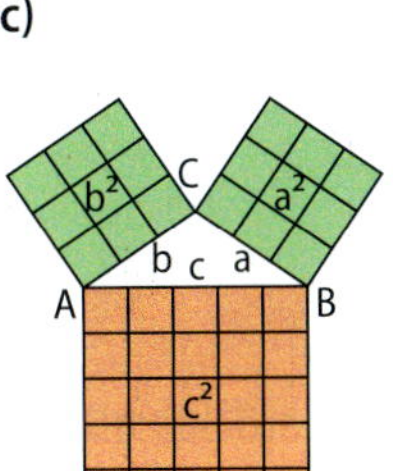

d)

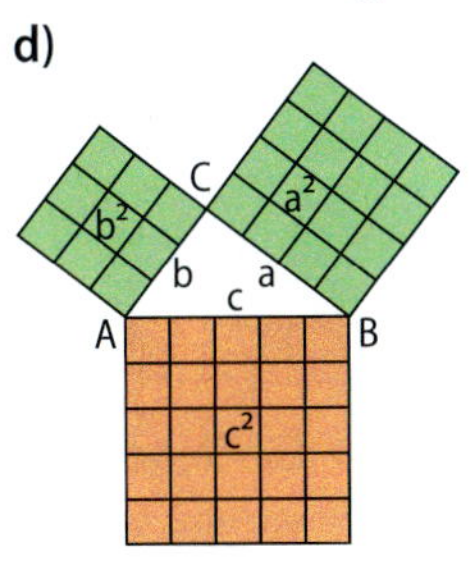

Ein Dreieck kann spitzwinklig, rechtwinklig oder stumpfwinklig sein.

5 Übertrage die Tabelle in dein Heft. Zeichne jeweils das Dreieck (alle Maßangaben in cm). Was fällt dir auf?

	a	b	c	a^2	b^2	$a^2 + b^2$	<, >, =	c^2	Dreiecksart
a)	4	5	7						
b)	4	5	5,5						
c)	4	3	5						
d)	6	5	8						
e)	3,5	3,5	6						
f)	2,0	2,5	2,8						
g)	4,2	5,6	7						
h)	2,6	5,9	8,2						

Lösungen zu 6a): 8; 10; 12; 15; 24; 41 (Die Maßeinheiten sind nicht angegeben.)

6 a) Berechne die Seitenlängen im rechtwinkligen Dreieck ABC.

	1	2	3	4	5	6
Kathete a	9 cm	5 dm		7 mm	9 m	
Kathete b	12 cm		15 cm		400 dm	0,24 m
Hypotenuse c		13 dm	17 cm	2,5 cm		26 cm

b) Wie lautet die Höhe in den jeweiligen Dreiecken? Begründe.

c) Bestimme jeweils den Flächeninhalt des Dreiecks.

7 Berechne die fehlende Seitenlänge und den Flächeninhalt der rechtwinkligen Dreiecke.

a) a = 8 cm; b = 5 cm; $\alpha = 90°$

b) b = 4 cm; c = 6 cm; $\alpha = 90°$

c) a = 3,5 cm; b = 7 cm; $\beta = 90°$

d) a = 4,5 cm; b = 4,5 cm; $\gamma = 90°$

Lösungen zu 8: 5,1; 13; 17,4; 3,5; 12; 7,0; 3,7; 9,8; 4,2; 0,8; 6,4; 1,2 (Die Einheiten sind nicht angegeben.)

8 Berechne mithilfe des Satzes des Pythagoras die fehlenden Seitenlängen, den Umfang und den Flächeninhalt des Dreiecks. Runde auf eine Dezimale.

a)

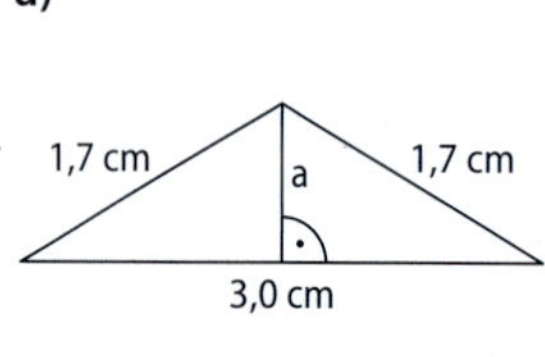

b)

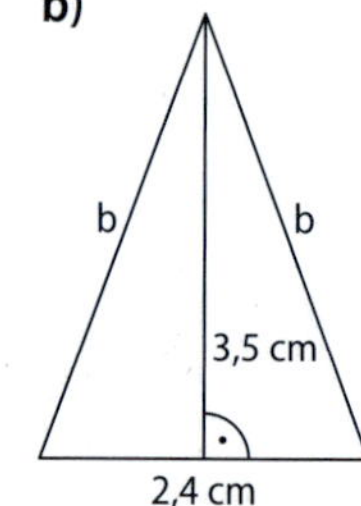

c)

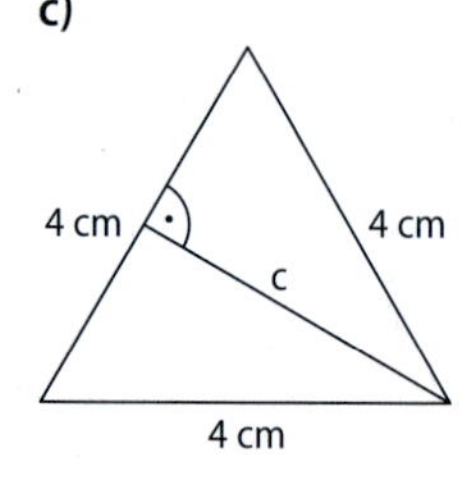

d)

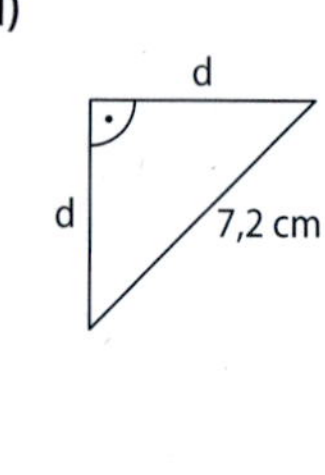

9 a) Wo stecken die Fehler? Beschreibe und korrigiere sie.

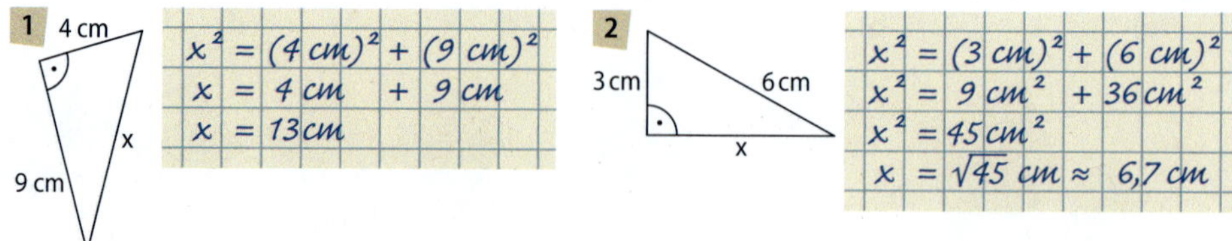

b) Gib Regeln an, die berücksichtigt werden müssen, um solche Fehler wie in a) zu vermeiden.

10 Gegeben sind zwei Quadrate mit den Seitenlängen 3 cm und 5 cm.
Konstruiere ein Quadrat, dessen Fläche genauso groß ist wie die Summe der Flächen der beiden gegebenen Quadrate.

11 In einem gleichschenklig-rechtwinkligen Dreieck beträgt der Flächeninhalt des Hypotenusenquadrats 128 cm^2. Wie lang sind die beiden Katheten?

Wissen

Beweise des Satzes von Pythagoras

Der Satz des Pythagoras ist sicherlich einer der mathematischen Sätze, für die es die meisten Beweise gibt. Hier findest du ein paar verschiedene Möglichkeiten.

a) Begründung aus China (ca. 2000 Jahre alt):

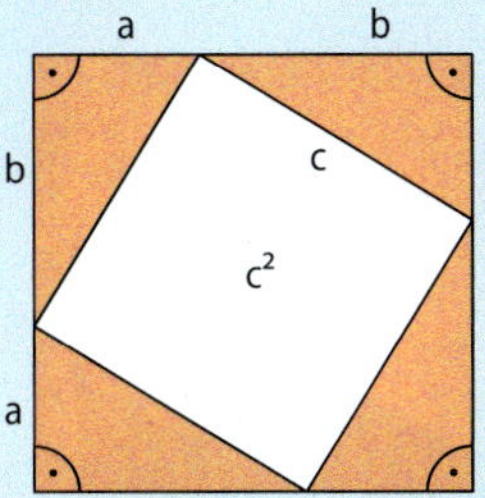

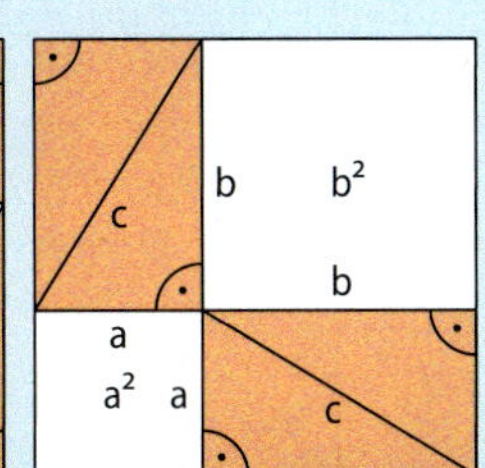

Begründung aus Indien (ca. 1000 Jahre alt):

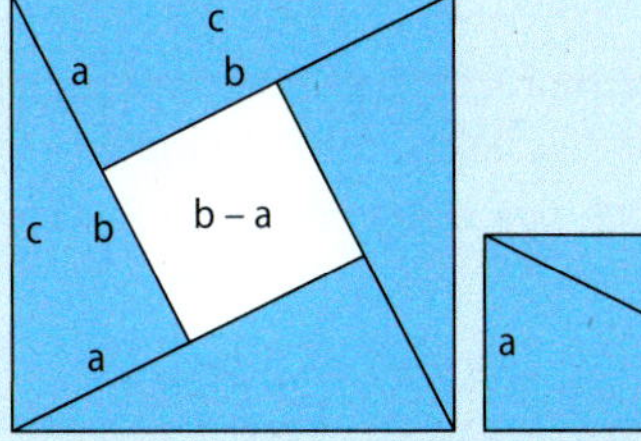

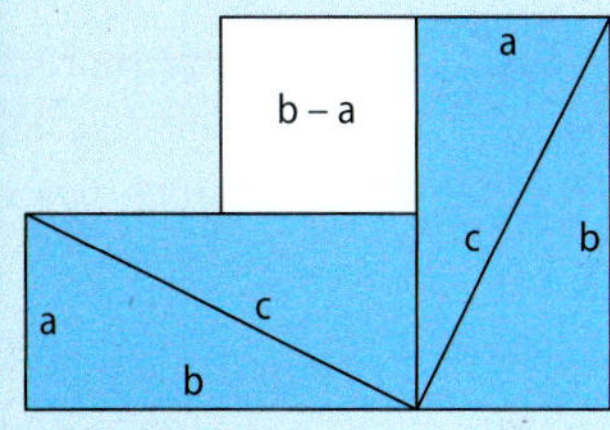

- Zeichne ein rechtwinkliges Dreieck und kopiere es viermal. Schneide die Dreiecke anschließend aus. Lege die Figuren aus China und Indien nach.
- Beweise den Satz des Pythagoras anhand des Flächenvergleichs.
  Tipp: In der Begründung aus Indien sind die Quadrate a^2 und b^2 versteckt. Finde sie.

b) Beweis von Garfield:
James A. Garfield (1831–1881) war der 20. Präsident der USA.
Seine Beweisfigur:

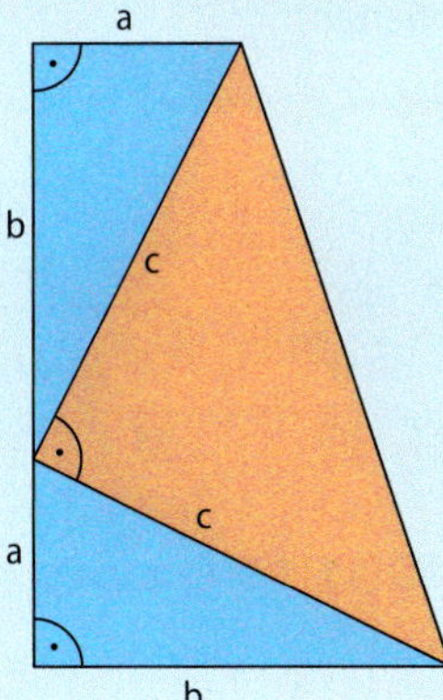

- Begründe, dass die Beweisfigur ein Trapez ist.
- Beweise den Satz des Pythagoras, indem du den Flächeninhalt des Trapezes und der drei Teildreiecke betrachtest.

c) Beweis von Leonardo da Vinci:
Leonardo da Vinci (1452–1519) war ein italienischer Bildhauer, Maler und Architekt.
Seine Beweisfigur:

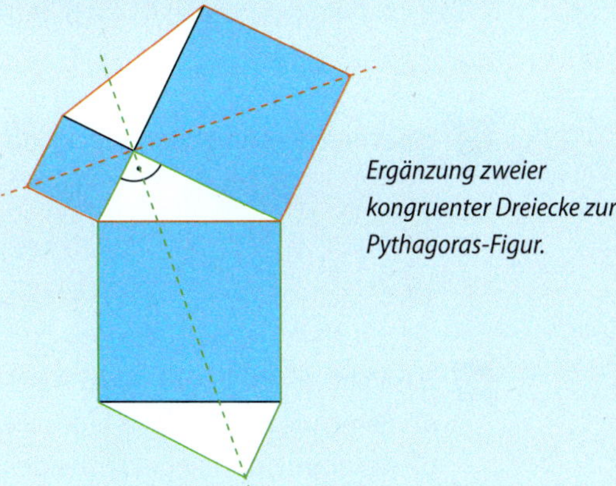

Ergänzung zweier kongruenter Dreiecke zur Pythagoras-Figur.

- Untersuche die Symmetrieeigenschaften des rot (grün) umrandeten Sechsecks.
- Zeige, dass durch Ergänzung zweier kongruenter Dreiecke der Satz des Pythagoras gefolgert werden kann.

12 Eine 10 m hohe Tanne knickt bei einem Sturm in 4,50 m Höhe ab. In welchem Umkreis um den Baum sollte sich kein Mensch aufgehalten haben?

13 In einem Kreis mit Radius $r = 5{,}8$ cm ist eine Sehne s mit 8 cm Länge eingezeichnet.

a) Zeichne den Kreis und die dazugehörige Sehne.

b) Berechne den Abstand des Mittelpunkts M des Kreises von der Sehne s.

14 **1** $\overline{AB} = 6$ cm; $\overline{BC} = 4{,}5$ cm **2** $\overline{AB} = 52$ mm; $\overline{BC} = 4{,}4$ cm

a) Zeichne das Rechteck ABCD und trage die Diagonale $\overline{BD}$ ein. Berechne anschließend die Länge der Diagonalen.

b) Fälle das Lot von A auf die Diagonale und berechne die Länge der Lotstrecke. Betrachte dazu die Flächeninhalte des Rechtecks sowie des Dreiecks ABD.

Weiterdenken

Mithilfe des Satzes des Pythagoras kann man auch den Abstand zweier Punkte im Koordinatensystem bestimmen.

Für die Länge der Strecke $\overline{AB}$ mit $A(x_A | y_A)$ und $B(x_B | y_B)$ gilt nach dem Satz des Pythagoras:

$\overline{AB} = \sqrt{(x_B - x_A)^2 + (y_B - y_A)^2}$

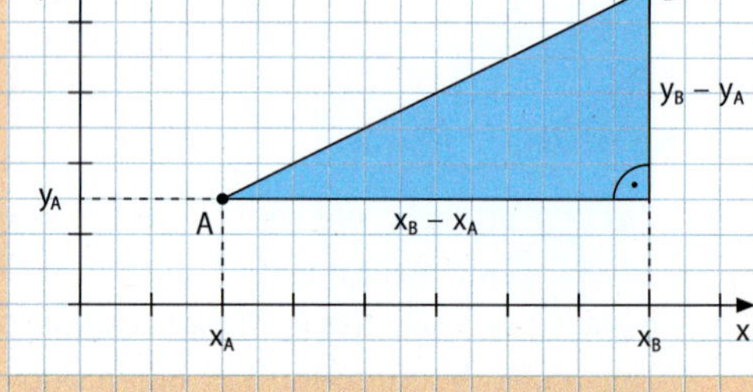

Beispiel: Berechne den Abstand der Punkte $A(-4 | 0{,}5)$ und $B(-1 | -7{,}5)$.

Lösung:
$\overline{AB} = \sqrt{(-1-(-4))^2 + (-7{,}5-0{,}5)^2} = \sqrt{73} \approx 8{,}5$
Der Abstand der Punkte A und B beträgt rund 8,5 LE (Längeneinheiten).

15 Berechne die Länge der Strecke $\overline{AB}$ ($t \in \mathbb{Q}$).

	a)	b)	c)	d)	e)
A	(4 | 5)	(0,3 | 5,4)	(−1 | 8)	(0 | 5)	(t | 2t)
B	(−2,4 | −5)	(−0,4 | 9)	(4 | −2,3)	(−5 | 0)	(4 + t | 2t − 8)

16 Das Viereck ABCD wird durch $A(-2 | 0{,}5)$, $B(8 | 0)$, $C(4{,}5 | 7)$ und $D(-1 | 5{,}5)$ festgelegt.

a) Berechne den Umfang u des Vierecks.

b) Bestimme die Länge der beiden Diagonalen $\overline{AC}$ und $\overline{BD}$.

17 a) Zeichne das Viereck ABCD und prüfe rechnerisch die Vierecksform nach.

1 $A(-0{,}5 | -3)$; $B(7{,}5 | -4)$; $C(3{,}5 | 3)$; $D(-4{,}5 | 4)$

2 $A(0{,}5 | 6)$; $B(-3 | 0)$; $C(3{,}5 | -3)$; $D(6{,}5 | 3)$

b) Zeichne selbst ein Viereck in ein Koordinatensystem. Gib einem Partner oder einer Partnerin die Koordinaten der Eckpunkte an und lasse die Vierecksform rechnerisch nachprüfen. Tauscht anschließend die Rollen.

Der Satz des Pythagoras lässt sich auch umkehren:
Gilt in einem Dreieck, dass die Summe der Quadrate über zwei Seiten so groß ist wie das Quadrat über der dritten Seite, dann ist das Dreieck rechtwinklig und die dritte Seite ist die Hypotenuse des Dreiecks. **(Umkehrung des Satzes von Pythagoras)**

Weiterdenken

18 Ist das Dreieck ABC rechtwinklig? Prüfe mit der Umkehrung des Satzes von Pythagoras.

a) a = 5 cm; b = 4 cm; c = 7 cm **b)** a = 18 cm; b = 24 cm; c = 30 cm
c) a = 4 dm; b = 3 dm; c = 5 dm **d)** a = 12 m; b = 13 m; c = 5 m
e) a = 14 m; b = 6 m; c = 800 cm **f)** a = 40 mm; b = 50 mm; c = 3 cm

Überlege, welche Seite die Hypotenuse darstellen kann.

19 Überprüfe, ob das Dreieck ABC rechtwinklig bzw. gleichschenklig ist.

	a)	b)	c)	d)	e)
A	(−2 | 4)	(2 | 4)	(3 | 4)	(5 | 4)	(5,5 | 0)
B	(5 | 8)	(−3 | 2)	(−5 | 6)	(1 | 7)	(2,5 | 0,5)
C	(2 | 10)	(4 | −1)	(−2 | 1)	(−7 | 0)	(3 | −1,5)

Ein Dreieck kann auch rechtwinklig und gleichschenklig sein.

20 Untersuche die Zahlentripel (3 | 4 | 5), (5 | 12 | 13) und (35 | 84 | 91), indem du sie als Einsetzung in der Gleichung $a^2 + b^2 = c^2$ verwendest.
Welche Bedeutung haben die Zahlentripel für rechtwinklige Dreiecke?

21 Ein Zahlentripel (a | b | c) natürlicher Zahlen, die die Gleichung $a^2 + b^2 = c^2$ erfüllen, bezeichnet man als pythagoreisches Zahlentripel.

a) Überprüfe, ob die Zahlentripel (9 | 40 | 41) und (28 | 45 | 53) pythagoreische Zahlentripel sind.
b) Toni behauptet, dass man weitere Zahlentripel finden kann, indem man einfach Vielfache vorhandener Tripel nimmt. Überprüfe diese Aussage.
c) Zeige, dass die vom griechischen Mathematiker Platon aufgestellte Methode stimmt. „Wenn x eine natürliche Zahl ist, dann sind a, b und c ein pythagoreisches Zahlentripel, das sich über folgende Beziehung bestimmen lässt: $a = 2x$; $b = x^2 - 1$; $c = x^2 + 1$."

22 **a)** Was kann man über die Wertemenge von $2 \cdot \sqrt{x + 1}$ aussagen?
b) Für welche Werte von x ist $2 \cdot \sqrt{x + 1}$ ganzzahlig?
c) Erläutere, wie du auf diese Weise pythagoreische Zahlentripel finden kannst.
d) Was kann man hieraus über die Anzahl pythagoreischer Zahlentripel folgern? Begründe deine Antwort.

23 Von einem Dreieck ABC sind die nebenstehenden Maße bekannt.

a) Zeige, dass das Dreieck nicht rechtwinklig ist. Begründe deine Antwort.
b) Verändere die Höhe h so, dass das dazugehörige Dreieck rechtwinklig wird. Bestimme anschließend alle weiteren Maße für das neue rechtwinklige Dreieck.
c) Finde einen Zusammenhang zwischen dem Höhenquadrat und den Strecken p und q im rechtwinkligen Dreieck.

Du kannst auch ein dynamisches Geometrieprogramm verwenden.

Entdecken

In einem Körper bezeichnet man die Länge der Strecke von einem Eckpunkt zu einem gegenüberliegenden Eckpunkt als Raumdiagonale.

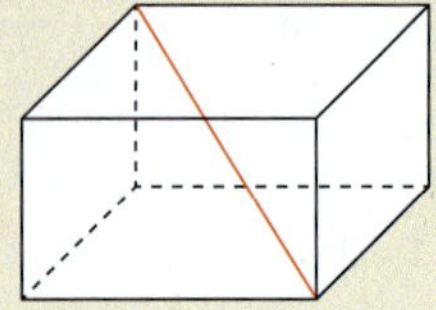

Die Länge der Flächen- und der Raumdiagonalen in einem Quader kann man über rechtwinklige Dreiecke bestimmen.

1

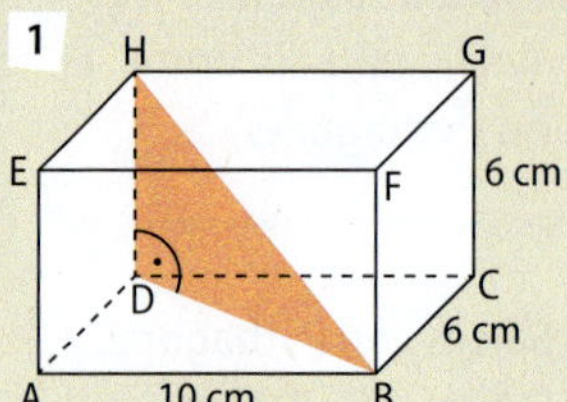

2

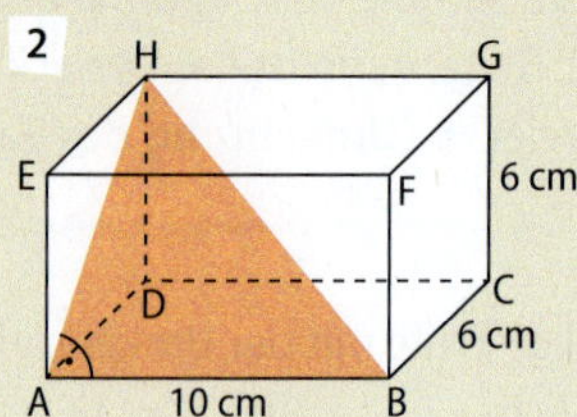

3

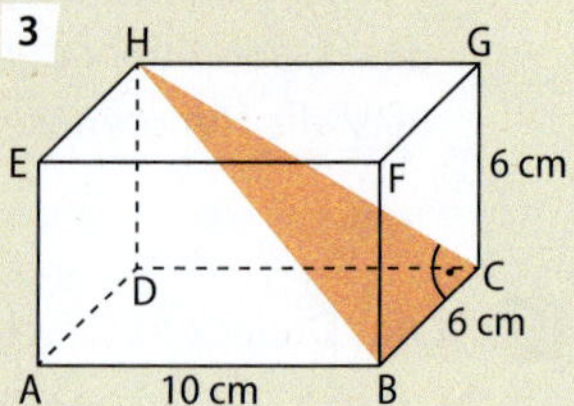

- Begründe, dass die rot eingezeichneten Dreiecke rechtwinklig sind.
- Beschreibe einen Rechenweg zur Bestimmung …
  1. der Längen der Flächendiagonalen der Seitenflächen.
  2. der Länge der Raumdiagonalen.

Verstehen

Den Satz des Pythagoras kann man bei der Berechnung unbekannter Streckenlängen in Körpern anwenden.

Bei der Bestimmung unbekannter Streckenlängen in Körpern mithilfe des Satzes des Pythagoras geht man in der Regel folgendermaßen vor:

Suche ein rechtwinkliges Dreieck.

Sind zwei Seitenlängen des Dreiecks bekannt?

- ja: Berechne die gesuchte Seitenlänge über den Satz des Pythagoras.
- nein: Suche ein weiteres rechtwinkliges Dreieck, um zunächst die fehlende Seitenlänge zu bestimmen.

Beispiel

Bestimme für einen Quader mit den Kantenlängen $a = 10$ cm, $b = 8$ cm und $c = 6$ cm die Länge…

a) der Diagonalen der Grundfläche. **b)** einer Raumdiagonalen.

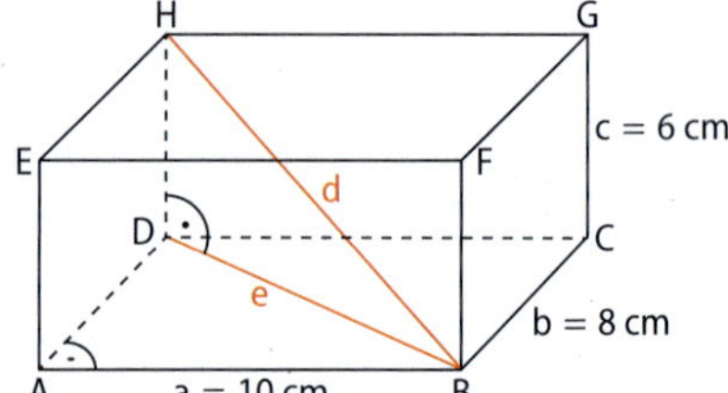

Lösung:

a) Im rechtwinkligen Dreieck ABD (rechter Winkel bei A) gilt nach dem Satz des Pythagoras für $\overline{BD} = e$:

$e^2 = a^2 + b^2 = (10\text{ cm})^2 + (8\text{ cm})^2 = 164\text{ cm}^2$

$e = \sqrt{164}\text{ cm} \approx 12{,}8\text{ cm}$

b) Im rechtwinkligen Dreieck DBH (rechter Winkel bei D) gilt nach dem Satz des Pythagoras für die Raumdiagonale $\overline{BH} = d$:

$d^2 = e^2 + c^2 = (\sqrt{164}\text{ cm})^2 + (6\text{ cm})^2 = 200\text{ cm}^2 \Rightarrow d = \sqrt{200}\text{ cm} \approx 14{,}1\text{ cm}$

- Anna behauptet: „Nur bei einem Würfel gibt es vier Raumdiagonalen, die gleich lang sind. Beim Quader nicht." Stimmt das? Begründe.
- Überprüfe, ob beim Würfel Kanten senkrecht auf einer Raumdiagonalen stehen.

Nachgefragt

Aufgaben

1 Ein Würfel hat eine Kantenlänge von 4 cm.
a) Zeichne ein Schrägbild des Würfels und trage ein rechtwinkliges Dreieck ein, über das du die Länge einer Raumdiagonalen bestimmen kannst.
b) Berechne die Länge der Raumdiagonalen des Würfels.
c) Wie ändert sich die Länge der Raumdiagonalen, wenn die Kantenlänge des Würfels verdoppelt (verdreifacht) wird? Vermute zuerst und überprüfe rechnerisch.

2 Berechne die Längen der eingezeichneten Diagonalen.

a)

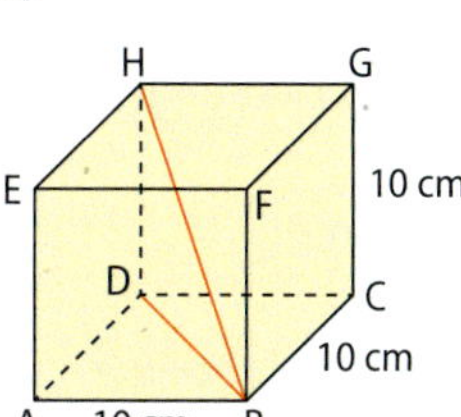

b)

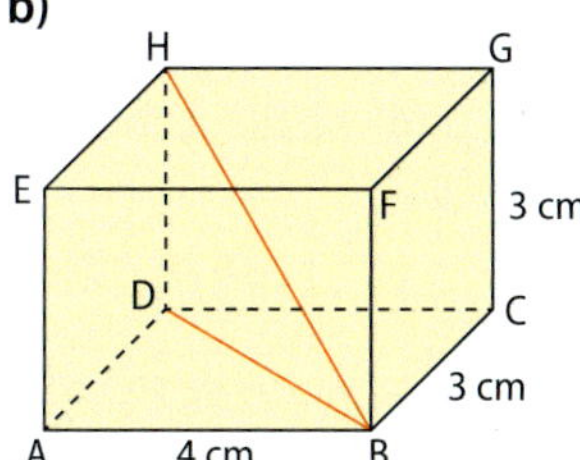

c)

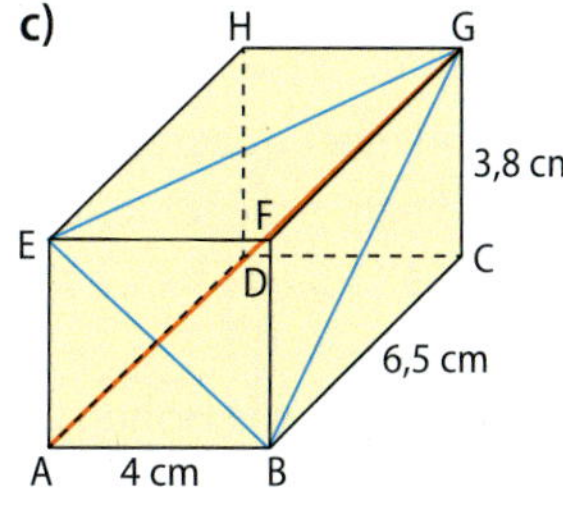

3 Die nebenstehende Abbildung zeigt zwei aufeinander gestapelte Würfel mit einer Kantenlänge von je 6 cm. Berechne die Länge der eingezeichneten Diagonalen. Beschreibe dein Vorgehen.

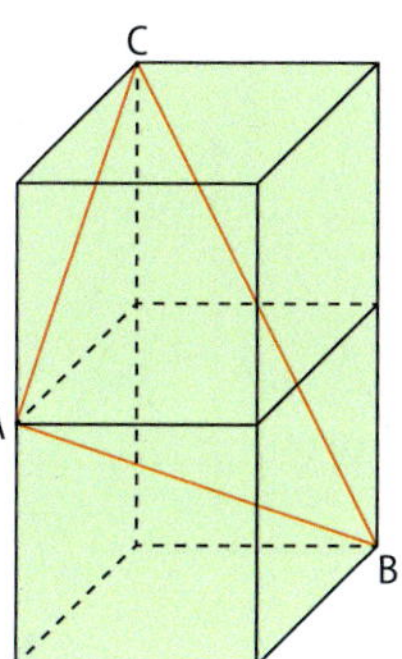

4 Ein Quader ABCDEFGH ist 12 cm lang, 5 cm breit und 5 cm hoch.
a) Zeichne ein Schrägbild des Quaders in wahrer Größe.
b) Zeichne das Dreieck AFD in wahrer Größe. Berechne dazu die fehlenden Seitenlängen.

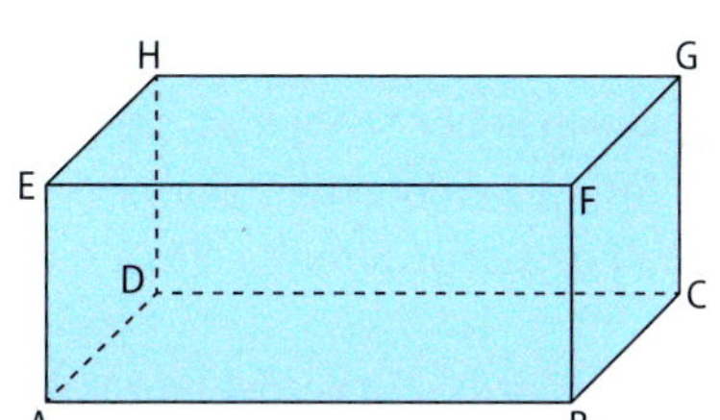

5 Berechne die Raumdiagonale deines Klassenzimmers. Miss dazu die benötigten Seitenlängen aus.

6 Die Raumdiagonale eines Quaders ist 15 cm lang. Wie lang, wie breit und wie hoch kann ein solcher Quader sein?

Finde mehrere Möglichkeiten.

7 Ein 1,00 m breiter, 0,60 m tiefer und 2,36 m hoher Kleiderschrank wird aus Einzelteilen liegend zusammengebaut. Überprüfe, ob man den Kleiderschrank durch Kippen aufstellen kann, wenn das Dachzimmer 2,50 m hoch ist. Fertige zunächst eine Skizze an.

8 Wie ändert sich die Länge der Flächendiagonalen (Raumdiagonalen) eines Würfels, wenn sich die Kantenlänge verdoppelt? Formuliere eine Vermutung und begründe rechnerisch. Du kannst auch ein einfaches Zahlenbeispiel zu Hilfe nehmen.

Weiterdenken

Auch in einer Pyramide lassen sich mit dem Satz des Pythagoras unbekannte Seitenlängen bestimmen, beispielsweise die Höhe h_a eines Seitendreiecks.

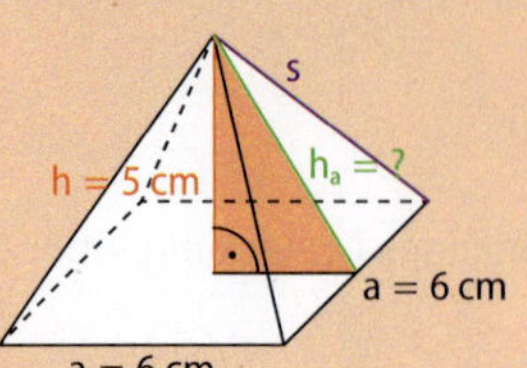

Gesucht: Seitenhöhe h_a

Rechnung: $h_a^2 = h^2 + \left(\frac{a}{2}\right)^2$

$h_a^2 = 5^2 + 3^2$

$h_a^2 = 25 + 9$

$h_a^2 = 34$

$h_a \approx 5{,}8$

Antwort: Die Seitenhöhe misst 5,8 cm.

9 a) Erkläre das Vorgehen aus dem Kasten in eigenen Worten.
b) Berechne die Kantenlänge s der Pyramide aus dem Kasten. Erläutere dein Vorgehen.

10 Von einer quadratischen Pyramide sind von den Längen a, h, h_a und s zwei gegeben. Berechne die fehlenden Längen.
a) a = 5 cm; h = 7 cm
b) a = 4 cm; h_a = 65 mm

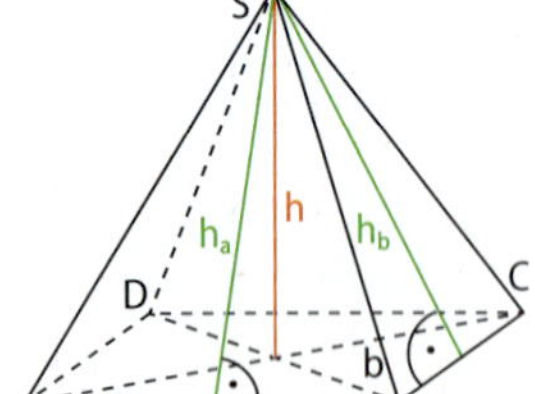

11 Berechne die Höhen h_a und h_b der Seitendreiecke der Pyramiden mit rechteckiger Grundfläche.

	a)	b)	c)	d)	e)	f)
Länge a	6 cm	8 cm	7 cm	10 cm	4,5 cm	1,2 m
Breite b	4 cm	5 cm	9 cm	12 cm	55 mm	2,2 dm
Höhe h	5 cm	4 cm	6 cm	7 cm	8 cm	140 cm

12 Ein 80 m hoher Sendemast soll mit vier Seilen gesichert werden, die jeweils in $\frac{3}{4}$ der Höhe befestigt werden. Die Seile werden 40 m vom Mast entfernt im Boden verankert und sind straff gespannt. Ermittle die Gesamtlänge der benötigten Seile.

13 a) Beschreibe ein Vorgehen zur Berechnung der Höhe h eines Kegels wie im Kasten.
b) Berechne die gesuchten Streckenlängen am Kegel.

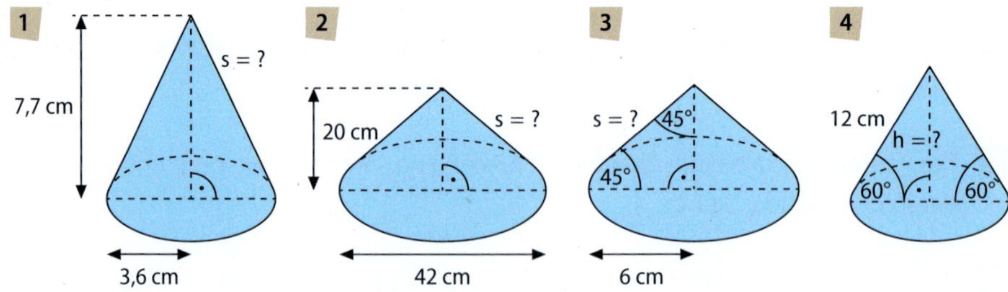

14 Die Oberfläche eines Würfels hat den Inhalt 96 cm².
a) Zeichne ein Schrägbild des Würfels.
b) Wie lang sind die Flächen- und die Raumdiagonalen des Würfels? Zeichne beide Diagonalen in das Schrägbild des Würfels ein.
c) Berechne das Volumen des Würfels.

15 Ein Tunnel hat einen halbkreisförmigen Querschnitt. Er besitzt vier Fahrspuren von je 3,5 m Breite; auf beiden Seiten und in der Tunnelmitte ist je ein 1,0 m breiter nicht befahrbarer Sicherheitsstreifen freigelassen. Welche maximale Höhe darf ein Lastwagen haben, der auf der rechten Fahrspur fährt, wenn bis zur Tunneldecke ein vertikaler Sicherheitsabstand von 40 cm eingehalten werden soll?

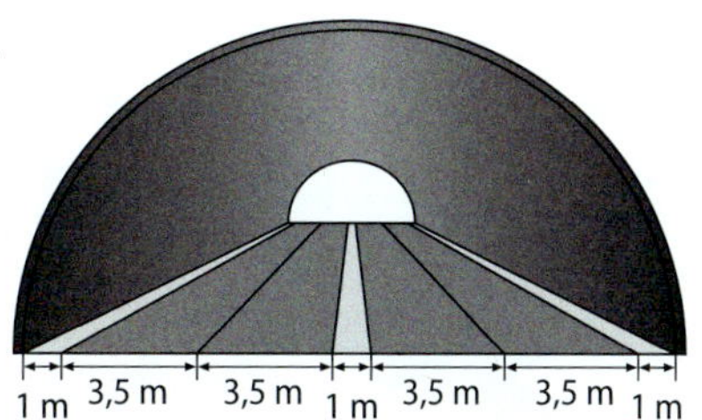

16 Ein Einfamilienhaus besteht aus einem Erd- und einem Dachgeschoss. Das Dachgeschoss soll nach einer Sanierung vermietet werden.

a) Eine neue Dachdeckung kostet 42,50 € pro m^2. Berechne die Gesamtkosten.

b) Wegen der Dachschrägen werden für die Miete nur 40 % der Fläche des Dachbodens angerechnet. Pro Quadratmeter werden 9,60 € fällig. Berechne die Mietkosten.

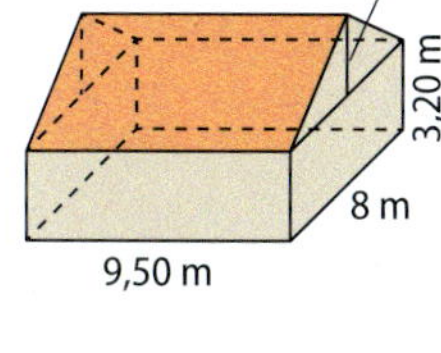

17 Gegeben ist ein Oktaeder.

a) Berechne die Körperhöhe h für $a = 3$ cm.

b) Das Schrägbild eines Oktaeders lässt sich leicht zeichnen, indem man die Seitenmitten eines Würfels verbindet. Finde eine Formel, mit der man die Seitenlänge des umgebenden Würfels in Abhängigkeit von der Kantenlänge a des Oktaeders berechnen kann.

c) Zeichne ein Schrägbild eines Oktaeders für $a = 5$ cm.

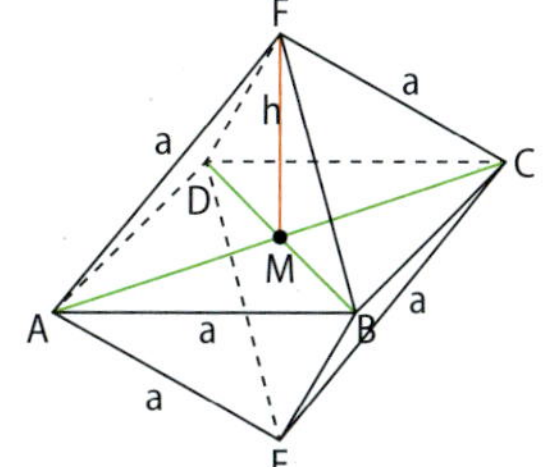

Ein Oktaeder (Achtflächner) ist ein regelmäßiger Körper. Die Seitenflächen sind gleichseitige Dreiecke.

18 Die quadratische Pyramide mit der Grundkantenlänge a besteht aus vier kongruenten gleichschenkligen Dreiecken mit Schenkellänge s.
Gib mithilfe des Satzes von Pythagoras einen Term für die Höhe h und die Seitenhöhe h_a an, der jeweils nur von a und s abhängt. Beschreibe dein Vorgehen.

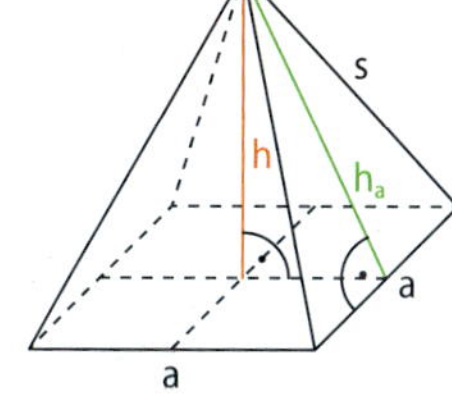

19 Aus vier gleich großen Kugeln mit dem Radius r wird eine Pyramide gebaut. Dabei berührt jede Kugel jeweils die drei anderen.
Ermittle die Höhe der Kugelpyramide in Abhängigkeit von r.

20 Eine zufällig gefundene antike Tonscherbe entpuppt sich als Teil eines Tellers aus römischer Zeit. Archäologen vermessen die Scherbe wie folgt: $\overline{AB} = 9$ cm und $\overline{PQ} = 1{,}5$ cm. Rekonstruiere aus diesen Angaben den tatsächlichen Radius des Tellers.

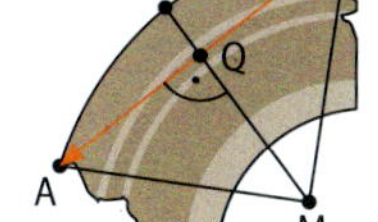

21 An einer Küste steht ein Leuchtturm der Höhe h.

a) Gib einen Term für die Sichtweite s an. Berechne die Sichtweite für $h = 40$ m.

b) Als Faustformel findet man oft $s(r;\,h) = \sqrt{2rh}$. Erkläre die Gültigkeit dieser Formel. Berechne mit ihr die Sichtweite vom Leuchtturm und vergleiche diese mit dem Ergebnis aus Teilaufgabe a).

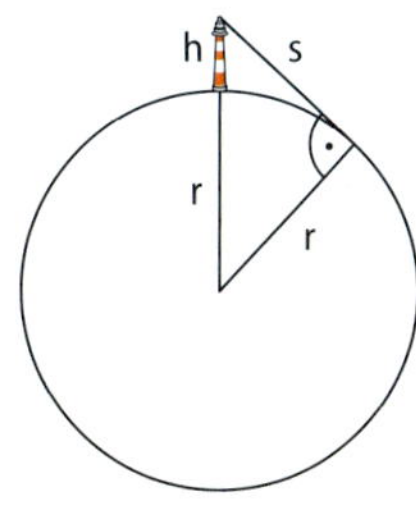

In einer Formelsammlung findet man: Der Radius der Erde beträgt im Mittel 6371 km.

Entdecken

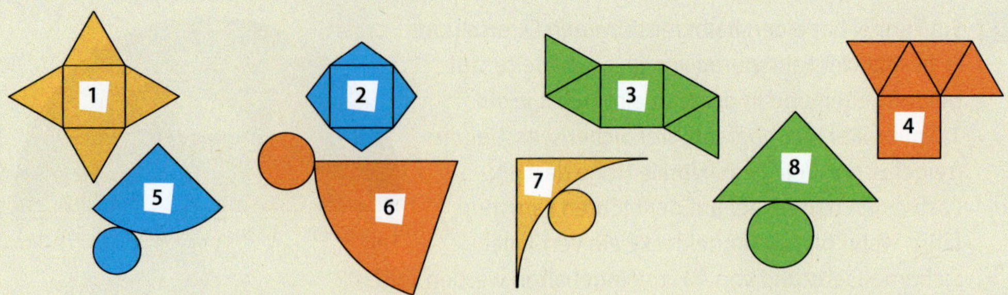

- Prüfe, welche der Körpernetze eine quadratische Pyramide oder einen Kegel ergeben können.
- Begründe, warum die anderen Netze keine quadratische Pyramide bzw. keinen Kegel ergeben.

Verstehen

Wird ein Körper entlang seiner Kanten aufgeschnitten und werden alle Begrenzungsflächen in eine Ebene geklappt, so entsteht ein Körpernetz.

Das Netz einer Pyramide bzw. eines Kegels besteht aus der Grundfläche A_G und der Mantelfläche A_M.

1 Netz einer quadratischen Pyramide **2 Netz eines Kegels**

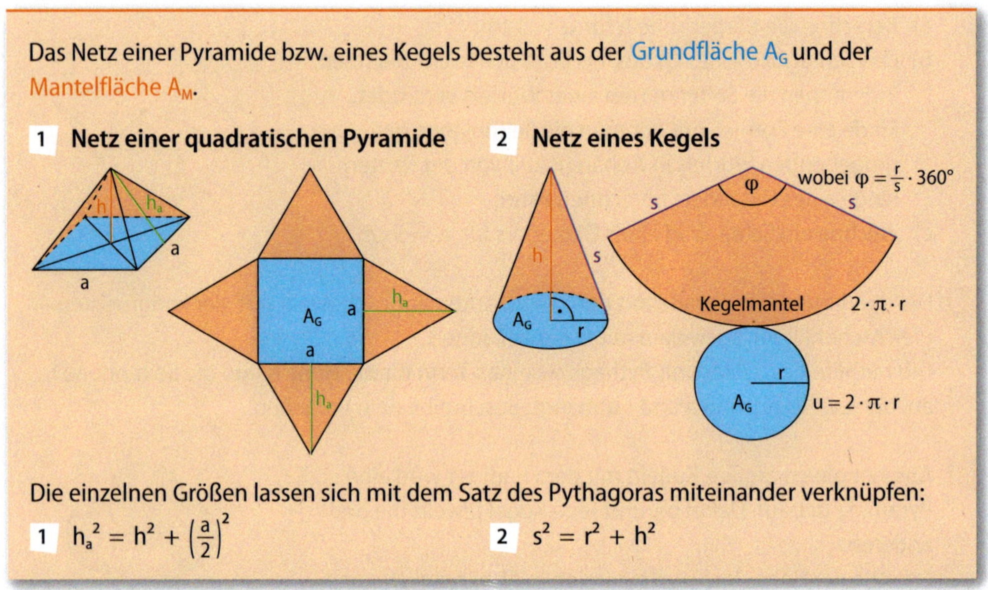

Die einzelnen Größen lassen sich mit dem Satz des Pythagoras miteinander verknüpfen:

1 $h_a^2 = h^2 + \left(\frac{a}{2}\right)^2$ 2 $s^2 = r^2 + h^2$

Beispiele

1. Zeichne das Netz einer quadratischen Pyramide, deren Grundfläche die Kantenlänge $a = 3$ cm hat und deren Körperhöhe $h = 2$ cm beträgt.

Lösung:

$h_a^2 = h^2 + \left(\frac{a}{2}\right)^2$

$h_a^2 = (2\text{ cm})^2 + (1{,}5\text{ cm})^2$

$h_a^2 = 6{,}25\text{ cm}^2$

$h_a = 2{,}5\text{ cm}$

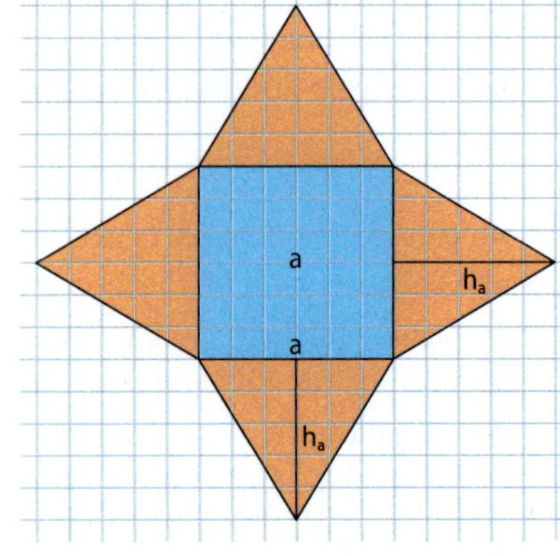

2. Zeichne das Netz eines Kegels mit einem Radius von 1 cm und einer Höhe von 2 cm.

Lösung:

$s^2 = r^2 + h^2$

$s^2 = (1\text{ cm})^2 + (2\text{ cm})^2$

$s^2 = 5\text{ cm}^2$

$s \approx 2{,}2\text{ cm}$

$\varphi = \frac{r}{s} \cdot 360°$

$\varphi = \frac{1\text{ cm}}{2{,}2\text{ cm}} \cdot 360°$

$\varphi = 163°$

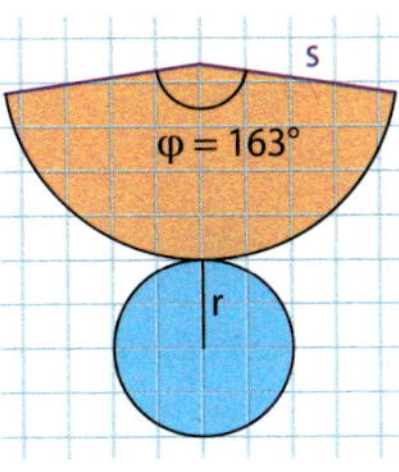

Nachgefragt

- Zu jeder Pyramide gibt es genau ein Pyramidennetz. Stimmt das?
- Gerda behauptet: „Es ist vollkommen egal, wie lang die Mantellinie s eines Kreiskegels ist, Hauptsache Umfang und Länge des Kreisbogens vom Kegelmantel stimmen überein." Hat sie Recht?

Aufgaben

1 Zeichne jeweils ein Netz des Körpers.

a)

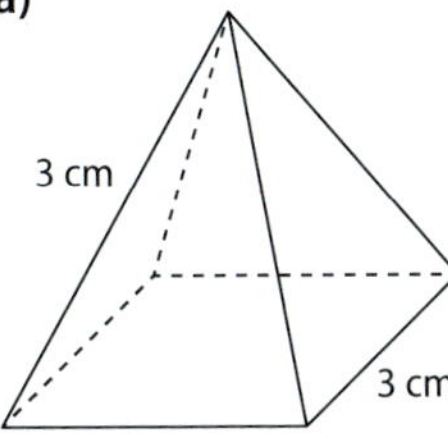

b)

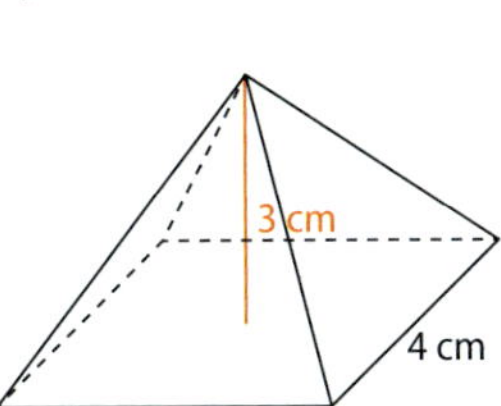

c)

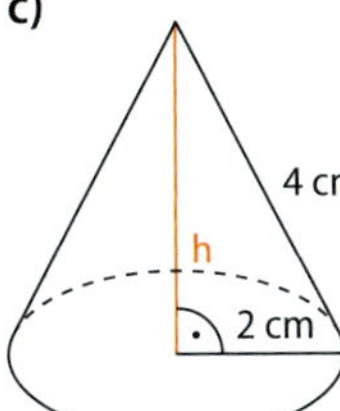

d)

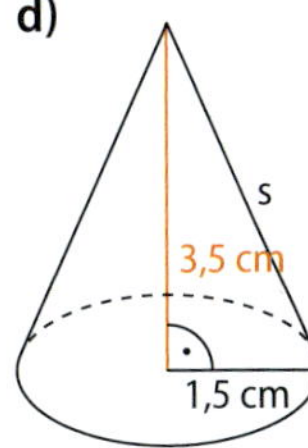

2 Zeichne ein Netz einer Pyramide mit rechteckiger Grundfläche ($a = 3$ cm; $b = 4$ cm; $h = 5$ cm).

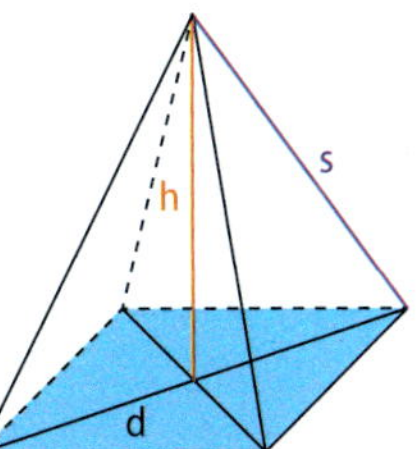

3 Übertrage das Netz des Körpers ins Heft und vervollständige es. Zeichne das Schrägbild des Körpers.

a) rechteckige Pyramide

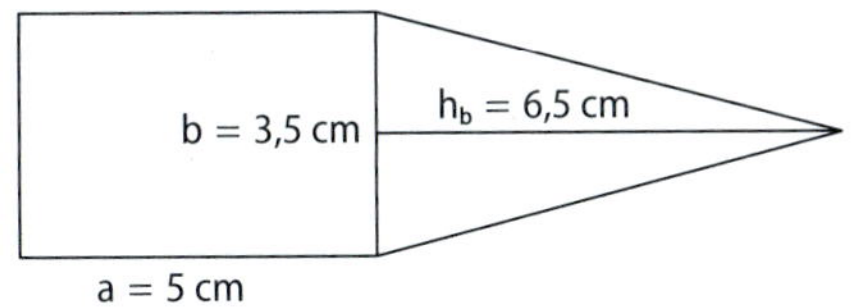

b) Kreiskegel

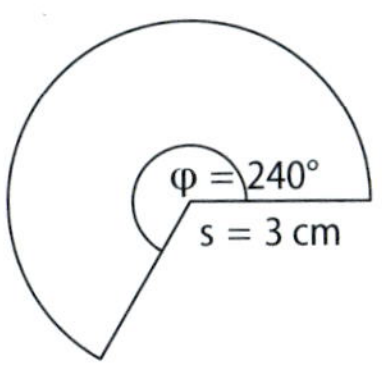

4 **a)** Zeichne ein Netz einer regelmäßigen Sechseckpyramide mit $a = 3$ cm und $h = 3$ cm.

b) Berechne die Länge der Diagonalen der Grundfläche sowie die Länge der Höhe h_a und der Seitenkante s. Überprüfe deine Rechnung mit dem Netz aus a).

c) Zeichne das Netz eines Kegels, dessen Grundfläche wie in der Abbildung angedeutet das Sechseck genau umschreibt. Die Höhe des Kegels entspricht der der Pyramide.

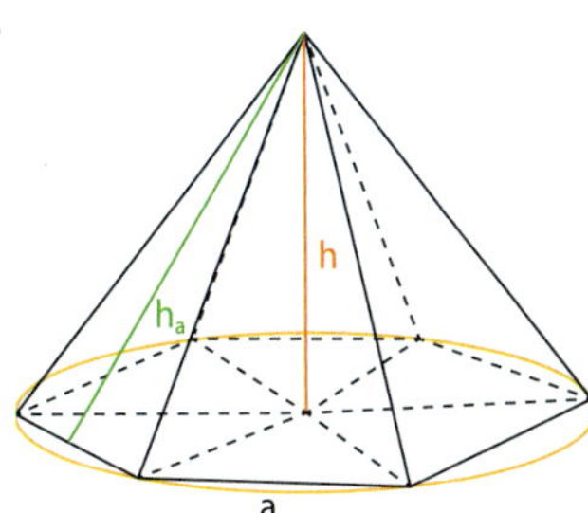

Entdecken

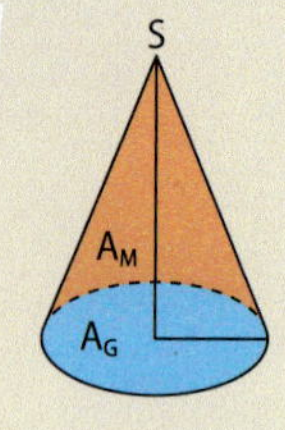

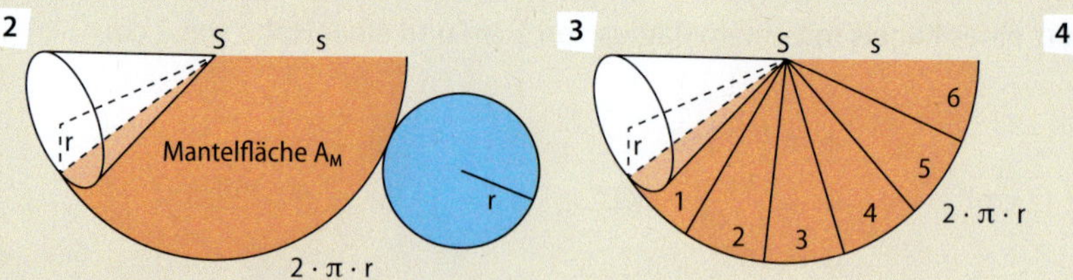

Bild 1 zeigt einen Kreiskegel mit Grundfläche A_G und Mantelfläche A_M.
Beschreibe die Bilder 2, 3 und 4.

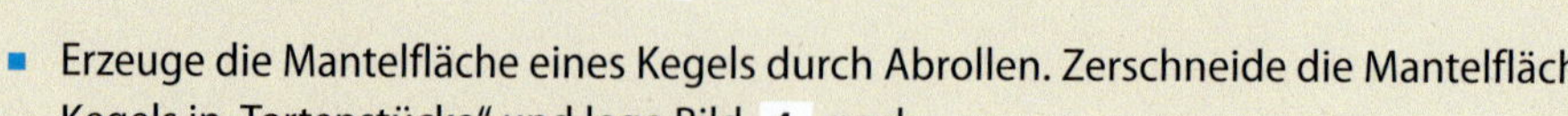

- Erzeuge die Mantelfläche eines Kegels durch Abrollen. Zerschneide die Mantelfläche des Kegels in „Tortenstücke" und lege Bild 4 nach.

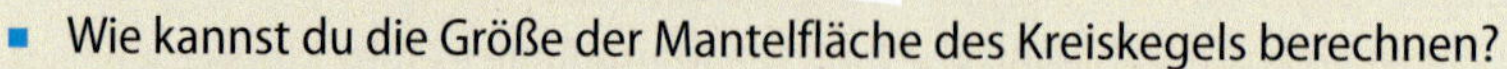

- Wie kannst du die Größe der Mantelfläche des Kreiskegels berechnen?

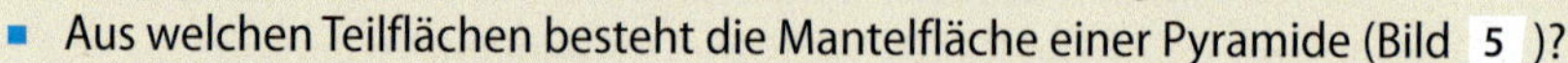

- Aus welchen Teilflächen besteht die Mantelfläche einer Pyramide (Bild 5)?
- Erkläre, wie du die Mantelfläche einer Pyramide berechnen würdest.

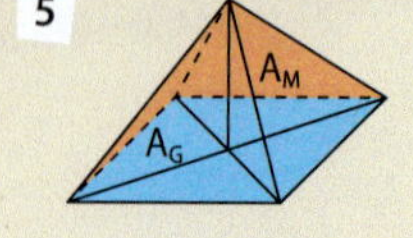

Verstehen

Die Oberfläche einer Pyramide oder eines Kegels besteht aus der Grundfläche und der Mantelfläche.

Wir betrachten hier vor allem gerade Pyramiden und Kegel. Bei schiefen Pyramiden sind die Seitenflächen oft unterschiedlich groß:

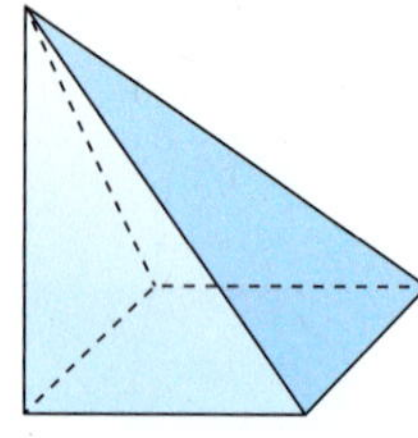

Für die Berechnung des **Oberflächeninhalts A_O** einer Pyramide oder eines Kegels mit der Grundfläche A_G und der Mantelfläche A_M gilt: $A_O = A_G + A_M$.

1 quadratische Pyramide

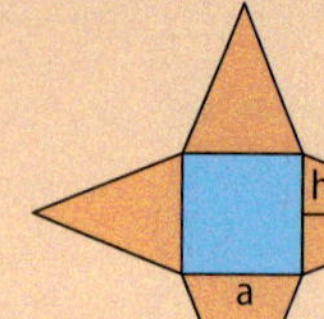

$A_O = A_{Quadrat} + 4 \cdot A_{Dreieck}$

$A_O = a^2 + 4 \cdot \frac{1}{2} \cdot a \cdot h_a = a^2 + 2 \cdot a \cdot h_a$

2 Kegel

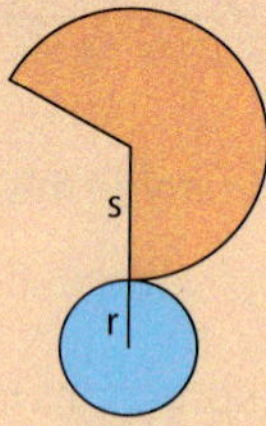

$A_O = A_{Kreis} + A_{Kreissektor}$

$A_O = \pi \cdot r^2 + \pi \cdot r \cdot s = \pi \cdot r \cdot (r + s)$

Beispiele

1. Berechne den Oberflächeninhalt der rechteckigen Pyramide mit $a = 3$ cm, $b = 4$ cm und $h = 5$ cm.

Lösung:

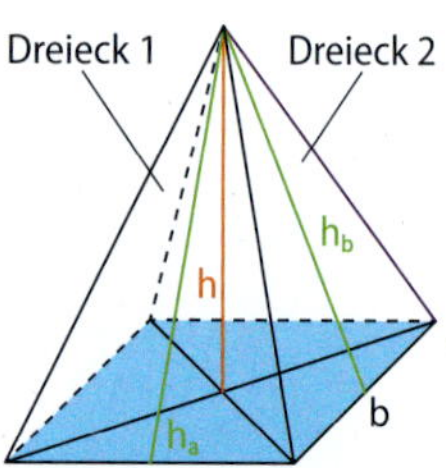

$h_a^2 = h^2 + \left(\frac{b}{2}\right)^2$

$h_a^2 = (5\text{ cm})^2 + (2\text{ cm})^2 = 29\text{ cm}^2$

$h_a \approx 5{,}4\text{ cm}$

$h_b^2 = h^2 + \left(\frac{a}{2}\right)^2$

$h_b^2 = (5\text{ cm})^2 + (1{,}5\text{ cm})^2 = 27{,}25\text{ cm}^2$

$h_b \approx 5{,}2\text{ cm}$

$A_O = A_{Rechteck} + 2 \cdot A_{Dreieck\ 1} + 2 \cdot A_{Dreieck\ 2}$

$A_O = a \cdot b + 2 \cdot \frac{1}{2} \cdot a \cdot h_a + 2 \cdot \frac{1}{2} \cdot b \cdot h_b$

$A_O = 3\text{ cm} \cdot 4\text{ cm} + 3\text{ cm} \cdot 5{,}4\text{ cm} + 4\text{ cm} \cdot 5{,}2\text{ cm} = 49\text{ cm}^2$

2. Viele Biogasanlagen haben annähernd kegelförmige Dächer. Berechne den Flächeninhalt eines solchen Daches. Sein Durchmesser beträgt 10 m, die Länge der Mantellinie 5,4 m.

Lösung:

$A_M = \pi \cdot r \cdot s$

$A_M = \pi \cdot 5\,\text{m} \cdot 5{,}4\,\text{m} \approx 84{,}82\,\text{m}^2$

Das Dach hat einen Flächeninhalt von etwa 85 m².

Nachgefragt

- Die Seitenflächen einer Pyramide sind gleichschenklige Dreiecke. Stimmt das?
- Die Anzahl der Seitenflächen einer Pyramide stimmt mit der Anzahl ihrer Ecken überein. Ist das richtig? Begründe.

Aufgaben

1 Berechne die fehlenden Größen einer quadratischen Pyramide.

	a)	b)	c)	d)	e)	f)
a	5 cm	4 cm	3 cm			
h		7 cm		3 cm	8 cm	
h_a	6 cm				1 dm	
s			5 cm			
A_G				64 cm²		36 cm²
A_M						
A_O						0,0156 m²

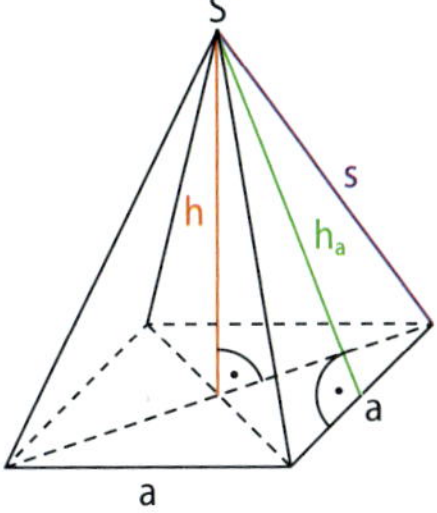

2 Berechne die fehlenden Größen eines Kegels.

	a)	b)	c)	d)	e)	f)
r	2,5 cm	8 dm				
h	6 cm		40 mm	12 cm		
s		17 dm	50 mm		55 mm	
A_G				78,5 cm²		
A_M					25,905 cm²	0,07 dm²
A_O						12,3 m²

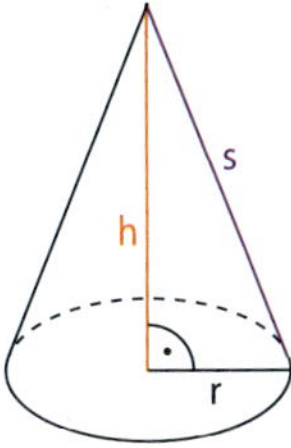

3 „Wenn man die Höhe einer quadratischen Pyramide oder eines Kegels verdoppelt, dann verdoppelt sich auch die Größe der Mantelfläche." Ist die Aussage korrekt? Begründe.

4 Berechne den Oberflächeninhalt einer rechteckigen Pyramide mit $a = 8$ cm, $b = 6$ cm und $s = 12$ cm.

5 Die Mantelfläche einer regelmäßigen Sechseckpyramide beträgt 714 cm². Die Höhe h_a der Seitenfläche ist 17 cm lang.

a) Berechne den Oberflächeninhalt dieser Pyramide.

b) Dieser Pyramide wird ein Kegel umschrieben. Wie groß ist dessen Oberfläche?

c) Um wie viel Prozent ist die Kegeloberfläche größer als die Pyramidenoberfläche?

Entdecken

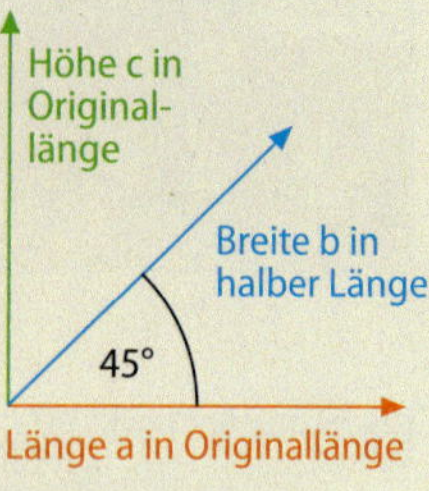

Du kennst bereits das Schrägbild als eine Möglichkeit, um Körper anschaulich darzustellen.

- Übertrage die Schrägbildzeichnungen von Würfel und Quader in dein Heft.
- Überlege dir Möglichkeiten, wie man mithilfe dieser Schrägbilder das einer Pyramide (eines Kegels) erhalten kann. Beschreibe dein Vorgehen.

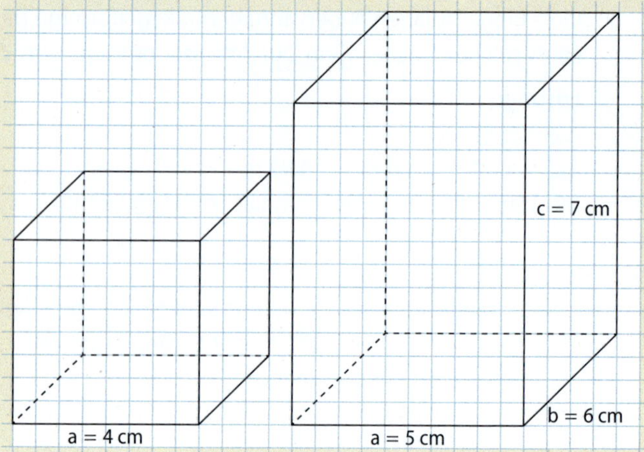

Verstehen

Um einen Körper räumlich darzustellen, wird häufig ein Schrägbild gezeichnet.

__Schrägbild eines Kegels:__
Man zeichnet zunächst den Grundkreis des Kegels. Anschließend zeichnet man wie abgebildet vertikale Gitterlinien in den Kreis ein. Für die Grundfläche im Schrägbild dreht man diese Linien um 45° und verkürzt sie auf die Hälfte. Die Endpunkte verbindet man zur ***Ellipse****.*
Da dieses Verfahren sehr aufwändig ist, kann man auch das im Merkkasten beschriebene Vorgehen verwenden.

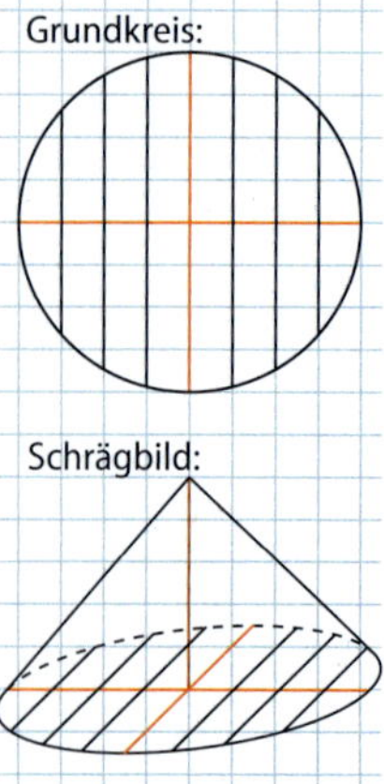

Schrägbild einer quadratischen Pyramide

a

a

halbe Länge

45°

h

Grundfläche im Schrägbild zeichnen, nach hinten laufende Kanten unter 45° auf die Hälfte kürzen

Höhe h senkrecht über dem Schnittpunkt der Diagonalen zeichnen

Eckpunkte verbinden, nicht sichtbare Körperkanten stricheln

Vereinfachtes Schrägbild eines Kegels

Kegel

$\frac{1}{2}r$

r r

h

In der Mitte senkrecht zum Durchmesser je einen halben Radius antragen

Endpunkte zu einer Ellipse verbinden

Höhe h senkrecht zum Durchmesser von der Mitte aus zeichnen

Kegelspitze mit der Ellipse verbinden

Beispiel

Zeichne ein Schrägbild einer Pyramide mit rechteckiger Grundfläche (a = 4 cm, b = 3 cm) und der Körperhöhe h = 4 cm.

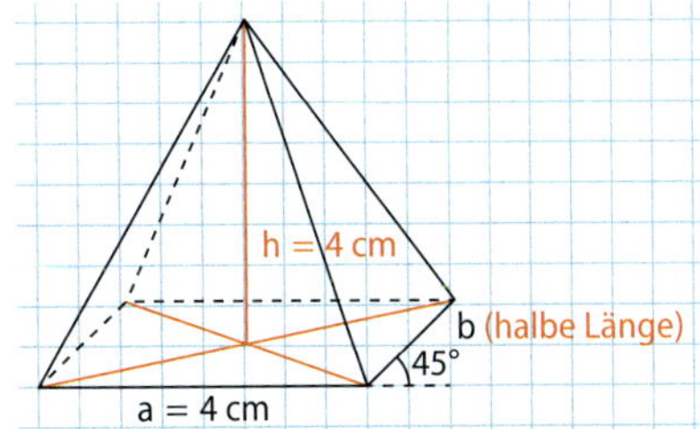

Nachgefragt

- Anni meint: „Die nach hinten verlaufenden Kanten brauchen nicht verkürzt zu werden." Welche Folgen hätte dies für die Schrägbildwirkung?
- Zeichnet man das Schrägbild eines liegenden Kegels, dann muss die Körperhöhe h um 45° schräg und auf die Hälfte verkürzt gezeichnet werden. Stimmt das? Begründe.

Aufgaben

1 Zeichne ein Schrägbild der Pyramide mit den angegebenen Maßen.
a) Quadratische Grundfläche: a = 4 cm; Körperhöhe h = 5 cm
b) Rechteckige Grundfläche: a = 2 cm; b = 4 cm; Körperhöhe h = 3,5 cm

2 Zeichne ein Schrägbild eines Kegels mit den folgenden Angaben.
a) r = 4 cm; h = 6 cm **b)** r = 5,2 cm; h = 4,5 cm

3 Zeichne Schrägbilder der Körper im angegebenen Maßstab.

a)
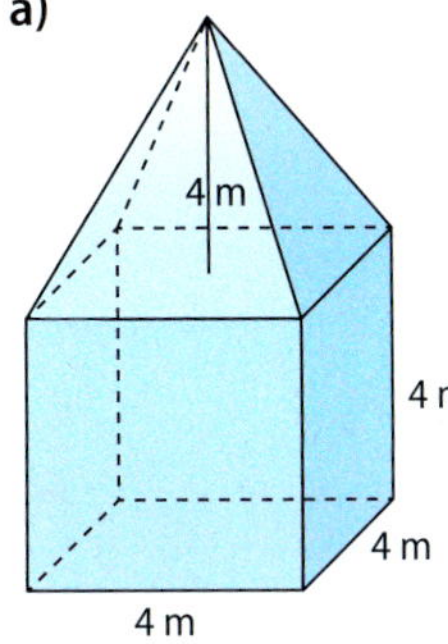

Maßstab 1:100

b)
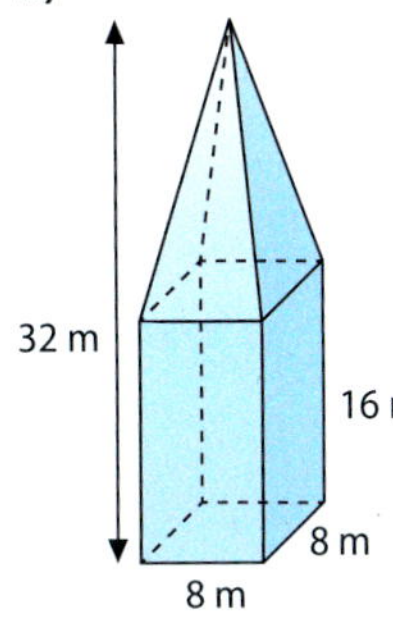

Maßstab 1:400

c)
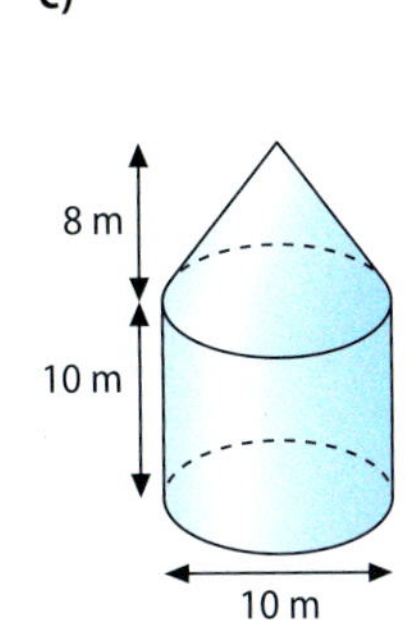

Maßstab 1:200

d)
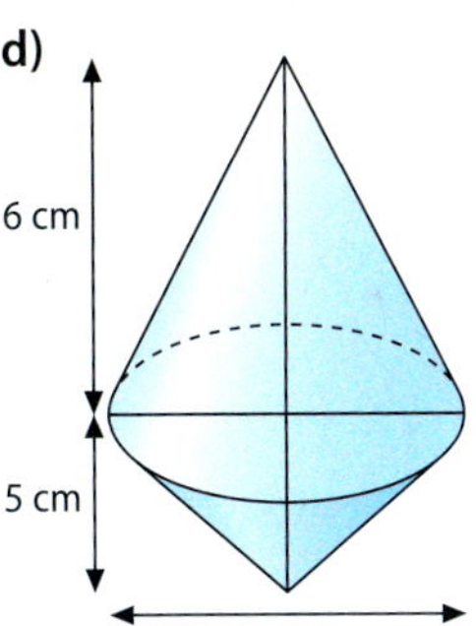

Maßstab 1:2

4 **a)** Zeichne das Schrägbild einer quadratischen Pyramide mit a = 5 cm und h = 6 cm.
b) Neben dem Modell der gegebenen quadratischen Pyramide wird auch das Modell eines Kegels gleicher Höhe angefertigt. Der Durchmesser des Kegels beträgt 5 cm. Schätze anhand der Schrägbilder ab, welche der Aussagen wahr ist.
1 Die Pyramide hat das kleinere Volumen von beiden Körpern.
2 Die Pyramide und der Kegel haben das gleiche Volumen.
3 Die Pyramide hat das größere Volumen von beiden Körpern.

5 Ein rechtwinkliges Dreieck ABC mit a = 6 cm, c = 5 cm und $\beta = 90°$ ist die Grundfläche einer 8 cm hohen schiefen Pyramide. Die Spitze S der Pyramide liegt senkrecht über dem Punkt C. Zeichne ein Schrägbild der Pyramide.

Entdecken

Die abgebildeten Würfel-Pyramiden-Paare haben alle die gleiche Grundfläche und die gleiche Höhe, bestehen aber aus einer unterschiedlichen Anzahl kleinerer Würfel.

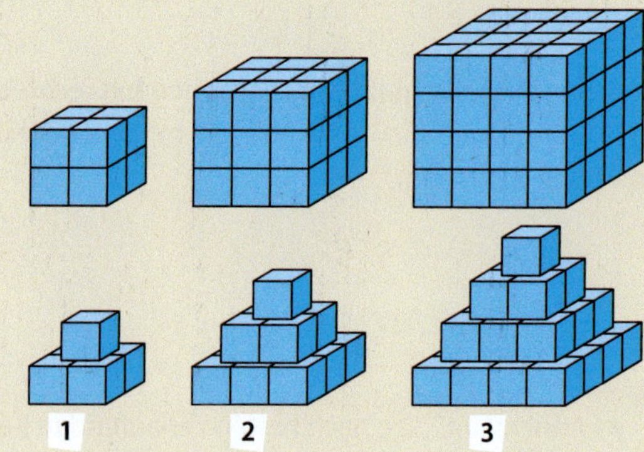

- Aus wie vielen kleinen Würfeln besteht der 1. (2., 3.) Würfel und die 1. (2., 3.) Pyramide?
- Aus wie vielen kleinen Würfeln würde das 4. und 5. Würfel-Pyramiden-Paar jeweils bestehen? Stelle zunächst einen Term auf.
- Bestimme für große Grundkantenlängen (bis zu 250 kleine Würfel), wie oft die Pyramide jeweils in den Würfel passt. Was fällt dir auf?

Nutze ein Tabellenprogramm.

Verstehen

Das Volumen einer Pyramide oder eines Kegels lässt sich mithilfe der Grundfläche und der Körperhöhe berechnen.

Für das **Volumen V** einer Pyramide bzw. eines Kegels mit der Grundfläche A_G und der Körperhöhe h gilt: $V = \frac{1}{3} \cdot A_G \cdot h$.

1 quadratische Pyramide

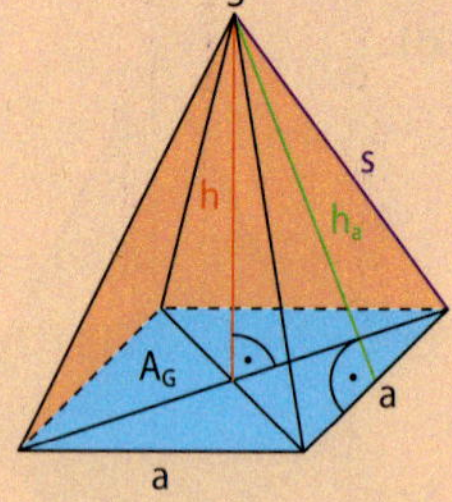

$V = \frac{1}{3} \cdot A_{Quadrat} \cdot h$

$V = \frac{1}{3} \cdot a^2 \cdot h$

2 Kegel

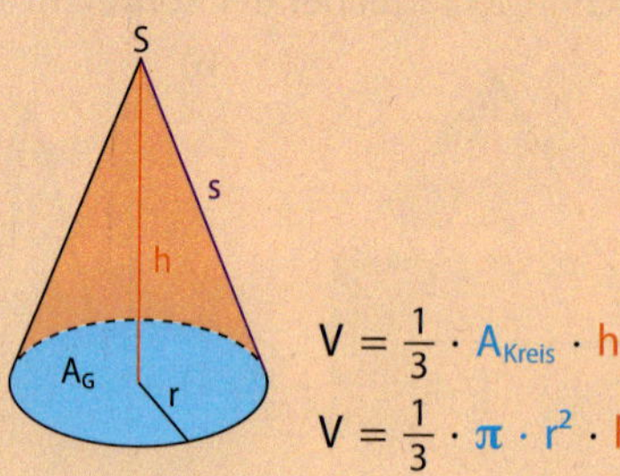

$V = \frac{1}{3} \cdot A_{Kreis} \cdot h$

$V = \frac{1}{3} \cdot \pi \cdot r^2 \cdot h$

Beispiel

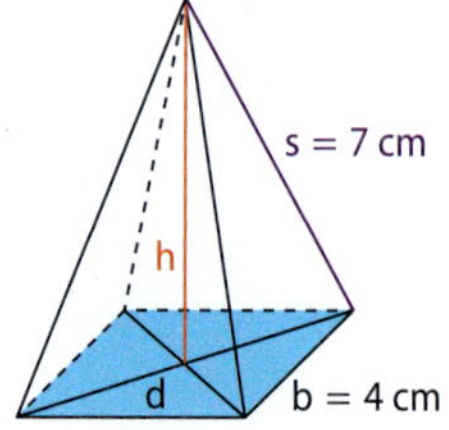

Berechne das Volumen der Pyramide mit rechteckiger Grundfläche.

Lösung:

$d^2 = a^2 + b^2$

$d^2 = (3\text{ cm})^2 + (4\text{ cm})^2$

$d^2 = 25\text{ cm}^2 \quad | \sqrt{\ }$

$d = 5\text{ cm}$

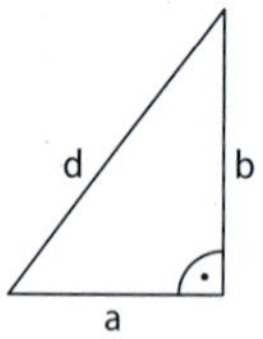

$h^2 = s^2 - \left(\frac{d}{2}\right)^2 \quad | \sqrt{\ }$

$h = \sqrt{s^2 - \left(\frac{d}{2}\right)^2}$

$h = \sqrt{(7\text{ cm})^2 - \left(\frac{5\text{ cm}}{2}\right)^2}$

$h \approx 6{,}5\text{ cm}$

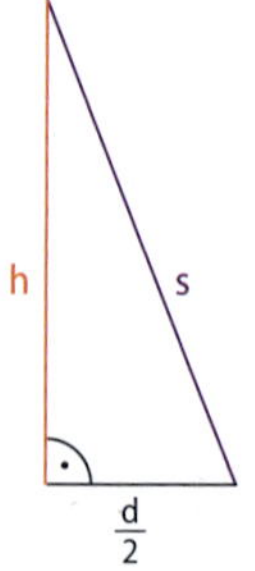

$V_{Pyramide} = \frac{1}{3} \cdot A_G \cdot h = \frac{1}{3} \cdot a \cdot b \cdot h$

$V_{Pyramide} = \frac{1}{3} \cdot 3\text{ cm} \cdot 4\text{ cm} \cdot 6{,}5\text{ cm} = 26\text{ cm}^3$

Die Pyramide hat ein Volumen von ungefähr 26 cm³.

Nachgefragt

- „Jedes gerade Prisma lässt sich in drei volumengleiche Pyramiden zerlegen." Begründe.
- Wie ändert sich das Volumen eines Kegels, wenn die Höhe verdoppelt wird?

Aufgaben

1 Berechne die gesuchten Größen. Gehe wie im Beispiel vor.

a) 5 cm, 4 cm, 4 cm

quadratische Pyramide
$V_{Pyramide} = ?$

b) 6 dm, 4 dm, 9 dm

rechteckige Pyramide
$V_{Pyramide} = ?$

c) $V_{Pyramide} = 36\ cm^3$

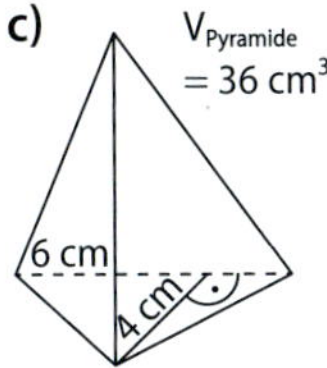

dreieckige Pyramide
$h = ?$

d)

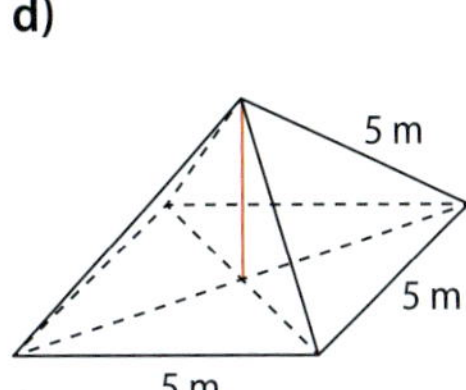

quadratische Pyramide
$h = ?$ $V_{Pyramide} = ?$

2 Berechne die fehlenden Größen des Kegels.

	a)	b)	c)	d)	e)	f)
r	3,5 cm					
d		12 cm				
A_G			79 cm²		4 m²	150 cm²
h	8 cm		11 cm	4 cm		
s		15 cm		5 cm		
V_{Kegel}					4000 dm³	
A_O						5 dm²

3 Welche Masse hat ein Briefbeschwerer aus Glas (Dichte: 2,5 g/cm³) in Form einer rechteckigen Pyramide mit den Grundkantenlängen $a = 8\ cm$, $b = 6\ cm$ und der Körperhöhe $h = 4\ cm$? Nutze zur Berechnung die Gleichung: Masse = Dichte · Volumen.

4 Der Sand einer Eieruhr rinnt in exakt fünf Minuten von oben nach unten.

a) Wie viele Kubikmillimeter Sand befinden sich in der Eieruhr?

b) Wie viel Sand rinnt in einer Minute in den unteren Zylinder?

c) In welcher Höhe von der Engstelle entfernt muss der Strich für 4 min (3 min, 2 min, 1 min) angebracht werden? Tipp: Nutze dein Wissen über die zentrische Streckung.

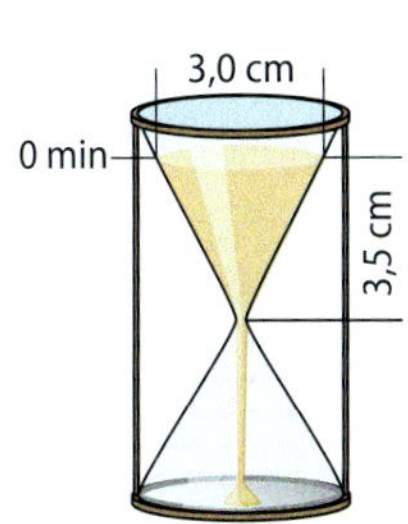

Versuch

Experimente zum Volumen von Kegel und Pyramide

Begründe die Volumenformeln für Pyramiden und Kegel experimentell durch …

- Umschütten: Wie oft passt das Pyramidenvolumen in ein Prisma gleicher Grundfläche und Höhe?
- Verdrängungsmessungen: Vergleiche dabei den unterschiedlichen Anstieg im Messbecher.

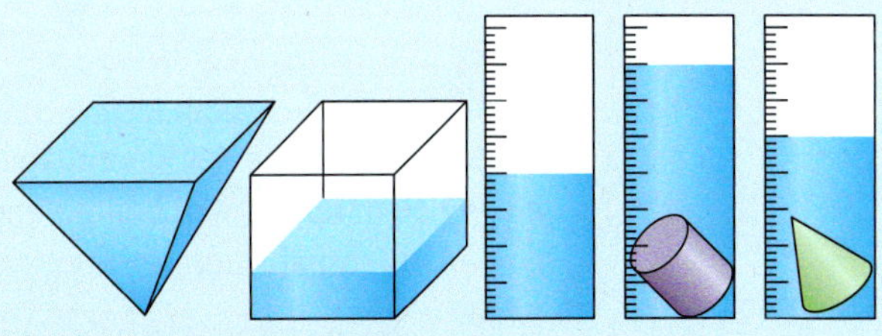

5 Aufgaben zur Differenzierung

zu 5.1 **1** Welche Ziffern fehlen? Bestimme die Quadratwurzel.

a) $\sqrt{\square 5} = 5$ b) $\sqrt{10\square 00} = 100$
c) $\sqrt{1\square 9} = \square 3$ d) $\sqrt{3\square 4} = 1\square$

a) $\sqrt{\square\square\square} = 30$ b) $\sqrt{2\square\square} = \square 7$
c) $\sqrt{\frac{1}{1\square 4}} = \frac{\square}{\square\square}$ d) $\sqrt{\frac{64}{1\square 24}} = \frac{\square}{\square\square} = \frac{\square}{\square}$

zu 5.2 **2** Berechne die Länge der eingefärbten Strecke.

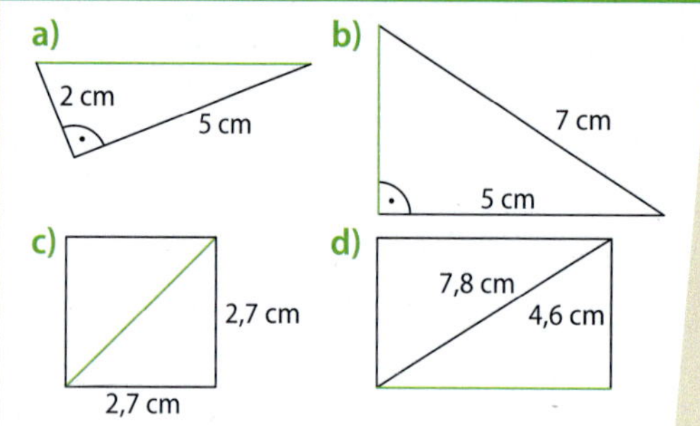

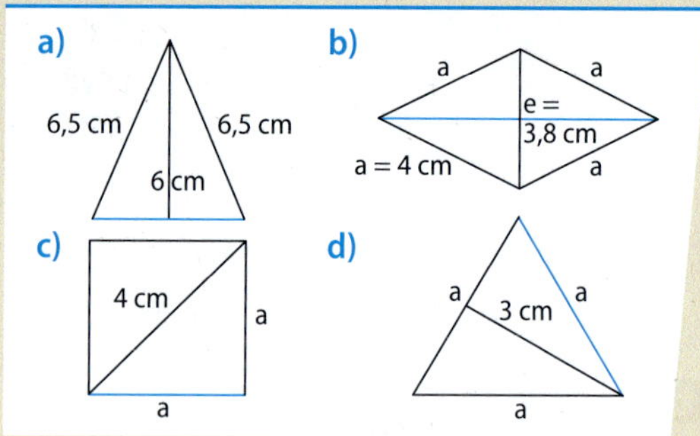

3 Das Dreieck ABC wird durch A (−1 | −3), B (2 | 1) und C (−2 | 4) festgelegt.

a) Zeige rechnerisch, dass das Dreieck rechtwinklig und gleichschenklig ist.
b) Überprüfe deine Rechnung, indem du das Dreieck in ein Koordinatensystem einzeichnest und die Strecken misst.
c) Berechne den Umfang und den Flächeninhalt des Dreiecks.

Das Viereck ABCD ist durch A (−1 | 3), B (7 | −1), C (3 | 7) und D (−1,5 | 7,5) festgelegt.

a) Prüfe rechnerisch nach, um welche Vierecksform es sich handelt.
b) Überprüfe deine Rechnung, indem du das Viereck in ein Koordinatensystem einzeichnest und die Strecken misst.
c) Berechne den Umfang und den Flächeninhalt des Vierecks.

4 Beim Satz des Pythagoras werden die Flächen der Seitenquadrate des rechtwinkligen Dreiecks miteinander verglichen. Die Flächen über den kurzen Seiten sind zusammen so groß wie die Fläche über der langen Seite.

Überprüfe dies für …
a) Halbkreise. b) gleichseitige Dreiecke.

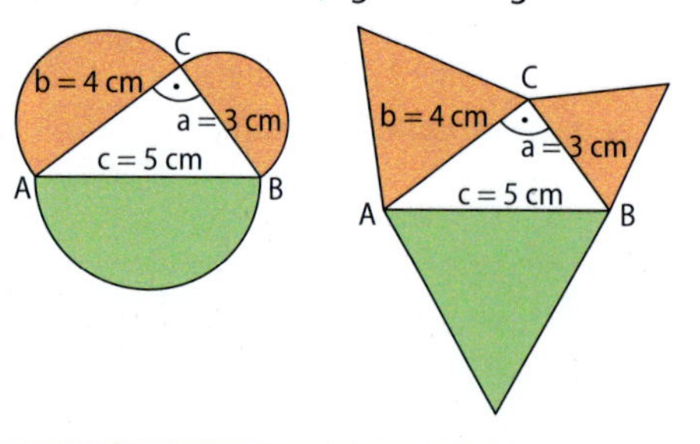

Überprüfe dies für …
a) Halbkreise. b) gleichseitige Dreiecke.

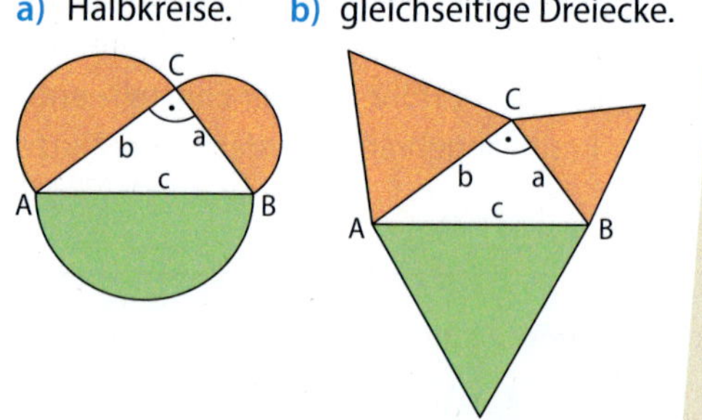

zu 5.3 **5** Berechne die Länge der Raumdiagonalen eines 2,50 m hohen, 4 m breiten und 7 m langen Aufenthaltsraumes.

Berechne die Länge und die Breite eines 2,50 m hohen Aufenthaltsraumes, wenn er doppelt so lang wie breit ist und seine Raumdiagonale 9,30 m beträgt.

6 1

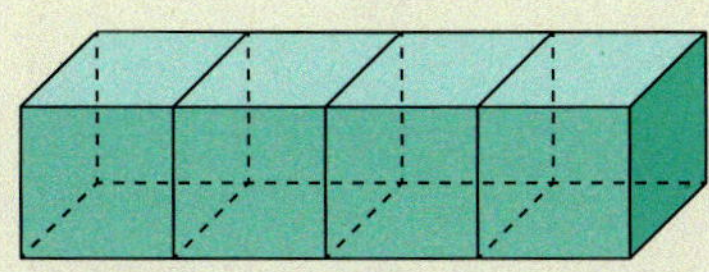

2

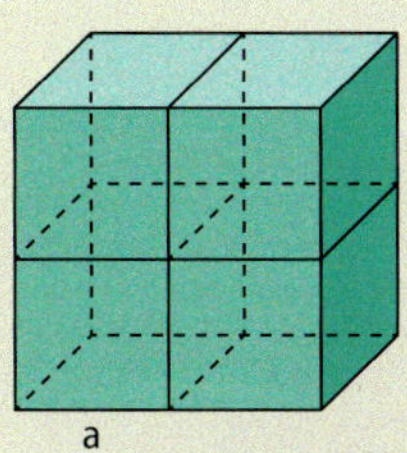

zu 5.3

Vergleiche die Längen der Raumdiagonalen der Würfelbauten, wenn ein einzelner Würfel eine Kantenlänge von $a = 1$ cm besitzt.

Entscheide und begründe, welcher Würfelbau mit Würfeln der Kantenlänge a die längere Raumdiagonale besitzt.

7 Zeichne ein Netz der Pyramide. Berechne anschließend den Oberflächeninhalt der Pyramide.

zu 5.4 und 5.5

a) Quadrat als Grundfläche mit $a = 4$ cm; $h = 5$ cm
b) Rechteck als Grundfläche mit $a = 4{,}5$ cm; $b = 3$ cm; $h = 5{,}5$ cm

a) Rechteck als Grundfläche mit $b = 3$ cm; $h_b = 5{,}1$ cm; $h = 4{,}5$ cm
b) Rechteck als Grundfläche mit Diagonale $e = 7{,}5$ cm; $h_b = 4$ cm; $s = 5$ cm

8

Wie groß ist die Glasfläche der Pyramide?

Der Haupteingang des Louvre Museums ist eine 35,42 m breite und 21,65 m hohe gerade, quadratische Pyramide aus Glas.

Bestimme, wie viel Stoff der Künstler Christo zur Verhüllung der Pyramide benötigen würde, wenn er für Nähte und Verschnitt 12 % mehr Stoff einplanen würde.

9 Zeichne ein Schrägbild des Körpers mit den angegebenen Maßen ins Heft. Berechne das Volumen des Körpers.

zu 5.6 und 5.7

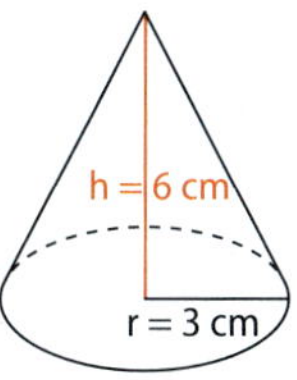

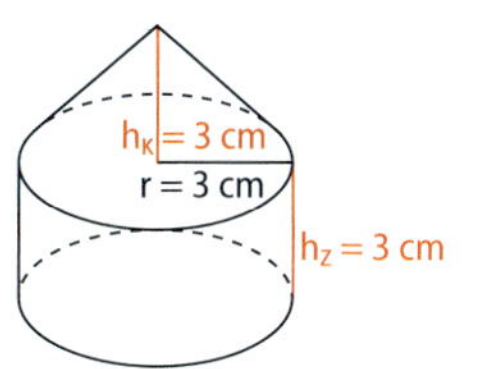

10 Beim Aufschütten von Salz, Sand, Getreide usw. entsteht ein Schüttkegel.

zu 5.7

Mithilfe eines Förderbandes werden 800 m^3 Salz aufgeschüttet. Berechne die Größe der Fläche, die der Schüttkegel bei einer Höhe von 8 m bedeckt.

Beim Aufschütten von Sand entsteht ein Kegel mit 650 cm Höhe. Der Umfang des Grundkreises misst 63 m. Berechne, wie viel Kubikmeter Sand aufgeschüttet werden.

1 1

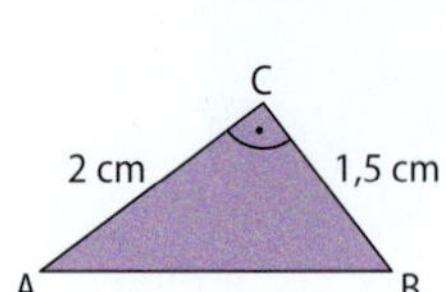

2

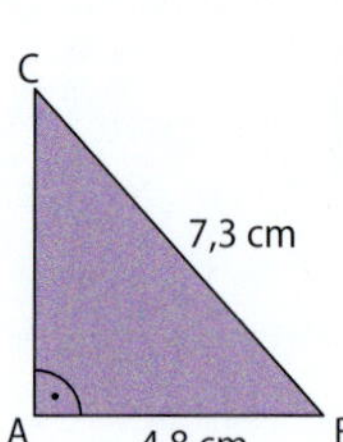

3

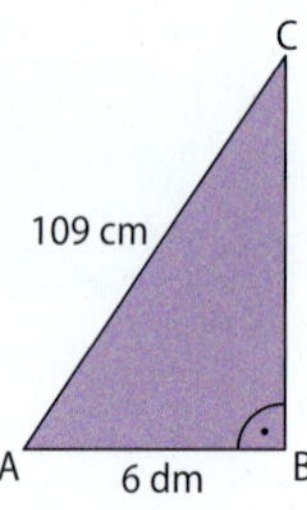

a) Berechne die fehlenden Seitenlängen im rechtwinkligen Dreieck.

b) Für den Flächeninhalt eines Dreiecks gilt: $A = \frac{1}{2} \cdot g \cdot h$. Begründe, warum in einem rechtwinkligen Dreieck $A = \frac{1}{2} \cdot l_{Kathete\ 1} \cdot l_{Kathete\ 2}$ gilt.

c) Berechne den Flächeninhalt der abgebildeten Dreiecke.

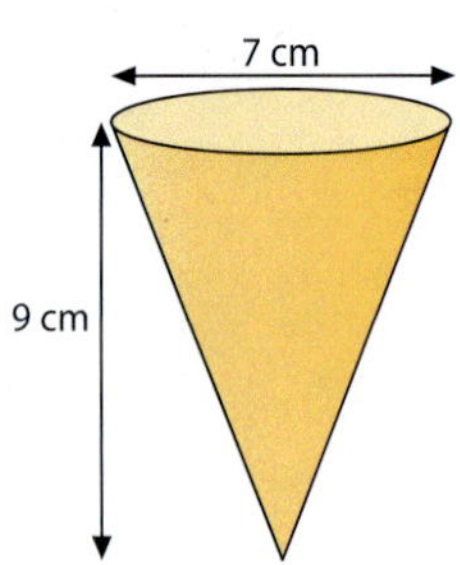

2 An Wasserspendern in Apotheken oder Supermärkten findet man oftmals einfache kegelförmige Kunststoffbecher. Schätze zunächst, wie viel ml Wasser in den Becher passen und überprüfe deine Schätzung rechnerisch.

3 Bestimme die Höhe h, den Umfang u und den Flächeninhalt A eines gleichseitigen Dreiecks mit der Seitenlänge 6 cm. Runde auf eine Dezimale.

4 Zeichne das Dreieck ABC mit A (2 | 0,5), B (8 | 0,5) und C (1 | 7). Berechne die Länge der Höhe h_c sowie den Flächeninhalt A und den Umfang u des Dreiecks.

5 Peter, Paul und Marie spannen mit Schnüren Dreiecke auf. Begründe, welche(s) ihrer Dreiecke rechtwinklig sind (ist).

a) Schnurlängen: 5 m; 12 m; 13 m

b) Schnurlängen: 4 m; 7,05 m; 5,5 m

c) Schnurlängen: 4,5 m; 6 m; 7,25 m

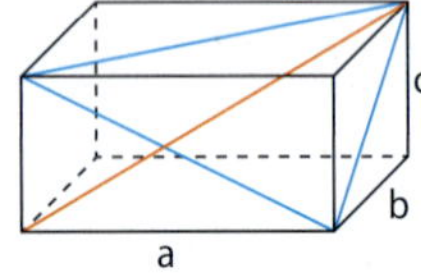

6 Berechne die Länge der drei Flächendiagonalen und der Raumdiagonalen im abgebildeten Quader.

a) a = 4 cm; b = 6,5 cm; c = 3,8 cm

b) a = 24 mm; b = 2,5 cm; c = 1,8 cm

c) a = 2,4 m; b = 2,5 m; c = 2b

d) a = 2b; b = 3c; c = 3,4 cm

7 In einem Café wird Orangensaft in einem zylinderförmigen Glas serviert, das 16 cm hoch ist und einen Innendurchmesser von 6 cm hat. Wie weit ragt ein 20 cm langer gerader Strohhalm aus dem Glas heraus, wenn er schräg im Glas lehnt?

8 Eine Anstellleiter ist 6 m lang. Die Leiter steht unten 2,05 m von der Wand weg. Wie hoch reicht die Leiter, die an der Wand lehnt?

9 **a)** Zeichne ein Schrägbild und ein Netz des Körpers.

1 quadratische Pyramide mit a = 4 cm; h = 6 cm

2 rechteckige Pyramide mit a = 4,8 cm; b = 3,6 cm; h = 5,2 cm

3 Kegel mit r = 3,5 cm; h = 4,5 cm

b) Berechne den Oberflächeninhalt und das Volumen des Körpers aus a).

10 Eine kegelförmige Schultüte hat die Höhe $h = 68$ cm und den Durchmesser $d = 20$ cm.

a) Berechne die Länge der Mantellinie s der Schultüte.

b) Wie viel Pappe wird zur Herstellung der Schultüte benötigt?

c) Berechne das Fassungsvermögen der Schultüte.

11 Berechne die fehlende Seitenlänge, den Umfang und den Flächeninhalt des rechtwinkligen Dreiecks.

a) $b = 10{,}5$ cm; $c = 4{,}9$ cm; $\alpha = 90°$

b) $a = 42$ mm; $b = 86$ mm; $\beta = 90°$

c) $b = 3{,}5$ cm; $c = 7{,}1$ cm; $\gamma = 90°$

d) $a = 0{,}6$ dm; $b = 0{,}3$ dm; $\alpha = 90°$

12 Eine Straße hat eine Steigung von 15 %, wenn man bei einer waagrechten Bewegung von 100 m einen Höhenunterschied von 15 m überwindet.

a) Wie lang ist eine geradlinige Fahrstrecke, wenn man bei einer durchschnittlichen Steigung von 12 % einen Höhenunterschied von 200 m (1200 m; 2,5 km) überwinden muss?

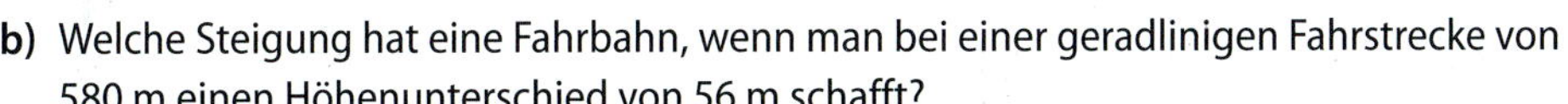

b) Welche Steigung hat eine Fahrbahn, wenn man bei einer geradlinigen Fahrstrecke von 580 m einen Höhenunterschied von 56 m schafft?

c) Wie groß ist der Fehler, wenn man anstelle der Fahrstrecke in Aufgabe b) eine 580 m lange waagrechte Bewegung annimmt?

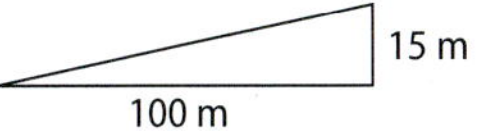

13 Bei Bildschirmen und Monitoren wird als Größenangabe meist die Länge der Diagonalen in Zoll angegeben. Vervollständige die fehlenden Werte.

1 Zoll (1") ≙ 2,54 cm

	a)	b)	c)	d)
Höhe	88,6 cm	71,1 cm	42,1 cm	212 mm
Breite	49,8 cm	533 mm		
Diagonale in cm			48,3 cm	43,2 cm
Diagonale in Zoll				

14 Eine quaderförmige Trinkverpackung hat die folgenden Außenmaße:
Länge $l = 12$ cm; Breite $b = 8$ cm; Höhe $h = 21$ cm
Bestimme die maximale Länge eines Trinkhalms, der nicht knickbar ist, wenn man ihn an eine Außenfläche anklebt.

15 Paketkartons werden von der Post in folgenden Größen angeboten.

Größe	Maße: l × b × h (in cm)	Preis (in €)
XS	22,5 × 14,5 × 3,5	1,49
S	25 × 17,5 × 10	1,69
M	37,5 × 30 × 13,5	1,99
L	45 × 35 × 20	2,49

In welche Paketgröße passt ein 29 cm langer Regenschirm?

16 Ein massiver Messingkegel mit einem Durchmesser von 30 mm hat eine Masse von 70,9 g. Wie groß ist die Oberfläche des Kegels, wenn Messing eine Dichte von 8,6 g/cm³ hat?

17 Ein Damm hat einen trapezförmigen Querschnitt mit den in der Abbildung angegebenen Abmessungen.

a) Berechne die Böschungslänge b.

b) Berechne den Flächeninhalt der Querschnittsfläche.

c) Der Damm ist 2 km lang. Wie viel m^3 Erde müssen beim Dammbau aufgeschüttet werden?

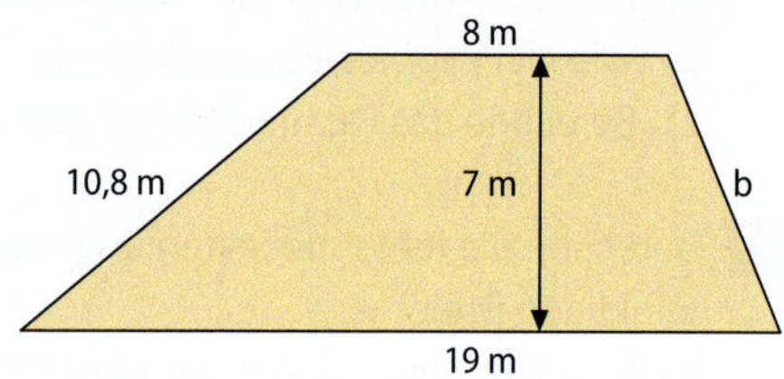

18 Eine massive quadratische Pyramide mit $a = 8$ cm und $h = 10$ cm wird durch einen Schnitt in zwei volumengleiche Teilkörper zerlegt. Berechne den Oberflächeninhalt der Teilkörper.

Betrachte bei c) den Querschnitt und nutze dein Wissen über zentrische Streckung.

a)

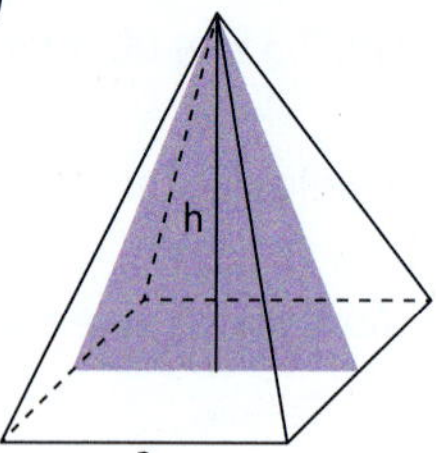

b)

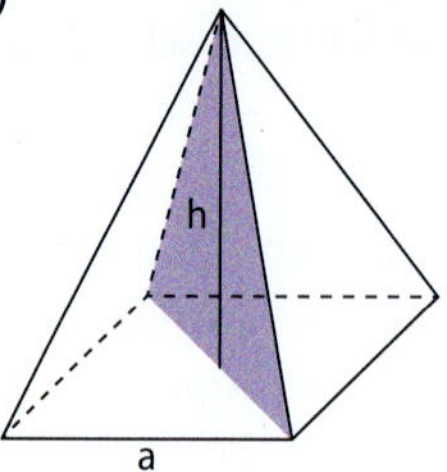

c)

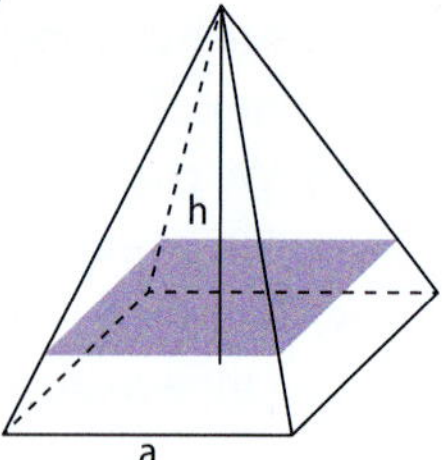

19 a) Berechne bei einer quadratischen Pyramide die fehlenden der Größen a, h, s, A_O und V.

1 $a = 6{,}4$ cm; $s = 12{,}8$ cm
2 $a = 4{,}8$ cm; $A_O = 153{,}8\ cm^2$
3 $h = 11{,}2$ cm; $s = 14{,}0$ cm

b) Bestimme die nicht angegebenen Größen r, h, s, A_M, A_O und V eines Kreiskegels.

1 $r = 20$ cm; $s = 30$ cm
2 $s = 15{,}2$ cm; $A_M = 372{,}5\ cm^2$

20 Ein runder, 42 m hoher Turm mit einem Umfang von 44 m hat ein Dach in der Form eines Kegels, der in der Spitze rechtwinklig ist.

a) Wie groß ist das Gesamtvolumen des Turms einschließlich des Dachraumes?

b) Das Dach des Turms soll neu gedeckt werden. Wie hoch sind die entstehenden Kosten, wenn ein Quadratmeter 68,80 € zuzüglich der gesetzlichen Mehrwertsteuer kostet?

21 a) Ein Drehleiterfahrzeug der Feuerwehr hat eine Nennrettungshöhe von 23 m und eine Nennausladung von 12 m. Das Fahrzeug hat inklusive Stützen eine Breite von 2,50 m und die Leiter befindet sich an ihrem unteren Ende 1,20 m über dem Boden. Berechne die Länge der Drehleiter.

b) Bei einem Brand muss die Feuerwehr jemanden aus dem 8. Stock retten. Schafft sie das mit dem Fahrzeug? Ein Stockwerk des Gebäudes ist 2,60 m hoch.

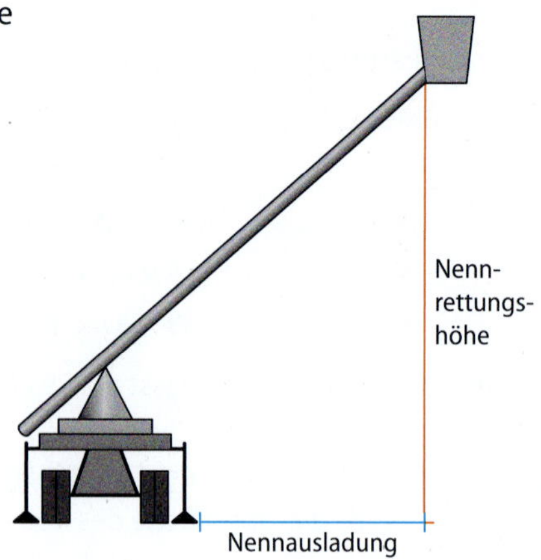

22 Das „Schleizer Dreieck“ ist die älteste Naturrennstrecke der Welt. Die Stadtväter von Schleiz stellten für Werbezwecke eine 5,10 m hohe Pyramide auf, die diese Rennstrecke symbolisieren soll.

1 dm^3 Stahl hat eine Masse von 7,85 kg.

a) Welchen Raum nimmt diese Pyramide mit quadratischer Grundfläche ein? Die Kanten der Grundfläche sind 6,40 m lang.

b) Die Mantelfläche der Pyramide besteht aus 4 mm dicken Stahlplatten. Berechne die Masse der Mantelfläche.

23 Ein Gewächshaus aus Glas soll die Form eines Quaders mit aufgesetzter Pyramide haben. Der quaderförmige Teil des Hauses ist 6 m lang, 4 m breit und 2,20 m hoch. Die Dachspitze befindet sich 3,30 m über dem Boden.

a) Fertige eine Planfigur an.

b) Wie viel Quadratmeter Glas werden für das Gewächshaus benötigt?

c) Berechne das Volumen des Gewächshauses.

24 Die Cheopspyramide mit quadratischer Grundfläche hatte bei ihrer Erbauung eine Grundkantenlänge von 233 m und eine Höhe von 148 m. Durch Verwitterung und Abtragungen ist die Pyramide heute nur 138 m hoch und die Grundkante 227 m lang.

a) Wie viel m^3 Gestein sind im Laufe der Zeit verwittert bzw. abgetragen worden?

b) Wie viele Lkw mit 40 t Ladekapazität wären notwendig gewesen, um das abgetragene Gestein (Dichte: 2,8 g/cm^3) abzutransportieren?

25 Ein Quarzkristall besteht aus einem regelmäßigen sechsseitigen Prisma mit einer Grundkantenlänge von 1,6 cm und einer Höhe von 4,2 cm. Auf den Grundflächen sind sechsseitige Pyramiden mit Seitenlänge $s = 2{,}2$ cm aufgesetzt.

a) Fertige eine Skizze an.

b) Wie schwer ist dieser Kristall, wenn 1 cm^3 Quarz 2,2 g wiegt?

26 zu **a)**

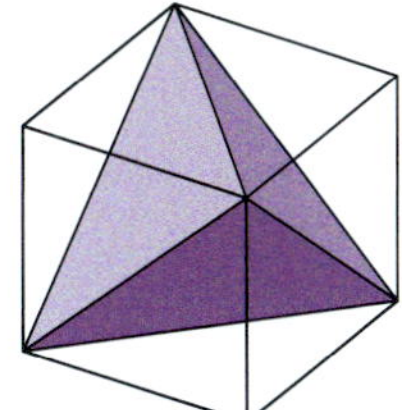

zu **b)**

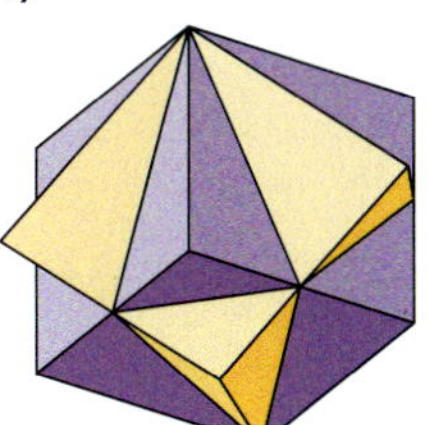

zu **c)**

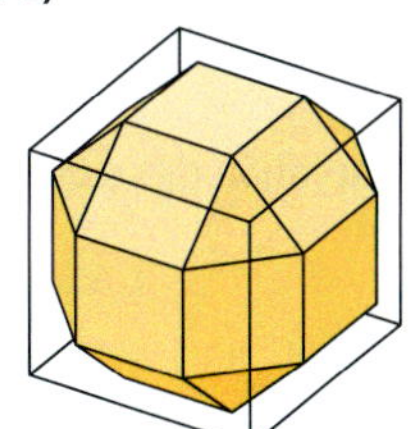

a) Ein Tetraeder wird passgenau in einen Würfel mit 20 cm Kantenlänge geschoben. Welchen Anteil des Würfelvolumens besitzt das Tetraeder?

Zerlege den Würfel geschickt.

b) Bestimme das Volumen dieses Würfelzwillings. Überlege dabei, welcher Würfel für dich der Grundkörper ist ($s = 10$ cm).

c) Bestimmen das Volumen des grünen sogenannten Rhomben-Kuboktaeders. Die Kantenlänge beträgt 5 cm. Bestimme auch die Kantenlänge des umbeschriebenen Würfels.

Die Flächensätze des Euklid

In jedem bei C rechtwinkligen Dreieck ABC teilt die Höhe h_c die Hypotenuse c in die Hypotenusenabschnitte p und q.

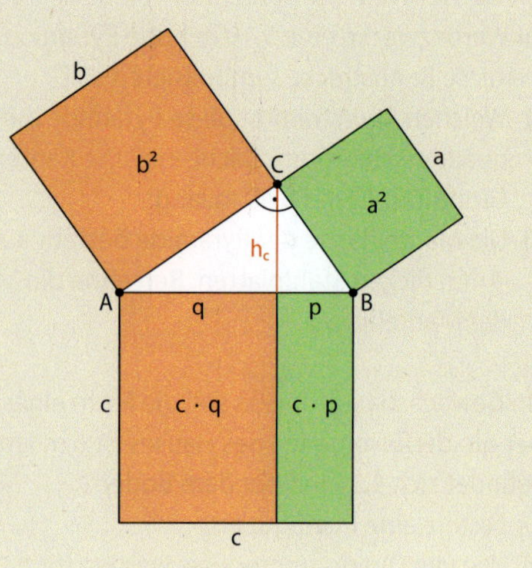

Kathetensatz
In einem rechtwinkligen Dreieck ist das Quadrat über einer Kathete flächeninhaltsgleich dem Rechteck aus Hypotenuse und dem zugehörigen Hypotenusenabschnitt.

$a^2 = p \cdot c$

$b^2 = q \cdot c$

Höhensatz
In jedem rechtwinkligen Dreieck ist das Quadrat über der zur Hypotenuse gehörenden Höhe flächeninhaltsgleich dem Rechteck aus den beiden Hypotenusenabschnitten.

$h^2 = p \cdot q$

Längen mit den Flächensätzen berechnen 

a) Bestimme rechnerisch die fehlenden Längen für das bei C rechtwinklige Dreieck ABC.

	1	2	3	4	5	6
a			72 mm	80 cm		
b	4,0 km					
c	5,0 km					6 dm
h_c			50 mm		11 cm	
p		5,6 cm		4 dm		22 cm
q		3,4 cm			6 cm	

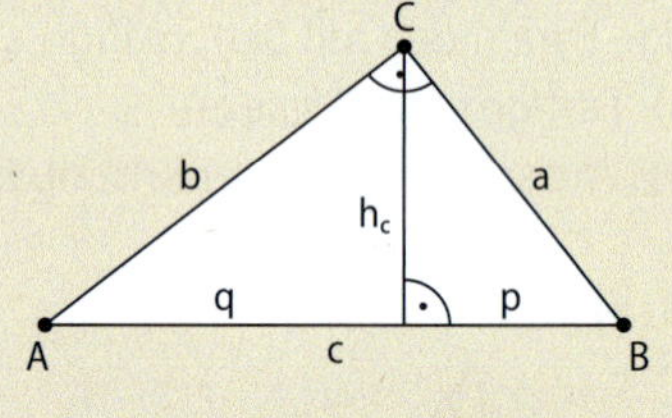

b) Bestimme den Flächeninhalt des rechtwinkligen Dreiecks.

1

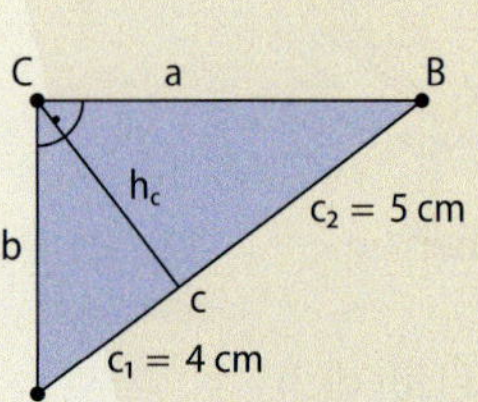

2

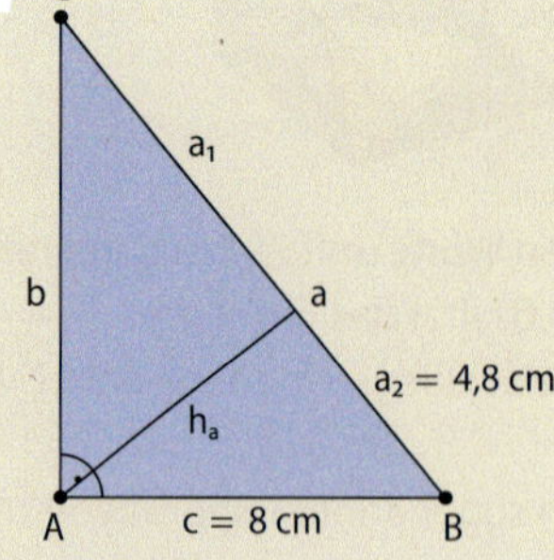

3

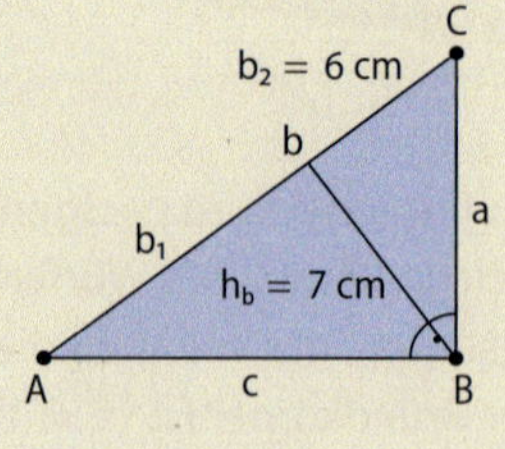

Pythagoras falten 

Nimm ein quadratisches Stück Papier (z. B. Origami-Papier) und falte damit die folgende Windmühle. Am besten faltest du die Windmühle zweimal.

1 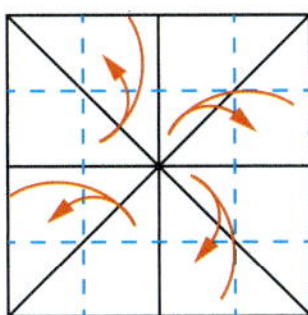

Falte die Diagonalen und Mittellinien und öffne jeweils wieder. Anschließend falte alle Quadratkanten nochmals zur Mittellinie.

2 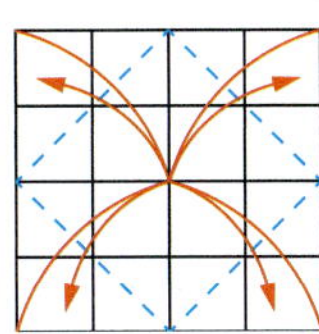

Öffne die Viertelungen wieder. Falte alle vier Ecken zur Mitte und öffne sie wieder.

3 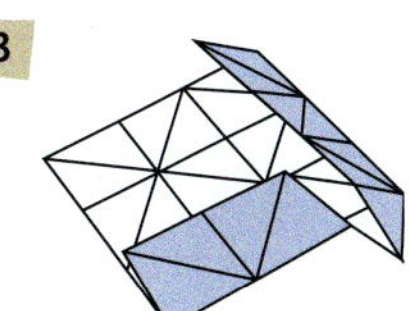

Falte zwei angrenzende Quadratseiten um und forme in der Ecke einen Windmühlenflügel. Wiederhole das Vorgehen reihum.

a) Entfalte die beiden Windmühlen wieder und betrachte das Faltmuster. Im Faltmuster sind viele rechtwinklige Dreiecke versteckt.
1 Markiere die abgebildeten Dreiecke im jeweiligen Faltmuster.
2 Suche die zugehörigen Quadrate über den Dreiecksseiten und markiere sie in verschiedenen Farben. Dabei sollen die Quadrate jeweils auf dem Faltmuster liegen.
3 Überprüfe den Satz des Pythagoras.

Windmühle 1:

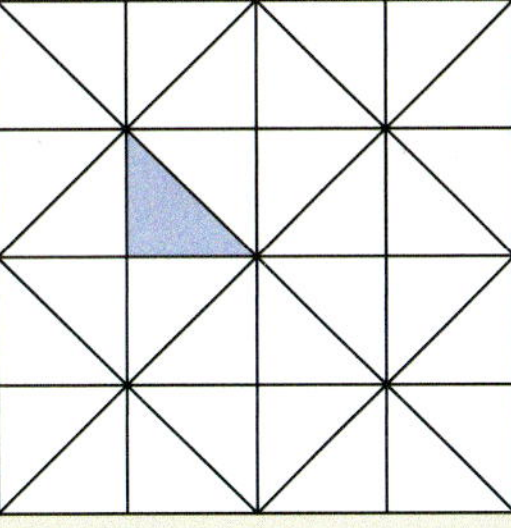

Windmühle 2:

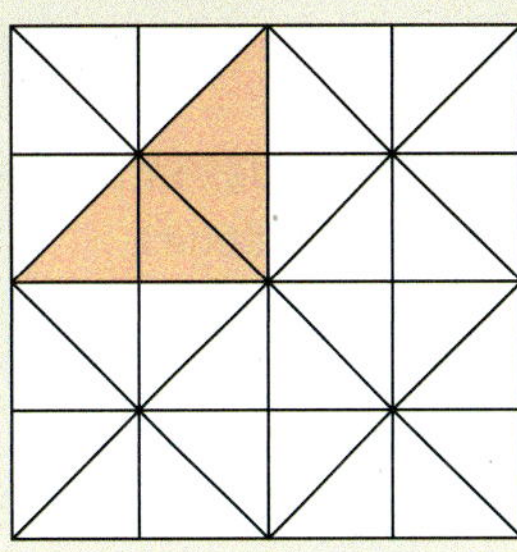

b) Statt der Quadrate aus a) kannst du auch andere Figuren über die Dreiecksseiten zeichnen (im ersten Bild sind es Dreiecke).
1 Überlege dir weitere Figuren und zeichne sie über jeder Seite eines rechtwinkligen Dreiecks. Was gilt dieses Mal für die Flächeninhalte der Figuren? Beschreibe.
2 Welche Beziehung besteht zwischen den drei Figuren, die über den Seiten eines Dreiecks errichtet werden? Finde eine allgemeine Formulierung für den Zusammenhang zwischen den Flächeninhalten.

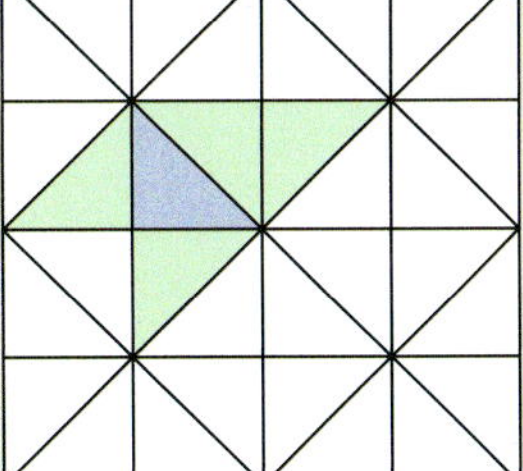

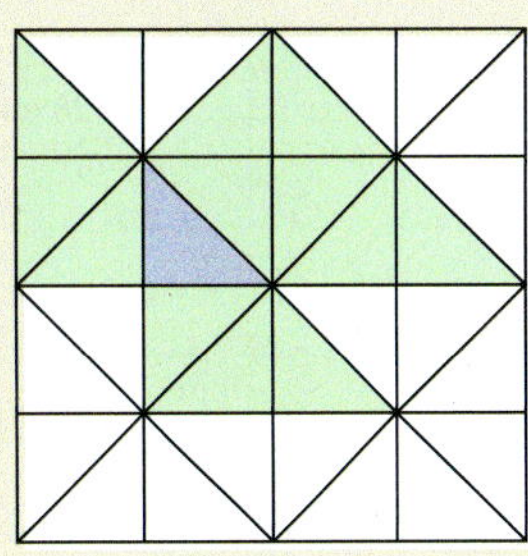

Das kann ich!

Überprüfe deine Fähigkeiten und Kompetenzen. Bearbeite dazu die folgenden Aufgaben und bewerte anschließend deine Lösungen mit einem Smiley. Hinweise zum Nacharbeiten findest du auf der folgenden Seite. Die Lösungen stehen im Anhang.

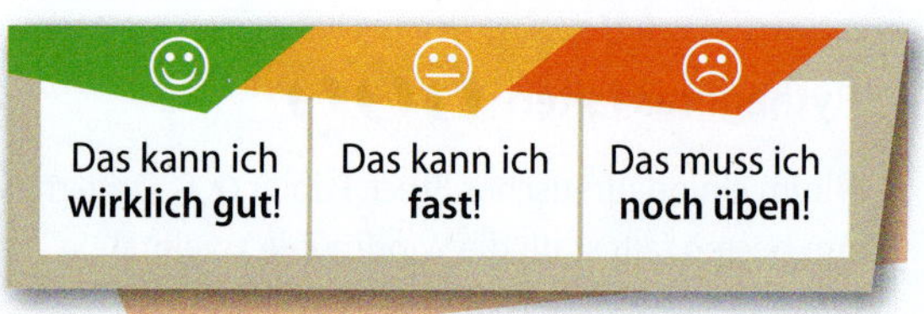

1 Berechne im Kopf.

a) $\sqrt{25}$; $\sqrt{81}$; $\sqrt{121}$; $\sqrt{144}$; $\sqrt{625}$; $\sqrt{10\,000}$

b) $\sqrt{0{,}04}$; $\sqrt{0{,}16}$; $\sqrt{\frac{1}{4}}$; $\sqrt{0{,}25}$; $\sqrt{\frac{36}{49}}$; $\sqrt{0{,}0009}$

2 Wie lautet der Satz des Pythagoras mit den gegebenen Bezeichnungen?

a)

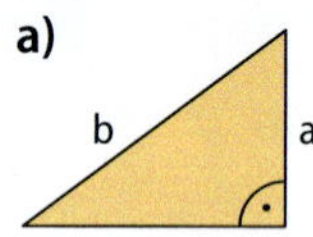

b)

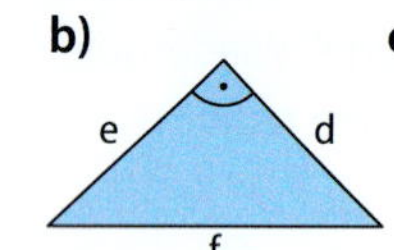

c)

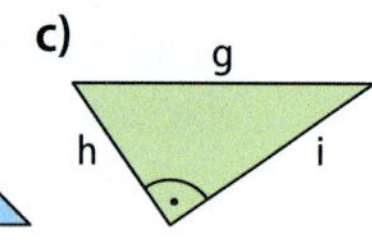

3 Berechne jeweils die fehlende Seitenlänge im rechtwinkligen Dreieck ABC ($\gamma = 90°$).

a) a = 8 dm; b = 4 dm **b)** b = 60 m; c = 180 m

c) b = 22 mm; c = 3,3 cm **d)** a = 14,5 m; c = 21 m

4 Berechne mithilfe des Satzes von Pythagoras die fehlende Streckenlänge a.

a)

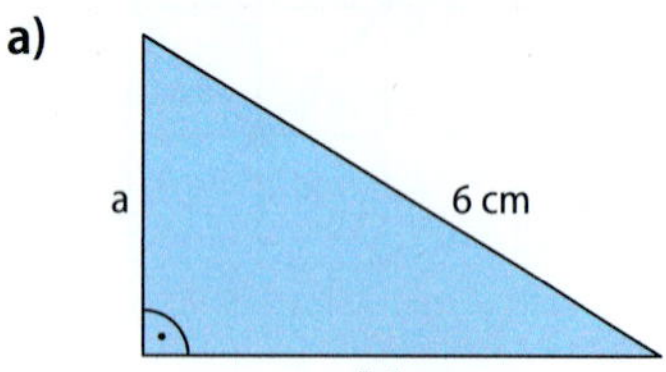

b)

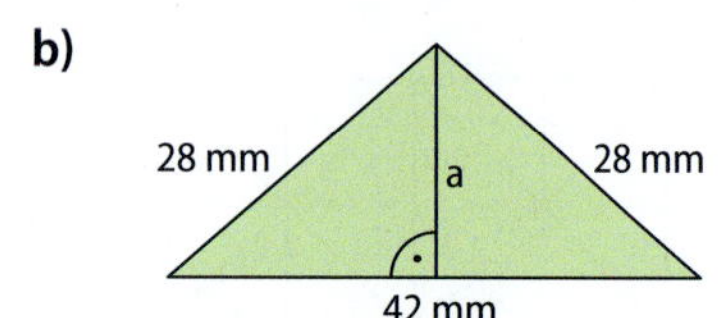

c)

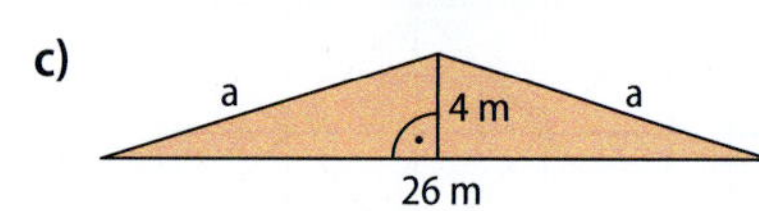

5 Ist das Dreieck ABC rechtwinklig? Überprüfe mit der Umkehrung des Satzes von Pythagoras.

a) a = 6 cm; b = 5 cm; c = 8 cm

b) a = 55 cm; b = 4,8 dm; c = 73 cm

c) a = 4 m; b = 5 m; c = 30 cm

d) a = 12 m; b = a + 1 m; c = 5 m

6 Berechne die Länge der Strecke $\overline{AB}$ mit A (4 | 7) und B (−2 | 3).

7 Gegeben ist ein Quader mit den Kantenlängen a = 7,4 cm, b = 6,5 cm und c = 4,3 cm. Berechne die Längen der drei Flächendiagonalen und der Raumdiagonalen.

8 Laut Bauverordnung dürfen Rampen nicht mehr als 6 % geneigt sein. Wie lang muss eine Rampe mindestens sein, wenn eine Höhe von 54 cm (≙ drei Stufen) überwunden werden soll?

9 Eine Pyramide mit quadratischer Grundfläche hat eine Kantenlänge von a = 5 cm und eine Pyramidenhöhe von h = 6 cm.

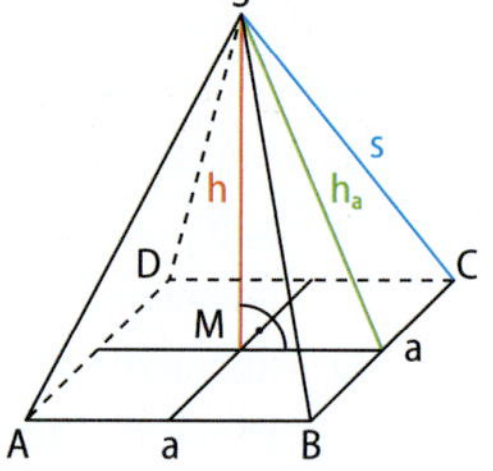

a) Berechne die Höhe h_a einer Seitenfläche.

b) Berechne die Länge s einer Seitenkante.

c) Zeichne das Netz der Pyramide.

d) Berechne den Oberflächeninhalt und das Volumen der Pyramide.

10 Eine quadratische Pyramide hat eine Grundfläche von 49 dm². Die Länge einer Seitenkante beträgt 6 dm.

a) Ermittle die Höhe der Pyramide.

b) Berechne den Flächeninhalt der Seitendreiecke.

c) Berechne das Volumen der Pyramide.

11 Gegeben ist eine rechteckige Pyramide mit a = 3,5 cm, b = 4,8 cm und h = 5,6 cm.

a) Zeichne das Schrägbild und das Netz der Pyramide.

b) Berechne den Oberflächeninhalt und das Volumen der Pyramide.

12 Zwei Kegel haben die Mantellänge $s = 12$ cm, aber unterschiedliche Durchmesser: $d_1 = 16$ cm, $d_2 = 8$ cm.

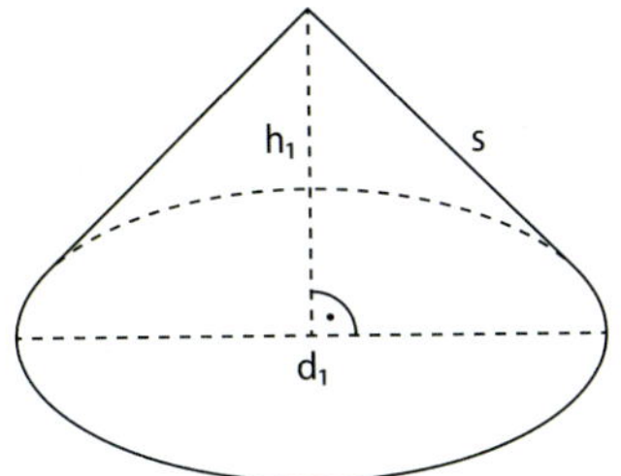

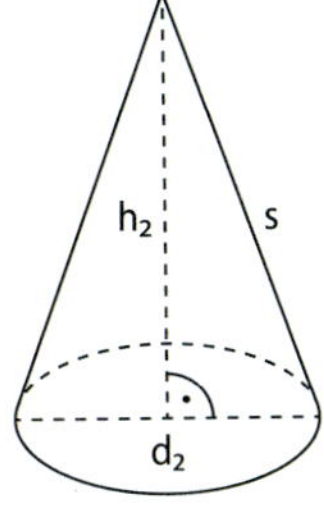

Berechne Volumen und Oberflächeninhalt der Kegel.

13 Berechne die fehlenden Größen eines Kegels.

a) $V = 0{,}9\ \text{dm}^3$; $h = 12$ cm

b) $u = 40$ dm; $A_O = 100\ \text{m}^2$

c) $A_M = 340\ \text{mm}^2$; $s = 1{,}7$ dm

d) $d = 12$ cm; $h = 2{,}4$ dm

14 Zeichne das Netz des Kegels.

a)

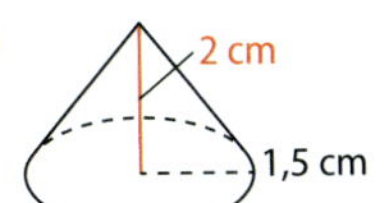

b)

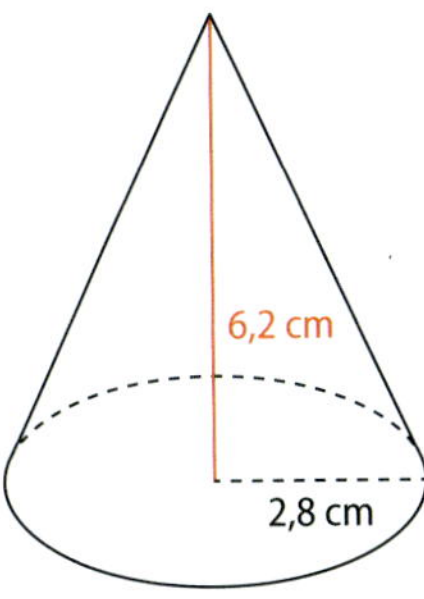

Aufgaben für Lernpartner

Sind folgende Behauptungen richtig oder falsch? Begründe schriftlich.

A $a^2 + b^2 = c^2$ gilt für jedes rechtwinklige Dreieck ABC.

B Mit dem Satz des Pythagoras können Seitenlängen in einem rechtwinkligen Dreieck berechnet werden.

C Die Länge der Strecke $\overline{AB}$ mit $A(-1|7)$ und $B(-4|-2)$ kann man berechnen durch $\sqrt{(-4 - 1)^2 + (-2 - 7)^2}$.

D Die Raumdiagonale eines Quaders kann man mit $d = \sqrt{a^2 + b^2 + c^2}$ berechnen.

E Das Netz einer Pyramide hat so viele Dreiecksflächen wie das Vieleck der Grundfläche an Seiten hat.

F Wenn von einer quadratischen Pyramide zwei Längen bekannt sind, können die fehlenden Längen berechnet werden.

G Verdoppelt man den Radius eines Kegels, so vervierfacht sich die Oberfläche.

H Das Volumen eines Kegels ist das Produkt aus Grundfläche und Höhe des Kegels.

Ich kann …	Aufgaben	Hilfe
einfache Quadratwurzeln im Kopf berechnen.	1	S. 140
den Satz des Pythagoras zu verschiedenen rechtwinkligen Dreiecken aufstellen und anwenden.	2, 3, 4, A, B	S. 142
die Umkehrung des Satzes des Pythagoras zur Überprüfung rechtwinkliger Dreiecke verwenden.	5	S. 147
den Satz des Pythagoras zur Berechnung des Abstandes zweier Punkte anwenden.	6, C	S. 146
den Satz des Pythagoras zur Berechnung von Längen in Körpern nutzen.	7, 8, D	S. 148
Pyramiden und Kegel als Schrägbild und im Netz darstellen.	9, 11, 14, E	S. 152, 156
Berechnungen an der Pyramide und am Kegel durchführen.	9, 10, 11, 12, 13, F, G, H	S. 154, 158

Seite 142, 147

Satz des Pythagoras

In einem rechtwinkligen Dreieck hat das Quadrat über der Hypotenuse den gleichen Flächeninhalt wie die Quadrate über den Katheten zusammen.
Mit den Bezeichnungen in der Abbildung gilt kurz: $a^2 + b^2 = c^2$

Umkehrung des Satzes von Pythagoras:
Wenn in einem Dreieck ABC mit den Seitenlängen a, b und c die Beziehung $a^2 + b^2 = c^2$ gilt, dann ist das Dreieck rechtwinklig mit $\overline{AB}$ als Hypotenuse.

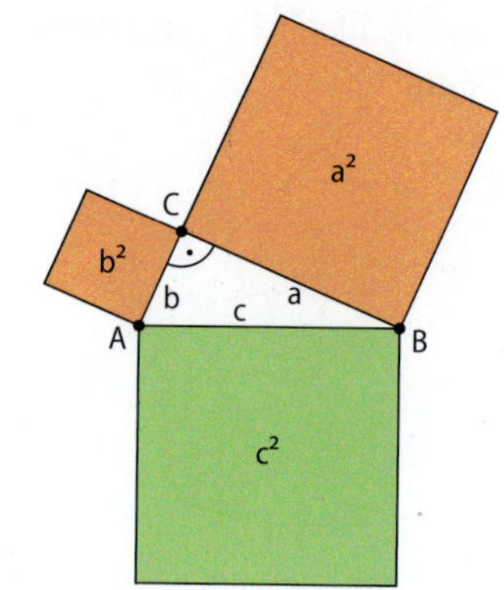

Seite 146

Abstand zweier Punkte

Die Länge der Strecke $\overline{AB}$ mit $A(x_A | y_A)$ und $B(x_B | y_B)$ kann man mithilfe des Satzes des Pythagoras berechnen.

$\overline{AB} = \sqrt{(x_B - x_A)^2 + (y_B - y_A)^2}$ LE

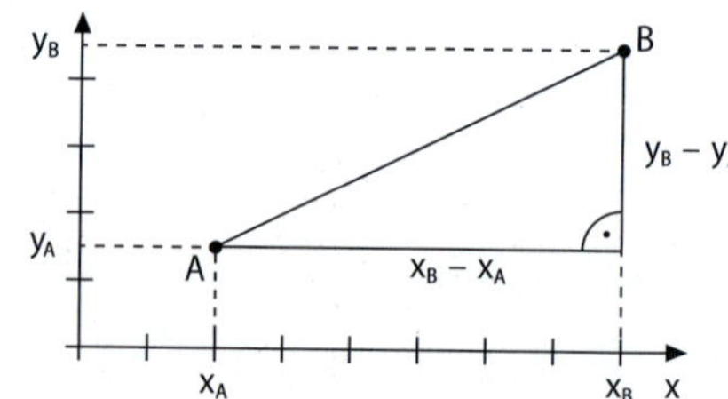

Seite 146

Strecken in Körpern bestimmen

Um die Länge von Strecken in Körpern zu berechnen, versucht man, **rechtwinklige Dreiecke** so zu finden, dass man zwei Seitenlängen kennt, um dann die **fehlende Länge der dritten Seite** mithilfe des Satzes des Pythagoras zu berechnen.

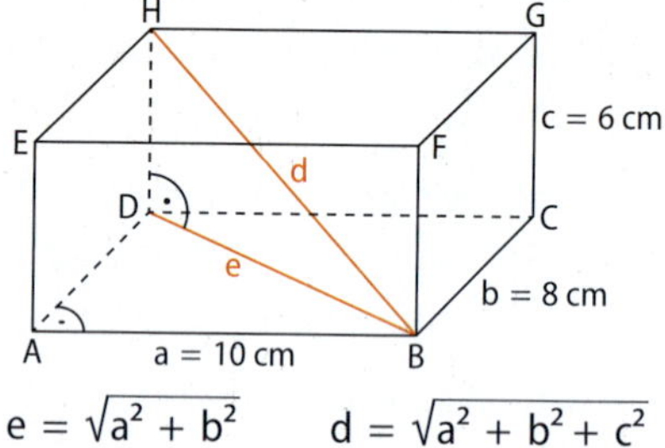

$e = \sqrt{a^2 + b^2}$ $d = \sqrt{a^2 + b^2 + c^2}$

Seite 154, 158

Oberfläche und Volumen von Pyramide und Kegel

Für die **Oberfläche A_O** einer **Pyramide** und eines **Kegels** mit der Grundfläche A_G und der Mantelfläche A_M gilt:

$A_O = A_G + A_M$

$A_{O_{Pyramide}} = A_G + A_{Dreieck\ 1} + A_{Dreieck\ 2} + \dots$

$A_{O_{Kegel}} = \pi \cdot r^2 + \pi \cdot r \cdot s$

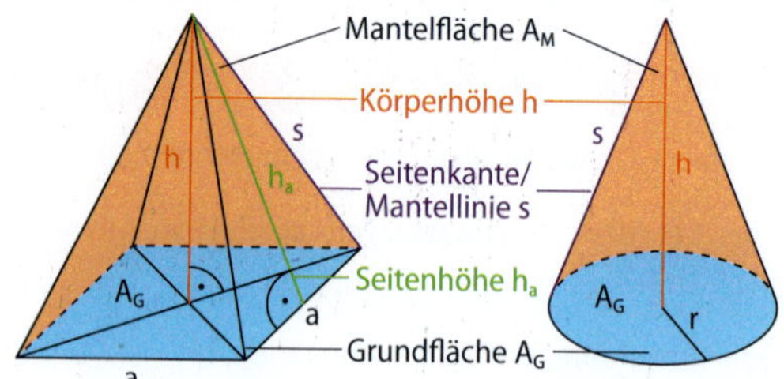

Für das **Volumen V** einer **Pyramide** oder eines **Kegels** mit der Höhe h gilt:

$V = \frac{1}{3} \cdot A_G \cdot h$

$V_{Pyramide} = \frac{1}{3} \cdot A_{Vieleck} \cdot h$

$V_{Kegel} = \frac{1}{3} \cdot \pi \cdot r^2 \cdot h$

6 Lineare Gleichungssysteme

Einstieg

- Tee gibt es in verschiedenen Sorten. Stelle für jede Teesorte die Kosten in Abhängigkeit von der Teemenge grafisch dar. Gib die Art der Zuordnung an.
- Tee wird oft aus verschiedenen Sorten gemischt, damit sich die Aromen oder die gesunden Wirkungen der Teesorten ergänzen können.
  Ein Teehändler mischt grünen Tee aus Indien und Sri Lanka. Bestimme die Massen jeder Sorte, die er nehmen müsste, um 2 kg der Teemischung zum Preis von 3,25 € pro 100 g anbieten zu können.

Herkunftsland	Teesorte	Preis pro 100 g
Indien	Grüner Tee – first cut	4,00 €
Sri Lanka	Grüner Tee – fermentiert	2,80 €
Pakistan	Grüner Tee – Hochlage	3,20 €

Ausblick

Am Ende dieses Kapitels hast du gelernt, …

- lineare Gleichungssysteme mit zwei Variablen aufzustellen.
- lineare Gleichungssysteme auf verschiedene Arten zu lösen.
- die Lösungsmenge eines linearen Gleichungssystems anzugeben.

Vereinfachen von Termen

1 **Gleichartige Summanden** lassen sich zusammenfassen.

$3xy + 7xz - 7xy + 2xy - 2xz = -2xy + 5xz$

2 Wird eine **Summe (Differenz) addiert**, dann bleiben nach Auflösen der Klammer die Vorzeichen in der Klammer gleich.

$x + (y - z) = x + y - z$

3 Wird eine **Summe (Differenz) subtrahiert**, dann kehren sich nach Auflösen der Klammer die Vorzeichen in der Klammer um.

$x - (y - z) = x - y + z$

4 Wird eine **Summe mit einem Faktor multipliziert**, dann wird **jeder Summand** mit dem Faktor **(aus-) multipliziert**. Die entstandenen Produkte werden mit ihren Vorzeichen addiert.

$x \cdot (y + 12) = x \cdot y + 12x$

5 Kommt in einer **Summe von Produkten** in jedem Summanden **derselbe Faktor** vor, dann kann dieser **ausgeklammert werden.**

$x^2y + 12xy = xy \cdot (x + 12)$

Lineare Gleichungen lösen

Gleichungen kann man auch durch **Äquivalenzumformungen** lösen: Oft ist es möglich, eine **Gleichung** so zu **vereinfachen**, dass die Variable auf einer Seite der Gleichung alleine steht. Dabei darf sich die **Lösungsmenge** der Gleichung **nicht ändern**. Es gilt:

- Man **addiert** (**subtrahiert**) auf beiden Seiten der Gleichung die **gleiche Zahl** oder den **gleichen Term**.
- Man **multipliziert** (**dividiert**) auf beiden Seiten die **gleiche Zahl** (die nicht null sein darf).

Beispiele:

$$\begin{aligned} 4x + 7 &= 31 && \mid -7 \\ 4x &= 24 && \mid :4 \\ x &= 6 \\ \mathbb{L} &= \{6\} \end{aligned}$$

oder

$$\begin{aligned} 4x + 7 &= 31 && \mid -7 \\ 4x &= 24 && \mid :4 \\ x &= 6 \\ \mathbb{L} &= \{6\} \end{aligned}$$

$$\begin{aligned} 5x + 10 &= 2x - 2 && \mid -10 \\ 5x &= 2x - 12 && \mid -2x \\ 3x &= -12 && \mid :3 \\ x &= -4 \\ \mathbb{L} &= \{-4\} \end{aligned}$$

oder

$$\begin{aligned} 5x + 10 &= 2x - 2 && \mid -10 \\ 5x &= 2x - 12 && \mid -2x \\ 3x &= -12 && \mid :3 \\ x &= -4 \\ \mathbb{L} &= \{-4\} \end{aligned}$$

Lineare Funktionen

Eine Funktion mit der Funktionsgleichung $f(x) = mx + n$ heißt **lineare Funktion.** Ihr Graph ist eine Gerade. Die Zahl m heißt Steigung, die Zahl n heißt y-Achsenabschnitt. Die Steigung kann mit mithilfe der **Änderungsrate** berechnet werden:

$$m = \frac{f(b) - f(a)}{b - a}$$

Die Zahl x_0 ist **Nullstelle** der Funktion, wenn $f(x_0) = 0$ gilt.

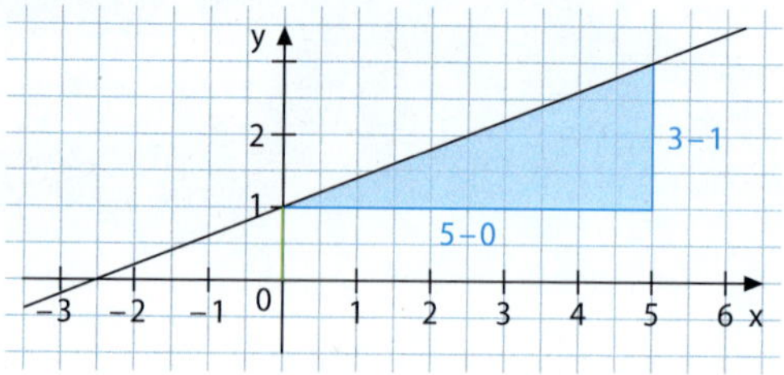

$n = 1$

$$m = \frac{f(5) - f(0)}{5 - 0} = \frac{3 - 1}{5} = \frac{2}{5} = 0{,}4$$

Funktionsgleichung: $f(x) = 0{,}4x + 1$

Die Nullstelle dieser Funktion ist $x_0 = -2{,}5$

Vereinfachen von Termen

1 Finde die zu $8x - 10$ äquivalenten Terme.

1 $4x \cdot (-2) - (-3)^2 - 1$ **2** $10 - 2^3x$

3 $-(-5) + 5x - (-5) + 4x - 2^2 \cdot 5 - 2^0x$

4 $-2^0 + 2^3 - (-2)^3x - 2^4 - 2^0$ **5** $-5^2 + 8x$

2 Vervollständige die Additionsmauer. Vereinfache so weit wie möglich.

a)

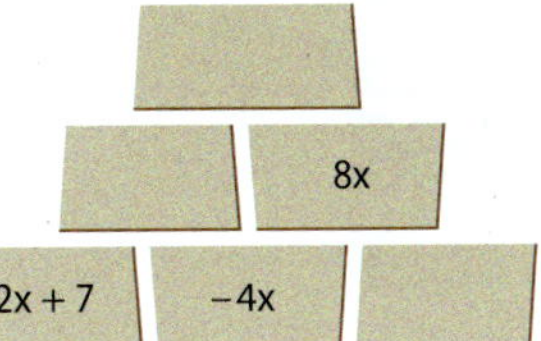

b)

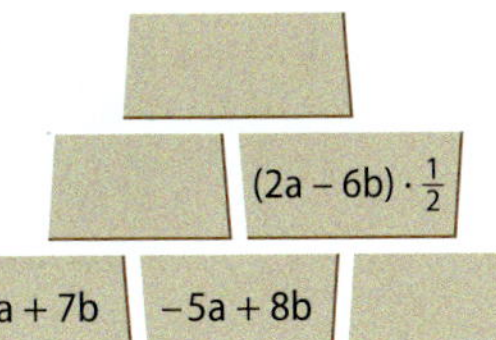

Lineare Gleichungen lösen

3 Bestimme die Lösungsmenge der Gleichung für $\mathbb{D} = \mathbb{Q}$ ($\mathbb{D} = \mathbb{N}$; $\mathbb{D} = \mathbb{Z}$).

a) $(4x - 8) : 4 = 22 - (x + 2)$

b) $4x = 10 - (23 - 3x)$

c) $-(0{,}5x - 3) + 3 = 4x - 3 + x - (2 - 6x)$

d) $-(x - 2)^2 + 2^3 - 4x = 4 - (x + 2) \cdot (x - 2) + 0{,}75x$

e) $-\frac{2}{3}x - 6 + 8 - 1\frac{1}{3}x = 4 - \left(\frac{4}{6}x + 5 - \frac{1}{3}x\right) - 2^0$

4 In der Gleichung fehlt ein Koeffizient ($\mathbb{D} = \mathbb{Q}$): $7x - 12 + \square x = 8 - x$

Bestimme den Koeffizienten so, dass sich die angegebene Lösungsmenge ergibt.

a) $\mathbb{L} = \{2\}$ b) $\mathbb{L} = \{5\}$ c) $\mathbb{L} = \{\,\}$ d) $\mathbb{L} = \{-2\}$

Lineare Funktionen

5 a) Gib die Funktionsgleichungen der abgebildeten Geraden an.

b) Bestimme jeweils die Nullstellen von $f_1, \ldots, f_4$ rechnerisch.

c) Gib eine Funktionsgleichung an für einen Graphen, der parallel zu f_3 verläuft.

d) Die Gerade g geht durch die Punkte A und B. Sie hat die Steigung m und den y-Achsenabschnitt n. Bestimme zunächst rechnerisch die Gleichung der Funktion in der Form $f(x) = mx + n$. Überprüfe zeichnerisch.

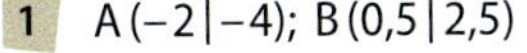
1 $A(-2|-4)$; $B(0{,}5|2{,}5)$ **2** $n = 2$; $A(1|-3)$

3 $m = -0{,}5$; $B(-2|3{,}5)$
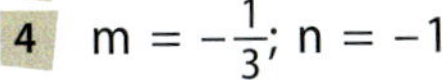
4 $m = -\frac{1}{3}$; $n = -1$

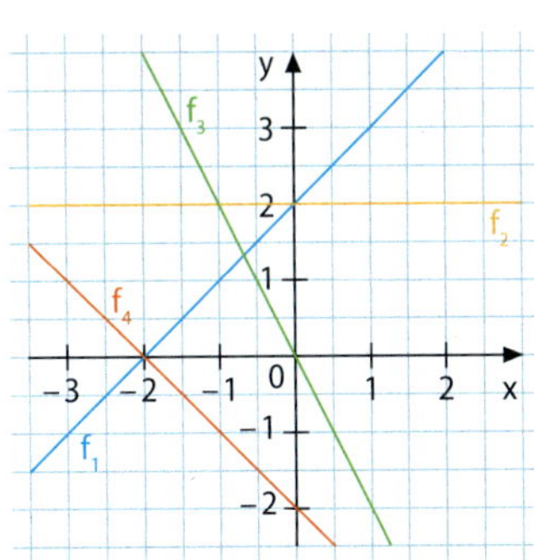

Kap. 6.1

Pferdehof-Rätsel

Familie Huber besitzt auf ihrem Pferdehof neben den Pferden auch Enten. Die Tiere haben zusammen 38 Köpfe und 100 Beine.

- Wie viele Enten und Pferde gibt es auf dem Hof der Familie Huber? Beschreibe die Anzahl der Köpfe und Füße jeweils durch Gleichungen. Finde eine Lösung durch Probieren.

Kap. 6.2

Augen auf beim Autokauf

Familie Herbst möchte sich ein neues Auto kaufen und vergleicht hierfür die monatlichen Kosten für die Benzin- bzw. Dieselversion ihres bevorzugten Modells.

Motorart	Monatsrate	Steuern/ Versicherung	Kraftstoff-kosten je km
Diesel	240,00 €	28,12 €	0,09 €
Benzin	195,00 €	17,00 €	0,16 €

- Stelle für jedes Modell eine Gleichung auf.
- In der grafischen Darstellung sieht man die Kostenentwicklung für die beiden Fahrzeugtypen. Beschreibe den Verlauf der beiden Graphen.
- Wie hoch sind die jeweiligen Monatskosten bei 200 km (1000 km)?
- Erläutere die Bedeutung des Schittpunktes der Graphen.
- Zu welchem Auto würdest du der Familie raten, wenn sie im Durchschnitt 950 km (500 km) im Monat fährt? Begründe.

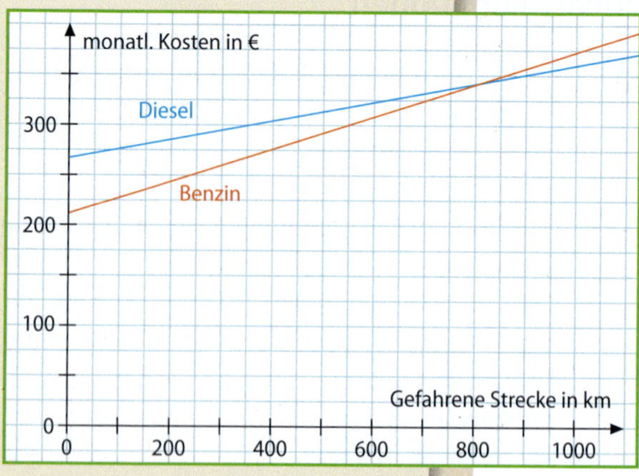

Kap. 6.3

Gleichungen mal anders

Susanne überträgt das Modell zum Lösen einer Gleichung mit einer Variablen auf ein System von zwei Gleichungen mit zwei Variablen.

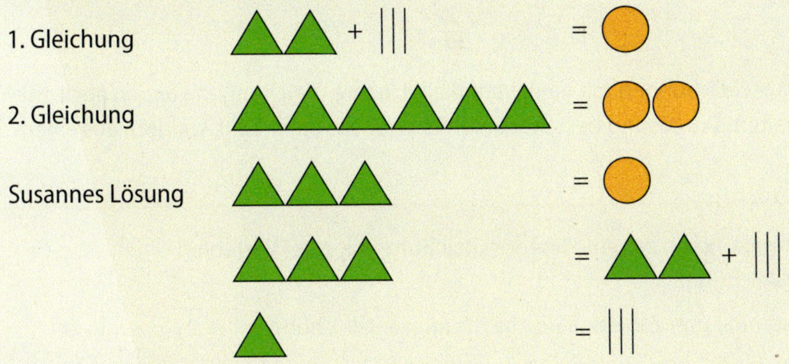

1. Gleichung ▲▲ + ||| = ●

2. Gleichung ▲▲▲▲▲▲ = ●●

Susannes Lösung ▲▲▲ = ●

▲▲▲ = ▲▲ + |||

▲ = |||

- Notiere Susannes Gleichungen. Beschreibe ihr Vorgehen.
- Überprüfe, ob ihre Strategie zur richtigen Lösung führt.

Kap. 6.4

Tierische Gefährten

Hund Alex jagt Kater Moritz, wann immer er kann. Als Alex aus der Haustür kommt, sieht er Moritz etwa 1,5 m vor der Tür sitzen. Sofort beginnt die Jagd.

- Stelle zu jedem der Diagramme zwei passende Gleichungen auf.
- Erfinde eine Geschichte, die durch die Diagramme dargestellt werden kann.

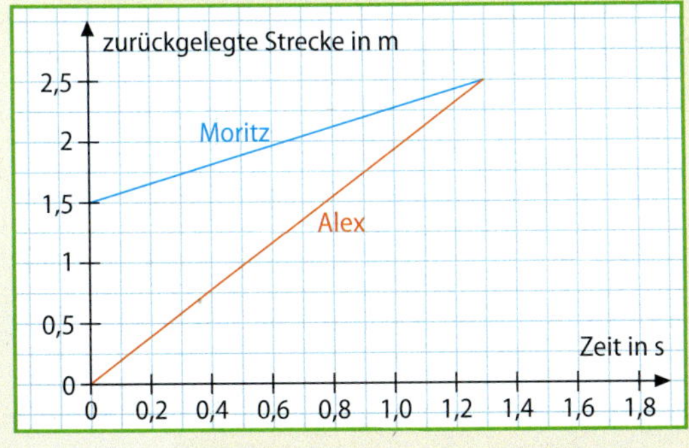

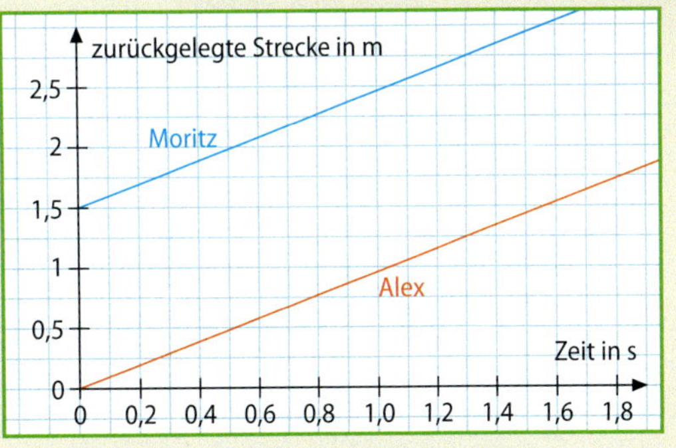

Entdecken

Der Eintritt in den Zoo kostet die Familien Meier und Michel zusammen 91 €. Es gehen insgesamt 4 Erwachsene und 6 Kinder, wobei ein Kind noch keinen Eintritt zahlen muss.

- Mache verschiedene Vorschläge für mögliche Eintrittspreise.
- Begründe, welche Lösung du sinnvoll findest.

Verstehen

Du kennst lineare Gleichungen mit einer Variablen. Lineare Gleichungen können auch zwei Variablen enthalten. Die Lösung besteht dann nicht nur aus einer Zahl, sondern aus einem Zahlenpaar.

Jedes **Zahlenpaar (x | y)**, das eine **lineare Gleichung** mit **zwei Variablen** erfüllt, ist eine **Lösung** der Gleichung.

Beispiel: Bestimme drei Zahlenpaare, die die lineare Gleichung $-x + 2y = -1$ lösen.

nach y auflösen: $-x + 2y = -1 \quad |+x$

$2y = x - 1 \quad |:2$

$y = \frac{1}{2}x - \frac{1}{2}$

1 Werte für x einsetzen und y berechnen

x	−1	0	3
y	−1	$-\frac{1}{2}$	1

oder

2 Graph der zugehörigen Funktion $f(x) = \frac{1}{2}x - \frac{1}{2}$ zeichnen und Zahlenpaare ablesen

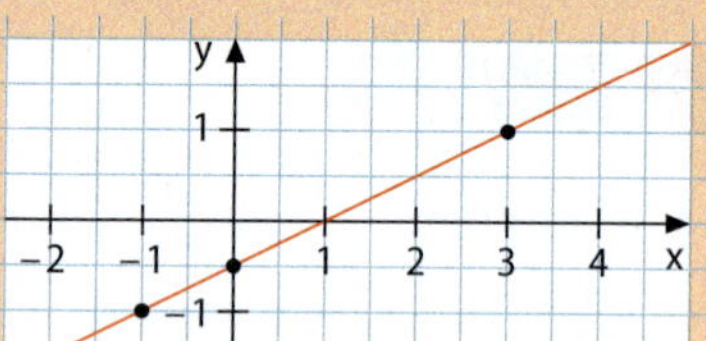

$(-1|-1)$; $\left(0\middle|-\frac{1}{2}\right)$; $(3|1)$ sind Beispiele für Zahlenpaare, die die Gleichung lösen.

Beispiel

−x bedeutet −1 · x. Also ist die Steigung −1.

Gegeben ist die Gleichung $2x + 2y = 3$.

a) Bestimme grafisch und rechnerisch fünf Lösungspaare der Gleichung.

b) Formuliere zu der Gleichung ein Zahlenrätsel.

c) Prüfe, ob die Zahlenpaare $(2{,}5|-1{,}5)$ und $(-2|3{,}5)$ Lösungen der Gleichung sind.

Lösung:

a) $y = -x + \frac{3}{2}$

	A	B	C	D	E
x	−0,5	0	0,5	1	1,5
y	2	1,5	1	0,5	0

Zahlenpaare auf dem Graphen der zugehörigen Funktion $f(x) = -x + \frac{3}{2}$

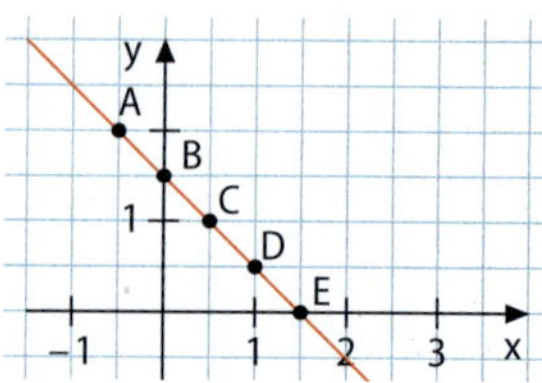

b) Addiert man zum Doppelten einer Zahl das Zweifache einer anderen Zahl, so erhält man 3.

c) $2 \cdot 2{,}5 + 2 \cdot (-1{,}5) = 2 \neq 3 \rightarrow (2{,}5|-1{,}5)$ ist nicht Lösung der Gleichung.

$2 \cdot (-2) + 2 \cdot 3{,}5 = 3 \rightarrow (-2|3{,}5)$ ist Lösung der Gleichung.

- Begründe, dass eine Gleichung der Form $ax + by = c$ ($a, b, c \in \mathbb{Q}$) eine lineare Gleichung ist.
- Erkläre, dass stets unendlich viele Zahlenpaare eine Gleichung mit zwei Variablen lösen.

Nachgefragt

Aufgaben

1 Gib die Zahlenpaare an, die Lösung der Gleichung $4x = y + 8$ sind.

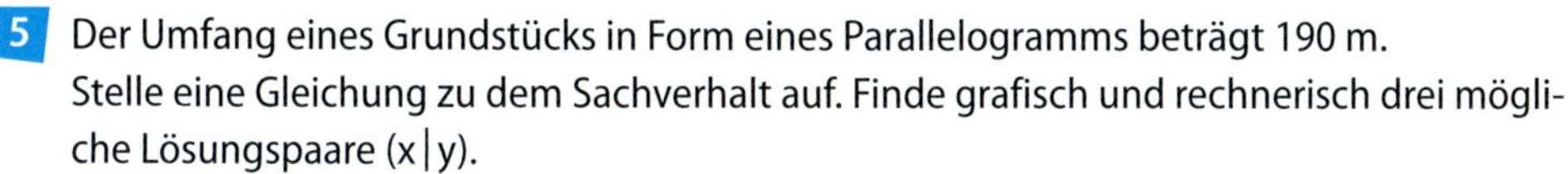

2 Die Zahlenpaare sollen die lineare Gleichung $2y - 4x = -10$ lösen. Vervollständige.
a) (2|■) **b)** (−5|■) **c)** (0|■) **d)** (■|−20) **e)** (■|10)

3 Bestimme grafisch und rechnerisch je fünf Zahlenpaare, welche die Gleichung lösen.
a) $y = 2x + 5$ **b)** $5x - 2y + 10 = 0$ **c)** $7x + y = 6x$ **d)** $3x + 3y = 3$

4 **1** $x + 2y = 2$ **2** $6x - 3y = -6$ **3** $3x - 8 = 2y$ **4** $-0{,}5x - 7 = -2y$
a) Bestimme rechnerisch drei Lösungspaare der linearen Gleichung.
b) Zeichne die zugehörige Gerade. Bestimme die Steigung m und den y-Achsenabschnitt n.

5 Der Umfang eines Grundstücks in Form eines Parallelogramms beträgt 190 m.
Stelle eine Gleichung zu dem Sachverhalt auf. Finde grafisch und rechnerisch drei mögliche Lösungspaare (x|y).

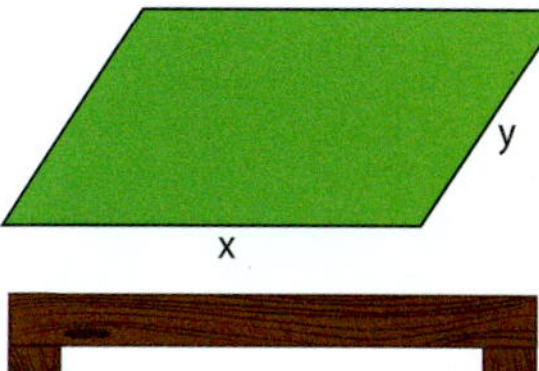

6 Aus einer 45 cm langen und 2 cm dicken Leiste soll wie abgebildet ein Bilderrahmen gebaut werden.
a) Bestimme verschiedene mögliche Wert für die Seitenlängen.
b) Stelle den Sachverhalt grafisch dar.
c) Begründe, welche Lösungen realistisch sind.

7 Die dargestellten Geraden stellen Lösungsmengen von linearen Gleichungen dar.
Gib die dazugehörigen Gleichungen an und bestimme fünf mögliche Lösungspaare.

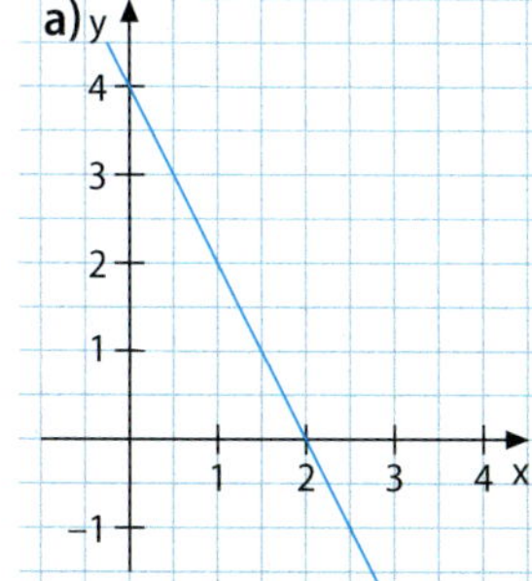

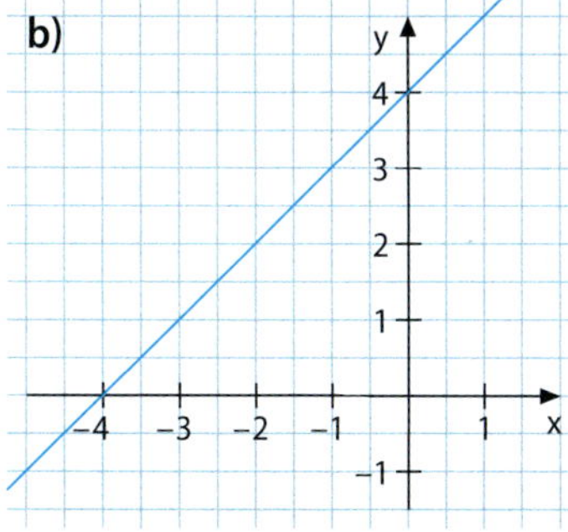

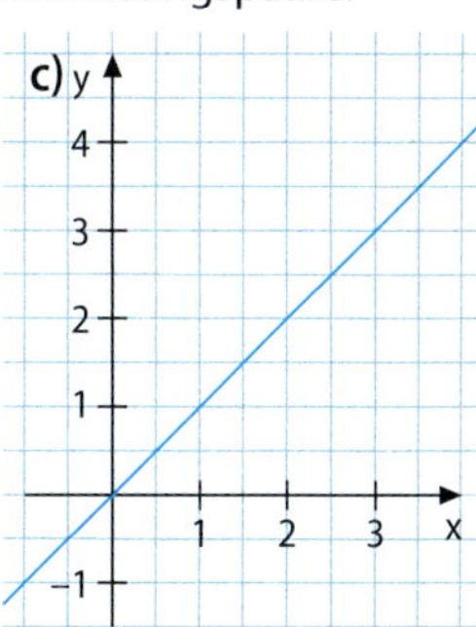

8 Ergänze so, dass die Zahlenpaare Lösungen der Gleichung sind.
a) $x + y = 12$
(5|■); (■|−2)
b) $x - 2y = 8$
(■|8); (10|■)
c) $4x - 3y = 0$
(3|■); (■|8)
d) $2 \cdot (x + y) = 12$
(■|3); (−1|■)

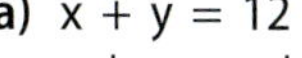

Überprüfe mit deinem Taschenrechner.

Entdecken

In einem Gasthof gibt es Zwei- und Dreibettzimmer. Insgesamt hat der Gasthof 10 Zimmer mit 24 Betten. Zur Bestimmung der Anzahl der Zwei- und Dreibettzimmer werden lineare Gleichungen aufgestellt:

I $x + y = 10$ II $2x + 3y = 24$

- Beschreibe die Bedeutung jeder Gleichung und insbesondere der verwendeten Variablen.

Zur Lösung werden die Zahlenpaare, welche die Gleichungen erfüllen, grafisch dargestellt.

- Ordne den Geraden die zugehörige Gleichung zu. Begründe.
- Bestimme die Anzahl der Zwei- und Dreibettzimmer des Gasthofs.

Verstehen

Zwei Geraden können auf drei verschiedene Weisen in einer Ebene liegen, somit gibt es drei Möglichkeiten für die Lösungsmenge eines linearen Gleichungssystems.

Lage zweier Geraden in der Ebene	Lösung eines zugehörigen linearen Gleichungssystems
1 Die Geraden haben keinen gemeinsamen Punkt, sie sind **parallel**. 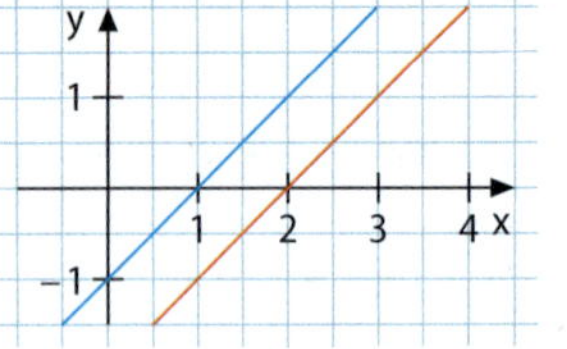	Es gibt kein Zahlenpaar, das beide Gleichungen erfüllt. Es gibt **keine Lösung**. Die Lösungsmenge ist leer: $\mathbb{L} = \{\ \}$.
2 Die Geraden **schneiden sich** in genau einem Punkt, dem Schnittpunkt. 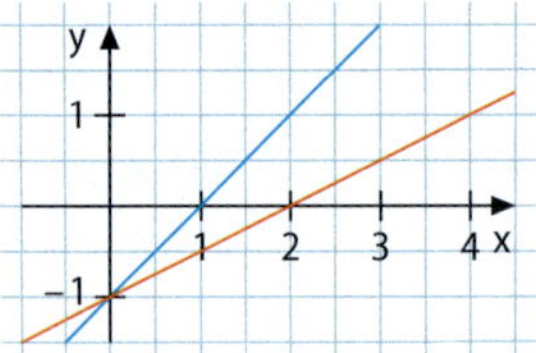	Es gibt genau ein Zahlenpaar, das beide Gleichungen erfüllt. Es gibt genau **eine Lösung**. Die Lösungsmengen sind die Koordinaten des Schnittpunkts, z. B. $\mathbb{L} = \{(0 \mid -1)\}$.
3 Die Geraden sind **identisch** (d. h. sie liegen übereinander). 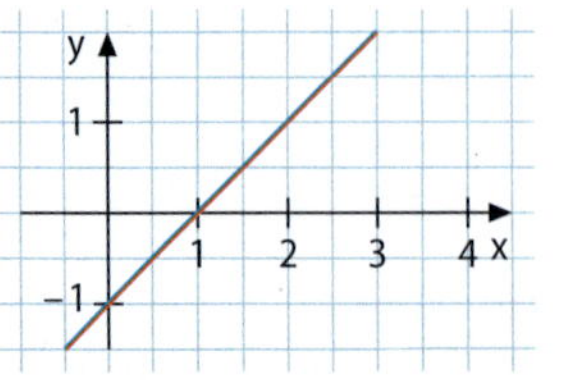	Jedes Zahlenpaar, das die erste Gleichung erfüllt, ist auch Lösung der zweiten Gleichung. Es gibt **unendlich viele Lösungen**. Die Lösungsmenge umfasst alle Zahlenpaare $(x \mid y)$, die eine der Gleichungen erfüllen, z. B. $\mathbb{L} = \{(x \mid y) \text{ mit } y = x - 1\}$.

Beispiel

Bestimme die Lösungsmenge zeichnerisch. Beschreibe die Lösungen.

a) I $y = 0{,}5x + 1$
II $y = -x + 4$

b) I $y = 0{,}8x + 1{,}5$
II $y = \frac{4}{5}x$

c) I $y = x + 0{,}5$
II $y = 2 \cdot \left(\frac{1}{2}x + \frac{1}{4}\right)$

Lösung:

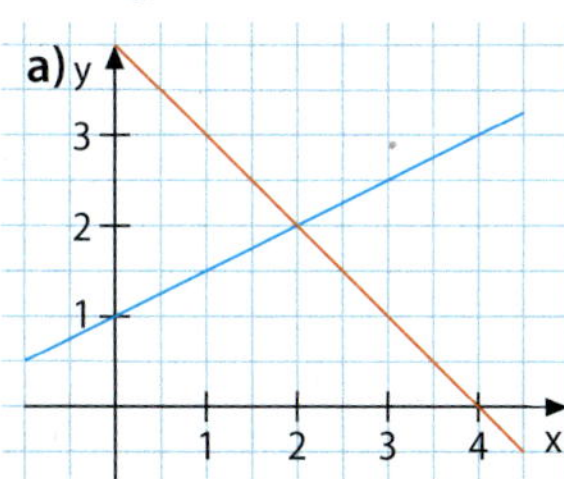

Schnittpunkt S (2 | 2)
$\mathbb{L} = \{(2|2)\}$

b)

parallele Geraden
$\mathbb{L} = \{\ \}$

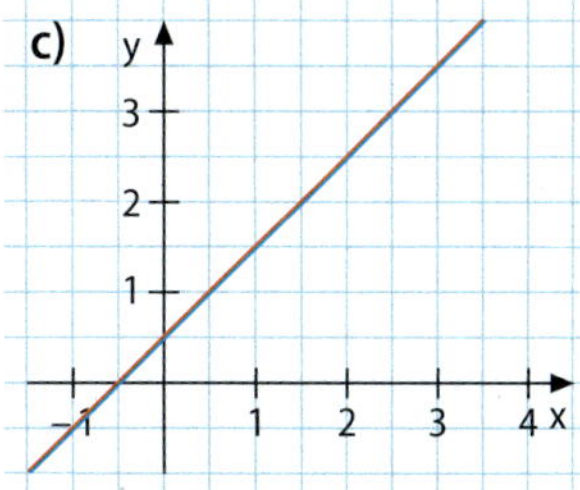

identische Geraden
$\mathbb{L} = \{(x|y) \text{ mit } y = x + 0{,}5\}$

Nachgefragt

- Erkläre, warum die Probe beim grafischen Lösungsverfahren besonders wichtig ist.
- Beschreibe den zugehörigen Graphen zur Gleichung $x = 3$.
- Kann die Lösungsmenge eines linearen Gleichungssystems aus genau zwei Zahlenpaaren bestehen? Begründe deine Antwort.

Aufgaben

1 Überprüfe durch Einsetzen, ob das Zahlenpaar zur Lösungsmenge einer der beiden Gleichungen gehört oder sogar das lineare Gleichungssystem erfüllt.

	I	II	1	2	3
a)	$y = x$	$y = -0{,}5x + 3$	(2 | 2)	(6 | 6)	(8 | 3)
b)	$y = -x + 6$	$y = \frac{1}{2}x - 3$	(6 | 0)	(4 | −1)	(5 | 1)
c)	$y = 2x + 1$	$y = \frac{1}{2} \cdot (2 + 4x)$	(3 | 7)	(−1 | −1)	(0 | 1)
d)	$y = 1{,}5x + 1$	$y = -\frac{3}{2}x + 4$	(−6 | −8)	(1 | 2,5)	(4 | −2)
e)	$y = -2x + 9$	$y = 2 \cdot \left(1 - \frac{2}{3}x\right)$	(10,5 | −12)	(−7,5 | 24)	(6 | −6)

2 Bestimme die Lösungsmenge zeichnerisch. Mache die Probe.

a) I $y = x - 3$
II $y = -x + 7$

b) I $y = 2x$
II $y = 0{,}5x + 3$

c) I $y = x - 3$
II $y = 4 + x$

d) I $y = 4x - 1$
II $y = -0{,}5x + 3{,}5$

e) I $x - y + 5 = 0$
II $x + y + 3 = 0$

f) I $3x - 5y = 5$
II $2x = 5y$

g) I $y = 2x - 1$
II $2y - 2x = 4$

h) I $x - 2y + 6 = 0$
II $x - 2 = 0$

Lösungen zu 2:
$\mathbb{L} = \{(2|4)\}$; $\mathbb{L} = \{(1|3)\}$;
$\mathbb{L} = \{(3|5)\}$; $\mathbb{L} = \{(5|2)\}$;
$\mathbb{L} = \{(-4|1)\}$; $\mathbb{L} = \{(5|2)\}$;
$\mathbb{L} = \{(2|4)\}$; $\mathbb{L} = \{\ \}$

3 Prüfe, welches Zahlenpaar das Gleichungssystem erfüllt.

a) I $0 = 4x + 5y$
II $-5y = -20$

b) I $3x + 3y = -3$
II $-3x + 1{,}5 = 6y$

(4,5 | −3,5) (0,5 | 2,5) (4 | 5) (2 | −5) (−5 | 4)

(3 | 0) (7 | 4) (−1,5 | −3,5) (−2,5 | 1,5)

4 Zeichne zwei Geraden, die sich im Punkt $(2|1)$ schneiden und gib ein passendes Gleichungssystem an. Finde mindestens drei verschiedene solcher Gleichungssysteme.

Lösungen zu 5:
$\mathbb{L} = \{(-4|1)\}$;
$\mathbb{L} = \{(-2{,}5|2)\}$;
$\mathbb{L} = \{(\frac{1}{2}|-\frac{1}{4})\}$;
$\mathbb{L} = \{(1|-2)\}$;
$\mathbb{L} = \{(1\frac{2}{3}|0)\}$;
$\mathbb{L} = \{(2|4)\}$; $\mathbb{L} = \{(3|5)\}$;
$\mathbb{L} = \{(5|2)\}$;
$\mathbb{L} = \{(-0{,}5|7)\}$

5 Bestimme die Lösungsmenge zeichnerisch wie im Beispiel. Forme jede Gleichung zunächst nach y um. Vergiss die Probe nicht.

a) I $-4y = 7 + x$
II $2x = -10 - 6y$

b) I $-5y + 33 = 4x$
II $35 - 5y = 0$

c) I $-2{,}5 + 5y = -3x$
II $-4x = 5y$

d) I $x - y + 5 = 0$
II $x + y + 3 = 0$

e) I $3x - 5y = 5$
II $2x = 5y$

f) I $y = 2x - 1$
II $2y - 2x = 4$

g) I $x - 2y + 6 = 0$
II $x - 2 = 0$

h) I $2{,}4x - 3{,}2y = 4$
II $4y + 3x = 5$

i) I $3{,}1 + 8{,}2y = 2{,}1x$
II $4{,}2x - 2{,}9 = 3{,}2y$

6 **a)** Bestimme zu den Graphen eine zugehörige Gleichung und gib die Lösungsmenge des zugehörigen linearen Gleichungssystems an.

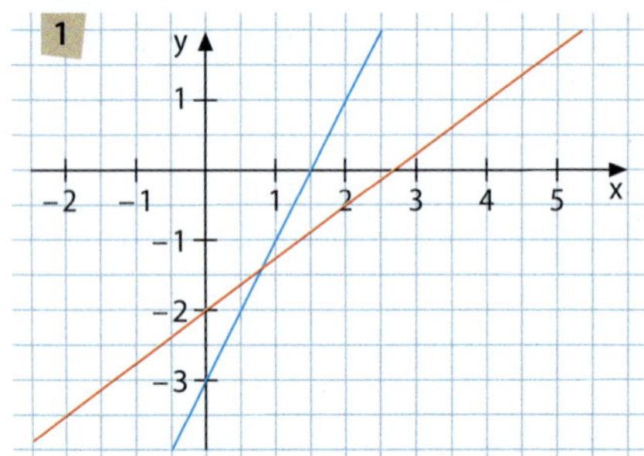

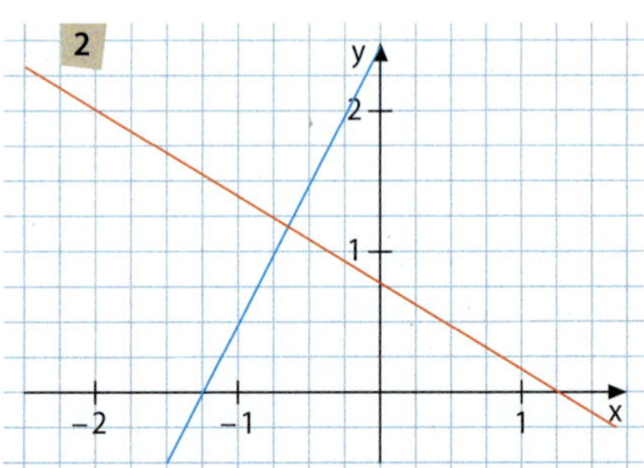

b) Gib mindestens zwei weitere Gleichungssysteme an, die zu den Graphen aus a) passen. Wie viele solcher Gleichungssysteme gibt es?

7

a) Formuliere zu jedem Bild eine passende Aufgabe und gib ein zugehöriges lineares Gleichungssystem an.

b) Löse jeweils die Gleichungssysteme aus a) grafisch. Gib die Bedeutung der Lösung für die dargestellte Situation an.

8 Stelle zu jedem Rätsel zwei Gleichungen auf und löse dann grafisch. Ordne anschließend die angegeben Lösungen zu.

Die Lösungen ergeben eine Stadt.

1 Gesucht werden zwei Zahlen: Ihre Summe ist 4 und ihre Differenz ist 8.

2 Gesucht werden zwei Zahlen: Ihre Differenz ist 10 und ihr Produkt ist –16. Die Zahl mit dem größeren Betrag ist positiv.

3 Gesucht werden zwei natürliche Zahlen: Die erste Zahl ist dreimal so groß wie die andere, ihre Differenz ist 6.

4 Gesucht wird eine positive zweistellige Zahl: Ihre Quersumme ist 12 und die Zehnerziffer ist doppelt so groß wie die Einerziffer.

5 Gesucht wird eine positive zweistellige Zahl: Die Zehnerziffer ist dreimal so groß wie die Einerziffer, ihre Quersumme ist 8.

6 Gesucht wird eine positive zweistellige Zahl: Die Zehnerziffer ist um 4 kleiner als die Einerziffer und ihre Quersumme ist 6.

R (9|3) A (8|–2) H (1|5) B (6|–2) U (8|4) T (6|2)

9 Saskia und Roman wohnen im gleichen Haus und laufen 30 Minuten zur Schule.

a) Ermittle aus dem Diagramm die Länge des Schulwegs.

b) Roman hat verschlafen und fährt 20 Minuten später mit dem Fahrrad zur Schule. Saskia und Roman kommen zur gleichen Zeit in der Schule an.
Übertrage das Diagramm in dein Heft. Stelle für Roman den Weg mit dem Fahrrad in Abhängigkeit von der Zeit in dem Diagramm dar.

c) Mit welchen Geschwindigkeiten in Kilometer pro Stunde legen Sabine zu Fuß und Roman mit dem Fahrrad den Schulweg zurück?

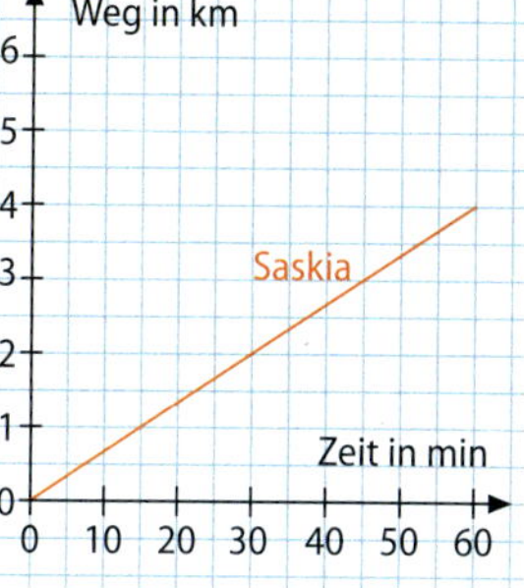

10 Übertrage in dein Heft und vervollständige die Lücke so, dass …

Wie viele Möglichkeiten findest du jeweils?

a) die Lösungsmenge leer ist.

1 I $y = 5x + 7$ II $y = 5x + \square$
2 I $y = 3x - 2$ II $y = \square\, x - 4$
3 I $y = -4x + 5$ II $\square\; y = 2x - 1$
4 I $y = -\frac{2}{3}x - 5$ II $y = \square$

b) es unendlich viele Lösungen gibt.

1 I $y = -3x + 2$ II $y = -3x + \square$
2 I $y = x - 5$ II $y = \square\, x - 5$
3 I $2y = -6x - 2$ II $y = -3x + \square$
4 I $y = -\frac{5}{6}x + \frac{3}{2}$ II $3y = \square$

c) die Lösungsmenge aus genau einem Zahlenpaar besteht.

1 I $y = \frac{1}{5}x - 4$ II $y = \square\, x - 4$
2 I $y = 2x - 1$ II $y = \square\, x - 5$
3 I $y = -\frac{1}{4}x$ II $4y = \square\, x + \square$
4 I $y = 2{,}5x - 4$ II $2y = \square$

11 a) Stelle zwei Gleichungen auf und löse zeichnerisch.

Anna und ihre kleine Schwester Marie sind zusammen 16 Jahre alt.
Anna ist zwei Jahre älter als Marie.

b) Erfinde selbst ein Altersrätsel und lasse es von einem Mitschüler lösen.

Entdecken

Xenia und Mia lösen ein lineares Gleichungssystem unterschiedlich.

Xenia:

I $2x - y = 1$
II $y = -x + 2$
$2x - (-x + 2) = 1$
$2x + x - 2 = 1$
$3x - 2 = 1 \quad | +2$
$3x = 3 \quad | :3$
$x = 1$
Einsetzen in Gleichung I:
$2 \cdot 1 - y = 1 \quad | -2$
$-y = -1 \quad | \cdot (-1)$
$y = 1$
Probe mit Gleichung II:
$1 = -1 + 2$ wahr; $\mathbb{L} = \{(1|1)\}$

Mia:

I $2x - y = 1 \quad | +y - 1$
II $y = -x + 2$
Auflösen nach y:
I $y = 2x - 1$
II $y = -x + 2$
$2x - 1 = -x + 2 \quad | +x + 1$
$3x = 3 \quad | :3$
$x = 1$
Einsetzen in Gleichung II:
$y = -1 + 2 = 1$
Probe mit Gleichung I:
$2 \cdot 1 - 1 = 1$ wahr; $\mathbb{L} = \{(1|1)\}$

- Beschreibe das Vorgehen von Xenia und Mia.
- Erstelle jeweils einen Merkzettel zur Lösung eines linearen Gleichungssystems.
- Überprüfe das Vorgehen an den Gleichungssystemen:

1 I $\frac{1}{4}x - y = -4$
II $y = 2x + 4$

2 I $y = -x + 5$
II $-2x + y = -6$

Verstehen

Um lineare Gleichungssysteme zu lösen, wird aus zwei Gleichungen mit zwei Variablen eine Gleichung mit einer Variablen gemacht. Man sagt, eine Variable wird **eliminiert**.

Bei der Probe werden immer die Ausgangsgleichungen verwendet. Nur wenn man bei beiden Gleichungen eine wahre Aussage erhält, ist die Lösung richtig.

Es gibt verschiedene Verfahren, um ein lineares Gleichungssystem rechnerisch zu lösen.

1 Einsetzungsverfahren

Löst man eine der Gleichungen nach einer Variablen (z. B. y) auf, dann kann man den erhaltenen Term für die Variable in die andere Gleichung einsetzen.

Beispiel: I $-x - 2y = 3$
II $y = 2x - 1$
II in I einsetzen:
$-x - 2 \cdot (2x - 1) = 3$
Auflösen liefert: $x = -\frac{1}{5}$
Einsetzen in II: $y = 2 \cdot \left(-\frac{1}{5}\right) - 1 = -1\frac{2}{5}$ $\quad \mathbb{L} = \left\{\left(-\frac{1}{5} \middle| -1\frac{2}{5}\right)\right\}$

Probe:
I $-\left(-\frac{1}{5}\right) - 2 \cdot \left(-1\frac{2}{5}\right) = 3$ wahr
II $-1\frac{2}{5} = 2 \cdot \left(-\frac{1}{5}\right) - 1$ wahr

2 Gleichsetzungsverfahren

Löst man beide Gleichungen nach einer Variablen (z. B. y) auf, dann kann man die erhaltenen Terme gleichsetzen.

Beispiel: I $y = 2x - 1$
II $y = -x + 5$
I und II gleichsetzen:
$2x - 1 = -x + 5$
Es folgt: $x = 2$
Einsetzen in I: $y = 2 \cdot 2 - 1 = 3$ $\quad \mathbb{L} = \{(2|3)\}$

Probe:
I $3 = 2 \cdot 2 - 1$ wahr
II $3 = -2 + 5$ wahr

Beispiel

Löse das lineare Gleichungssystem mithilfe des Einsetzungsverfahrens.
Beschreibe dein Vorgehen.

I $3x + 4y = 12$
II $x + 3y = 4$

Lösung:

I $3x + 4y = 12$
II $x + 3y = 4 \quad | -3y$

I $3x + 4y = 12$
II $x = -3y + 4$

II in I einsetzen:

$3 \cdot (-3y + 4) + 4y = 12$
$-9y + 12 + 4y = 12$
$-5y + 12 = 12 \quad | -12$
$-5y = 0 \quad | :(-5)$
$y = 0$

Einsetzen von $y = 0$ in I:

$x = -3 \cdot 0 + 4$
$x = 4$

Probe: I $3 \cdot 4 + 4 \cdot 0 = 12$ wahr
II $4 + 3 \cdot 0 = 4$ wahr
$\mathbb{L} = \{(4|0)\}$

Vorgehen:

- Löse eine Gleichung nach einer Variablen (hier: x) auf.
- Setze den Term für x in die andere Gleichung ein. Vergiss die Klammern nicht.
- Berechne y duch Äquivalenzumformungen.
- Setze den Wert für y in eine Gleichung ein, in diesem Fall Gleichung II.
- Berechne den Wert für x.
- Führe die Probe durch.
- Gib die Lösungsmenge an.

Nachgefragt

- Begründe, dass das Gleichsetzungsverfahren ein Sonderfall des Einsetzungsverfahrens ist.
- Erläutere den Zusammenhang zwischen dem Gleichsetzungsverfahren und dem grafischen Lösen von linearen Gleichungssystemen.

Aufgaben

1 Löse das lineare Gleichungssystem aus dem Beispiel mit dem Gleichsetzungsverfahren und beschreibe ebenso das Vorgehen.

2 Löse mit dem Einsetzungsverfahren.

Überlege zuerst, ob es günstiger ist, das Verfahren mit Variable x oder y durchzuführen.

a) I $2x + 5y = 4$ II $y = 2x + 8$
b) I $3x + y = 15$ II $y = 5x - 11$
c) I $x - y = 5$ II $x = 2y - 4$
d) I $4x + y = 9{,}6$ II $3x + y = 9{,}2$
e) I $2x - 15 = 7y$ II $6x = 3y + 9$
f) I $x - 3y = 5$ II $3x - 15 = 10y + 2$

3 Löse mit dem Gleichsetzungsverfahren.

a) I $y = 2x - 4$ II $3y = -2x + 12$
b) I $x - y = 65$ II $y = -x + 107$
c) I $6x + 2y = -10$ II $x + 2y = 5$
d) I $x = 3y - 1$ II $x + 5y = -7$
e) I $2x - 3 = 3y$ II $2x = 3$
f) I $3x - 2y = -7$ II $3x - 11 = 0$
g) I $5x + 3y = -1$ II $4x + 8y = 12$
h) I $7x + 32y = 13$ II $9x + 8y = 83$
i) I $2x - 5y = -9$ II $3x + 7y = 1$

Lösungen zu 3:
$\mathbb{L} = \{(3|2)\}$; $\mathbb{L} = \{(1{,}5|0)\}$;
$\mathbb{L} = \left\{\left(-\frac{13}{4}\middle|-\frac{3}{4}\right)\right\}$;
$\mathbb{L} = \{(86|21)\}$; $\mathbb{L} = \{(-3|4)\}$;
$\mathbb{L} = \left\{\left(-\frac{11}{7}\middle|\frac{16}{7}\right)\right\}$;
$\mathbb{L} = \left\{\left(\frac{11}{3}\middle|9\right)\right\}$; $\mathbb{L} = \{(11|-2)\}$;
$\mathbb{L} = \{(-2|1)\}$

4 Sofie und Jenny lösen dasselbe Gleichungssystem.

Sofie

I $4x + 2y = 5$
II $10x + 4y = 6$

I $2y = -4x + 5$
II $2y = -5x + 3$

I und II gleichsetzen:

$-4x + 5 = -5x + 3$

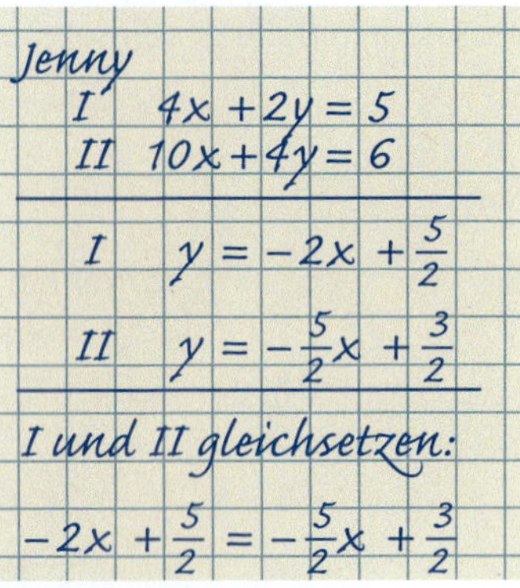

a) Vervollständige die Lösungswege in deinem Heft.
b) Vergleiche die Rechenwege. Welches Vorgehen findest du geschickter? Diskutiere mit einem Partner oder einer Partnerin.
c) Löse das lineare Gleichungssystem möglichst geschickt.

1 I $-3x + 2y = 2$
II $18x + 6y = 15$

2 I $5x + 4y = 16$
II $x + 7y = 22$

3 I $2x + 2y = 10$
II $2x + 16y = 38$

5 Löse das lineare Gleichungssystem. Was fällt dir auf?

a) I $3x - 2y = 8$
II $2y = 3x + 5$

b) I $2x + 5y = 12$
II $y = -\frac{2}{5}x + 2\frac{2}{5}$

c) I $y = 3x + 2{,}5$
II $6x - 5 = 2y$

Kontrolliere die Lösungen mit einem Taschenrechner.

6 Löse das lineare Gleichungssystem mit einem Verfahren deiner Wahl.

a) I $2x - 3y + 3 = 0$
II $2x = 3$

b) I $3x - 3y = -7$
II $3x = 11$

c) I $2x + 6y + 4 = 0$
II $y = -\frac{1}{3}x - \frac{2}{3}$

d) I $x + 4y = 2$
II $y = -\frac{1}{4}x + 1$

e) I $\frac{1}{3}x + \frac{1}{2}y = \frac{2}{3}$
II $3x - 5y = 25$

f) I $2x - 5y = -9$
II $2x + 7y = 1$

Weiterdenken

Mithilfe von Äquivalenzumformungen lassen sich die Koeffizienten zu einer Variablen in beiden Gleichungen auf die gewünschte Form bringen.

Ein lineares Gleichungssystem lässt sich auch durch die Addition beider Gleichungen lösen. Dafür müssen vor einer Variablen betragsgleiche Koeffizienten mit unterschiedlichem Vorzeichen stehen. Man spricht vom **Additionsverfahren**.

Beispiele:

1
I $2x - 2y = -5$
II $4x + 2y = -7$

I + II $6x = -12 \quad |:6$
$x = -2$

Einsetzen in I liefert:

$y = \frac{1}{2}$; $\mathbb{L} = \{(-2 \mid \frac{1}{2})\}$

Probe: I $2 \cdot (-2) - 2 \cdot \frac{1}{2} = -5$ wahr
II $4 \cdot (-2) + 2 \cdot \frac{1}{2} = -7$ wahr

2
I $6x - 5y = 9 \quad | \cdot 2$
II $4x - 7y = -5 \quad | \cdot (-3)$

I $12x - 10y = 18$
II $-12x + 21y = 15$

I + II $11y = 33 \quad |:11$
$y = 3$

Einsetzen in I liefert:

$x = 4$; $\mathbb{L} = \{(4 \mid 3)\}$

Probe: I $6 \cdot 4 - 5 \cdot 3 = 9$ wahr
II $4 \cdot 4 - 7 \cdot 3 = -5$ wahr

7 Löse mit dem Additionsverfahren.

a) I $x + 5y = -14{,}5$
II $-x - y = 2{,}5$

b) I $2x + y = 10{,}3$
II $3x - y = 1{,}2$

c) I $8x - 5y - 3 = 0$
II $5 \cdot (y - 3x) = -10$

Lösungen zu 7:
$\mathbb{L} = \{(1\,|\,1)\}$
$\mathbb{L} = \left\{\left(\frac{1}{2}\,\middle|\,-3\right)\right\}$
$\mathbb{L} = \{(2{,}3\,|\,5{,}7)\}$

8

1 I $y = 2x + 5$
II $y = -x + 3$

2 I $y = 4 - x$
II $2x - y = 8$

3 I $6x - 3y = 5$
II $2x + 3y = 9$

a) Begründe, welches Lösungsverfahren dir jeweils am günstigsten erscheint.
b) Löse das lineare Gleichungssystem mit dem gewählten Verfahren.

9 Löse das lineare Gleichungssystem mit einem Verfahren deiner Wahl.

a) I $4x + 5y = 7$
II $3y - 4x = 17$

b) I $2x + 5y - 3 = 0$
II $3x + 8y = 4$

c) I $2x - 2y = x - 6$
II $3 \cdot (x + 3) = 4 \cdot (y - 2)$

d) I $7x + 32y = 13$
II $9x + 8y = 83$

e) I $-x + 7y = -12$
II $2x - y = 11$

f) I $3 \cdot (y - 4) = -(x + 8)$
II $x + 1 + 2y - 8 = 0$

10 Die Variablen in einem linearen Gleichungssystem müssen nicht immer x und y heißen. Im Zahlenpaar ordnet man die Koordinaten in alphabetischer Reihenfolge.

a) I $2a - 4b = -10$
II $5a - 3b - 11 = 0$

b) I $4s - 3t = -5$
II $3s = 6 - t$

c) I $2v - 3w = 10$
II $3w + 5v = 25$

d) I $\frac{1}{3}m + \frac{1}{2}n = \frac{2}{3}$
II $3m - 5n = 25$

e) I $u + 4v = 4$
II $v = -\frac{1}{4}u + 1$

f) I $8k - 5l = 3$
II $5 \cdot (l - 3k) = -10$

(a|b) (v|w) (s|t) ...

11 Berechne die Koordinaten des Schnittpunkts S von $g = AB$ und $h = CD$. Stelle dazu zunächst ein passendes lineares Gleichungssystem auf.

a) A(−4|0); B(4|4); C(4|−2); D(0|4)
b) A(1|2); B(4|5); C(−1|3); D(1|9)
c) A(2|3); B(−1|6); C(2|4); D(8|2)
d) A(−3|1); B(4|3); C(−2|3); D(4|−1)

Lösungen zu 11:
$(-2{,}5\,|\,-1{,}5)$; $\left(-\frac{1}{5}\,\middle|\,\frac{9}{5}\right)$; $(1\,|\,2{,}5)$; $(0{,}5\,|\,4{,}5)$

12 a) Berechne die Koordinaten der Punkte C und D des Quadrats ABCD mit A(1|2) und B(5|1).
b) Bestimme rechnerisch die Koordinaten des Diagonalenschnittpunkts.

13 Familie Subasi geht am Familientag in einen Freizeitpark. Zwei Erwachsene und drei Kinder müssen zusammen 32,50 € zahlen. Famile Schmitz zahlt mit drei Erwachsenen und fünf Kindern 51,50 €. Berechne den Gesamtpreis, den Herr Koschik bezahlen muss, wenn er mit zwei Kindern den Park besucht.

14 Wie lauten die Zahlen? Stelle ein lineares Gleichungssystem auf und löse es.

a) Die doppelte Summe zweier Zahlen ergibt 24, deren dreifache Differenz −6.

b) Eine Zahl ist um 8 größer als eine andere und um 10 kleiner als deren Dreifaches.

c) Eine zweistellige Zahl ist 2,5-mal so groß wie ihre Quersumme. Vertauscht man die Ziffern der Zahl, ergibt sich eine neue Zahl, die um 6 größer ist als das Dreifache der ursprünglichen Zahl.

Vertiefung

Der Gauß-Algorithmus

Josephine soll das Gleichungssystem lösen und meint: „Das ist nicht schwer. Ich setzte c aus der dritten Gleichung in die zweite und erste Gleichung ein. Aus der zweiten Gleichung berechne ich mir den Wert für b, den ich dann in die erste Gleichung einsetze. Hieraus erhalte ich dann a."
Welche Lösungsmenge erhält Josephine?
Ist ihr Vorgehen richtig? Begründe.

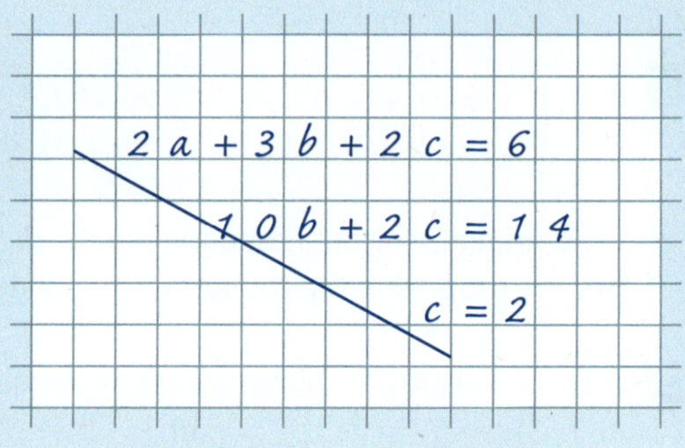

Carl Friedrich Gauß war ein berühmter deutscher Mathematiker und Physiker aus dem 18./19. Jahrhundert. Ihm sind viele mathematische Entdeckungen im Zusammenhang mit linearen Gleichungssystemen gelungen.

Der Gauß-Algorithmus ist ein Verfahren zum Lösen von linearen Gleichungssystemen mit mehr als zwei Variablen. Dabei wird das Gleichungssystem in eine „Dreiecksform" gebracht: Die erste Gleichung enthält drei Variablen, die zweite noch zwei und die dritte nur noch eine. Dabei bietet es sich häufig an, das Additionsverfahren zu nutzen.
Das Verfahren ist nach Carl-Friedrich-Gauß benannt.

Beispiel:

I	$2x + 4y - z = -7$			
II	$x + y + z = 0$	$\mid (-2) \cdot \text{II} + \text{I}$	1	Eliminierung von x in II
III	$3x - 2y - 2z = 5$	$\mid 2 \cdot \text{III} + (-3) \cdot \text{I}$	2	Eliminierung von x in III

I	$2x + 4y - z = -7$			
II	$2y - 3z = -7$			
III	$-16y - z = 31$	$\mid \text{III} + 8 \cdot \text{II}$	3	Eliminierung von y in III

I	$2x + 4y - z = -7$
II	$2y - 3z = -7$
III	$-25z = -25$

Das Gleichungssystem hat jetzt eine Dreiecksform.
Über III erhält man: $z = 1$.
Einsetzen von z in II $2y - 3 = -7$ ergibt: $y = -2$
Einsetzen von y und z in I $2x - 8 - 1 = -7$ ergibt: $x = 1$
Lösungsmenge: $\mathbb{L} = \{(1 \mid -2 \mid 1)\}$

1 Löse die Gleichungssysteme mit dem Gauß-Algorithmus. Vergleiche mit den angegebenen Lösungsmengen.

a)
I $2x + 3y + 4z = 20$
II $3x + 2y + 5z = 22$
III $4x + 5y + z = 17$
$\mathbb{L} = \{(1 \mid 2 \mid 3)\}$

b)
I $x - y - z = 11$
II $2x + 3z = 7$
III $2y + z = 9$
$\mathbb{L} = \left\{\left(\frac{25}{2} \middle| \frac{15}{2} \middle| -6\right)\right\}$

c)
I $x + y + z = 11$
II $2x + 2y + 2z = 22$
III $2y - 5z = 9$
$\mathbb{L} = \{(x \mid y \mid z)$ mit $x = 6{,}5 - 3{,}5z$ und $y = 4{,}5 + 2{,}5z\}$

2 Berechne mit dem Gauß-Algorithmus.

a) I $3x - 4y + 2z = 1$
II $2x - y + z = 2$
III $-2x + 2y + 6z = 6$

b) I $2x + y + 3z = -5$
II $2y - 2z = -10$
III $2x + y = -14$

c) I $32x - 34y + 35z = 234$
II $8x - 6y + 9z = 54$
III $4x - y + 2z = 18$

3 Paula denkt sich folgende Aufgabe aus: In einem Korb sind insgesamt 16 Äpfel, Birnen und Pflaumen. Wenn ich doppelt so viele Äpfel und Birnen hätte, dann wären es zusammen 28 Früchte im Korb. Die dreifache Anzahl der Pflaumen ist um 8 größer als die Zahl der Birnen. Wie viele Früchte jeder Art sind in Paulas Korb?

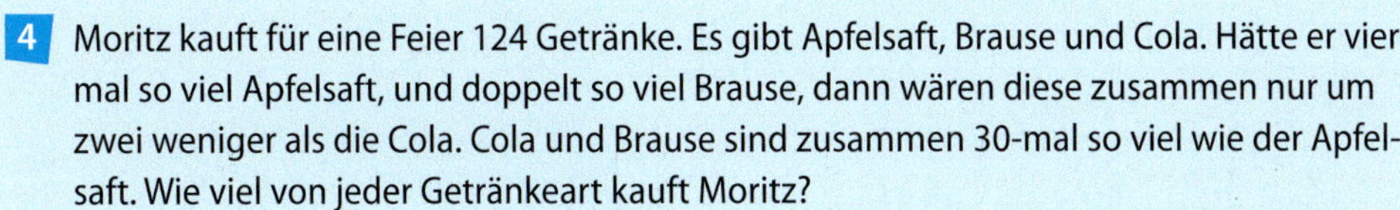

4 Moritz kauft für eine Feier 124 Getränke. Es gibt Apfelsaft, Brause und Cola. Hätte er viermal so viel Apfelsaft, und doppelt so viel Brause, dann wären diese zusammen nur um zwei weniger als die Cola. Cola und Brause sind zusammen 30-mal so viel wie der Apfelsaft. Wie viel von jeder Getränkeart kauft Moritz?

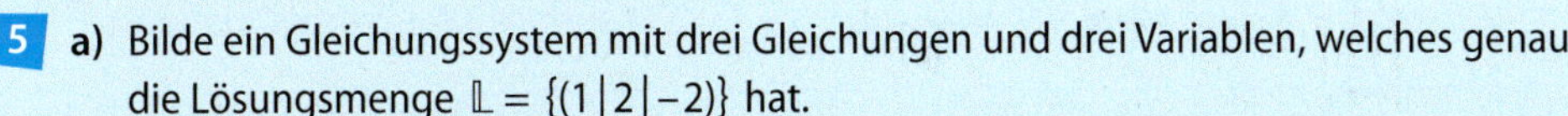

5 a) Bilde ein Gleichungssystem mit drei Gleichungen und drei Variablen, welches genau die Lösungsmenge $\mathbb{L} = \{(1|2|-2)\}$ hat.

Du kannst auch grafisch vorgehen.

b) Bilde ein Gleichungssystem mit drei Gleichungen und drei Variablen, welches unendlich viele Lösungen hat.

c) Bilde ein Gleichungssystem mit drei Gleichungen und drei Variablen, welches keine Lösung hat.

6 Susanne, Ulrike und Meike diskutieren, wie man Gleichungssysteme löst.

Diskutiere mit einem Partner die Ansichten von Susanne, Ulrike und Meike.

Aufgaben

1 Viele Alltagsaufgaben kann man mithilfe linearer Gleichungssysteme lösen.

Laurenz ist in den Ferien auf einem Bauernhof. Dort zählt er die Hühner und Kühe und sagt seinem Vater Folgendes: „Zusammen sind es 23 Tiere. Insgesamt haben sie 62 Beine." Wie viele Hühner und Kühe sind auf dem Hof?

Carlas Lösung:
Anzahl Kühe: x; Anzahl Hühner: y

Variablen zuordnen.

I $x + y = 23$

Gleichung aufstellen zur 1. Bedingung: Zusammen sind es 23 Tiere.

II $4x + 2y = 62$

Gleichung aufstellen zur 2. Bedingung: Insgesamt haben sie 62 Beine.

I $x + y = 23$
II $4x + 2y = 62$
$\mathbb{L} = \{(8|15)\}$

Lineares Gleichungssystem mit einem Verfahren lösen.

Es sind 8 Kühe und 15 Hühner.

Lösung auf Ausgangssituation beziehen.

a) Erkläre einem Partner mit eigenen Worten das obige Vorgehen von Carla.
b) Löse ebenso: In Teltow ist am Dienstag Kinotag, dann sind die Eintrittspreise für den Kinobesuch besonders günstig. Ein Erwachsener und sechs Kinder zahlen 34,60 € und drei Erwachsene mit vier Kindern zahlen 36,60 €. Bestimme die Eintrittspreise für Erwachsene und Kinder am Kinotag in Teltow.

2 188 Eier werden in 24 Eierkartons verpackt. Wie viele Kartons von jeder abgebildeten Art hat man verwendet?

3

Ruhige Lage,
116 Zimmer,
192 Betten
Übernachtung
ab 49 €

In einem Hotel gibt es nur Einzel- und Doppelzimmer. Wie viele Einzel- und wie viele Doppelzimmer hat das Hotel?

4 In einem Restaurant stehen 25 Doppel- und Vierertische zur Verfügung. Insgesamt hat das Restaurant 84 Sitzplätze.
a) Stelle ein lineares Gleichungssystem für den Sachverhalt auf.
b) Löse das Gleichungssystem mithilfe einer Zeichnung (1 cm ≙ 5 Tische). Bestätige dein Ergebnis durch eine Rechnung.
c) Das Restaurant möchte auf 100 Sitzplätze aufstocken. Dafür sollen fünf weitere Tische angeschafft werden. Wie ändert sich das Ergebnis aus b)?

5 Die 31 Kinder der Klasse 8c essen am Projekttag in der Schulcafeteria ihr Mittagessen. Das vegetarische Menü kostet 3,50 €, das Menü mit Fleisch kostet 3,60 €. Insgesamt zahlen sie 110,30 €. Wie viele Menüs wurden jeweils gegessen?

6 Bei der Stichwahl für das Amt der Bürgermeisterin siegt Frau Schwab mit einer Mehrheit von 1236 Stimmen gegenüber Frau Beyer. Das Stimmenverhältnis der gültigen Stimmen war 5 : 4. Wie viele Stimmen hatte jede der beiden Kandidatinnen?

7 Marie kauft für ihre Mitschülerinnen und Mitschüler Radiergummi zu je 0,70 € und Spitzer zu je 1,40 €. Insgesamt zahlt sie 10,50 €. Ermittle die Anzahl der Spitzer und Radiergummi, die sie gekauft haben könnte. Gib alle Möglichkeiten an.

8 Für die Bauplanung eines Hauses werden zwei Heizungsanlagen miteinander verglichen.

Heizungsanlage mit …	Baukosten	Betriebskosten pro Jahr
Wärmepumpe	16 000 €	500 €
Öl	12 000 €	1500 €

a) Berechne die Gesamtkosten der Heizungsanlage mit Wärmepumpe nach fünf Jahren.
b) Stelle die Gesamtkosten der beiden Heizungsanlagen für sechs Jahre grafisch dar.
c) Nach wie viel Jahren sind die Gesamtkosten beider Anlagen gleich?
d) Welche Aussage ist wahr? Begründe deine Antwort.
  1 Die Heizungsanlage mit Öl hat höhere Baukosten als die mit Wärmepumpe.
  2 Nach drei Jahren Nutzung sind die Gesamtkosten der Heizung mit Wärmepumpe günstiger.
  3 Nach sechs Jahren Nutzung spart man durch die Heizung mit Wärmepumpe 2000 € ein.

9 Lea und Steffi planen zusammen ihren Urlaub. Sie vergleichen die Kosten für eine Ferienwohnung und ein Doppelzimmer.

	Kosten pro Tag	Kosten für Endreinigung und Energie
Ferienwohnung	40,00 €	100,00 €
Doppelzimmer	60,00 €	0,00 €

In der grafischen Darstellung sind die Kosten in Abhängigkeit von der Anzahl der Urlaubstage für das Doppelzimmer dargestellt.

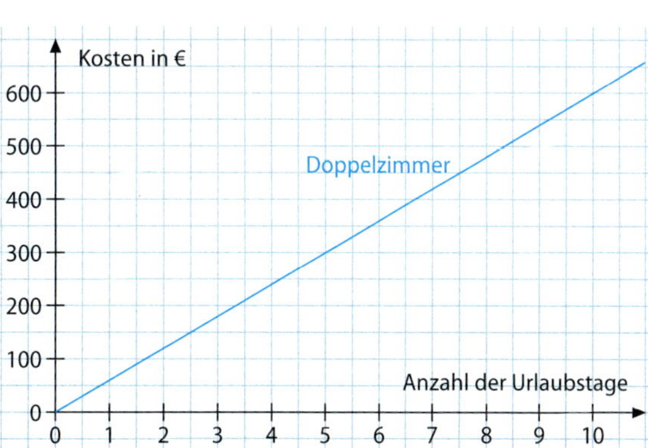

a) Ermittle die jeweiligen Kosten für die Ferienwohnung und das Doppelzimmer bei einem Aufenthalt von 3 bzw. 8 Tagen.
b) Übertrage das Koordinatensystem in dein Heft und stelle für die Ferienwohnung diese Abhängigkeit in demselben Koordinatensystem dar.
c) Ermittle, bei welcher Anzahl der Urlaubstage die Kosten gleich sind.

6 Aufgaben zur Differenzierung

zu 6.1

1 a) Zeichne die Graphen zu den linearen Gleichungen in ein Koordinatensystem.
b) Bestimme grafisch und rechnerisch fünf Lösungspaare der Gleichungen.

1 $2x - 5 = y$ **2** $3x - y = 2$

1 $2x + 10 = 4y$ **2** $2x - 0{,}5y = 6$

zu 6.2

2 Die folgenden Paare von Funktionsgraphen schneiden sich jeweils im Punkt P (2 | 1).
a) Ordne den Gleichungen die zugehörigen Funktionsgraphen zu.
b) Überführe alle Gleichungen in die Form $y = mx + n$.

1 I $y = 3x - 5$
II $y = -2x + 5$

2 I $x + y = 3$
II $x - y = 1$

3 I $x - y = 1$
II $2x + 3y = 7$

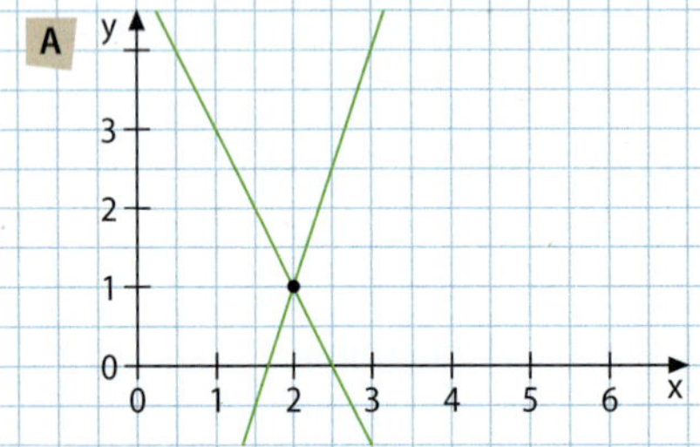

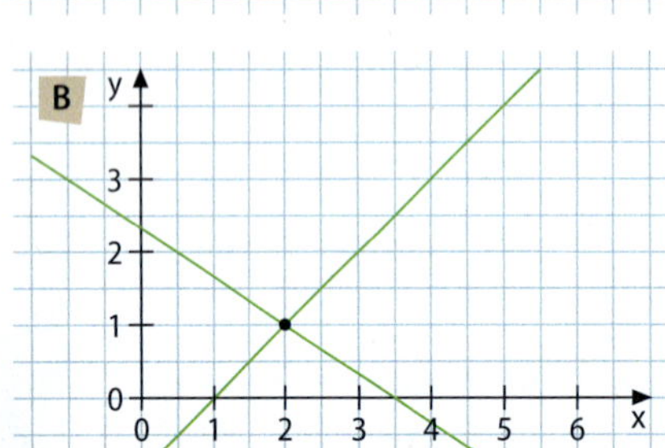

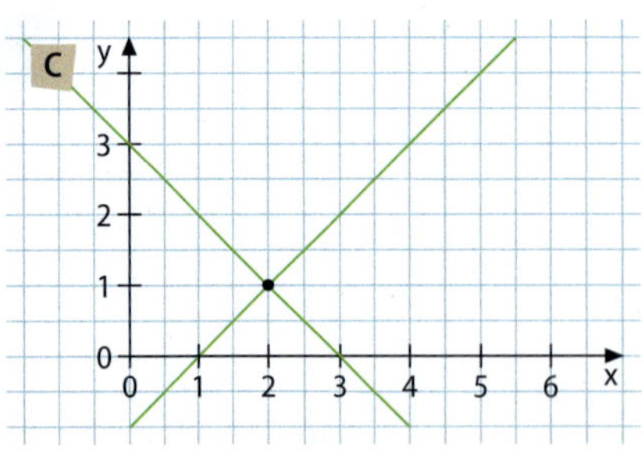

1 I $x = 2$
II $y = 3x - 5$

2 I $x + y = 3$
II $3x - 4y = 2$

3 I $0{,}25x + 2y = 2{,}5$
II $x = 3y - 1$

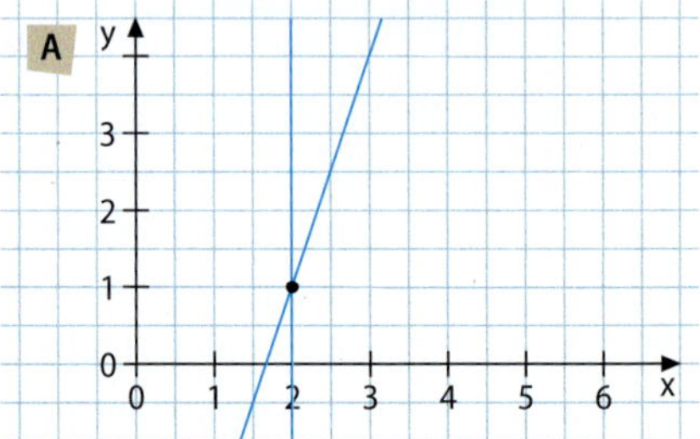

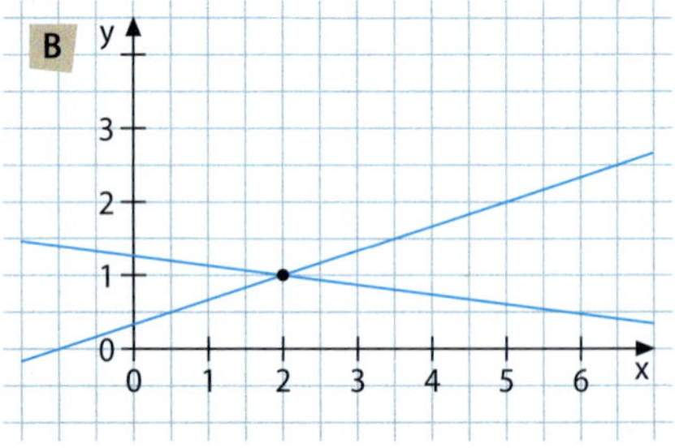

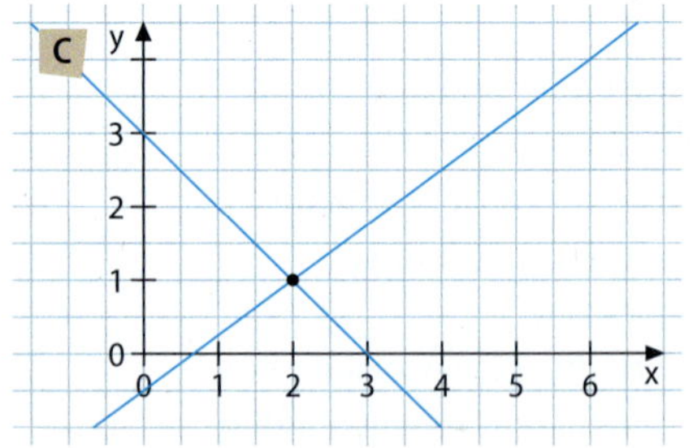

3 Übertrage ins Heft und vervollständige so, dass das lineare Gleichungssystem (wenn möglich) **1** genau eine, **2** keine oder **3** unendlich viele Lösungen hat.

a) I $y = 3x - 4$
II $y = \square x - 4$

b) I $y = 3x - 4$
II $y = \square x - 5$

a) I $6y = 3x - 6$
II $4y = 2x - \square$

b) I $2y = 8x + 12$
II $3y = \square x + \square$

4 Fine hat das folgende Gleichungssystem gelöst. Finde die Fehler und verbessere sie im Heft. **zu 6.3**

I $3x + 5y = 11$
II $10x - 19 = y$

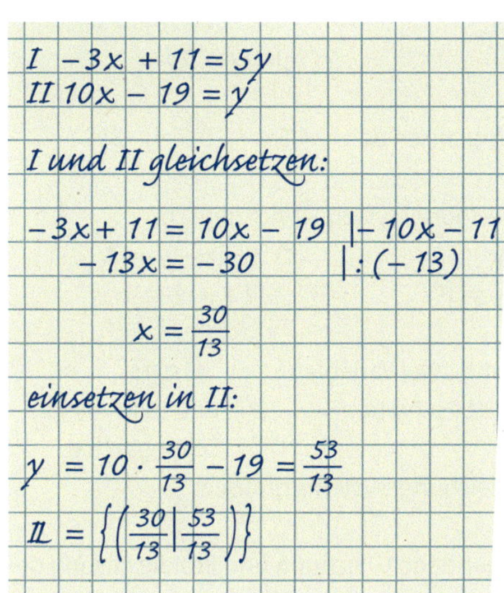

I $2x + 10y = 30$
II $4x - 12 = 4y$

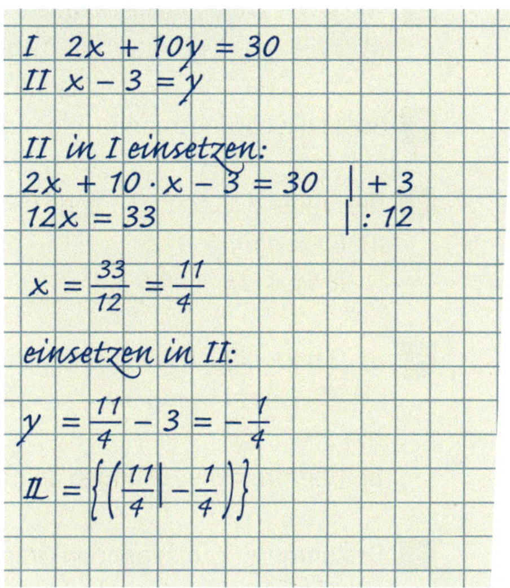

5 Für welchen Wert des Parameters k besitzt das lineare Gleichungssystem
I $y = 2x + 3$
II $y = kx + 1$

a) keine Lösung?
b) die Lösungsmenge $\mathbb{L} = \{1|5\}$?
c) die Lösungsmenge $\mathbb{L} = \{2|7\}$?

Für welchen Wert des Parameters k besitzt das lineare Gleichungssystem
I $x + y = 4$
II $kx + y = 2$

a) die Lösungsmenge $\mathbb{L} = \{(-1|5)\}$?
b) keine Lösung?
c) die Lösungsmenge $\mathbb{L} = \{(0|4)\}$?

6 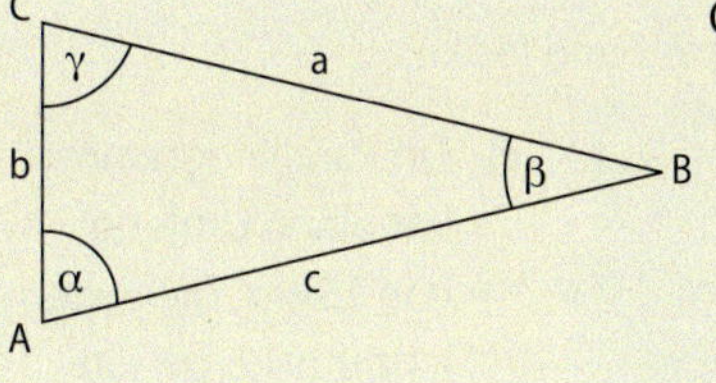

Gegeben ist das gleichschenklige Dreieck ABC mit $a = c$. **zu 6.4**

Der Winkel β ist um 24° kleiner als ein Basiswinkel. Wie groß sind die drei Winkel?

Die Schenkel sind um 3,2 cm länger als die Basis. Der Umfang des Dreiecks beträgt 24,4 cm. Wie lang sind die Basis und die Schenkel?

7 Die Klasse 8a soll aus 80 cm langen Drahtstücken Kantenmodelle von Quadern mit quadratischer Grundfläche basteln. Die Körperhöhe soll dabei doppelt so lang sein wie die Kantenlänge der Grundfläche. Welche Kantenlängen hat der Quader?

Aus einem Draht der Länge 112 cm soll das Kantenmodell eines Quaders mit quadratischer Grundfläche gebaut werden. Dabei ist die Quadratseite um 4 cm kürzer als die Höhe des Quaders. Welche Kantenlängen hat der Quader?

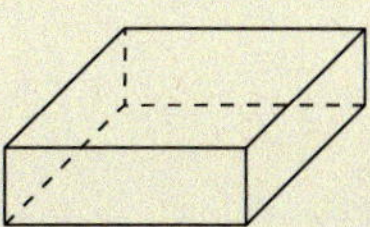

1 Gib jeweils eine lineare Gleichung so an, dass die gegebenen Zahlenpaare Lösungen der Gleichung sind.

a) $(-2|1)$; $(2|-1)$ **b)** $(-1|-1)$; $(1|3)$ **c)** $(-5|-2)$; $(-3|-1)$

2 Gib jeweils fünf Zahlenpaare an, welche die Gleichung lösen.

a) $3y + 4x = 12$ **b)** $x + y = 1$ **c)** $2x - 2y = 7$

3 Stelle die Lösungsmenge folgender Gleichung grafisch dar: $-4{,}5x - 10{,}5 = -3y$.

Vergiss die Probe nicht.

4 Bestimme die Lösungsmenge des linearen Gleichungssystems zeichnerisch.

a) I $-x - 5y = 41{,}5$
II $5y + 2x + 40{,}5 = 0$

b) I $-2y = x - 11$
II $2y + 2x = 10$

c) I $2x - y = 3$
II $x - y = 1$

5 **a)** Gib jeweils ein lineares Gleichungssystem mit zwei Variablen so an, dass es …

1 keine Lösung hat. **2** genau eine Lösung hat. **3** unendlich viele Lösungen hat.

b) Überprüfe die Lösungen deines linearen Gleichungssystems grafisch.

Findest du mehrere Möglichkeiten?

6 Bestimme zu den folgenden Graphen eine zugehörige Gleichung und lies die Lösung des Gleichungssystems ab. Mache jeweils eine Probe.

a)
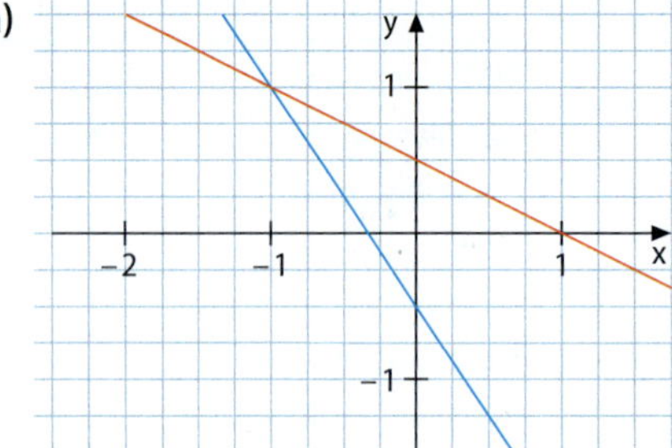

b)
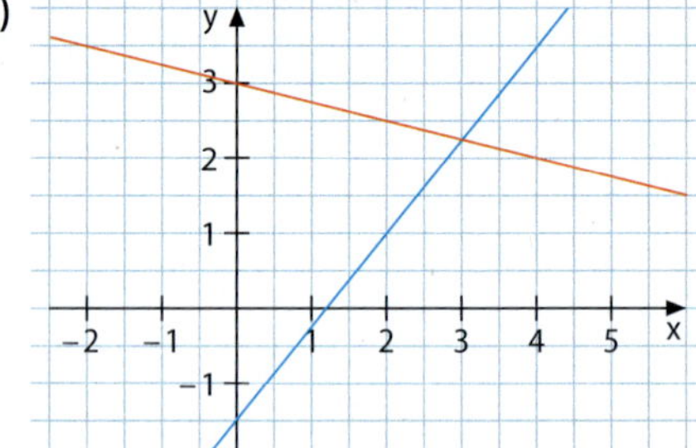

7 Aus der Geometrie. Stelle ein lineares Gleichungssystem auf und löse es.

a) Im Dreieck ABC mit $\alpha = 42°$ ist γ um 24° größer als β. Bestimme β und γ.

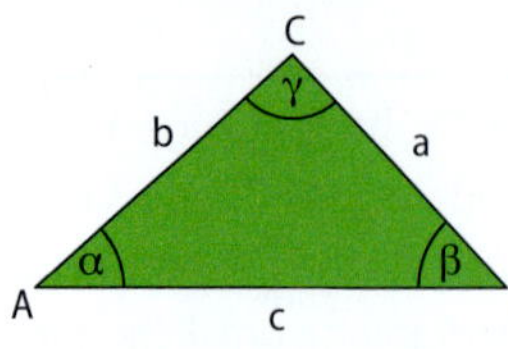

b) Ein Rechteck hat einen Umfang von 46 cm. Verlängert man eine Seite um 3 cm und verkürzt die andere gleichzeitig um 3 cm, so wächst der Flächeninhalt um 21 cm². Bestimme die Seitenlängen.

c) Ein Parallelogramm hat einen Umfang von 15 cm. Die Seite a ist um 1,5 cm länger als die Seite b. Bestimme a und b.

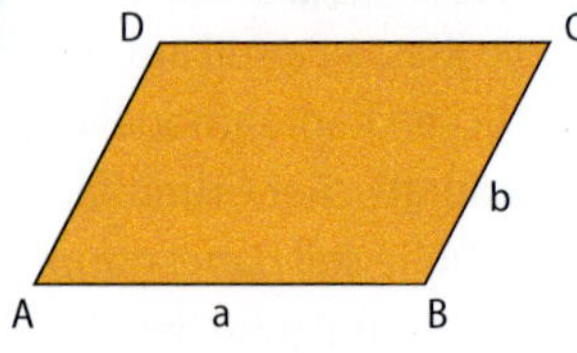

8 Löse mit dem Einsetzungsverfahren.

a) I $-3x + 3{,}5 = 5y$
II $3x + 2 = -37$

b) I $0 = -x - 8{,}5$
II $-2x = 3y - 4$

c) I $6x + 8y = 8$
II $-12 = 4x + 4y$

9 Löse mit dem Gleichsetzungsverfahren.

a) I $y = -x - 10$
II $y = -2x - 6$

b) I $6 + 3x = 0$
II $-4y - 12x = 0$

c) I $-12y + 4x = 4$
II $-10 + 4y = 2x$

10 Löse mit dem Additionsverfahren.

a) I $3x - 8y = -6{,}5$
II $3x - 4y = 9{,}5$

b) I $5 = 3x - 2y$
II $-7y + 9x = -2$

c) I $-3y = -22{,}5 + 3x$
II $6x = -3y - 7{,}5$

11 Löse das lineare Gleichungssystem mit einem Verfahren deiner Wahl.

a) I $x = 2y - 5$
II $y = \frac{1}{2} \cdot (3x - 8)$

b) I $3x + 5y = 7$
II $-5x - 8y + 2 = 0$

c) I $6y + 9x + 12 = 0$
II $x = 45 - 7y$

d) I $x = y + 3$
II $y = \frac{1}{2} \cdot (2x - 6)$

e) I $x - 2y = 1{,}5$
II $3{,}8y - 1{,}9x = -2{,}85$

f) I $\frac{4}{7}x - 1 = -y$
II $-2x + \frac{7}{2}y = 1$

g) I $-11{,}5 = -a$
II $-2b - 3{,}5 = -3a$

h) I $52 = -3y + 2x$
II $-3y = -4x + 50$

i) I $-6m = 60 + 4n$
II $-4n - 64 = 4m$

Lösungen zu 11:
$\mathbb{L} = \{(-46|29)\}$;
$\mathbb{L} = \{(-6\frac{4}{19}|7\frac{6}{19})\}$;
$\mathbb{L} = \{(-1|-18)\}$;
$\mathbb{L} = \{(\frac{5}{8}|\frac{9}{14})\}$;
$\mathbb{L} = \{(2|-18)\}$;
$\mathbb{L} = \{(6\frac{1}{2}|5\frac{3}{4})\}$;
$\mathbb{L} = \{(11\frac{1}{2}|15\frac{1}{2})\}$;
$\mathbb{L} = \{(x|y) \text{ mit } y = \frac{1}{2}x - \frac{3}{4}\}$;
$\mathbb{L} = \{(x|y) \text{ mit } y = x - 3\}$

12 Von „Rechenmeister" Adam Ries, der von 1518 an vier Jahre lang eine Rechenschule in Erfurt leitete, ist folgende Aufgabe überliefert:

Jemand stellt einen Arbeiter für 30 Tage an. Wenn er arbeitet, bekommt er 7 Pfennig am Tag; wenn er nicht arbeitet, muss er 3 Pfennig am Tag bezahlen. Nach 30 Tagen ist keiner dem anderen etwas schuldig.

Wie viele Tage hat der Arbeiter gearbeitet und wie viele frei gehabt?

13 Vervollständige so, dass das lineare Gleichungssystem …

1 keine Lösung hat. **2** unendlich viele Lösungen hat. **3** genau eine Lösung hat.

a) I $-2x + 13 = 2y$
II $x + y = ■$

b) I $\frac{2}{3}x + 2y = 5$
II $■ = 7{,}5 - 3y$

c) I $-2y + 8 = -x$
II $-2x - 5 = ■$

14 Die nebenstehende Abbildung zeigt die Graphen von 2 linearen Funktionen.

a) Gib zu beiden Graphen die Funktionsgleichung an.

b) Ermittle mit Hilfe des Gleichsetzungsverfahrens die Lösungsmenge der beiden Funktionsgleichungen und interpretiere diese im Zusammenhang mit der grafischen Darstellung.

c) Gib die Gleichung einer linearen Funktion an, die den Graphen der blau dargestellten Funktion an deren Schnittpunkt mit der y-Achse senkrecht schneidet. Überprüfe dein Ergebnis zeichnerisch.

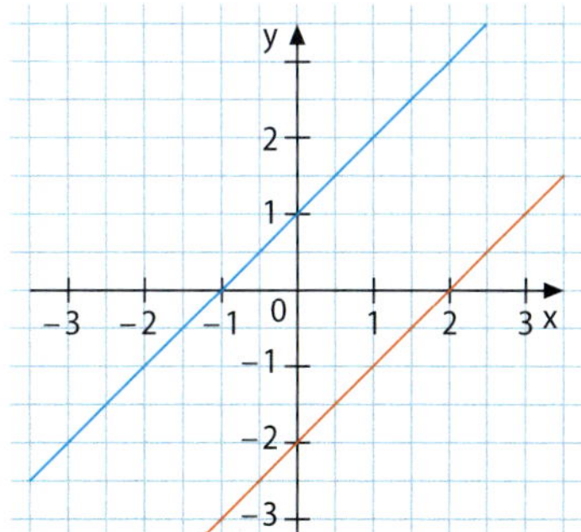

Break-even-point: Der Punkt zum Gewinn 

Wenn die Kosten höher sind als die Einnahmen, macht ein Unternehmen Verlust. In einem sogenannten Break-even-Diagramm sehen Wirtschaftsfachleute auf einen Blick, in welchem Bereich die Verlustzone und wo die Gewinnzone liegt. Als „Break-even-point" bezeichnet man den Punkt, an dem die Kosten und die Einnahmen eines Unternehmens gleich sind.

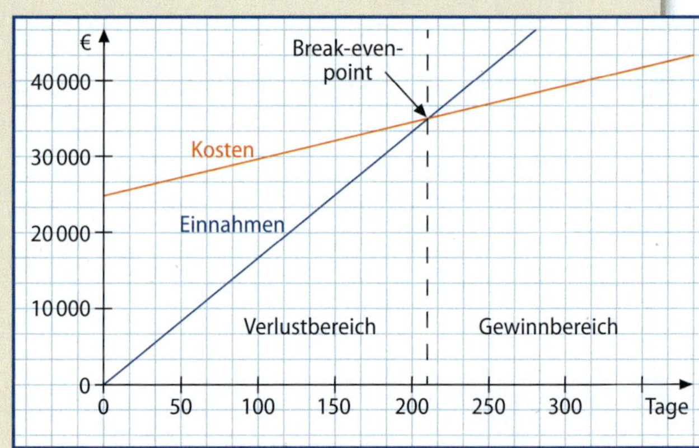

a) Ein Hotelmanager stellt eine einfache Gewinn-und-Verlustrechnung für sein Hotel mit 80 Zimmern auf.

Kosten
- Versicherungen, Zinsen, Steuern: 150 000 € pro Jahr
- Unterhaltskosten pro vermietetes Zimmer (Reinigung, Wasser, Strom, Heizung, …): 25 € pro Tag
- Unterhaltskosten pro leeres Zimmer (Strom, Heizung, …): 10 € pro Tag

Einnahmen
Zimmermiete: 45 € pro Tag
Das Hotel hat an 365 Tagen im Jahr geöffnet.

Bestimme, wie viele Zimmer am Tag im Durchschnitt mindestens vermietet werden müssten, damit das Hotel am Ende des Jahres (Ende September) den „Break-even-point" erreicht.

b) Ein Verleger möchte Arbeitshefte drucken lassen.

Kosten
- Heft durch einen Grafiker setzen lassen: 2000 € insgesamt
- Farbdruck: 1,70 € pro Heft

Einnahmen
Nettopreis 4,90 € pro Heft

1 Bestimme, wie viele Hefte der Verleger herstellen und verkaufen müsste, um den „Break-even-point" genau zu erreichen.

2 Der Verleger kalkuliert mit 3000 verkauften Heften. Bestimme den Mindestpreis, den der Verlag für den Verkauf pro Heft veranschlagen müsste, damit kein Verlust entsteht.

3 Der Verleger möchte im Durchschnitt pro Heft mindestens einen Euro Gewinn machen. Bestimme die Mindestanzahl verkaufter Hefte, um dieses Ziel zu erreichen.

Spare, spare, Häusle baue 

Familie Meisel finanziert den Bau eines Eigenheims mit einem Bauspardarlehen und einem Bankkredit. Beide zusammen betragen 320 000 €.

Das Bauspardarlehen ist mit 2,5 %, der Bankkredit mit 3 % verzinst. Die gesamten Zinsen im ersten Jahr betragen 8600 €.

Berechne die Höhe des Bauspardarlehens und des Kredits.

Money, money, money … 

Christopher hat 20 000 € geerbt und in zwei Fonds angelegt.

Global-Fonds **Aussicht: stabil**	4,5 % durchschnittlich erwarteter Ertrag
Öko-Fonds **Aussicht: schwankend**	5,5 % durchschnittlich erwarteter Ertrag

a) Wie viel Geld hat er in jedem Fonds investiert, wenn er im ersten Jahr 1050 € Zinsen erwartet?

b) Tatsächlich schwankte der Öko-Fonds im ersten Jahr erheblich, sodass nur ein durchschnittlicher Ertrag von 3,5 % erwirtschaftet wurde. Wie hoch waren die Zinsen in dem Jahr mit den Ergebnissen aus a)?

Alles Theater 

Ein Theatermanager kalkuliert die Kosten für ein Gastspiel eines bekannten Künstlers wie folgt:

- Der Künstler erhält 10 000 € sowie 40 % der Einnahmen aus dem Kartenverkauf.
- Mietkosten für einen Saal mit 1400 Plätzen, Sicherheitsdienst, Versicherungen, Werbung etc. betragen zusammen 15 000 €.

Der Konzertveranstalter plant zwei verschiedene Kartenkategorien: 1. Rang und 2. Rang.

a) Mache Vorschläge, wie der Theatermanager die Kartenpreise kalkulieren sollte, damit er keinen Verlust macht.
Gehe von verschiedenen Verkaufszahlen für die Karten aus und stelle deine Ergebnisse der Klasse vor.

b) Der Theatermanager glaubt, dass das Gastspiel ausverkauft ist, wenn er die Preise wie folgt festlegt:
1. Rang: 40 € 2. Rang: 32 €

1 Der Term $10\,000 + 0{,}4 \cdot (40x + 32y)$ beschreibt die Kosten für den Künstler. Erläutere, wie man auf diesen Term kommt.

2 Wie viele Karten müssen in jedem Rang verkauft werden, wenn der Manager mit einem Gewinn von 5000 € rechnet?

6 Das kann ich!

Überprüfe deine Fähigkeiten und Kompetenzen. Bearbeite dazu die folgenden Aufgaben und bewerte anschließend deine Lösungen mit einem Smiley. Hinweise zum Nacharbeiten findest du auf der folgenden Seite. Die Lösungen stehen im Anhang.

☺	😐	☹
Das kann ich **wirklich gut!**	Das kann ich **fast!**	Das muss ich **noch üben!**

1 Bestimme jeweils fünf Lösungspaare.

a) $x - y = 5$ **b)** $3x + 2y = 8$

c) $5x - 10 = 2y$ **d)** $3y - 24x = y - 4$

2 **a)** Löse die Gleichung nach y auf: $\frac{1}{2}x + y = 5$.

b) Vervollständige die Tabelle.

x	−3	−2	−1	0	1	2	3
y							

c) Stelle die Gleichung grafisch dar.

3 Vervollständige die Lücken so, dass die Zahlenpaare die lineare Gleichung $3y + 4{,}5x = 6$ lösen.

a) $(1\,|\,\square)$ **b)** $(\square\,|\,-13)$ **c)** $(\square\,|\,-5{,}5)$ **d)** $(-3\,|\,\square)$

4 Bestimme die Lösungsmenge grafisch. Führe anschließend eine Probe durch.

a) I $4x - 2y = 10$
II $3x + y = 9$

b) I $-4 + x = 3y$
II $-8y + 3x - 7 = 0$

c) I $1{,}4 - 2x = 5y$
II $-2y + 2{,}4 = 3x$

d) I $2{,}2x + 9 = 4x$
II $3y - 1{,}8 = 5y$

5 Entscheide mithilfe einer grafischen Darstellung, welches Zahlenpaar Lösung ist. $(-12{,}5\,|\,4)$; $(-5\,|\,2{,}5)$; $(-8\,|\,2)$; $(-2{,}5\,|\,3)$; $(1\,|\,0{,}5)$; $(3\,|\,-4{,}5)$

a) I $12y = -3x$
II $-2{,}5x + 10y = 40$

b) I $-4x = -2 + 4y$
II $-4 - 4x = 2y$

6 Bestimme zeichnerisch die Lösung des linearen Gleichungssystems. Mache die Probe.

a) I $-3x + 5y = 11{,}5$
II $5y + 9{,}5 = 6x$

b) I $4y = 4x - 6$
II $-4y + 2x = 4$

7 Wie muss der Parameter a gewählt werden, damit das Gleichungssystem genau eine (keine, unendlich viele) Lösungen hat?

a) I $a + x = y$
II $4 - y = 2x$

b) I $3x - 2y = a$
II $5x + a = 7$

c) I $a \cdot x + y = 10$
II $4x - 10 = -y$

d) I $a \cdot (2x - y) = a + 1$
II $4x - 2y = 2{,}2$

8 Gib das zugehörige Gleichungssystem und die Lösung an. Mache die Probe.

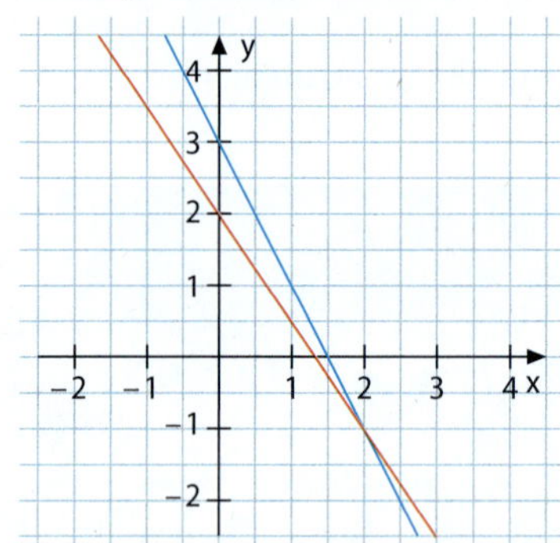

9

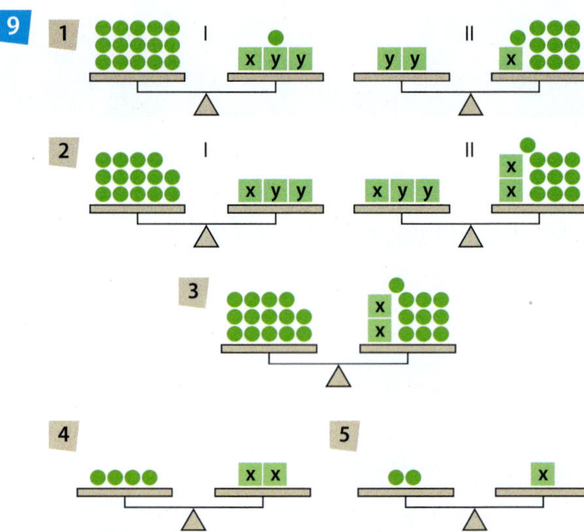

a) Wie lautet das zugehörige Gleichungssystem mit den Gleichungen I und II in Schritt **1**?

b) Beschreibe, wie die Lösung des linearen Gleichungssytems über die Umformungsschritte **1** bis **5** bestimmt wird. Gib die Lösungsmenge an.

10 Gib jeweils an, ob es genau eine, keine oder unendlich viele Lösungen für das lineare Gleichungssystem gibt.

a) I $3x - 2y = 1$
II $1{,}5x - y = 1$

b) I $2{,}5y = 3{,}5 - 1{,}5x$
II $2x = 7 - 5y$

11 Löse mit dem Einsetzungsverfahren.

a) I $-9 + 3x = 6y$
II $-7{,}5 = -15y + 9x$

b) I $0 = -42 + 4y - 4x$
II $3y = 4x + 44$

12 Löse mit dem Gleichsetzungsverfahren.

a) I $-24 + 4y = -2x$
II $-2x = -18 + 6y$

b) I $-9 - 2x + y = 0$
II $-y + 3x = -5{,}5$

13 Löse mit dem Additionsverfahren.

a) I $8y = 4x - 28$
II $-32 = -4x + 4y$

b) I $2x + 5y + 3z = 4$
II $2x - y + z = 6$
III $4x + 8y + 5z = 9$

14 Löse mit einem Lösungsverfahren deiner Wahl. Begründe deine Wahl.

a) I $-6b + 31 = 2a$
II $3b = 34 - 2a$

b) I $8x = 5y + 21$
II $-12x = 6 - 10y$

c) I $4y = 2 \cdot (3{,}5 - 0{,}5x)$
II $y = \frac{1}{4} \cdot (-12x - 20)$

d) I $-5a = \left(1 + \frac{1}{2}b\right) \cdot 8$
II $(-3) \cdot (b - 3) = 5a$

15 Ein Unternehmer nimmt zur Finanzierung seiner Maschinen zwei Kredite auf, die zusammen 125 000 € betragen. Der eine Kredit ist mit 7,5 %, der zweite mit 8 % verzinst. Die Zinsen belaufen sich in einem Jahr zusammen auf 9460 €.

16 Die Quersumme einer aus zwei Ziffern bestehenden Zahl beträgt 10. Vertauscht man die Ziffern, so entsteht eine Zahl, die um 2 kleiner ist als das Dreifache der ersten Zahl.

17 Drei Zahlen ergeben zusammen 70. Die erste Zahl ist die Hälfte der 2. Zahl. Die Summe aus dem Doppelten der ersten Zahl und 20 ergibt die dritte Zahl. Wie heißen die Zahlen?

18 Diana besorgt für ein Klassenfrühstück Käse- und normale Laugenstangen. Sie bestellt zunächst von jeder Sorte 15 Stück und soll dafür 27,00 € bezahlen. Es entscheiden sich aber 3 Schüler um und wollen nun lieber Käselaugenstangen haben. Nun kostet alles zusammen 27,90 €.

Aufgaben für Lernpartner

Sind folgende Behauptungen richtig oder falsch? Begründe schriftlich.

A Ein lineares Gleichungssystem mit drei Variablen kann man lösen, indem man daraus zuerst ein System mit 2 Variablen macht.

B Zur y-Achse gehört die Funktionsgleichung $y = 0$.

C Ein lineares Gleichungssystem mit zwei Unbekannten kann man grafisch so verstehen, dass die Lage zweier Geraden zueinander dargestellt wird.

D Hat ein lineares Gleichungssystem mit zwei Variablen unendlich viele Lösungen, ist die Lösung eine Gerade.

E Beim Gleichsetzungsverfahren löse ich nach einer Variablen auf und erhalte dann durch Gleichsetzen eine Gleichung mit nur einer Variablen.

F Die beiden Gleichungen $x = 3$ und $y = 4$ ergeben kein lineares Gleichungssystem.

Ich kann …	Aufgaben	Hilfe
lineare Gleichungen mit 2 Variablen lösen.	1, 2, 3	S. 176
lineare Gleichungssysteme mit 2 Variablen zeichnerisch lösen.	4, 5, 6, 7, 8, B, C, D	S. 178
lineare Gleichungssysteme rechnerisch lösen.	9, 10, 11, 12, 13, 14, 17, A, E, F	S. 182, 184
Alltagsprobleme auf lineare Gleichungen anpassen und diese mithilfe der Lösungsverfahren lösen.	15, 16, 18	S. 188

Seite 178

Gleichungssysteme zeichnerisch lösen

Sollen Zahlenpaare (x | y) **zwei lineare Gleichungen gleichzeitig erfüllen**, so spricht man von einem **linearen Gleichungssystem**. Die Lösungsmenge $\mathbb{L}$ eines linearen Gleichungssystems ist sowohl ein Element der Lösungsmenge der ersten als auch der zweiten Gleichung.

Beim grafischen Lösen können drei Fälle auftreten:

1. Die zugehörigen Geraden **schneiden sich**. Das lineare Gleichungssystem hat **genau eine Lösung:** $\mathbb{L} = \{(2|2)\}$
2. Die zugehörigen Geraden liegen **parallel zueinander**. Das lineare Gleichungssystem hat **keine Lösung:** $\mathbb{L} = \{\ \}$
3. Die zugehörigen Geraden sind **identisch**. Das lineare Gleichungssystem hat **unendlich viele Lösungen:** $\mathbb{L} = \{(x|y) \,|\, y = x + 0{,}5\}$

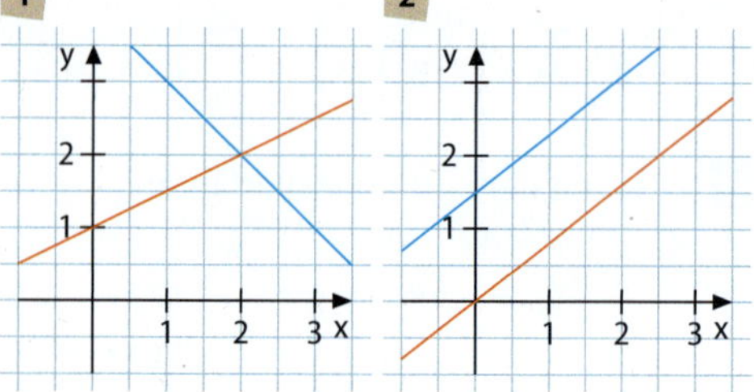

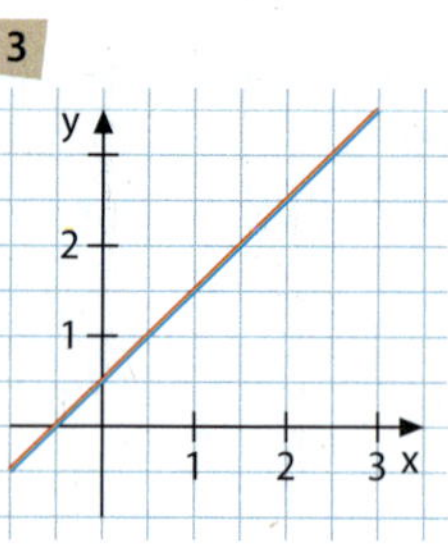

Seite 182

Einsetzungsverfahren

Löst man eine der Gleichungen nach einer Variablen (z. B. y) auf, dann kann man den erhaltenen Term für die Variable in die andere Gleichung einsetzen.

I $-x - 2y = 3$
II $y = 2x$ (einsetzen)
$-x - 2 \cdot (2x) = 3$

Seite 182

Gleichsetzungsverfahren

Sind beide Gleichungen nach einer Variablen (z. B. y) aufgelöst, kann man die Terme gleichsetzen.

I $y = 2x - 1$
II $y = -x + 5$ (gleichsetzen)
$2x - 1 = -x + 5$

Seite 184

Additionsverfahren

Addition beider Gleichungen, wenn vor einer Variablen betragsgleiche Koeffizienten stehen, die ein unterschiedliches Vorzeichen haben.

I $2x - 2y = -5$
II $4x + 2y = -7$
I + II $6x = -12$

Seite 188

Gleichungssysteme im Alltag

Bei **Alltagsaufgaben** betrachtet man den Inhalt der Aufgabenstellung und versucht **Bedingungen** zu finden, die man in Gleichungen mit zwei **Variablen** umwandeln kann, um sie dann mit einem bekannten Verfahren zu lösen.

Peter ist 2 Jahre älter als Tina. Zusammen sind sie 30 Jahre alt.

Peters Alter: p; Tinas Alter: t
I $p = t + 2$
II $p + t = 30$ (…)
$p = 16$; $t = 14$
Peter ist also 16, Tina 14 Jahre alt.

Das kann ich schon … – Seite 15

1 a) Es sind individuelle Lösungen möglich.
b) Es sind individuelle Lösungen möglich.

2 a)

Anzahl Geschwister	H	h
0	9	$\frac{9}{20}$
1	5	$\frac{5}{20} = \frac{1}{4}$
2	4	$\frac{4}{20} = \frac{1}{5}$
3	1	$\frac{1}{20}$
4	1	$\frac{1}{20}$

b) $\frac{9}{20} + \frac{5}{20} + \frac{4}{20} + \frac{1}{20} + \frac{1}{20} = \frac{20}{20} = 1 = 100\,\%$
Die relative Häufigkeit gibt den Anteil eines Ergebnisses an der Gesamtzahl der Ergebnisse an. Addiert man alle relativen Häufigkeiten, sind dort alle Ergebnisse enthalten. Daher muss der Anteil 100 % betragen.

3 a) Der Modalwert für die Umfrage ist Rot, weil die Farbe am häufigsten genannt wurde.
b) Weitere Mittelwerte können bei dieser Umfrage nicht berechnet werden, da es sich bei den Farben um qualitative Merkmale handelt. Für diese lässt sich lediglich der Modalwert als sinnvoller Mittelwert angeben.

4 a) Modalwert: 36; Median: 38; $\overline{x} \approx 38{,}4$; Minimum: 35; Maximum: 43; Spannweite: 8

b)

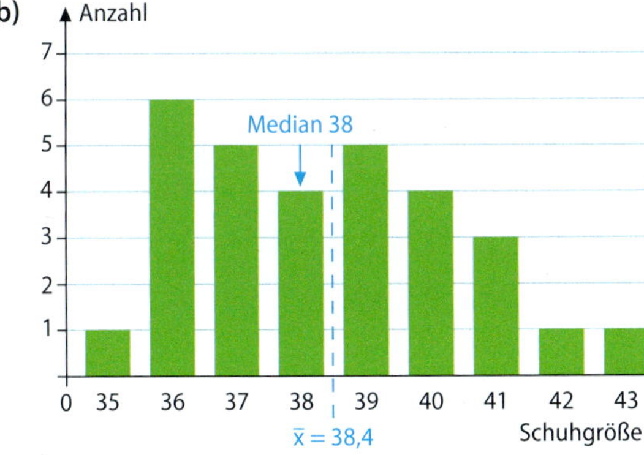

c) Es würde sich das arithmetische Mittel (≈ 38,6), das Maximum (45) und die Spannweite (10) ändern.

5 a)

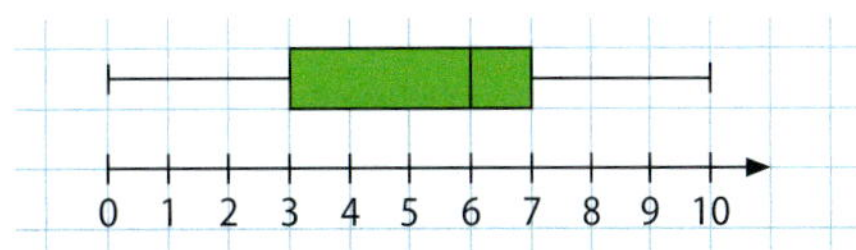

b) Damit der Boxplot gleich bleibt, müssen auch die entsprechenden Kennwerte gleich bleiben. Das ist der Fall, wenn Melanie 7 oder weniger Punkte erzielt. Andernfalls ändert sich der Wert für das obere Quartil.

Das kann ich! – Seiten 40 und 41

1 a) Wenn man die Münze immer zufällig wirft, dann handelt es sich um ein Zufallsexperiment.
b) H(W) = 11, Anteil: $h(W) = \frac{11}{22}$

2 Man führt einen Zufallsversuch zum Werfen des Deckels sehr häufig durch. Die sich stabilisierenden relativen Häufigkeiten können als Schätzwerte für die jeweiligen Wahrscheinlichkeiten angesehen werden.

3 Die Wahrscheinlichkeit beträgt $\frac{1}{5} = 20\,\%$.

4 Die Wahrscheinlichkeit beträgt $\frac{1}{6} \approx 17\,\%$.

5

A:	„Die Zahl ist ungerade."	$P(A) = \frac{3}{6} = \frac{1}{2}$ mögliches Ereignis
B:	„Die Zahl ist größer als 1."	$P(B) = \frac{5}{6}$ mögliches Ereignis
C:	„Die Zahl ist eine Primzahl."	$P(C) = \frac{3}{6} = \frac{1}{2}$ mögliches Ereignis
D:	„Die Zahl ist der größte oder kleinste Wert."	$P(D) = \frac{2}{6} = \frac{1}{3}$ mögliches Ereignis
E:	„Die Zahl ist eine 9."	$P(E) = 0$ unmögliches Ereignis
F:	„Die Zahl ist der größte Wert."	$P(F) = \frac{1}{6}$ mögliches Ereignis

6 Es handelt sich um einen Zufallsversuch, bei dem jede Kugel mit der gleichen Wahrscheinlichkeit gezogen wird. Die Ziehungen, die Lucy und Hank zugrunde legen, scheinen noch nicht ausreichend viele zu sein, sodass sich die relativen Häufigkeiten noch nicht stabilisiert haben. Es lässt sich nicht mit Sicherheit sagen, welche Zahl als nächstes gezogen wird.

7 a) P(„Rot") = P(„Gelb") = … = $\frac{1}{6} \approx 16{,}7\,\%$
b) $P(g, g) = \frac{1}{6} \cdot \frac{1}{6} = \frac{1}{36}$; Das Gegenereignis kann z. B. so beschrieben werden: P (nicht zweimal gelb)

8 Man kann erwarten, dass etwa die Hälfte der Gefangenen frei kommt, da sich bei der großen Anzahl von Gefangenen die relative Häufigkeit bei $\frac{1}{2}$ stabilisieren müsste.

9 P (kein Treffer) =
$0{,}45 \cdot 0{,}4 \cdot 0{,}15 = 0{,}027$
$= 2{,}7\,\%$

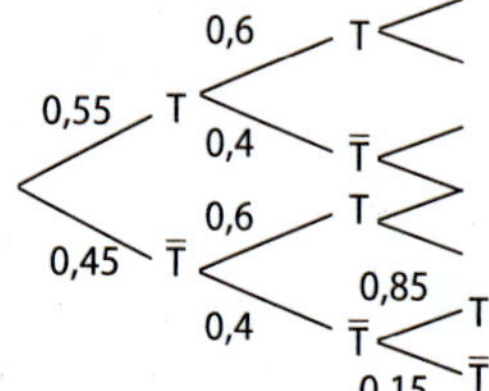

10 P (mindestens ein Gewinn)
= 1 − P (kein Gewinn)
$= 1 - \left(\frac{1}{10} \cdot \frac{199}{1999}\right) \approx 0{,}99$

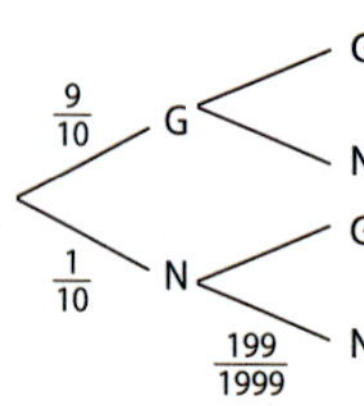

11 a) $\Omega = \{3; 4; 5; 6; 7; 8; 9\}$
b) $\Omega = \{1; 2; 3; 4\}$

12 a) $P\{A; H\} = \frac{2}{3} \cdot \frac{1}{2} = \frac{1}{3}$ b) $P\{B; \overline{P}\} = \frac{1}{3} \cdot \frac{5}{6} = \frac{5}{18}$
c) Es musste angenommen werden, dass die Aufteilung der Übernachtungen sowohl bei den Bahnreisenden als auch bei den Autofahrern den angegebenen Werten entspricht. In der Realität ist das vermutlich nicht der Fall und es sind jeweils leicht unterschiedliche Verteilungen zu erwarten.

Aufgaben für Lernpartner

A Die Aussage ist falsch. Die absolute Häufigkeit wird immer größer, die relative Häufigkeit nähert sich einem festen Wert an.

B Die Aussage ist so allgemein nicht richtig. Laplace-Wahrscheinlichkeiten liegen nur bei Zufallsexperimenten vor, bei denen jedes Ergebnis mit gleicher Wahrscheinlichkeit vorkommt.

C Die Aussage ist richtig.

D Die Aussage ist größtenteils richtig. Eine Garantie bei 60 Würfen eine „1" zu würfeln gibt es aber nicht. Auch nach 60 Würfen hat der nächste Wurf wieder eine Wahrscheinlichkeit von $\frac{1}{6}$ für eine „1".

E Die Aussage ist falsch. Jede Kugel hat die gleiche Wahrscheinlichkeit, gezogen zu werden.

F Die Aussage ist falsch. Jede Zahlenkombination hat die gleiche Wahrscheinlichkeit, gewürfelt zu werden.

G Die Aussage ist falsch. Wegen der geringen Anzahl an Versuchsdurchführungen kann man nicht auf eine gezinkte Münze schließen.

H Die Aussage ist richtig, denn die Summe aller Wahrscheinlichkeiten beträgt 100 %. Sofern der Würfel alle Ziffern von 1 bis 6 umfasst, bleiben für die ungeraden Ziffern nur noch 25 % Wahrscheinlichkeit insgesamt übrig.

I Die Aussage ist richtig.

J Die Aussage ist falsch, die Wahrscheinlichkeiten müssen multipliziert werden.

Das kann ich schon … – Seite 45

1 Der erste Rechenbaum stimmt:

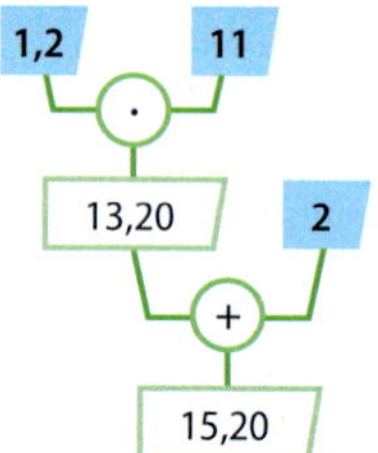

Preis/km:	1,20 €
Kilometerzahl:	11
Fahrtkosten:	13,20 €
Grundgebühr:	2 €
Gesamtpreis:	15,20 €

2 a) $u = 2 \cdot (a + 5) + 2a = 4a + 10$
$u = 2 \cdot (a - 3) + 2a = 4a - 6$
b) $u = 2 \cdot \left(a + \frac{1}{2}a\right) = 3a$ c) $u = 6a$

3 a) Ein Rechteck der Länge a + b und Breite c hat den Flächeninhalt (a + b) · c. Dieses Rechteck kann in zwei kleinere Rechtecke zerteilt werden: ein Rechteck mit Länge a und Breite c und ein anderes mit Länge b und Breite c.

Die Summe der Flächeninhalte der kleineren Rechtecke $(a \cdot c) + (b \cdot c)$ ist dem Flächeninhalt des großen Rechtecks gleich. Letztlich verbirgt sich das Distributivgesetz dahinter.

b) $(a - b) \cdot c = a \cdot c - b \cdot c$

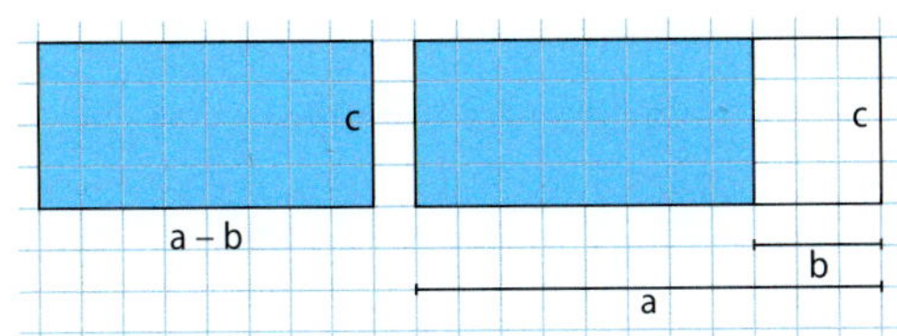

4 a) $2 \cdot (x + y) - 3x = 2x + 2y - 3x = 2y - x$

b) $(4a - 3) \cdot 5 + 8 = 20a - 15 + 8 = 20a - 7$

c) $\frac{1}{2} \cdot (e - 2) + (f - 1) \cdot 7 = \frac{1}{2}e - 1 + 7f - 7$
$= \frac{1}{2}e + 7f - 8$

d) $\frac{1}{4} \cdot \left(\frac{1}{2}s + 4t\right) - 3s = \frac{1}{8}s + t - 3s = -2\frac{7}{8}s + t$
$= -2{,}875s + t$

e) $(a + b) \cdot 3 + 4 \cdot (a - b) = 3a + 3b + 4a - 4b$
$= 7a - b$

f) $5k - (0{,}7m - 3k) = 5k - 0{,}7m + 3k$
$= 8k - 0{,}7m$

5 a) 1 b) 4 c) 1 d) 13 e) 18
f) 9 g) 5 h) 19 i) $\frac{25}{2}$

6 $x^2 : 3 = 2x + 9$ $\mathbb{D} = \mathbb{N}$
$x = 9$

Das kann ich! – Seiten 74 und 75

1 a)

Schritt	1	2	3	4	5
Anzahl Würfel	1	4	9	16	25

b) Bei jedem Schritt kommen zwei Würfel mehr hinzu als noch beim Schritt zuvor. Ordnet man die Würfel in einer Ebene an, erhält man ein Quadrat mit Länge n. Term für die Anzahl A (n) an Würfeln beim n-ten Schritt: $A(n) = n^2$.

2 a)

Schritt	1	2
1	$2 \cdot 1 = 2$	$3 + 2 \cdot 1 = 5$
2	$3 \cdot 2 = 6$	$3 + 2 \cdot 2 = 7$
3	$4 \cdot 3 = 12$	$3 + 2 \cdot 3 = 9$
4	$5 \cdot 4 = 20$	$3 + 2 \cdot 4 = 11$
5	$6 \cdot 5 = 30$	$3 + 2 \cdot 5 = 13$
6	$7 \cdot 6 = 42$	$3 + 2 \cdot 6 = 15$
7	$8 \cdot 7 = 56$	$3 + 2 \cdot 7 = 17$
8	$9 \cdot 8 = 72$	$3 + 2 \cdot 8 = 19$

b) **1** Anzahl der Punkte beim n-ten Schritt: $(n + 1) \cdot n$

2 Zahl der Punkte beim n-ten Schritt: $3 + 2 \cdot n$

3 a) $3x + 8{,}2y - 4$ b) $-x^2 + 2{,}5x + 9y$
c) $\frac{2}{5}x + 1\frac{1}{5}y$ d) $-3x + \frac{4}{5}y$
e) $-2x + 2\frac{2}{3}y + 14$ f) $16{,}1ab - 6{,}9b$
g) $2x^2 - 12xy - x + 18y - 3$ h) $8x^2 + 20x + 8$

4 a) $3\frac{1}{3}s + 1 - \frac{1}{3}s = 1 + 3s$

b) $2 \cdot \left(\frac{1}{9}u + \frac{2}{7}v\right) = \frac{2}{9}u + \frac{4}{7}v$

c) $(28 + 5t) : (-4) = -7 - 1{,}25t$

5 a) $x^2 - 2x - 3$ b) $a^2 - 2a - ab + 2b$
c) $-3x^2 + 14x - 8$ d) $2{,}5xy + 7x - 2{,}5y^2 - 7y$
e) $1{,}44s^2 - 1{,}2st - 0{,}6s + 0{,}5t$
f) $-0{,}9a^2 + ab + 5{,}4a - 6b$

6

	gemeinsamer Faktor	vereinfachter Term
a)	$7x$	$7x \cdot (x + 3)$
b)	$6a$	$6a \cdot (2b - 6a + 3b^2)$
c)	$3x^2$	$3x^2 \cdot (5x + 4y)$
d)	$0{,}4kl$	$0{,}4kl \cdot (m + 5km - 4)$
e)	$0{,}2x$	$0{,}2x \cdot (4x + 2a - 1)$
f)	$-t^2$	$-t^2 \cdot (t^2 + 1{,}2 + 4{,}8ts)$

7 a) $x^2 - 3x + 2{,}25$ b) $64x^2 - 4y^2$
c) $27 + 18h + 3h^2$ d) $4x^2 + 24x + 36$
e) $-81y^2 + 90xy - 25x^2$ f) $\frac{3}{16}a^2 - \frac{3}{16}ab + \frac{3}{64}b^2$

8 a) $(a - 2b)^2$ b) $(3 + 4z)^2$
c) $(2{,}5 - 2y) \cdot (2{,}5 + 2y)$ d) $-(1 + 2r)^2$
e) $(1{,}2x - 0{,}8a) \cdot (1{,}2x + 0{,}8a)$ f) $(17y - 2) \cdot (17y + 2)$

9 $(x - 5)^2 = 64$
$x - 5 = 8$
$x = 13$
Das Quadrat hatte ursprünglich eine Seitenlänge von 13 cm.

10 a) $12x - 1 = 2 \cdot (5x + 8)$
$12x - 1 = 10x + 16$
$x = 8{,}5 \notin \mathbb{N}$
$\mathbb{L} = \{\ \}$
b) $-2{,}5 + 4x = 4 - (x - 2{,}5 + 4x)$
$-2{,}5 + 4x = 4 - x + 2{,}5 - 4x$
$x = 1 \in \mathbb{Z}$
$\mathbb{L} = \{1\}$
c) $-z \cdot (2 - z) = (2 - z)^2$
$-2z + z^2 = 4 - 4z + z^2$
$z = 2 \in \mathbb{Q}$
$\mathbb{L} = \{2\}$
d) $(2x + 3)^2 = 4x \cdot (x + 6)$
$4x^2 + 12x + 9 = 4x^2 + 24x$
$x = \frac{3}{4} \in \mathbb{Q}$
$\mathbb{L} = \left\{\frac{3}{4}\right\}$

11 $19\text{ cm} = (x + 2\text{ cm}) + x + (x - 1\text{ cm})$
$19\text{ cm} = 3x + 1\text{ cm} \quad | -1\text{ cm}$
$18\text{ cm} = 3x \quad | :3$
$6\text{ cm} = x$
Seitenlängen: a = 8 cm, b = 6 cm, c = 5 cm
Die Konstruktion ist nach SSS möglich.

12 Bestimmung des Definitionsbereichs $\mathbb{D}$ in $\mathbb{N}$ (**1**) und in $\mathbb{Q}$ (**2**):

	a)	b)	c)	d)	e)
1	$\mathbb{N}$	$\mathbb{N}$	$\mathbb{N}\backslash\{1\}$	$\mathbb{N}\backslash\{4\}$	$\mathbb{N}\backslash\{3\}$
2	$\mathbb{Q}\backslash\{-3\}$	$\mathbb{Q}\backslash\{0{,}5\}$	$\mathbb{Q}\backslash\{1\}$	$\mathbb{Q}\backslash\{-4; 4\}$	$\mathbb{Q}\backslash\{-3; 3\}$
	f)	g)	h)	i)	
1	$\mathbb{N}\backslash\{6\}$	$\mathbb{N}$	$\mathbb{N}\backslash\{2\}$	$\mathbb{N}\backslash\{0; 2\}$	
2	$\mathbb{Q}\backslash\{6\}$	$\mathbb{Q}\backslash\{-3\}$	$\mathbb{Q}\backslash\{-2; 2\}$	$\mathbb{Q}\backslash\{0; 2\}$	

13 a) $\mathbb{D} = \mathbb{Q}\backslash\{2\}$; $\mathbb{L} = \{6\}$
b) $\mathbb{D} = \mathbb{Q}\backslash\{-3; 5\}$; $\mathbb{L} = \{13\}$
c) $\mathbb{D} = \mathbb{Q}\backslash\{2\}$; $\mathbb{L} = \{\ \}$, da $x = 2$ nicht im Definitionsbereich
d) $\mathbb{D} = \mathbb{Q}\backslash\{-1; 1\}$; $\mathbb{L} = \{3\}$
e) $\mathbb{D} = \mathbb{Q}\backslash\{0\}$; $\mathbb{L} = \left\{\frac{2}{3}\right\}$
f) $\mathbb{D} = \mathbb{Q}\backslash\{0\}$; $\mathbb{L} = \{1\}$

14 a) Die Formel beschreibt den Inhalt der Oberfläche eines Quaders.
b) **1** $O = a \cdot (2b + 2c) + 2bc$
$a = \frac{O - 2bc}{2b + 2c}$
2 $O = b \cdot (2a + 2c) + 2ac$
$b = \frac{O - 2ac}{2a + 2c}$
3 $O = c \cdot (2a + 2b) + 2ab$
$c = \frac{O - 2ab}{2a + 2b}$

Aufgaben für Lernpartner

A Die Aussage ist richtig.

B Die Aussage ist falsch.
In allen Summanden muss jeweils derselbe Faktor vorkommen.

C Die Aussage ist falsch.
Ausklammern und ausmultiplizieren sind entgegengesetzte Operationen.

D Die Aussage ist falsch. Richtig ist:
$(x + y)^2 = x^2 + 2xy + y^2$

E Die Aussage ist falsch. Die Lösungsmenge einer Gleichung darf sich bei einer Äquivalenzumformung nicht ändern.

F Die Aussage ist falsch. Eine Formel ist eine Gleichung, die man mithilfe von Äquivalenzumformungen umstellen kann.

G Die Aussage ist richtig.

H Die Aussage ist falsch. Richtig ist:
$(a + b)\ (a - b) = a^2 - b^2$

I Die Aussage ist richtig.

J Die Aussage ist richtig.

K Die Aussage ist falsch. Diese Zahl gehört nicht zum Definitionsbereich und damit auch nicht zur Lösungsmenge.

L Die Aussage ist richtig.

M Die Aussage ist falsch. Bei der quadratischen Ergänzung handelt es sich um eine Äquivalenzumformung, daher bleibt die Lösungsmenge unverändert.

N Die Aussage ist falsch. Da eine Division durch null verboten ist, müssen alle Werte ausgeschlossen werden, bei denen der Nenner null werden würde.

Das kann ich schon … – Seite 79

1 a) Die Zuordnung ist unter gewissen Umständen indirekt proportional. Bietet ein Unternehmen z. B. eine Busfahrt zu einem Fixpreis an, so wird das Produkt aus Teilnehmern und Fahrpreis diesem Fixpreis entsprechen. Sobald jedoch Kosten hinzukommen, die pro Teilnehmer anfallen (z. B. Eintrittspreise oder Kosten für Essen), ist die Zuordnung nicht mehr indirekt proportional.

b) Die Zuordnung ist indirekt proportional, sofern man unter „Geschwindigkeit" die durchschnittliche Geschwindigkeit versteht.

c) Die Zuordnung ist direkt proportional, denn bei doppeltem, dreifachem, … Einkauf muss man (abgesehen von etwaigen Rabatten) auch den doppelten, dreifachen, … Preis bezahlen.

d) Die Zuordnung ist indirekt proportional: Macht man doppelt so lange Schritte, so braucht man für dieselbe Strecke nur die Hälfte der Schritte. Das Produkt aus Schrittlänge und Anzahl der Schritte ist konstant, es ergibt die Länge der zurückgelegten Strecke.

2 a) indirekt proportional b) direkt proportional
c) direkt proportional

3 a) Die rote Halbgerade gehört zum Becken **1**, da es das kleinste Gefäß ist und deshalb am schnellsten gefüllt ist. Die blaue Halbgerade gehört zum Becken **2**, das als größtes Becken am langsamsten gefüllt wird. Folglich gehört der grüne Graph zum Becken **3**.

b)

	Füllhöhe in cm		
Zeit in s	**1 roter Graph**	**2 blauer Graph**	**3 grüner Graph**
0	0	0	0
5	10	$3\frac{1}{3}$	5
10	20	$6\frac{2}{3}$	10
15	(20)	10	15
20	(20)	$13\frac{1}{3}$	20
25	(20)	$16\frac{2}{3}$	(20)
30	(20)	20	(20)

c) Änderung pro Sekunde:
1 2 cm **2** $\frac{2}{3}$ cm **3** 1 cm

d) Becken **1** ist (in der Darstellung) ein Würfel mit 1 cm Kantenlänge, in Wirklichkeit ist es ein 20 cm hoher Würfel.
Becken **2** hat die dreifache Grundfläche von Becken **1** und benötigt deshalb im Vergleich zu **1** die dreifache Zeit, um vollständig gefüllt zu werden. Steigt der Wasserspiegel in Becken **1** um 3 cm, so steigt er in Becken **2** nur um 1 cm.
Becken **3** hat die doppelte Grundfläche, sodass man zur vollständigen Füllung die doppelte Zeit braucht. Der Wasserspiegel bei Becken **3** steigt nur halb so schnell an wie bei Becken **1**.

4

	Proportionalitätsfaktor	Rechenvorschrift
a)	$\frac{0{,}66\,€}{1\text{ kg}}$	$y = \frac{0{,}66\,€}{1\text{ kg}} \cdot x$
b)	$\frac{1{,}56\,€}{1\,\ell}$	$y = \frac{1{,}56\,€}{1\,\ell} \cdot x$
c)	$\frac{68\text{ g}}{1\text{ Ei}}$	$y = \frac{68\text{ g}}{1\text{ Ei}} \cdot x$
d)	$\frac{18{,}75\text{ Mio. km}}{1\text{ min}}$	$y = \frac{18{,}75\text{ Mio. km}}{1\text{ min}} \cdot x$
e)	$\frac{1{,}67\text{ mm}}{1\text{ Münze}}$	$y = \frac{1{,}67\text{ mm}}{1\text{ Münze}} \cdot x$
f)	$\frac{11{,}50\,€}{1\text{ m}^2}$	$y = \frac{11{,}50\,€}{1\text{ m}^2} \cdot x$
	y	**x**
a)	Preis in € für x kg Sand	Menge Sand in kg
b)	Preis in € für x ℓ Super	Menge Super in ℓ
c)	Gewicht in g für x Eier	Anzahl Eier
d)	Distanz in km bei x min	Anzahl Minuten
e)	Höhe des Turms in mm bei x Münzen	Anzahl Münzen
f)	Preis des Teppichbodens in € bei x m²	Fläche des Teppichbodens in m²

Das kann ich! – Seiten 104 und 105

1 **a), b), d), f)** Funktionen, da eindeutige Zuordnungen

c) Keine Funktion, da nicht eindeutig, denn $x = 3$ werden mehrere y-Werte zugeordnet.

e) Keine Funktion, da nicht eindeutig, denn z. B. $x = 3$ werden zwei y-Werte zugeordnet.

2 **A – 3**: Der Gesamtlohn steigt direkt proportional zur Arbeitszeit.

B – 2: Der Graph beginnt bei der Grundgebühr. Die Freistunde bedeutet, dass während dieser Zeit der Preis in Höhe der Grundgebühr liegt. Anschließend steigt der Preis in Abhängigkeit von der Nutzungszeit.

C – 1: Der Graph beginnt bei der Grundgebühr und steigt anschließend linear in Abhängigkeit von der Arbeitszeit an.

3 **a)** Die Zuordnung ist direkt proportional, weil (ohne Rabatte) zur doppelten, dreifachen, … Anzahl an Übernachtungen der doppelte, dreifache, … Preis gehört. Damit handelt es sich auch um eine Funktion.

Beispiel:

1 Übernachtung $\mapsto$ *35 €*

3 Übernachtungen $\mapsto$ *105 €*

5 Übernachtungen $\mapsto$ 175 €

b) Die Zuordnung ist direkt proportional, weil zur doppelten, dreifachen, … Menge an Wandfarbe auch die doppelte, dreifache, … Größe der überstrichenen Fläche gehört. Damit handelt es sich auch um eine Funktion.

Beispiel:

10 ℓ $\mapsto$ *70 m²* *5 ℓ* $\mapsto$ *35 m²* *25 ℓ* $\mapsto$ *175 m²*

c) Die Zuordnung ist indirekt proportional, weil zur doppelten, dreifachen, … Anzahl an Teilnehmern (TN) die Hälfte, ein Drittel, … des Preises pro Teilnehmer gehört. Dabei geht man davon aus, dass keine zusätzlichen Kosten durch mehr Teilnehmer anfallen. Damit handelt es sich auch um eine Funktion.

Beispiel:

10 TN $\mapsto$ *250 € pro TN* *2 TN* $\mapsto$ *1250 € pro TN*

50 TN $\mapsto$ *50 € pro TN*

d) Die Zuordnung ist in der Regel weder direkt proportional noch indirekt proportional, da man üblicherweise für Stadtbustickets einen festen Preis innerhalb einer Tarifzone bezahlt, unabhängig von der Streckenlänge. Es handelt sich also nicht um eine Funktion.

e) Die Zuordnung ist in der Regel weder direkt noch indirekt proportional, da die Anzahl der Wochenstunden nicht mit der Anzahl der Schüler an der Schule zusammenhängt. Es handelt sich also nicht um eine Funktion.

4 **a)** x: Anzahl der Kugeln; y: Preis in €; $y = 0{,}6x$; $\mathbb{D}$: $x \in \mathbb{N}$.

b) x: Anzahl der DIN-A4-Blätter; y: Gesamtmasse in g; $y = 5x$; $\mathbb{D}$: $x \in \mathbb{N}$.

c) x: Anzahl der Reifen; y: Höhe in mm; $y = 198x$; $\mathbb{D}$: $x \in \mathbb{N}$.

d) x: Anzahl der Schüler; y: Gesamtkosten für die Klassenfahrt; $y = 150x + 400$; $\mathbb{D}$: $x \in \mathbb{N}$.

5 **a)** Die Funktion ist linear, weil sie sich aus einer direkt proportionalen Zuordnung des Preises in Abhängigkeit von den gefahrenen Kilometern und einer Grundgebühr zusammensetzt.

b) Es liegt eine lineare Funktion vor, denn die direkt proportionale Zuordnung ist ein Sonderfall der linearen Zuordnung (Grundgebühr 0 €).

c) Es liegt keine lineare, sondern eine indirekt proportionale Funktion vor.

6 **a)**

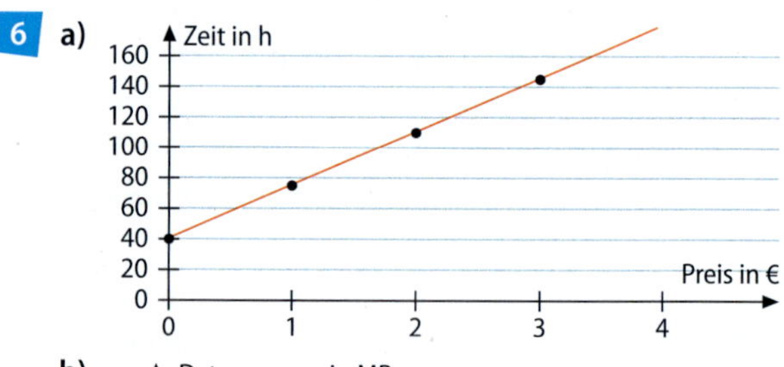

b)

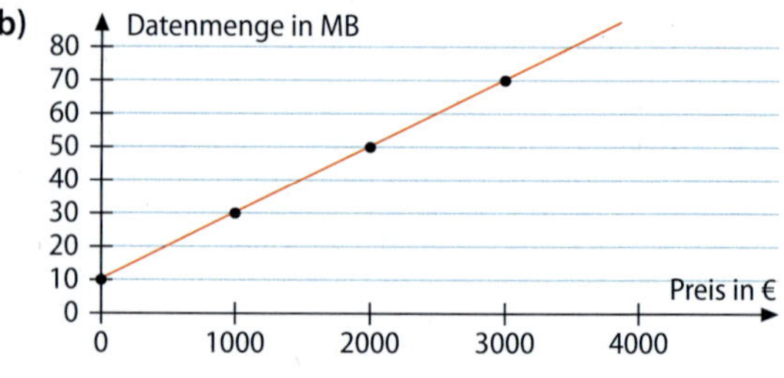

c)

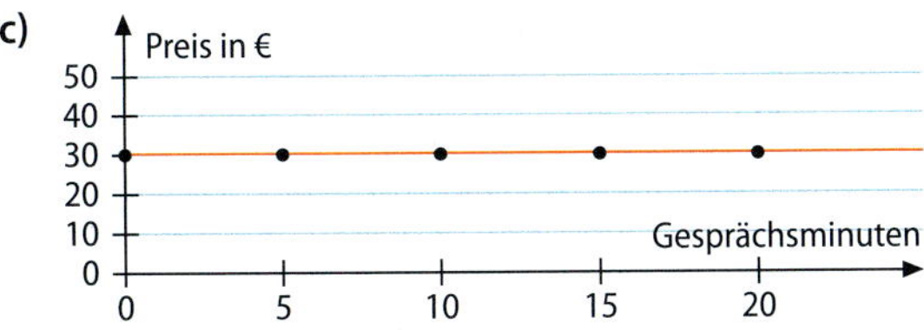

7 a) x: Datenmenge in MB; y: Preis in €

FUN: $y = 0{,}50\ €/\text{MB} \cdot x + 19{,}99\ €$

SUN: $y = 0{,}80\ €/\text{MB} \cdot x + 9{,}99\ €$

b)

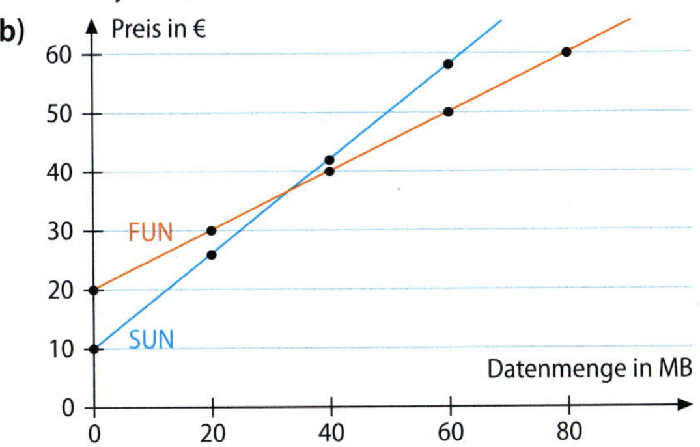

c) Der Tarif SUN ist günstiger, wenn man weniger als etwa 35 MB pro Monat benötigt (genau: 33,33 MB). Anschließend ist der Tarif FUN günstiger.

8 a)

x	−5	−3	−2	5
$g(x) = -\frac{1}{5}x + \frac{6}{5}$	$\frac{11}{5}$	$\frac{9}{5}$	$\frac{8}{5}$	$\frac{1}{5}$

b)

x	−1	2,5	8	10
$h(x) = 4{,}5x + 6{,}5$	2	17,75	42,5	51,5

9 a) $m = \frac{-6-(-5)}{2-(-3)} = -\frac{1}{5}$; $n = -5 - \left(-\frac{1}{5} \cdot (-3)\right)$

$= -5\frac{3}{5}$

$y = -\frac{1}{5}x - 5\frac{3}{5}$

b) $m = 0$; $n = 3$; $f(x) = 3$ (konstante Funktion)

10 a) A liegt nicht auf dem Graphen, denn $1 = 3 \cdot (-5) - 14$ ist eine falsche Aussage.

b) A liegt auf dem Graphen der Funktion $f(x) = -2x - 9$, denn $1 = -2 \cdot (-5) - 9$ ist eine wahre Aussage.

11 a) $x_0 = 1{,}5$

b) z. B.: Der Graph ist eine Gerade, monoton fallend und hat den Schnittpunkt mit der y-Achse P(0|6).

c) z. B.: A(0|6); B(1|2); C(2|−2)

d) $f(x) = -4x + 6$

Aufgaben für Lernpartner

A Die Aussage ist falsch. Umgekehrt stimmt sie.

B Die Aussage ist falsch. Der Graph der Zuordnung schneidet die y-Achse bei $y = 4$.

C Die Aussage ist im Allgemeinen falsch. Sie gilt nur für den Sonderfall einer direkt proportionalen Zuordnung.

D Die Aussage ist richtig.

E Die Aussage ist falsch. Die Gerade verläuft bei negativer Steigung vom II. in den IV. Quadranten.

F Die Aussage ist richtig. Umgestellt lautet die Gleichung $m_1 = m_2$. Haben zwei Geraden die gleiche Steigung, so verlaufen sie immer parallel zueinander (bzw. sind identisch).

Das kann ich schon … – Seite 109

1 a) … 375 cm in der Wirklichkeit.

b) … 0,2 cm im Modell.

c) … 20 cm in der Karte.

d) … $0{,}2\overline{6}$ cm im Original.

2 a) 7,5 cm · 25 000 = 187 500 cm = 1,875 km

b) 15 km : 25 000 = 0,0006 km = 60 cm

c) Es bietet sich an, einen Maßstab von 1:1000 zu verwenden. Dann entsprechen 10 m in der Wirklichkeit 1 cm in der Zeichnung.

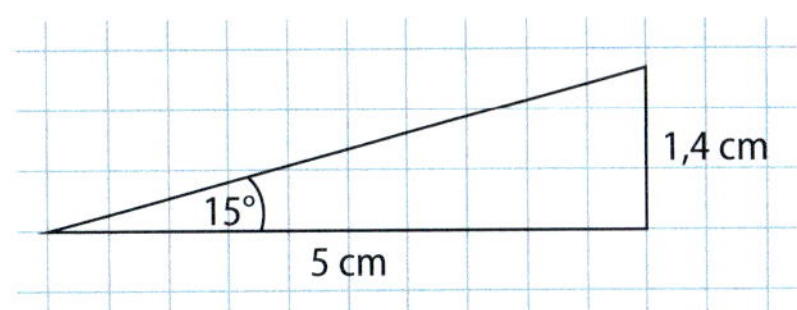

In der Zeichnung hat der Baum eine Höhe von 1,4 cm, das entspricht 14 m in der Wirklichkeit. Dazu kommt noch die Augenhöhe von 1,5 m. Insgesamt ist der Baum also 15,5 m hoch. Vater Hurtig hat die Höhe demnach sehr gut eingeschätzt.

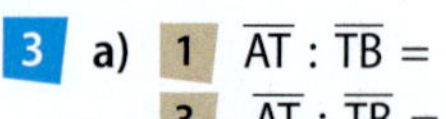

3 a) **1** $\overline{AT} : \overline{TB} = 1 : 3$ **2** $\overline{AT} : \overline{TB} = 7 : 5$ **3** $\overline{AT} : \overline{TB} = 1 : 1$

b) Eine Strecke von bestimmter Länge soll im Verhältnis 3 : 4 geteilt werden. Insgesamt ist die Strecke damit in 7 gleich lange Teile unterteilt. Drei dieser Teile bilden den ersten Abschnitt, vier dieser Teile den zweiten Abschnitt.

Gesamtlänge 14 cm:

$\frac{14\,\text{cm}}{7} = 2\,\text{cm}$ $\frac{3}{4} = \frac{3 \cdot 2\,\text{cm}}{4 \cdot 2\,\text{cm}} = \frac{6\,\text{cm}}{8\,\text{cm}}$

Gesamtlänge 21 cm:

$\frac{21\,\text{cm}}{7} = 3\,\text{cm}$ $\frac{3}{4} = \frac{9\,\text{cm}}{12\,\text{cm}}$

Gesamtlänge 18,9 cm:

$\frac{18{,}9\,\text{cm}}{7} = 2{,}7\,\text{cm}$ $\frac{3}{4} = \frac{8{,}1\,\text{cm}}{10{,}8\,\text{cm}}$

c) Besonders einfach gelingt die Streckenteilung, wenn die Gesamtzahl der Teile ein Teiler der Zahl ist: $T_{24} = \{1;\ 2;\ 3;\ 4;\ 6;\ 8;\ 12;\ 24\}$.

Teiler 2: Verhältnis $\frac{1}{1} = \frac{12\,\text{cm}}{12\,\text{cm}}$

Teiler 3: Verhältnis $\frac{1}{2} = \frac{8\,\text{cm}}{16\,\text{cm}}$

Teiler 4: Verhältnis $\frac{1}{3} = \frac{6\,\text{cm}}{18\,\text{cm}}$

Teiler 6: Verhältnis $\frac{1}{5} = \frac{4\,\text{cm}}{20\,\text{cm}}$

Teiler 8: Verhältnis $\frac{1}{7} = \frac{3\,\text{cm}}{21\,\text{cm}}$ oder $\frac{3}{5} = \frac{9\,\text{cm}}{15\,\text{cm}}$

Teiler 12: Verhältnis $\frac{1}{11} = \frac{2\,\text{cm}}{22\,\text{cm}}$ oder $\frac{5}{7} = \frac{10\,\text{cm}}{14\,\text{cm}}$

Die Teiler 1 und 24 liefern natürlich noch andere Verhältnisse, beispielsweise $\frac{5}{19} = \frac{5\,\text{cm}}{19\,\text{cm}}$. Viele weitere Verhältnisse erhält man außerdem, wenn man nicht nur ganzzahlige Streckenlängen zulässt.

4 a) **1**

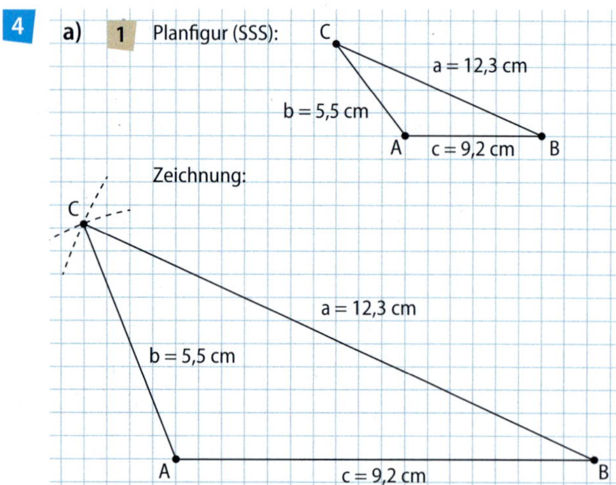

Beschreibung:

1. Zeichne die Strecke c mit den Eckpunkten A und B.
2. Zeichne einen Kreisbogen um A mit Radius b.
3. Zeichne einen Kreisbogen um B mit Radius a.
4. Die Kreise schneiden sich in C.

2

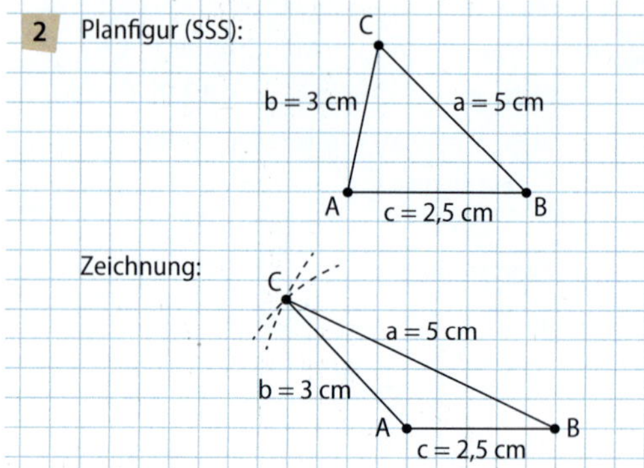

Beschreibung:

1. Zeichne die Strecke c mit den Eckpunkten A und B.
2. Zeichne einen Kreisbogen um A mit Radius b.
3. Zeichne einen Kreisbogen um B mit Radius a.
4. Die Kreise schneiden sich in C.

3

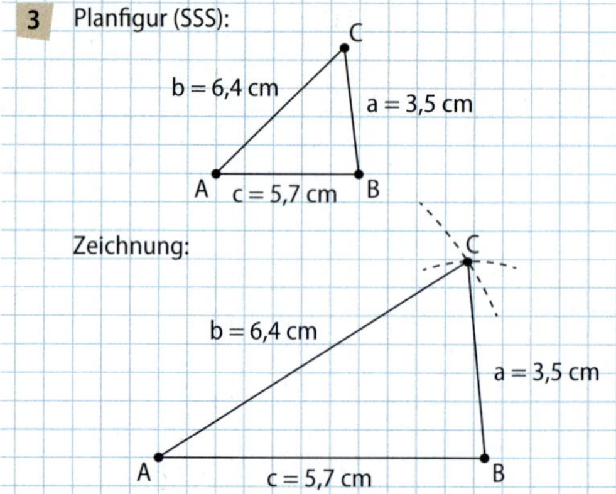

Beschreibung:

1. Zeichne die Strecke c mit den Eckpunkten A und B.
2. Zeichne einen Kreisbogen um A mit Radius b.
3. Zeichne einen Kreisbogen um B mit Radius a.
4. Die Kreise schneiden sich in C.

b) **1** Planfigur (SWS):

Zeichnung:

Beschreibung:
1. Zeichne die Strecke c mit den Eckpunkten A und B.
2. Trage in B den Winkel β an.
3. Die Länge des Schenkels in B beträgt 5 cm. Man erhält C.

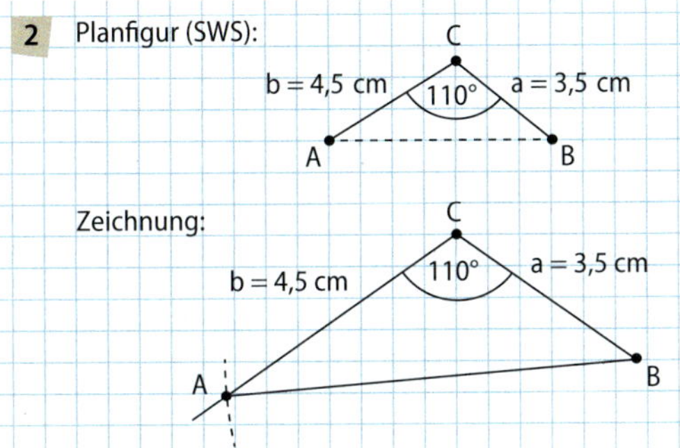

Beschreibung:
1. Zeichne die Strecke a mit den Eckpunkten B und C.
2. Trage an C den Winkel γ an.
3. Die Länge des Schenkels b beträgt 4,5 cm. Man erhält A.

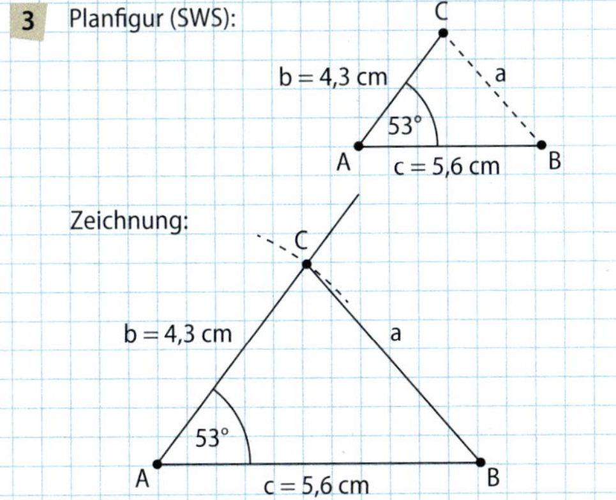

Beschreibung:
1. Zeichne die Strecke c mit den Eckpunkten A und B.
2. Trage an A den Winkel α an.
3. Die Länge des Schenkels b beträgt 4,3 cm. Man erhält C.

c)

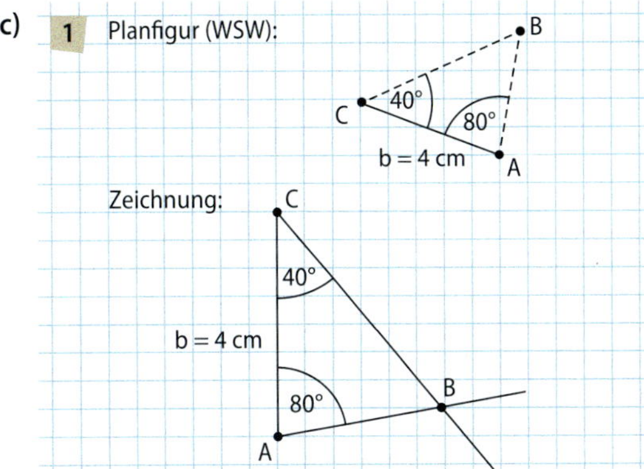

Beschreibung:
1. Zeichne die Strecke b mit den Eckpunkten A und C.
2. Trage in A den Winkel α an.
3. Trage in C den Winkel γ an.
4. Der Schnittpunkt der freien Schenkel von α und γ ergibt B.

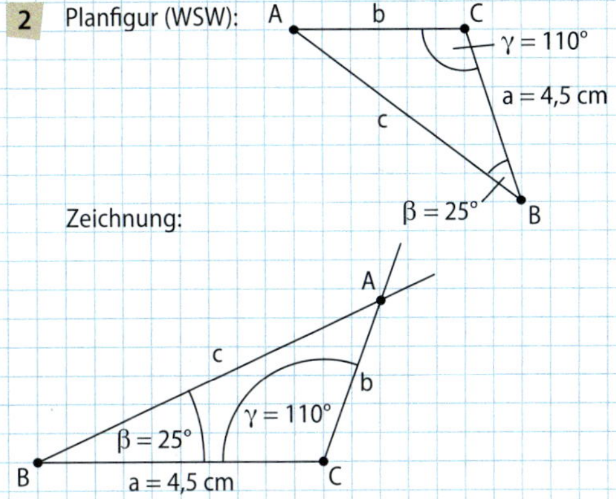

Beschreibung:
1. Zeichne die Strecke a mit den Eckpunkten B und C.
2. Trage in B den Winkel $\beta = 25°$ an.
3. Trage in C den Winkel $\gamma = 110°$ an.
4. Der Schnittpunkt der freien Schenkel von β und γ ergibt A.

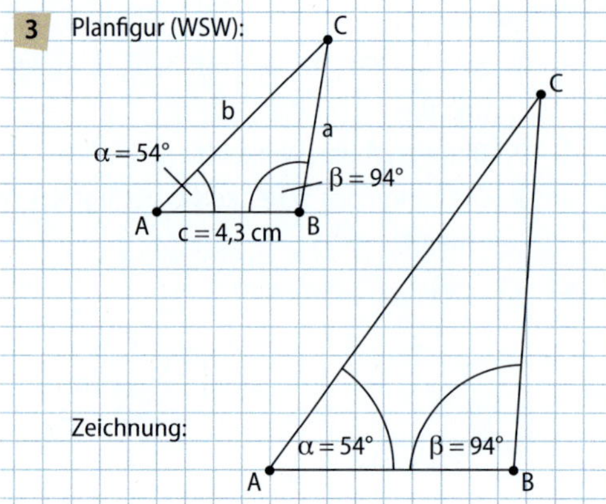

Beschreibung:

1. Zeichne die Strecke c mit den Eckpunkten A und B.
2. Trage in A den Winkel $\alpha = 54°$ an.
3. Trage in B den Winkel $\beta = 94°$ an.
4. Der Schnittpunkt der freien Schenkel von α und β ergibt C.

d)

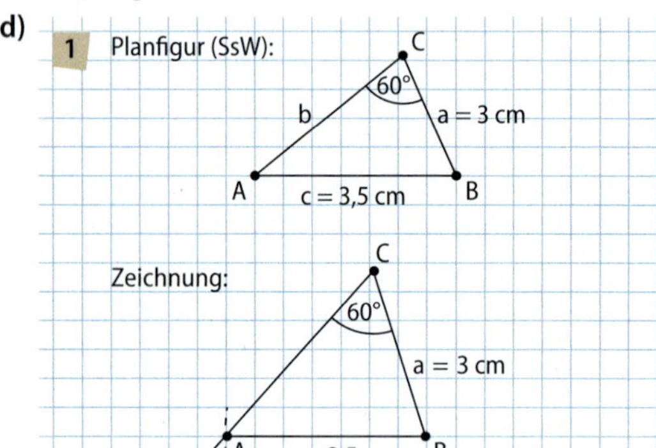

Beschreibung:

1. Zeichne die Strecke a mit den Eckpunkten B und C.
2. Trage in C den Winkel γ an.
3. Zeichne einen Kreisbogen um B mit Radius c.
4. Der Schnittpunkt des freien Schenkels von γ und des Kreisbogens ergibt A.

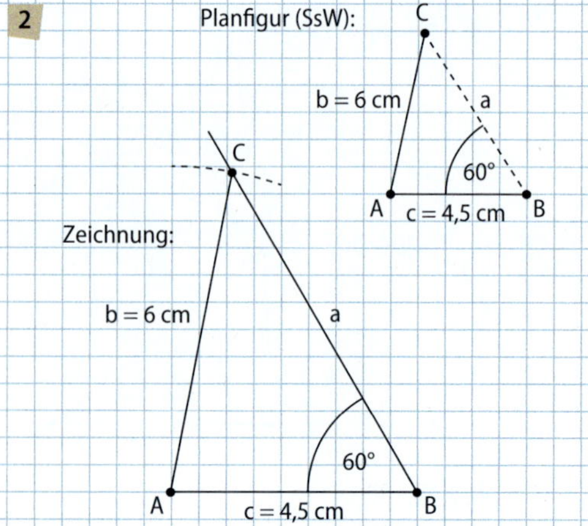

Beschreibung:

1. Zeichne die Strecke c mit den Eckpunkten A und B.
2. Trage in B den Winkel β an.
3. Zeichne einen Kreisbogen um A mit Radius b.
4. Der Schnittpunkt des freien Schenkels von β und des Kreisbogens ergibt C.

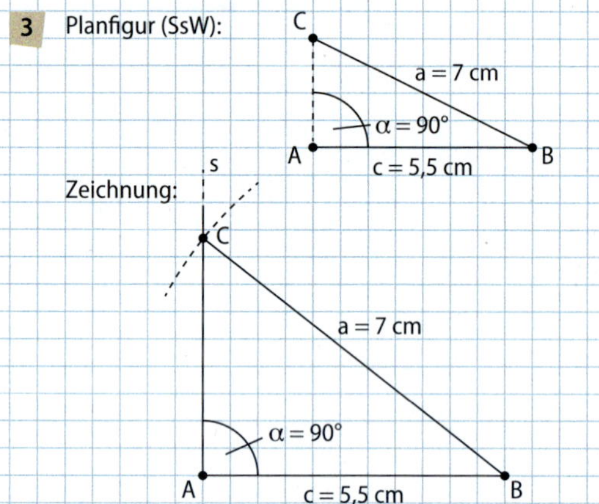

Beschreibung:

1. Zeichne die Strecke c mit den Eckpunkten A und B.
2. Trage in A den Winkel α an.
3. Zeichne einen Kreisbogen um B mit Radius a.
4. Der Schnittpunkt des freien Schenkels von α und des Kreisbogens ergibt C.

5

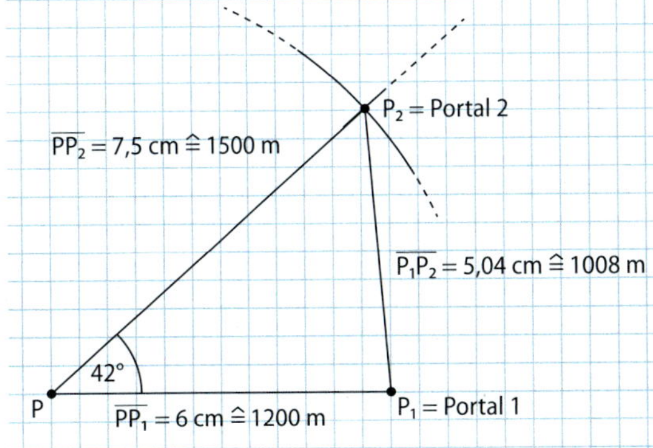

Das Dreieck mit den Eckpunkten P, P_1, P_2 lässt sich mithilfe des Kongruenzsatzes SWS konstruieren.
Die Länge der Strecke von P_1 zu P_2 (= Länge des Tunnels) beträgt $5{,}04\text{ cm} \cdot 200\,\frac{\text{m}}{\text{cm}} = 1008\text{ m}$.

6
- **a)** nicht konstruierbar, da Innenwinkelsumme > 180°
- **b)** nicht konstruierbar, da $\beta + \gamma$ bereits 180°
- **c)** konstruierbar nach WSW
- **d)** konstruierbar nach SSS

Das kann ich! – Seiten 132 und 133

1 Die Strecke ist insgesamt in 12 gleiche Teile unterteilt. Jeder Teil ist $36\text{ cm} : 12 = 3\text{ cm}$ lang. Fünf dieser Teile bilden den ersten Abschnitt, sieben dieser Teile den zweiten.

$\frac{5}{7} = \frac{5 \cdot 3\text{ cm}}{7 \cdot 3\text{ cm}} = \frac{15\text{ cm}}{21\text{ cm}}$

Der erste Abschnitt ist 15 cm lang, der zweite 21 cm.

2 **a)**

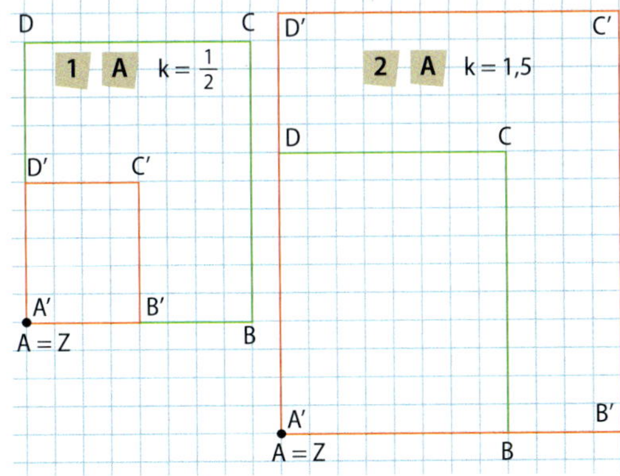

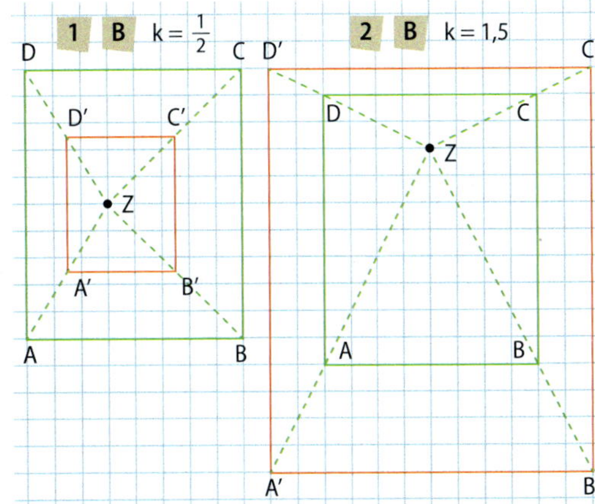

b) Bei $k = \frac{1}{2}$ ist der Flächeninhalt der Bildfigur jeweils $\frac{1}{4}$ des Flächeninhalts der Originalfigur.
Bei $k = 1{,}5 = \frac{3}{2}$ ist der Flächeninhalt der Bildfigur jeweils $2\frac{1}{4} = \frac{9}{4}$-mal so groß wie der Flächeninhalt der Originalfigur.
Es gilt: $A_{\text{Bildfigur}} = k^2 \cdot A_{\text{Originalfigur}}$

3 **a)**

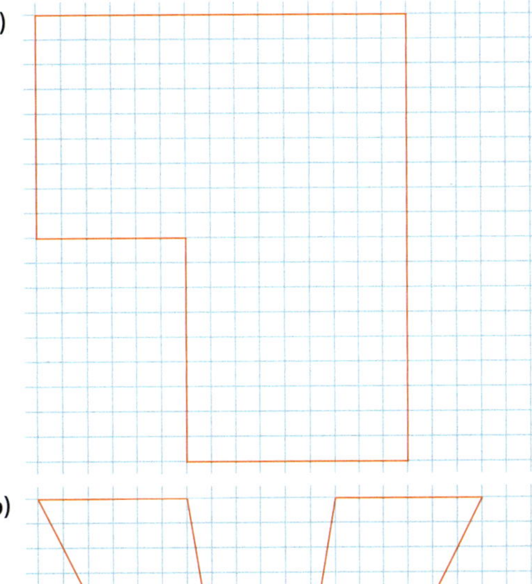

b)

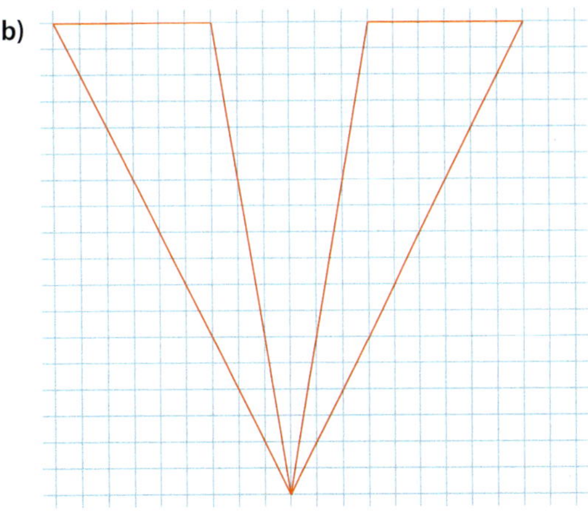

4 In Klammern steht jeweils die Verkleinerung.

a) $k = 3$ $\left(k = \frac{1}{3}\right)$

b) $k = 2{,}5 = \frac{5}{2}$ $\left(k = 0{,}4 = \frac{2}{5}\right)$

5 $k = -1{,}5$ $Z(0\,|\,-0{,}5)$

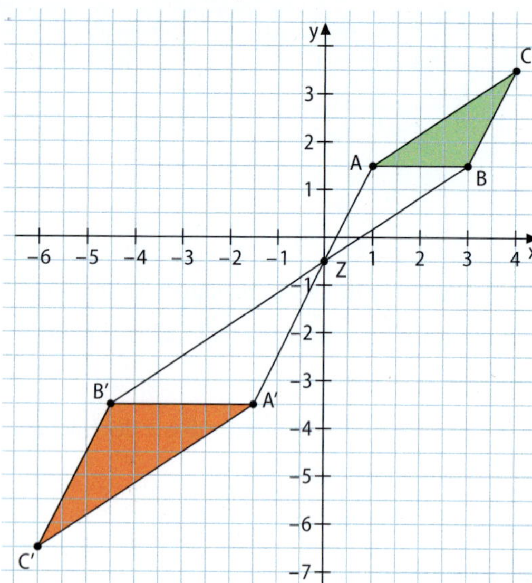

6

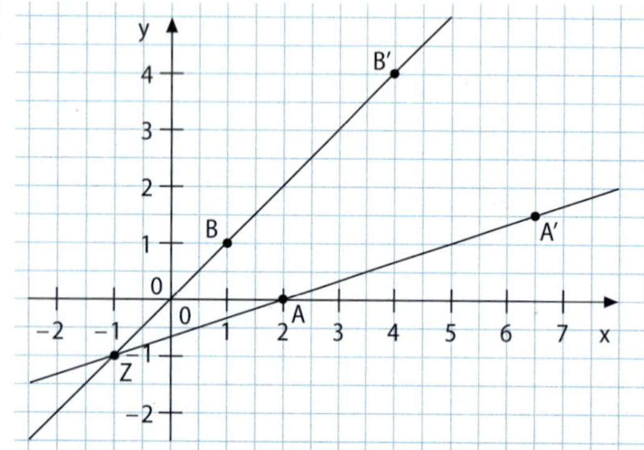

a) Zeichnet man die Geraden AA' und BB', so schneiden sich diese im Punkt $Z(-1\,|\,-1)$.

b) Den Streckungsfaktor kann man bestimmen, indem man das Verhältnis der Streckenlängen $\overline{A'B'}$ und $\overline{AB}$ bildet:

$$k = \frac{\overline{A'B'}}{\overline{AB}} = \frac{3{,}5\text{ cm}}{1{,}4\text{ cm}} = 2{,}5$$

7 a) $u_{\text{Originalfigur}} = 130\text{ m} = 13\,000\text{ cm}$
Maßstab $52 : 13\,000 = 1 : 250$

b) $A_{\text{Originalfigur}} = 360\,000\text{ m}^2 = 3\,600\,000\,000\text{ cm}^2$
$A_{\text{Bildfigur}} = k^2 \cdot A_{\text{Originalfigur}}$, d.h. $3\text{ cm} \mathrel{\hat=} 60\,000\text{ cm}$
Maßstab $3 : 60\,000 = 1 : 20\,000$

8 Die Dreiecke **A**, **C** und **E** sind ähnlich zueinander.
Die Dreiecke **B** und **F** sind ähnlich zueinander.
Die Dreiecke **D**, **G** und **H** sind ähnlich zueinander.

9 Die Rechtecke **A** und **B** sind ähnlich zueinander ($k = 1{,}5$). **C** ist weder ähnlich zu **A** noch zu **B**.

10 Lösungsmöglichkeiten:

$\frac{m}{n} = \frac{s}{t}$ $\frac{m+n}{n} = \frac{s+t}{t}$ $\frac{m+n}{m} = \frac{s+t}{s}$

$\frac{x}{y} = \frac{m}{m+n}$ $\frac{x}{y} = \frac{s}{s+t}$

11 $\frac{6{,}5}{4{,}9} = \frac{65}{49} \approx 1{,}33$ $\frac{7{,}8}{5{,}9} = \frac{78}{59} \approx 1{,}32$

Es handelt sich nicht um eine Strahlensatzfigur, weil die Verhältnisse entsprechender Abschnitte auf den beiden Geraden ungleich sind. Das bedeutet, dass die Geraden a und b, die die beiden Strahlen schneiden, nicht parallel sind.

12 3 Teile

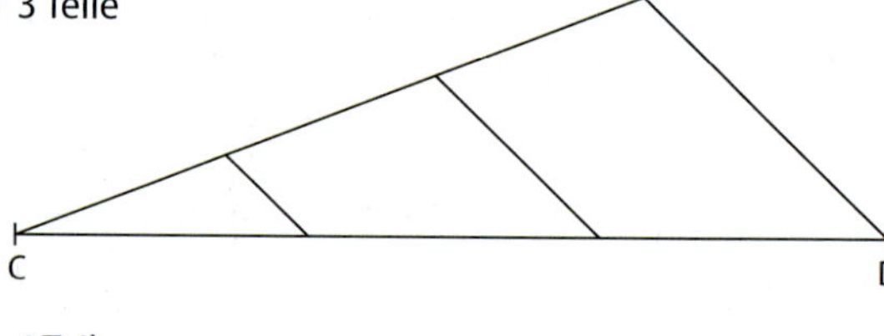

4 Teile

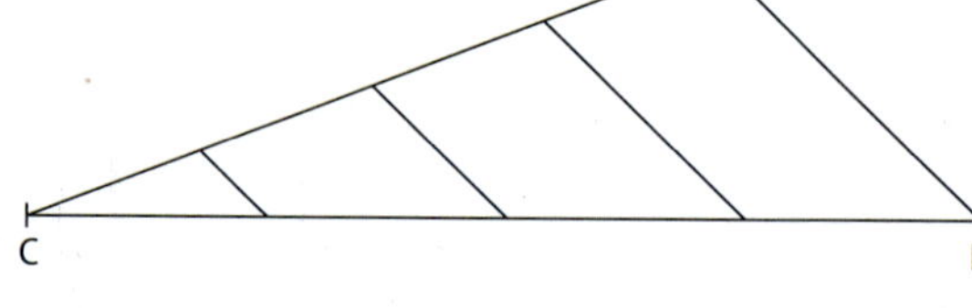

5 Teile

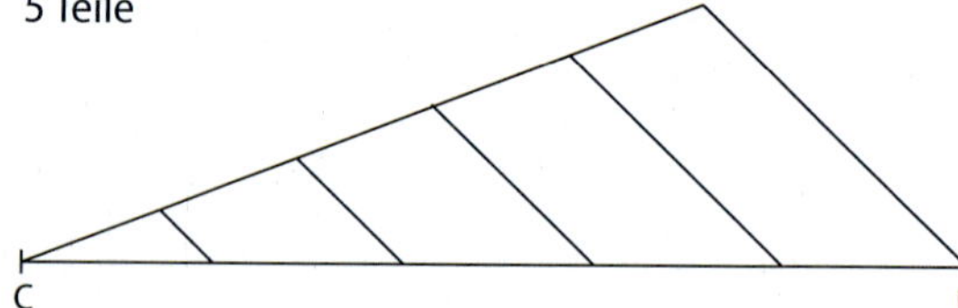

13 $\frac{h}{1{,}5} = \frac{20{,}4 + 1{,}8}{1{,}8}$ $h = 18{,}5$

Der Turm ist 18,5 m hoch.

14 a) 2. Strahlensatz:

$\frac{b}{b + y} = \frac{a}{x}$

$\frac{160\text{ m}}{480\text{ m}} = \frac{80\text{ m}}{x}$

$x = 80\text{ m} \cdot \frac{480\text{ m}}{160\text{ m}} = 240\text{ m}$

Der See ist 240 m lang.

b) Der Strahlensatz ist nur dann anwendbar, wenn die Strecke a parallel zur Strecke x ist.

Aufgaben für Lernpartner

A Die Aussage ist falsch. Die Streckenlängen werden zwar verdoppelt, nicht jedoch die Winkelgrößen. Diese bleiben gleich.

B Die Aussage ist richtig.

C Die Aussage ist richtig.

D Die Aussage ist richtig. Die Dreiecke sind sogar kongruent, also sind sie auch ähnlich zueinander.

E Die Aussage ist falsch. Die beiden weiteren Geraden müssen parallel zueinander liegen, damit die Strahlensätze angewendet werden können.

F Die Aussage ist richtig. Die Strahlensätze kann man (unter den entsprechenden Voraussetzungen) hierfür oft anwenden.

G Die Aussage ist falsch. Für $|k| < 1$, also $-1 < k < 1$, werden die Figuren verkleinert.

Das kann ich schon ... – Seite 137

1 a) **1**: gleichschenkliges Dreieck; **2**: rechtwinkliges Dreieck; **3**: stumpfwinkliges Dreieck; **4**: gleichseitiges Dreieck; **5**: gleichschenkliges Dreieck; **6**: spitzwinkliges Dreieck; **7**: rechtwinkliges Dreieck; **8**: stumpfwinkliges Dreieck

b) $A_1 = 8\text{ cm}^2$; $A_2 = 7{,}5\text{ cm}^2$; $A_3 = 10{,}5\text{ cm}^2$; $A_4 = 3{,}9\text{ cm}^2$; $A_5 = 6\text{ cm}^2$; $A_6 = 8\text{ cm}^2$; $A_7 = 8\text{ cm}^2$; $A_8 = 6\text{ cm}^2$

2

Es gibt eine Lösung mit dem 90°-Winkel in C: Der Thaleskreis über $\overline{AB}$ mit $\overline{AB} = 9\text{ cm}$ schneidet die Parallele zu AB im Abstand von 4,5 cm in C. Weitere Lösungen sind die beiden Dreiecke mit dem 90°-Winkel in A bzw. in B mit $\overline{AC_a} = h_c = 4{,}5\text{ cm}$ bzw. mit $\overline{BC_b} = h_c = 4{,}5\text{ cm}$.

3 a) $\sphericalangle BAC = \sphericalangle CDB = 90°$, da A und D auf dem Thaleskreis über $\overline{BC}$ liegen.

$\gamma = \sphericalangle ACB = 180° - 90° - 37° = 53°$

$\beta = \sphericalangle CBA = 180° - 90° - 73° = 17°$

b) $\sphericalangle ACB = 90°$, da C auf dem Thaleskreis über $\overline{AB}$ liegt.

$\beta = \sphericalangle CBM = \frac{1}{2} \cdot (180° - 136°) = 22°$, da Dreieck MBC ein gleichschenkliges Dreieck ist.

$\alpha = \sphericalangle BAC = 180° - 90° - 22° = 68°$, da Dreieck ABC ein rechtwinkliges Dreieck ist.

4 a)

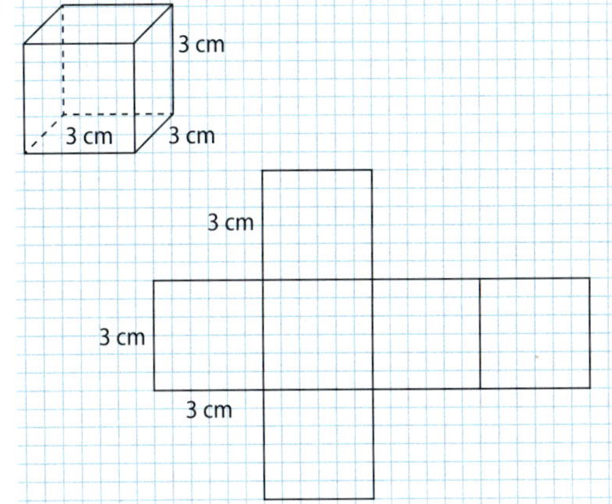

$A_O = 6 \cdot a^2 = 54\text{ cm}^2$

$V = a^3 = 27\text{ cm}^3$

b)

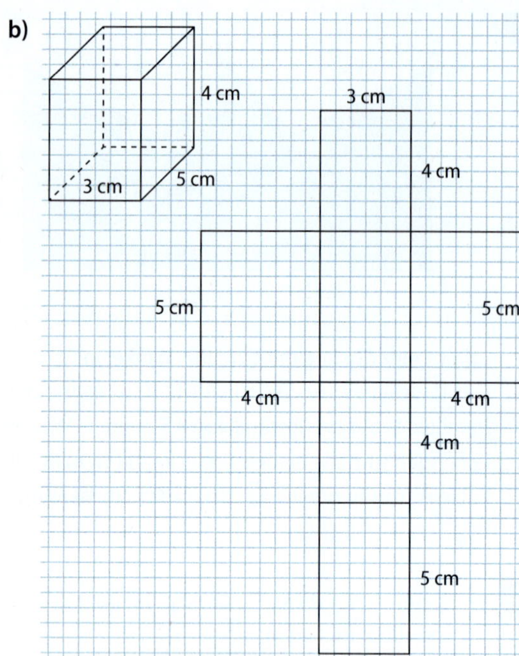

$A_O = 2 \cdot (ab + ac + bc) = 94\ cm^2$
$V = a \cdot b \cdot c = 60\ cm^3$

c)

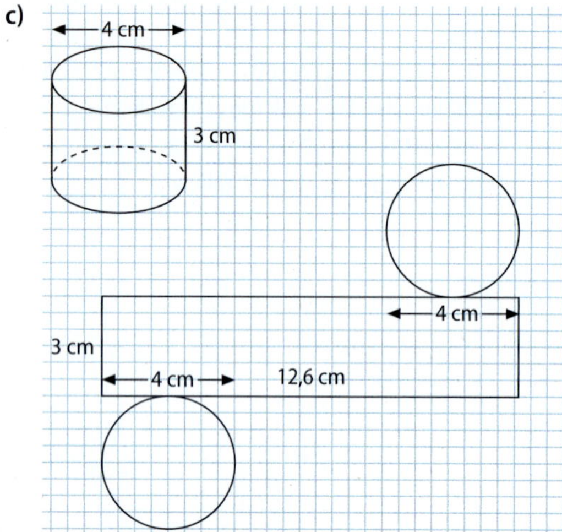

$A_O = 2\pi r \cdot (r + h) = 62{,}8\ cm^2$
$V = \pi r^2 \cdot h = 37{,}7\ cm^3$

d)

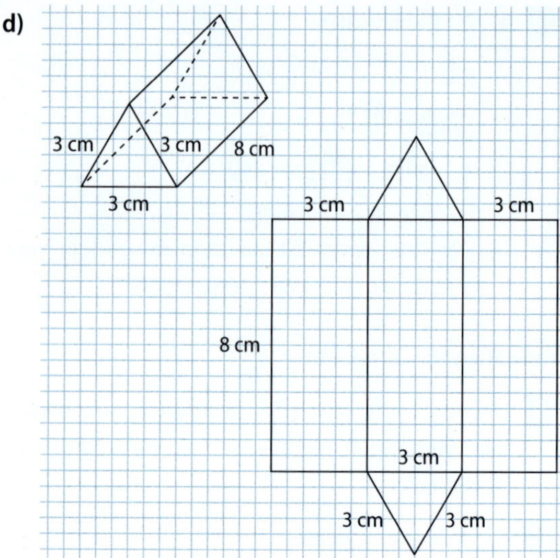

$A_O = a \cdot h_a + 3 \cdot (a \cdot h) = 79{,}8\ cm^2$
$V = \frac{1}{2} a \cdot h_a \cdot h = 31{,}2\ cm^3$

5 a)

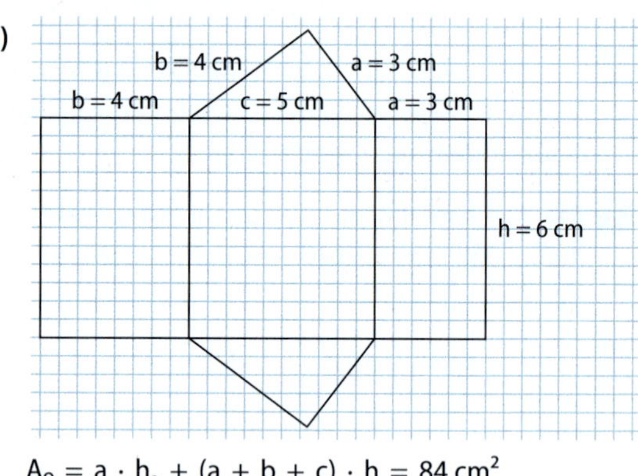

$A_O = a \cdot h_a + (a + b + c) \cdot h = 84\ cm^2$
$V = \frac{1}{2} a \cdot h_a \cdot h = 36\ cm^3$

b)

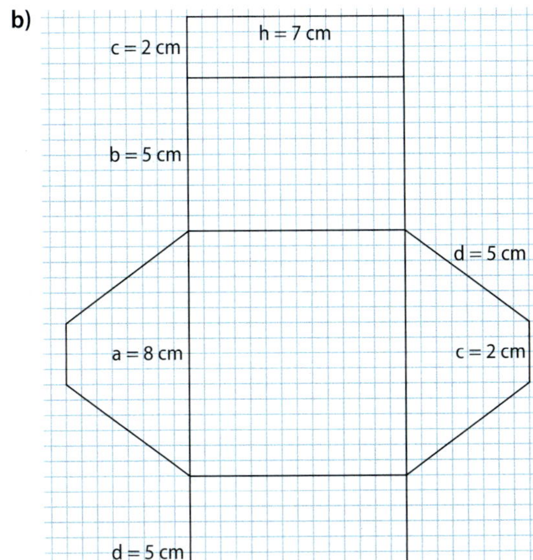

$A_O = (a + c) \cdot h_a + (a + b + c + d) \cdot h = 180\ cm^2$

$V = \frac{1}{2} \cdot (a + c) \cdot h_a \cdot h = 140\ cm^3$

c)

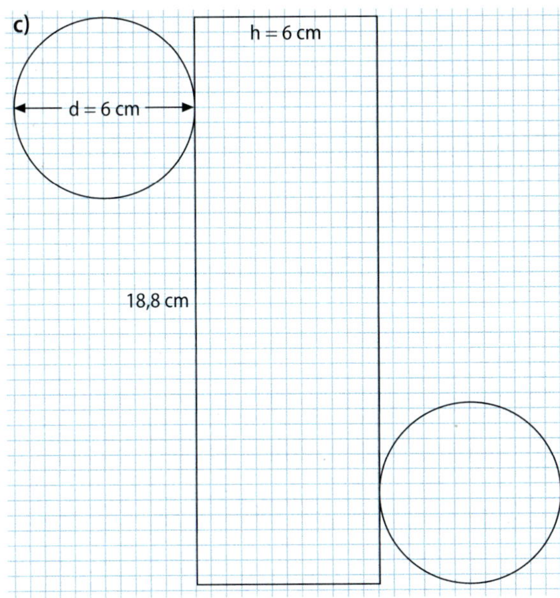

$A_O = 2\pi r \cdot (r + h) = 169{,}6\ cm^2$

$V = \pi r^2 \cdot h = 169{,}6\ cm^3$

Das kann ich! – Seiten 168 und 169

1 **a)** 5; 9; 11; 12; 25; 100 **b)** 0,2; 0,4; $\frac{1}{2}$; 0,5; $\frac{6}{7}$; 0,03

2 **a)** $a^2 + c^2 = b^2$ **b)** $d^2 + e^2 = f^2$ **c)** $h^2 + i^2 = g^2$

3 **a)** $c = \sqrt{80}\ dm \approx 8{,}9\ dm$

b) $a = \sqrt{28\,800}\ m \approx 169{,}7\ m$

c) $a = \sqrt{605}\ mm \approx 24{,}6\ mm$

d) $b = \sqrt{230{,}75}\ m \approx 15{,}2\ m$

4 **a)** Hypotenusenlänge 6 cm und Kathetenlänge 5,1 cm:

$a^2 = (6\ cm)^2 - (5{,}1\ cm)^2 \Rightarrow a \approx 3{,}16\ cm$

b) Hypotenusenlänge 2,8 cm und Kathetenlänge $\frac{4{,}2\ cm}{2} = 2{,}1$ cm:

$a^2 = (2{,}8\ cm)^2 - (2{,}1\ cm)^2 \Rightarrow a \approx 1{,}85\ cm$

c) Kathetenlängen 4 m und $\frac{26\ m}{2} = 13$ m:

$a^2 = (4\ m)^2 + (13\ m)^2 \Rightarrow a \approx 13{,}6\ m$

5

a)

Summe der Kathetenquadrate	$a^2 + b^2 = (6\ cm)^2 + (5\ cm)^2 = 61\ cm^2$
=/≠	≠
Hypotenusenquadrat	$c^2 = (8\ cm)^2 = 64\ cm^2$
rechtwinklig?	nein

b)

Summe der Kathetenquadrate	$a^2 + b^2 = (5{,}5\ dm)^2 + (4{,}8\ dm)^2 = 53{,}29\ dm^2$
=/≠	≠
Hypotenusenquadrat	$c^2 = (7{,}3\ dm)^2 = 53{,}29\ dm^2$
rechtwinklig?	ja

c)

Summe der Kathetenquadrate	$a^2 + c^2 = (4\ m)^2 + (0{,}3\ m)^2 = 16{,}09\ m^2$
=/≠	≠
Hypotenusenquadrat	$b^2 = (5\ m)^2 = 25\ m^2$
rechtwinklig?	nein

d)

Summe der Kathetenquadrate	$a^2 + c^2 = (12\ m)^2 + (5\ m)^2 = 169\ m^2$
=/≠	=
Hypotenusenquadrat	$b^2 = (13\ m)^2 = 169\ m^2$
rechtwinklig?	ja

6 $\overline{AB} = \sqrt{(-2-4)^2 + (3-7)^2} \approx 7{,}2$

7 Flächendiagonalen:
$f_1 = \sqrt{7{,}4^2 + 6{,}5^2} \approx 9{,}8$ cm
$f_2 = \sqrt{7{,}4^2 + 4{,}3^2} \approx 8{,}6$ cm
$f_3 = \sqrt{6{,}5^2 + 4{,}3^2} \approx 7{,}8$ cm
Raumdiagonale:
$d = \sqrt{7{,}4^2 + 6{,}5^2 + 4{,}3^2} \approx 10{,}7$ cm

8 $L = \frac{54\text{ cm}}{0{,}06} = 900\text{ cm} = 9\text{ m}$

9 **a)** Nach dem Satz des Pythagoras gilt:
$h_a^2 = h^2 + \left(\frac{a}{2}\right)^2$, also
$h_a^2 = 6^2\text{ cm}^2 + 2{,}5^2\text{ cm}^2 = 42{,}25\text{ cm}^2$, also
$h_a = 6{,}5$ cm.
Die Höhe einer Seitenfläche beträgt 6,5 cm.

b) Nach dem Satz des Pythagoras gilt:
$s^2 = h_a^2 + \left(\frac{a}{2}\right)^2$. Mit h_a^2 aus a) folgt:
$s^2 = 42{,}25\text{ cm}^2 + 2{,}5^2\text{ cm}^2 = 48{,}5\text{ cm}^2$, also
$s \approx 7{,}0$ cm.
Die Kante einer Dreiecksseite ist etwa 7,0 cm lang.

c)

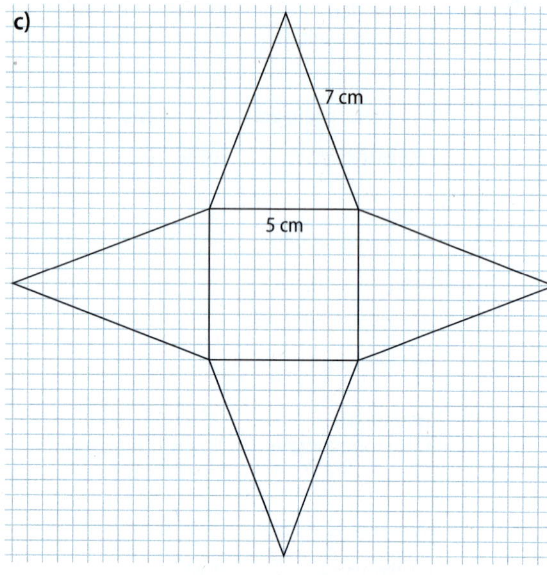

d) $A_O = 2a \cdot h_a + a^2 = 90\text{ cm}^2$
$V = \frac{1}{3} a^2 \cdot h = 50\text{ cm}^3$

10 **a)** 1. Diagonale der Grundfläche: $d = \sqrt{2 \cdot 7^2}$ dm
2. Höhe der Pyramide:
$h^2 = s^2 - \left(\frac{d}{2}\right)^2 \quad \Rightarrow \quad h \approx 3{,}39$ dm

b) 1. Höhe der Seitendreiecke:
$h_1 = \sqrt{6^2 - 3{,}5^2}$ dm $\approx 4{,}87$ dm
2. Flächeninhalt: $A_\Delta = \frac{1}{2} \cdot h_1 \cdot 7\text{ dm} \approx 17{,}06\text{ dm}^2$

c) $V = \frac{1}{3} \cdot 49\text{ dm}^2 \cdot h = 55{,}37\text{ dm}^3$

11 **a)** $h_b = \sqrt{\left(\frac{a}{2}\right)^2 + h^2} = 5{,}9$ cm

$h_a = \sqrt{\left(\frac{b}{2}\right)^2 + h^2} = 6{,}1$ cm

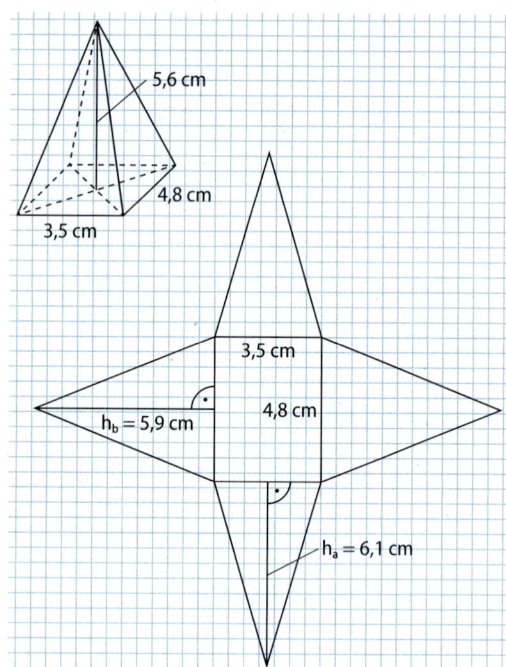

b) $A_O = a \cdot h_a + b \cdot h_b + a \cdot b \approx 66{,}5\text{ cm}^2$
$V = \frac{1}{3} \cdot a \cdot b \cdot h \approx 31{,}4\text{ cm}^3$

12 $12^2 = h_1^2 + 8^2 \quad \Rightarrow \quad h_1 \approx 8{,}94$ cm
$12^2 = h_2^2 + 4^2 \quad \Rightarrow \quad h_2 \approx 11{,}31$ cm
$A_{O_1} = \pi \cdot r_1 \cdot (r_1 + s) \approx 502{,}7\text{ cm}^2$
$A_{O_2} = \pi \cdot r_2 \cdot (r_2 + s) \approx 201{,}1\text{ cm}^2$
$V_1 = \frac{1}{3} \cdot \pi \cdot r_1^2 \cdot h_1 \approx 599{,}2\text{ cm}^3$
$V_2 = \frac{1}{3} \cdot \pi \cdot r_2^2 \cdot h_2 \approx 189{,}5\text{ cm}^3$

13

	a)	b)
r	8,46 cm	6,37 dm
$h = \sqrt{s^2 - r^2}$	12,00 cm	493,29 dm
$V = \frac{1}{3}\pi \cdot r^2 h$	900,00 cm^3	20 960,89 dm^3
$s = \sqrt{r^2 + h^2}$	14,86 cm	493,33 dm
$A_M = \pi \cdot r \cdot s$	394,95 cm^2	9872,52 dm^2
$A_O = A_M + r^2\pi$	619,80 cm^2	10 000,00 dm^2
$u = 2\pi \cdot r$	53,16 cm	40,00 dm
	c)	**d)**
r	0,06 cm	6,00 cm
$h = \sqrt{s^2 - r^2}$	17,00 cm	24,00 cm
$V = \frac{1}{3}\pi \cdot r^2 h$	0,06 cm^3	904,78 cm^3
$s = \sqrt{r^2 + h^2}$	17,00 cm	24,74 cm
$A_M = \pi \cdot r \cdot s$	3,40 cm^2	466,34 cm^2
$A_O = A_M + r^2\pi$	3,41 cm^2	579,44 cm^2
$u = 2\pi \cdot r$	0,38 cm	37,70 cm

14 a)

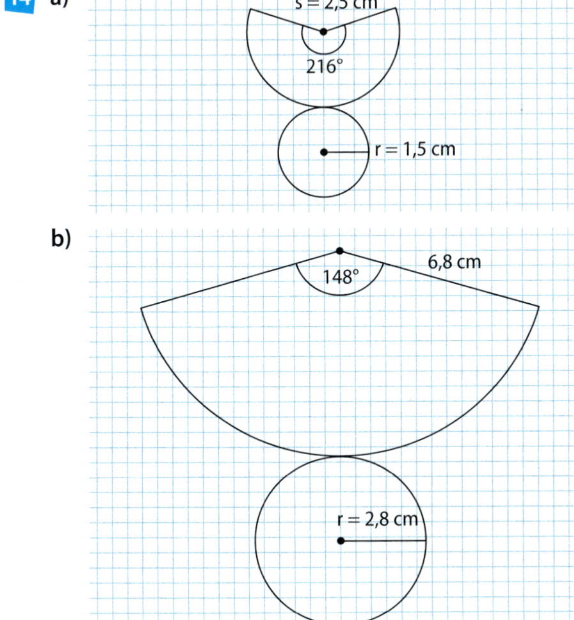

b)

Aufgaben für Lernpartner

A Die Aussage ist nur teilweise richtig. Abhängig davon, wo der rechte Winkel liegt bzw. wie die Seiten im Dreieck bezeichnet sind, kann die Formel auch anders lauten.

B Die Aussage ist richtig.

C Die Aussage ist falsch. Die Länge der Strecke berechnet man über $\sqrt{(-4 - (-1))^2 + (-2 - 7)^2}$.

D Die Aussage ist richtig.

E Die Aussage ist richtig.

F Die Aussage ist falsch. Es lässt sich keine allgemeine Aussage darüber treffen.

G Die Aussage ist falsch. Bei der angegebenen Rechnung fehlt der Faktor $\frac{1}{3}$.

Das kann ich schon … – Seite 173

1 Die Terme **3** und **4** sind zu $8x - 10$ äquivalent.

2 a)

	6x + 7	
−2x + 7	8x	
2x + 7	−4x	12x

b)

	12b	
−a + 15b	$(2a - 6b) \cdot \frac{1}{2}$	
4a + 7b	−5a + 8b	6a − 11b

3

	$\mathbb{D} = \mathbb{Q}$	$\mathbb{D} = \mathbb{N}$	$\mathbb{D} = \mathbb{Z}$
a)	$\mathbb{L} = \{11\}$	$\mathbb{L} = \{11\}$	$\mathbb{L} = \{11\}$
b)	$\mathbb{L} = \{-13\}$	$\mathbb{L} = \{\}$	$\mathbb{L} = \{-13\}$
c)	$\mathbb{L} = \{\frac{22}{23}\}$	$\mathbb{L} = \{\}$	$\mathbb{L} = \{\}$
d)	$\mathbb{L} = \{-5\frac{1}{3}\}$	$\mathbb{L} = \{\}$	$\mathbb{L} = \{\}$
e)	$\mathbb{L} = \{2\frac{2}{5}\}$	$\mathbb{L} = \{\}$	$\mathbb{L} = \{\}$

4 Die Äquivalenzumformung der Gleichung ergibt für den gesuchten Koeffizienten k:

$k = \frac{20}{x} - 8$

a) $k = 2$ **b)** $k = -4$ **c)** $k = -8$ **d)** $k = -18$

5 **a)** $f_1(x) = x + 2$ $f_2(x) = 2$

$f_3(x) = -2x$ $f_4(x) = -x - 2$

b) **1** $x_0 = -\frac{6}{13}$ **2** $x_0 = \frac{2}{5}$

3 $x_0 = 5$ **4** $x_0 = -3$

c) $f(x) = -2x + n$, wobei für n eine beliebige rationale Zahl eingesetzt werden kann.

d)

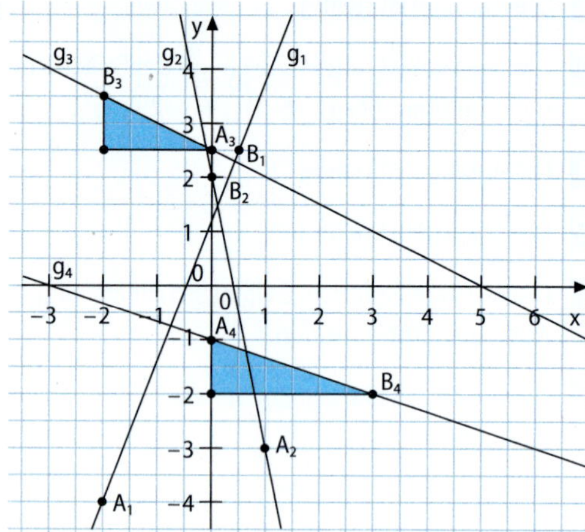

1 $m_1 = \frac{2{,}5 + 4}{0{,}5 + 2} = 2{,}6$

$-4 = 2{,}6 \cdot (-2) + n_1 \quad \Leftrightarrow \quad n_1 = 1{,}2$

$g_1(x) = 2{,}6x + 1{,}2$

2 $-3 = m_2 + 2 \quad \Leftrightarrow \quad m_2 = -5$

$g_2(x) = -5x + 2$

3 $3{,}5 = -0{,}5 \cdot (-2) + n_3 \quad \Leftrightarrow \quad n_3 = 2{,}5$

$g_3(x) = -0{,}5x + 2{,}5$

4 $g_4(x) = -\frac{1}{3}x - 1$

Das kann ich! – Seiten 196 und 197

1 Lösungsmöglichkeit:

a) $P_1(0|-5)$; $P_2(1|-4)$; $P_3(2|-3)$; $P_4(3|-2)$; $P_5(4|-1)$

b) $P_1(0|4)$; $P_2(2|1)$; $P_3(4|-2)$; $P_4(6|-5)$; $P_5(8|-8)$

c) $P_1(0|-5)$; $P_2(1|-2{,}5)$; $P_3(2|0)$; $P_4(3|2{,}5)$; $P_5(4|5)$

d) $P_1(0|-2)$; $P_2(1|10)$; $P_3(2|22)$; $P_4(3|34)$; $P_5(4|46)$

2 **a)** $y = -\frac{1}{2}x + 5$

b)

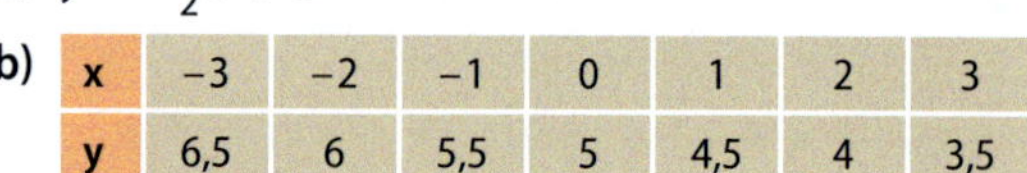

x	−3	−2	−1	0	1	2	3
y	6,5	6	5,5	5	4,5	4	3,5

c)

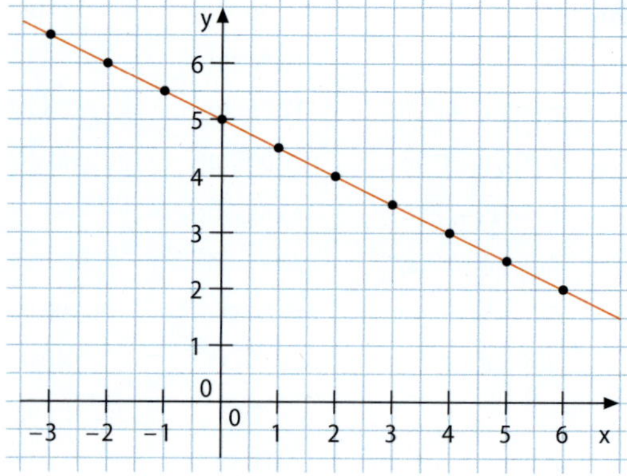

3 **a)** $(1|0{,}5)$ **b)** $(10|-13)$

c) $(5|-5{,}5)$ **d)** $(-3|6{,}5)$

4 **a)** $\mathbb{L} = \left\{\left(\frac{14}{5}\middle|\frac{3}{5}\right)\right\}$ **b)** $\mathbb{L} = \{(-11|-5)\}$

c) $\mathbb{L} = \left\{\left(\frac{46}{55}\middle|-\frac{3}{55}\right)\right\}$ **d)** $\mathbb{L} = \{(5|-0{,}9)\}$

5 **a)** $(-8|2)$

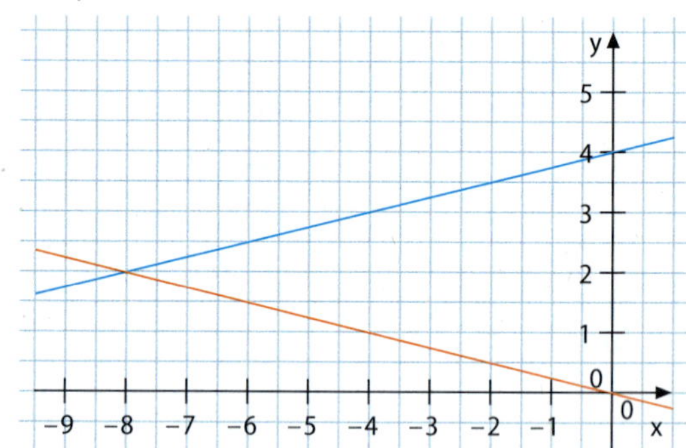

b) $(-2{,}5|3)$

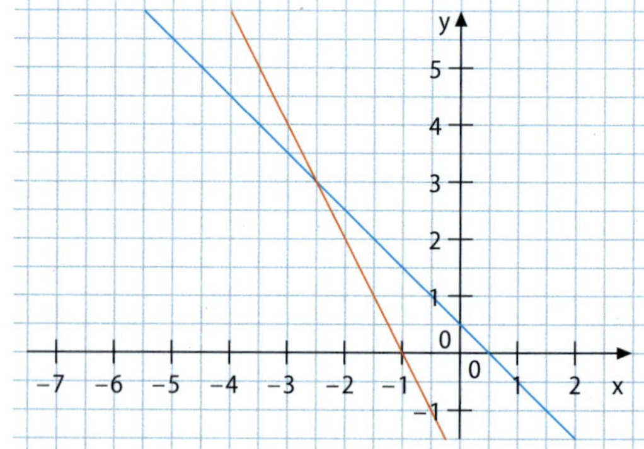

6 a) $(7|6{,}5)$

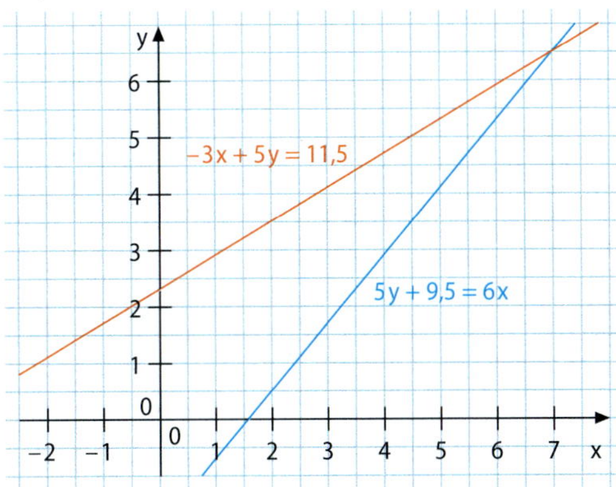

b) $(1|-0{,}5)$

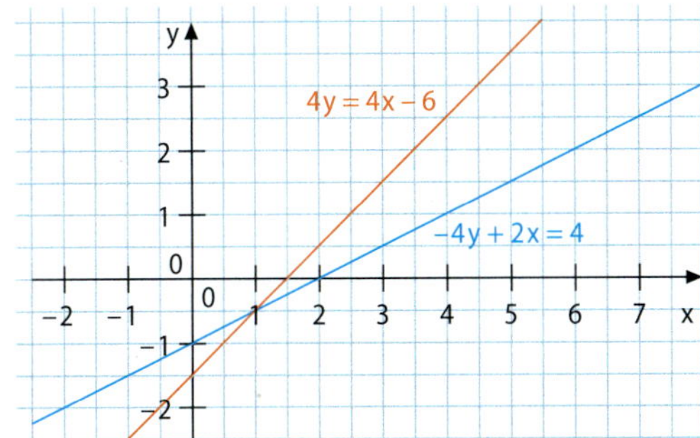

7 a) $x = -\frac{1}{3}a + \frac{4}{3}$; $y = \frac{2}{3}a + \frac{4}{3}$, demzufolge existiert für jedes a genau eine Lösung.

b) $x = -\frac{1}{5}a + \frac{7}{5}$; $y = -\frac{4}{5}a + \frac{21}{10}$, demzufolge existiert für jedes a genau eine Lösung.

c) Für $a = 4$ existieren unendlich viele Lösungen, sonst gilt $x = 0$ und $y = 10$.

d) Für $a = 10$ existieren unendlich viele Lösungen, sonst existiert keine Lösung.

8 I $y = -1{,}5x + 2$

II $y = -2x + 3$

Probe durch Einsetzen ergibt: Das Zahlenpaar $(2|-1)$ löst beide Gleichungen.

9 a) I $15 = x + 2y + 1$

II $2y = x + 10$

b) Die Waagen werden so verändert, dass auf den inneren Waagschalen jeweils gleich viel liegt: $x + 2y$. Man kann anschließend die beiden äußeren Waagschalen gleichsetzen und erhält eine Gleichung, die nur eine Variable (x) enthält.

1 I $15 = x + 2y + 1$ II $2y = x + 10$

2 I $14 = x + 2y$ II $x + 2y = 2x + 10$

3 $14 = 2x + 10$

4 $4 = 2x$

5 $2 = x$

Durch Einsetzen erhält man: $y = 6$, also $\mathbb{L} = \{(2|6)\}$.

10 a) keine Lösung

b) genau eine Lösung: $(0|1{,}4)$

11 a) $\mathbb{L} = \{(-20|-11{,}5)\}$ b) $\mathbb{L} = \{(-12{,}5|-2)\}$

12 a) $\mathbb{L} = \{(18|-3)\}$ b) $\mathbb{L} = \{(3{,}5|16)\}$

13 a) $\mathbb{L} = \{(9|1)\}$ b) $\mathbb{L} = \{(3{,}5|0|-1)\}$

14 a) $\mathbb{L} = \{(18{,}5|-1)\}$ b) $\mathbb{L} = \{(12|15)\}$

c) $\mathbb{L} = \left\{\left(-2\frac{5}{11}\middle|2\frac{4}{11}\right)\right\}$ d) $\mathbb{L} = \{(12|-17)\}$

15 e: Kreditbetrag des ersten Kredits

z: Kreditbetrag des zweiten Kredits

I $e + z = 125\,000$

II $e \cdot 7{,}5\,\% + z \cdot 8\,\% = 9640$

$e = 108\,000$ $z = 17\,000$

Der eine Kredit beträgt 108 000 €, der andere 17 000 €.

16 e: Einerziffer der Zahl

z: Zehnerziffer der Zahl

I $e + z = 10$

II $10e + z = 3 \cdot (10z + e) - 2$

$e = 8$ $z = 2$

Die erste Zahl heißt 28.

17 I $x + y + z = 70$

II $x = \frac{1}{2}y$

III $2x + 20 = z$

$x = 10$ $y = 20$ $z = 40$

Die Zahlen lauten 10, 20 und 40.

18 x: Preis pro Käselaugenstange
y: Preis pro normaler Laugenstange
I $15x + 15y = 27$
II $18x + 12y = 27{,}90$
$x = 1{,}05$ $y = 0{,}75$
Die normale Laugenstange kostet 0,75 €, die Käselaugenstange 1,05 €.

Aufgaben für Lernpartner

A Das ist richtig. Es wird zunächst eine Variable eliminiert. Man erhält zwei Gleichungen mit zwei Variablen, mit denen man eine weitere Variable eliminiert. Dadurch ergibt sich die Lösung der dritten Variablen, mit der man auch die anderen beiden Variablen ermitteln kann.

B Das ist falsch. Zur x-Achse gehört die Funktionsgleichung $y = 0$.
Die y-Achse kann durch $x = 0$ beschrieben werden, was aber nicht die Gleichung einer Funktion ist.

C Das ist richtig.

D Das ist richtig. Beide Gleichungen beschreiben dieselbe Gerade und sind somit identisch.

E Das ist richtig. Man kann aber auch beide Gleichungen nach einem Term auflösen und dann gleichsetzen.

F Das ist falsch, denn es entsteht „ausführlich" das folgende Gleichungssystem:
I $x + 0y = 3$
II $0x + y = 4$
Die Lösung ist aber direkt ablesbar: $(3|4)$.
$x = 3$ beschreibt eine zur y-Achse parallele Gerade, $y = 4$ eine Parallele zur x-Achse. Die Geraden schneiden sich in $P(3|4)$.

Alamy Stock Foto / Peter Horree – S. 135; Avenue Images / Classic Vision / agefotostock, Hamburg – S. 93

Deutsches Museum, München – S. 107

dpa Picture Alliance / robertharding / Roy Rainford – S. 161; - / Zentralbild / Manfred Krause – S. 111

Fotolia / ankira – S. 13; - / arkpo – S. 21; - / ASonne30 – S. 83; - / chrisberic – S. 174; - / destina – S. 110; - / Doc RaBe – S. 94; - / Ex Quisine – S. 162; - / Christos Georghiou – S. 107; - / ramzi hachicho – S. 166; - / Werner Hilpert – S. 164; - / kartoxjm – S. 112; - / KopoPhoto – Cover; - / Mixage – S. 98; - / Peter Pyka – S. 95; - / RRF – S. 20; - / Schlierner – S. 174; - / Henry Schmitt – S. 187; - / Shootingankauf – S. 102; - / Soloshenko Irina – S. 102; - / Manfred Steinbach – S. 65; - / James Thew – S. 111; - / tournee – S. 80

IDS Kartographie / IDS Grafik, Paderborn – S. 77, 103; iStockphoto / Godfried Edelmann – S. 113, 163; - / Timur Suleymanov – S. 67

Thinkstock / Goodshoot – S. 195; - / Hemera / Brian Jackson – S. 188; - / Hemera / Richard Nelson – S. 86; - / Hemera / Goce Risteski – S. 99; - / Hemera / Vladimir Voronin – S. 17; - / iStockphoto – S. 165; - / iStockphoto – S. 188 (2); - / iStockphoto – S. 189; - / Ivan Hunter – S. 195; - / iStockphoto / berczy04 – S. 141; - / iStockphoto / endicosoft – S. 80; - / iStockphoto / Fertnig – S. 72; - / iStockphoto / hsvrs – S. 163; - / iStockphoto / jojoo64 – S. 81; - / iStockphoto / Sasa Komlen – S. 17; - / iStockphoto / Achim Prill – S. 194; - / iStockphoto / rusak – S. 37; - / iStockphoto / samirabdala – S. 111; - / iStockphoto / Dmytro Skoroboga-tov – S. 171; - / iStockphoto / Ullimi – S. 112; - / iStockphoto / vvvita – S. 175; - / Jupiterimages – S. 176; - / Lifesize – S. 188; - / Photodisc – S. 90; - / Photodisc / Andy Sotiriou – S. 73; - / Ron Chapple Stock – S. 47; - / Stockbyte / John Fox – S. 185; - / Stockbyte / Jupiterimages – S. 110

www.picture.yatego.com – S. 73; www.view.stern.de – S. 112; www.wikimedia.org – S. 57; www.wikimedia.org / Gottlieb Biermann – S. 186